Maya
キャラクター
アニメーション

改訂版

Paul Naas著

謝辞

本書でキャラクターリグの使用を許可してくれた以下のアーティストに感謝します。

Sean Burgoon

Goon（グーン）

Ramtin Ahmadi

Moom（ムーム）

Chad Vernon

Nico（ニコ）

Zubuyer Kaolin

Groggy（グロッギー）

Courtesy of Josh Burton and cgmonks.com

Morpheus（モーフィアス）

率直に言って、『Maya キャラクターアニメーション 改訂版』を出版できることが信じられません。

私は本書を初版からキャラクターアニメーションクラスの教材にしてきましたが、見本市でショーン・コネリーとの偶然の出会いによって、この素晴らしいシリーズの影響力を改めて痛感しました。

私に先行して執筆してくれた著者のすばらしい功績にも敬意を払わなければいけません。意欲的なアニメーターを献身的に手助けする Eric Luhta と Kenny Roy に感謝します。

目次

CHAPTER 4 テクニック……79

CHAPTER 5 コンストレイント……117

CHAPTER 6 リギングの知識……135

CHAPTER 11 フェイシャル アニメーション …… 239

CHAPTER 12 アニメーションレイヤ …… 265

付録 アニメーターインタビュー …… 282

チート（裏ワザ）を使う理由

チートの真意

チートという言葉を聞くと、通常は否定的な意味として捉えられます。詐欺・ペテン・ごまかしなど。本書に登場するチートは「裏ワザ」という良い意味で使っています。例えば、何かを極めた人を見るとき、それは非現実的でほとんどペテンではないかと疑います。しかし実際のところ、彼らは物事を成し遂げる経験と深い見識を持っているに過ぎません。最も効率的な方法を理解し、自身のツールで体現しているのです。本書の目的は、Mayaアニメーションにおけるプロの深い見識を紹介し、試行錯誤やウェブ検索の手間を省くこと、そして、インターネットフォーラムに知識を提示できるようにすることです。Mayaの複雑なメニューや設定は、技術的に理解するのが難しい内容です。したがって、この洗練されたプログラムをナビゲートするにあたり、必要なサポートを受けながら、最も重要な「演技」に取り組んでください。挫折や厄介事を避けたいなら、できるだけ裏ワザを使いたいと考えるはずです。ぜひ、本書を「動きの芸術学習のリファレンスガイド」として手元に置いてください。

本書の哲学

知識を上手く伝達する上で、私が指導経験を通して見つけた効果的な方法は、コンセプトを分けることです。その知識を吸収できるまで、1つの作業・練習に磨きをかけてください。これはごく当たり前に聞こえるかもしれません。しかし、技術的なすべての概念と苦闘しながら、同時に演技・パフォーマンスの学習を進めている学生に出会ったことは、ほとんどありません。現場での試用期間は効果的な学習手段になりますが、大きな落胆も経験することでしょう。本書は、技術的なアニメーションの概念を各セクションで1つずつ把握できるように構成されています。

あなたはMayaのツールを素早く使いこなしたいことでしょう。そして、プロップがキャラクターの手から飛び出す究明に時間を掛けるのではなく、アニメーションのルックを素晴らしくすることに集中したいはずです。幸いにも、本書『Maya キャラクターアニメーション 改訂版』は、こうしたニーズに最適な1冊です。すべてのページは特定の概念を対象としています。順番に読み進めても、知りたいと思う内容までスキップしてもかまいません。好きなやり方で進めてください。

必要な知識

本書は、読者にMayaの基本知識があることを前提としており、冒頭からアニメートに関する内容で始まります。ビューポート（回転／パン／ドリー）の操作を含むインタフェースを理解しておけば、移動／回転／スケールツールで快適に操作できるでしょう。この情報はウェブ上のあらゆる場所や、さまざまなメディアで説明されています。簡単に見つかる情報の焼き直しではなく、アニメーションをわかりやすく紐解くことに焦点を当てています。

ウェブサイトwww.howtocheatinmaya.com には、旧版のシーンファイルや素材もあります。それらでさらなる学習に取り組んでもよいでしょう。では始めましょう。

Paul Nass

本書の使い方

・**ボーンデジタル書籍サポート**
https://www.borndigital.co.jp/book/support/

本書は、Mayaのアニメーションを最適な方法で学習できるように構成されています。各章は段階的に並んでいるので、最初から順番に読み進めることができます。まずアニメーションの原則・ワークフロー・アニメーターが使うツールなど、基本的な概念について紹介します。次にアニメートされたシーンでテクニックを練習し、プロジェクトを通じて、ブロッキング・サイクル・仕上げ・リップシンクなどを説明します。すでにアニメーターとして経験を積んでいても、新しい技術や問題解決のアプローチは必要です。

興味のあるトピックに進み、すぐに試してみましょう。段階的な複数のファイルで構成された長いプロジェクトの章もありますが、順番に進める必要はありません。Mayaの便利な機能やアニメーションツールの使い方にも触れています。各章に出てくる「f01」という略語はフレーム1のことで、fの後ろに付く数字はフレーム番号を意味します。フレーム番号は内容をわかりやすくするため、いくつかの図にも配置されています。

各セクションのタイトル下にある **ダウンロードデータ** に演習で使用する付属ファイル名を記載、簡単に参照できるようになっています。シーンファイル・リグ・素材は上記のサポートページからダウンロードできます。各章は独立したプロジェクトです。いくつかのプロジェクトにはQuickTime形式の完成ムービーが含まれています。Goon（グーン）リグには通常版と悪魔版があります。追加情報や更新情報も上記のサポートページをご確認ください。

シーンファイルとサンプルについて

すべてのトピックにはシーンファイルが付属しています。そのほとんどで、準備されたアニメーションにテクニックを適用していきます。テクニックを理解し、練習したら、今度は自分自身のアニメーションで実践してください。取り組んでいるシーンに適用するのは簡単です。各章は1つの長いプロジェクトです。段階的に並んでいますが、どこから始めてもかまいません。最初から学習する必要はありません。好きな項目を進めてください。付属のシーンファイルはとても便利です（学生やベテランが負荷テストをした複数のキャラクターリグを使います）。すべてのリグはとても高速で安定したリグです。シンプルですが高度な機能を兼ね備えています。

インストールに関する注意

本書で提供されているアニメーションファイルのシーンには、リグが読み込まれています。いくつかのシーンではキャラクターがリファレンス化されています（10章をご覧ください）。シーンを開いてリグにエラーが起こる場合は、「3D/Assets/Rigs/」ディレクトリのリグを、該当する章のディレクトリにコピーして、シーンを開き直してください。

※多くのファイルは旧バージョンで作成されているため、最新のMayaで読み込むとエラーが表示されますが、チュートリアルは問題なく進めることができます。

※本書で提供されたリグは、すべて教育のみを目的としています。非商用利用に限り、これらのシーンファイルやリグを自由に使用できます。再配布は禁止されています。

【 お客様対応窓口 】

ダウンロードデータの使用にあたって問題が発生する場合には、
株式会社ボーンデジタル出版事業部にご連絡ください。

E-mail : info@borndigital.co.jp
Tel : 03-5215-8671
Fax : 03-5215-8667

また、本書の内容に関する修正情報やデータファイルのアップデートがある場合は、
下記の書籍サポートWebページに掲載していきます。

https://www.borndigital.co.jp/book/support/

※インストールおよび一般的なダウンロードデータの品質に関する問題のみをサポートの対象としております。アプリケーション自体のテクニカルサポートについては、各プログラムのベンダーまたは製造元にご相談ください。

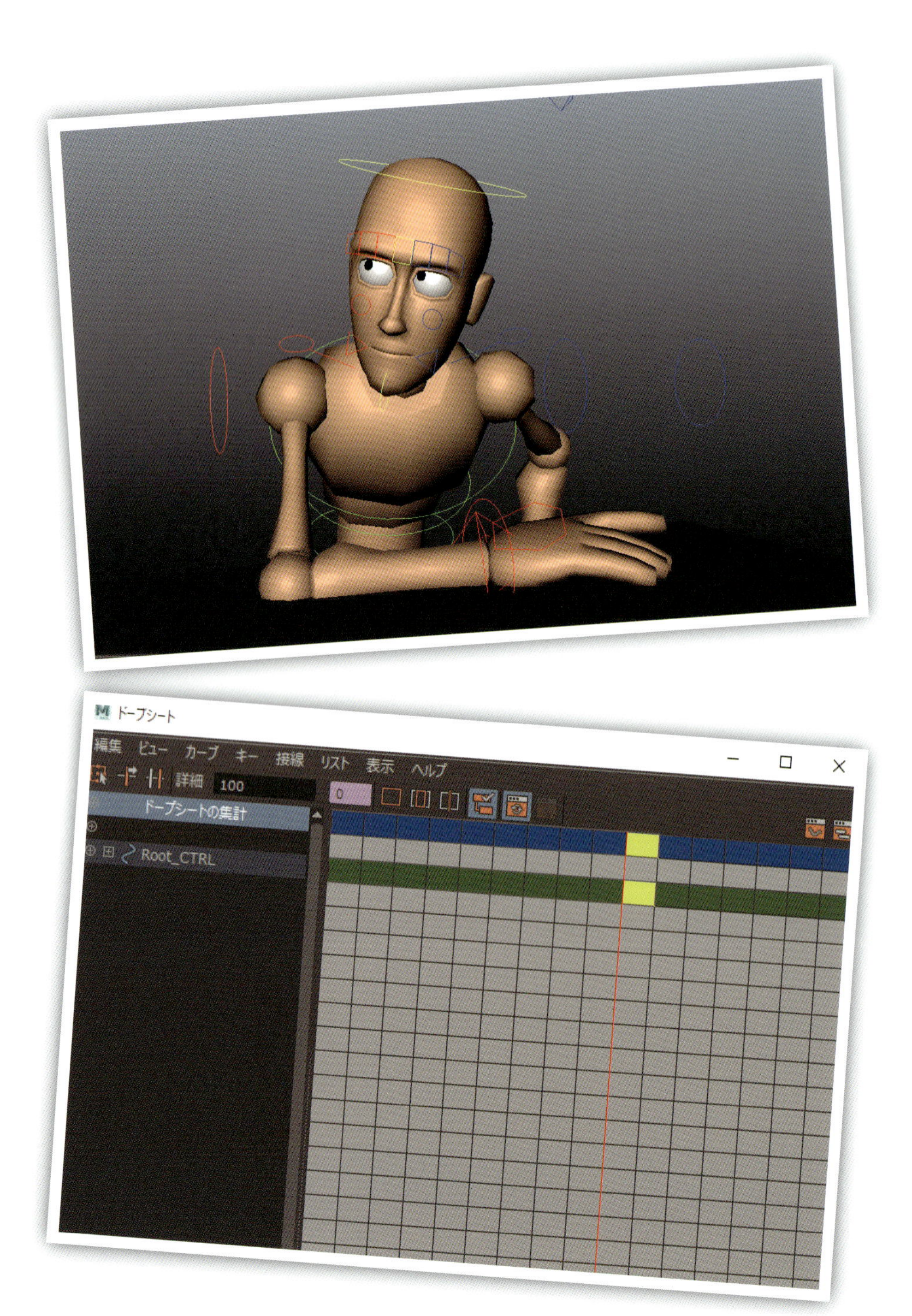

実際にMayaを使って、有名なアニメーションの12原則を解説していきます

CHAPTER 1

アニメーションの12原則

初期のディズニーアニメーターたちが発見し、完成させた「アニメーションの12原則」は、作品制作においてテクニックや作法の参考となります。それらは守るべきルールというよりも、魅力的で楽しいアニメーションを作るための「ガイドライン」と言えるでしょう。

これらの一見シンプルなコンセプトを互いに連携させ、スクリーン上で複雑なアニメーションや演技に生命を吹き込んでいます。これらをMayaで活用するには、ある程度の原則の解釈が必要となります。ここではそれを明確にし、自身の作品にどのように導入すればよいかを解説します。

01 スカッシュ&ストレッチ(伸縮)

ダウンロードデータ squStretch_start.ma / squStretch_finish.ma

最も重要な原則と評価されているスカッシュ&ストレッチ(伸縮/潰しと伸ばし)は、**キャラクターとオブジェクトに柔軟性と躍動感を生み出します**。この原則では、キャラクターやオブジェクトが動いたり変形したりする際にも、通常はボリューム(容積)が一定であることを意味します。

スカッシュ&ストレッチはオブジェクトが実際に何かとぶつかるとき(ボールが地面でバウンドするなど)に使われます。キャラクターを伸縮させると、さまざまな意味合いが生まれます。これを予備動作と組み合わせ、あるアクションに移るときにキャラクターを「引き締める」こともできます。

例えば、キャラクターが次の動作に向けて準備するとき、その形を膨らませながら背骨を縮めます。そして動くときには、ボリュームを一定に保ちつつ、そのフォームは細く引き伸ばされるでしょう。できるだけスカッシュ&ストレッチを使い、頭上高くにある物を取ろうしているキャラクターの「緊張感」や、捕食者に見つからないように隅で小さく丸まっているキャラクターの「恐怖」といった感覚を表現しましょう。

プロが作ったアニメーション、あるいは実生活の中で、スカッシュ&ストレッチの要素を探してみてください。そうすれば、このシンプルな魔法の原則によって、オブジェクトやキャラクターがいかに生き生きと見えるようになるか、すぐに理解できることでしょう。

1 **squStretch_start.ma**を開きます。シーンには、弾むアニメーションを設定したボールが表示されます。f01とf16で、伸縮コントロール(squash_anim)に**0**がセットされています。タイムラインで再生すると、躍動感はなく、とてもゴム製には見えません。このボールにはスカッシュ&ストレッチが必要です!

4 f09では、勢いがボールを突き抜けて下方向に続き、さらに潰れるようにしましょう。値を**-0.4**に設定し、伸縮コントロールにキーをセットします。

役立つヒント

スカッシュ＆ストレッチは、カートゥン調の物理的な潰し・伸ばしのみを指している原則ではありません。圧縮・抑制、拡張・延長のコントラストとして、より幅広い意味で考えてください。

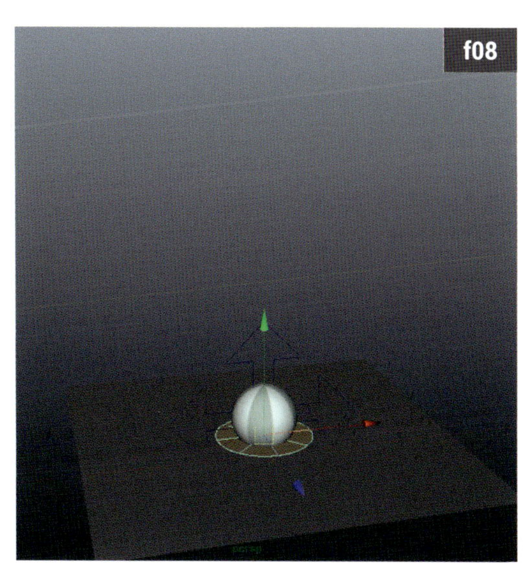

2 f08に進み、ボールに躍動感がないことを確認してください。地面と衝突するとき、ゴムボールは跳ね返るはずです！ このボールを押し潰すため、中央の伸縮コントロール（squash_anim）を選択し、Y方向で底まで下げます。このコントロールの位置によって、ボールがどこから潰れるかが決まります。

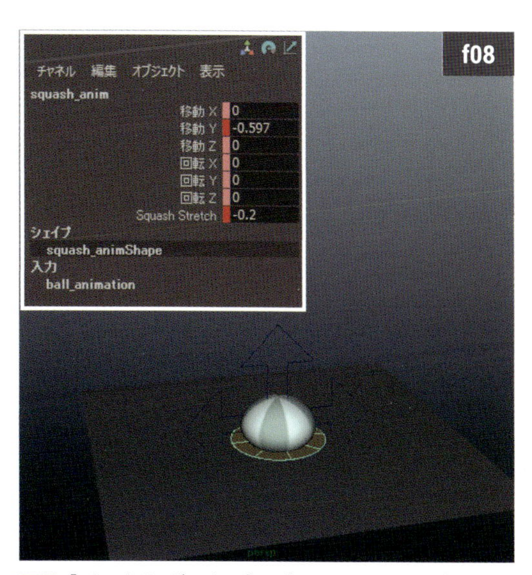

3 ［チャネル ボックス］で［Squash Strech］の値を調節し、コントロール全体にキーを打ちます。ボールは2フレーム分、地面と接触するので、このフレームが潰しの開始点となります。値は**-0.2**くらいにしましょう。ボールがY方向に潰れるにしたがい、XとZ方向に膨らみます。ボリュームが維持されていることにも注目してください。

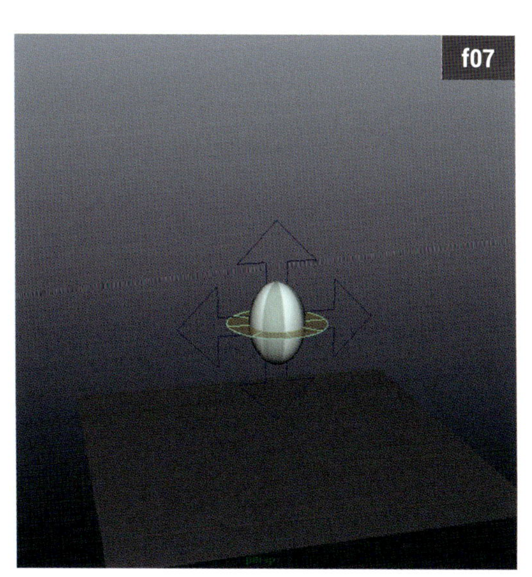

5 f07に戻ります。ボールは落下するとき、空気抵抗と衝突の予備動作によって伸びるはずです。コントロールをボールの中央に戻し（［移動 Y］：**0**）、中心から伸びるように伸縮コントロールを調節後、キーをセットしましょう。

6 f10では、伸縮コントロールをボールのY方向の中心に置き、少し伸ばしてキーを打ってください。f04とf12で**0**に設定されているため、ボールの形はバウンドの頂点で元に戻ります。伸縮コントロールをオフにして再生し、この原則の効果を確認しましょう。

02 アンティシペーション（予備動作）

ダウンロードデータ anticipation.ma

予備動作とは、キャラクターがこれから起こすアクションを観客に予想させるため、キャラクターに特定の動きを追加する手法です。たいてい「メインアクションと反対方向に少しだけ動かすこと」を指します。多くのアニメーションでは物理法則を強く意識しているので、**物理的に正確な動き**の表現によく使われます。

例えばジャンプする際、必ず最初に膝を曲げます。ピッチャーはボールを投げる前に、必ず腕を後ろに持っていきます。こうした日常生活の自然な動きを表現できる予備動作は、アニメーションの原則として大きな影響力を持っています。人間は、高速で移動する物体を目で追うとき、その予備動作を手がかりに物体の進行方向（つまり予備動作と逆方向）を見ることに慣れています。アニメーターは、この人間の本能を利用し、効果的に使わなければいけません。予備動作で視覚的なきっかけを示せば、見て欲しい部分に観客の視線を誘導できるでしょう。

予備動作は、演技を調節する際にも役に立ちます。伝説のディズニーアニメーター、エリック・ゴールドバーグは、予備動作に思考そのものを直接関係付けることで知られています。これは極めて理にかなっています。キャラクターがあるアクションで「ワインドアップ（野球の振りかぶる動作）」をしていたら、「キャラクターはそのアクションを前もって計画し、どう動くかを考えている」と明確にわかります。一方、キャラクターが前兆もなく即座に動いたら、その動作は無計画という印象を与えるでしょう。

例えば、ポパイが油断しているブルートにパンチするシーンを想像してください。ポパイが後ろに振っている腕と、後ろから殴られるブルートの頭部では、思考プロセスに明らかな違いがあります。ポパイはブルートをやっつけようとしていますが、ブルートは握りこぶしが飛んでくることなどまったく考えていません！ 制作するときは、アニメーションにどのくらい予備動作を活用しているか、しっかり注意を払いましょう。それはまさに、頭を使って計画を立てる賢いキャラクターと、周囲にただ反応するだけのキャラクターの違いになるのかもしれません。

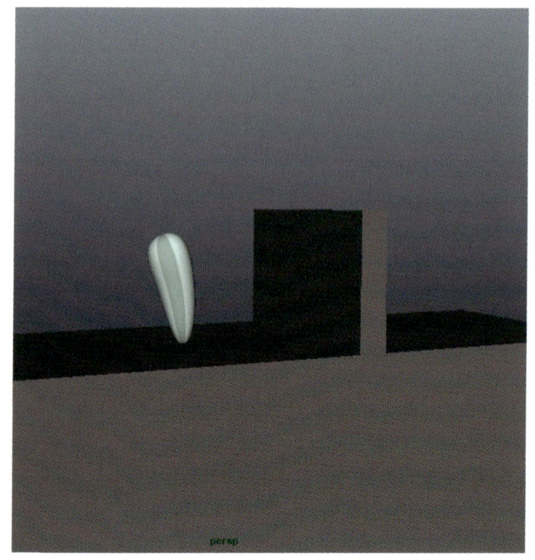

1 **anticipation.ma**を開きます。このシーンでは、跳ねるボールが壁を見て、器用に飛び越えます。何回か再生し、跳ねる前の予備動作に目星を付けてみましょう。

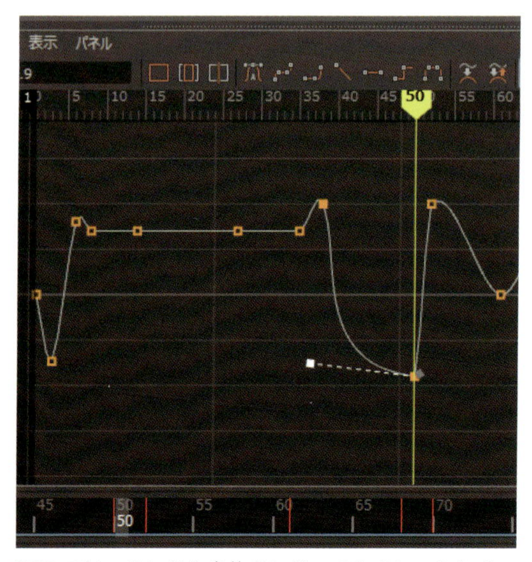

4 では、ハンドル自体をいじってみましょう！ ぐっと左にドラッグし、アニメーションを再生してください。ジャンプの裏で考えている様子が、違った印象になることに気づきましたか？ 予備動作の微妙な変化が、驚くべき結果を生み出します。

役立つヒント

アニメーションを高速で再生してみましょう！ ご存知のように、アニメーションはタイミングが命です。タイムライン上でスクラブ再生すれば、通常よりも遥かに多くの情報を獲得できます。タイムラインを右クリックして［再生スピード］を変更するか、プレイブラストを実行してアニメーションを確認してもよいでしょう

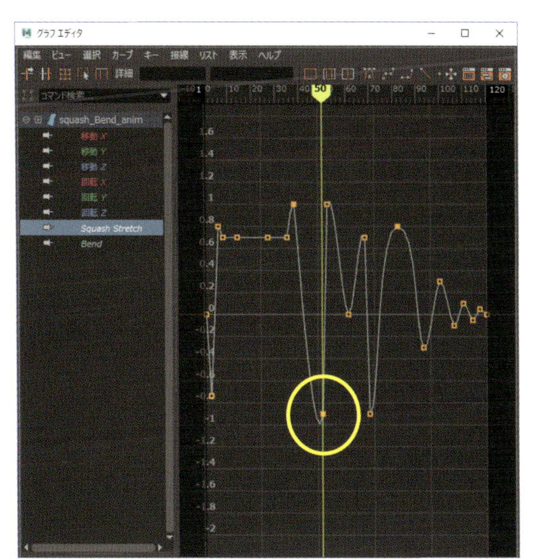

2 squash_Bend_animコントロールを選択し、[グラフ エディタ]を開きます。[Squash Stretch]のf50を見ると、ロック解除された接線のキーフレームがあります。これが予備動作のフレームです。この予備動作を試しながら、ベストな見映えを探りましょう。

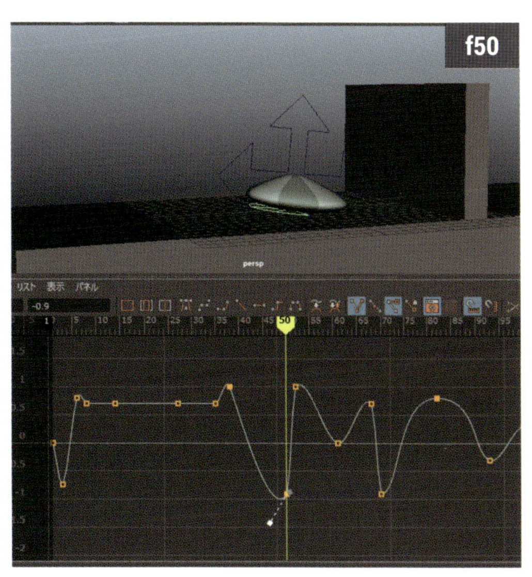

3 ロック解除された接線のハンドルで、キーを上下に移動させ、この予備動作に上手く合うサイズを見つけてください。アニメーションを繰り返し見て、最適なルックを探りましょう。それはあなた次第だということを、お忘れなく。

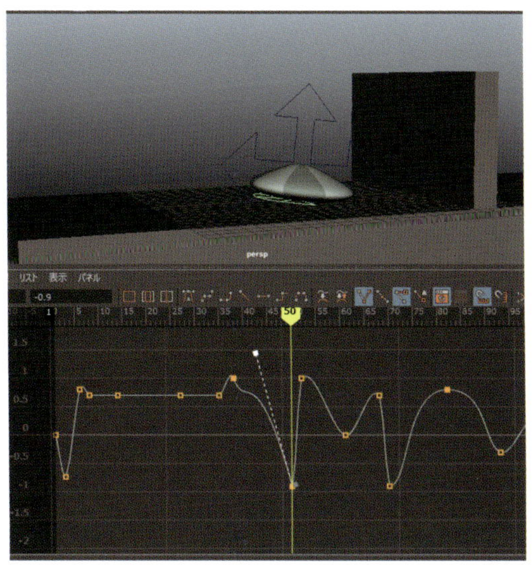

5 こちらの方が良いでしょうか？ 使用するキーフレームの数を最小に留めておけば、技術的な問題も軽減し、多くの時間を調節に費やすことができます。この予備動作は、新たにどんな印象を与えますか？ ボールは何を考えているのでしょうか？

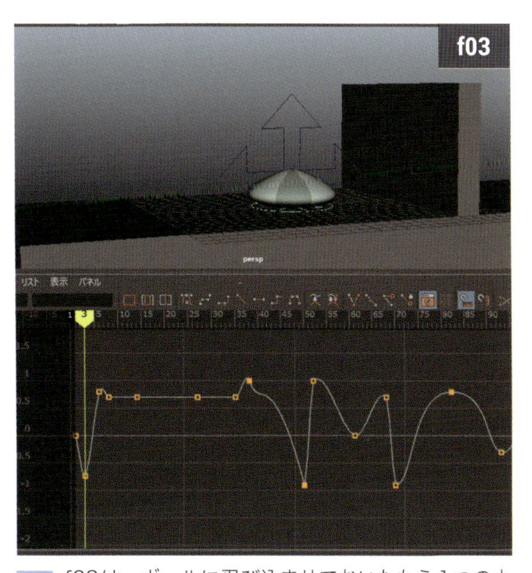

6 f03は、ボールに忍び込ませておいたもう1つの小さな予備動作です。ここでもサイズとタイミングを試してみましょう。そして、最も力強く魅力的な演技を見出だせるように、目を鍛えてください。

03 ステージング

ダウンロードデータ staging_start.ma / staging_finish.ma

ステージングは多くの美的感覚を含めるための基本であり、アクションを最適に捉えるカメラフレーミングを必要とします。また、動作やキャラクターの弧（アーク / 運動曲線）、ストーリーが最適な形で結びつくようなアニメーション計画も必要です。簡単に言えば、**ステージングとはシーンの作り方**です。

これは計画段階で始めるのが理想的です。ショットを始めるに当たり、印象的なポーズを見出す最適な方法は、ポーズを簡単にスケッチすることです。描画が苦手なら写真や動画を参照し、作業を始めるきっかけにしてもよいでしょう。初期段階におけるステージングの目的は、動きがはっきりと見えるようなポージングとレイアウトの設定です。

シーンを始めると、ステージングはより複雑になります。ショットを通して、明確なコミュニケーションを保つにはどうすればよいでしょう？ キャラクターが動くとき、好きなポーズすべてを入れることができるか、それとも、上手くいくようにポーズを変える必要があるのか？ このようにステージングとは、アクション全体について考えることを意味します。カメラの調節・レイアウトの微調整・構図のバランス調整が、シーンのステージングを向上させます。通常、ブロッキングが終わった時点で主要なステージングは決まりますが、それで終わりではありません！

アニメーションを設定できたら、ステージングで気をつける事項があります。それはショットのあらゆる瞬間で**観客の目が行く場所**です。シーンを正確にアニメートしていたら、観客の注意を向ける場所がよくわかるでしょう。ショットがひと段落つき、以降のパイプラインに移れば、観客の視点を集める他の要素（ライティング・エフェクト・編集）が決まります。

このようにアニメーターにとってステージング設定は、アイデアを伝えるショットを成功させる上で、大きな影響力を持っています。最高に印象的なものを作るため、これらのステージングコンセプトを実践してみましょう。今回は、跳ねるボールのアニメーション・カメラ・ライトの位置を調整していきます。

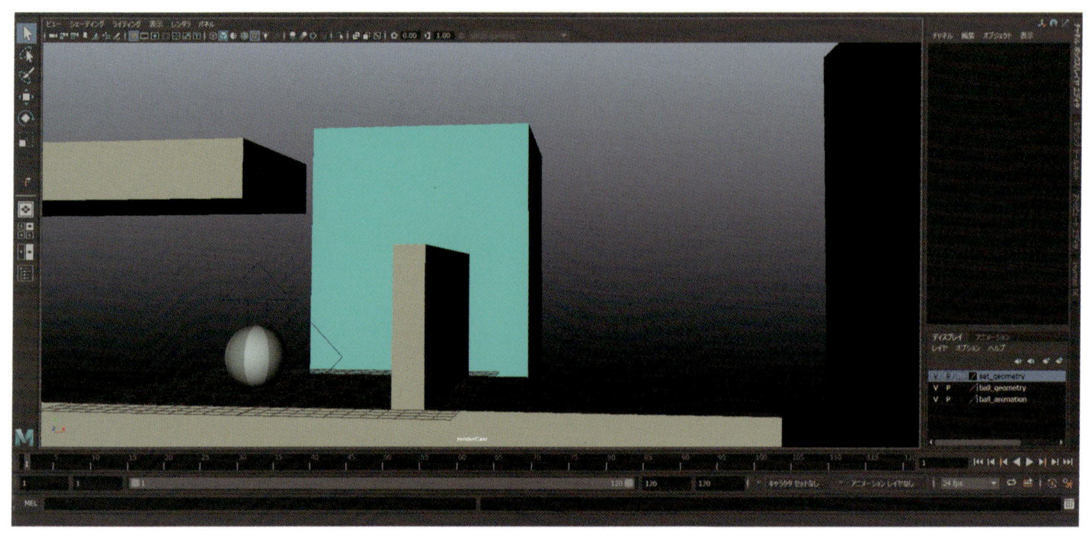

2 タイムラインをスクラブさせたとき、アニメーションが良く見えるアングルになるように、カメラを回転／パン／ズームさせましょう。これが私好みの良いアングルです。

役立つヒント

忘れがちですが、ステージングはカメラアングルだけの問題ではありません。おそらくプロダクションでは、ショットで設定されたカメラアングルを操作できません。つまり、与えられたカメラの中でステージングを設計する必要があります。そんなときは「ごまかし」のポーズ、特定のカメラ内で最適に見えるポーズを作りましょう。

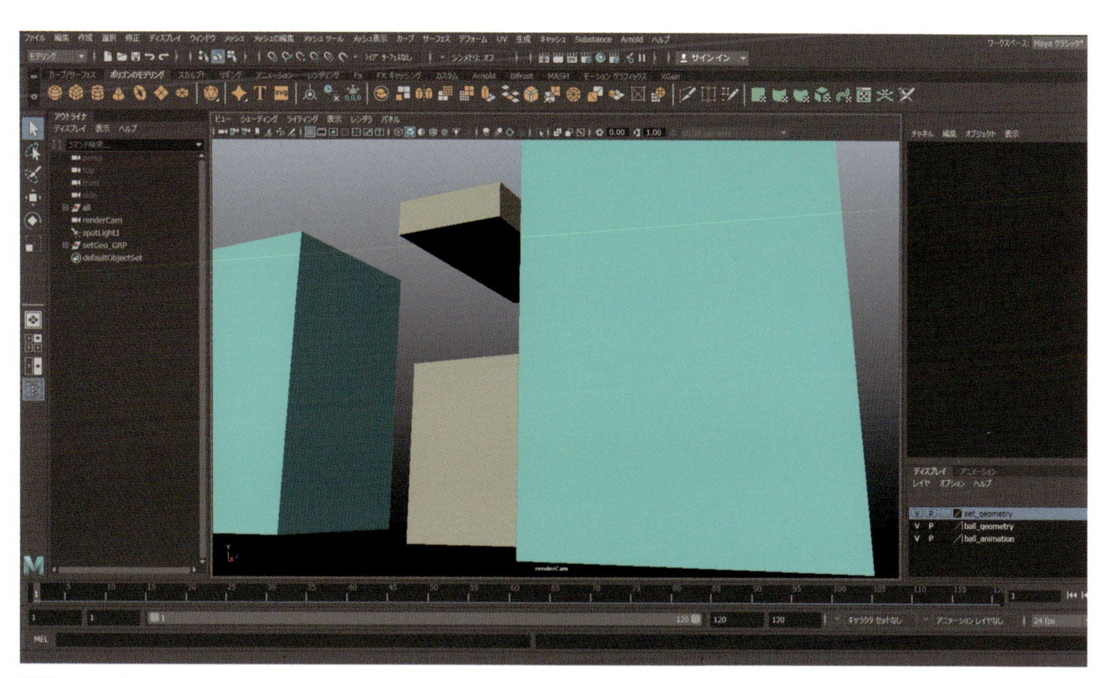

1 **staging_start.ma**を開き、パネルの１つを「renderCam」にセットしてください。おや、このシーンのステージングはいくつか問題がありますね。カメラはアクションが全く見えない位置に配置されています。ボールはおかしな位置にあり、ライトはメインのアクション全体に影を落としています。ではシーンを調節していきましょう。

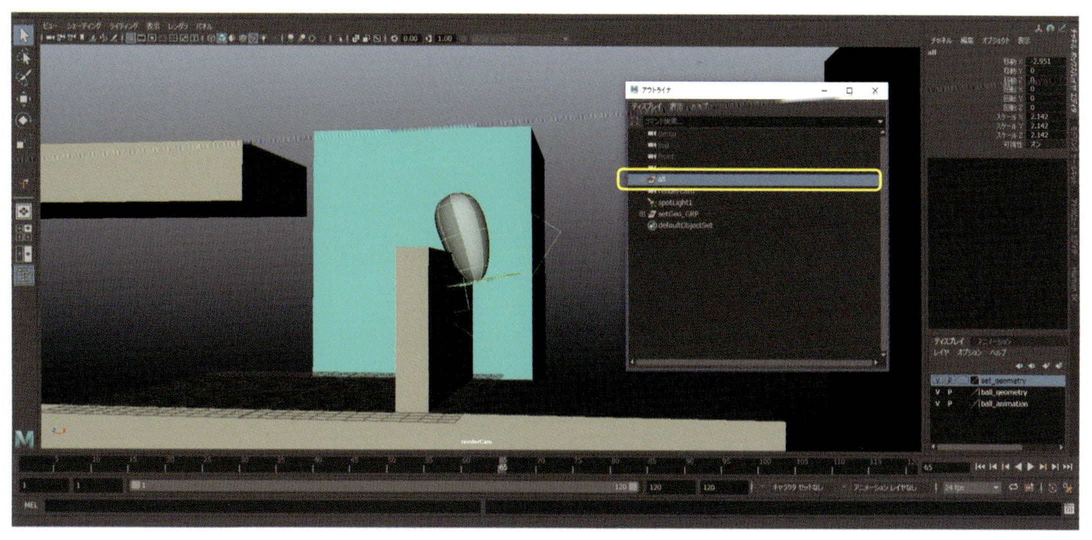

3 アクションがわかりやすく明確になるように、アニメートされたボールの位置を調節しましょう。[アウトライナ]で、allグループを選択、アニメーションを通してスクラブしてください。ボールが舞台の端に向かって前へ押し出され、f65で壁に当たっているように見えませんか？ もう少し中心に寄せ、ボールが軌道上で背景セットに当たらないように位置を再調整しましょう。

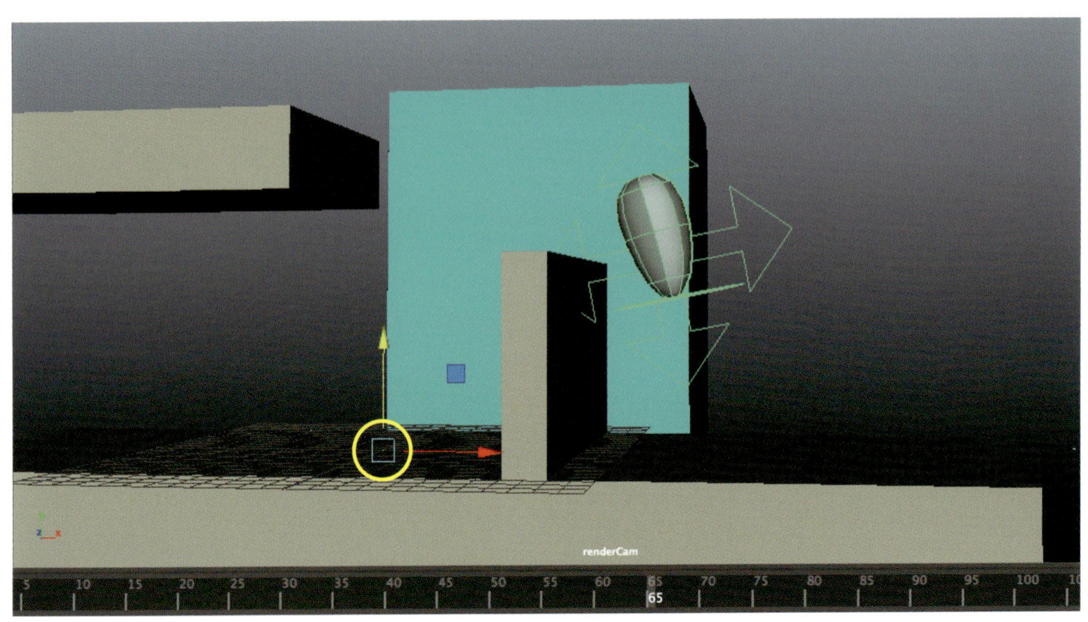

4 とても良くなりました。グループを原点に戻せば、カメラに対してアニメーションが上手く動作します。

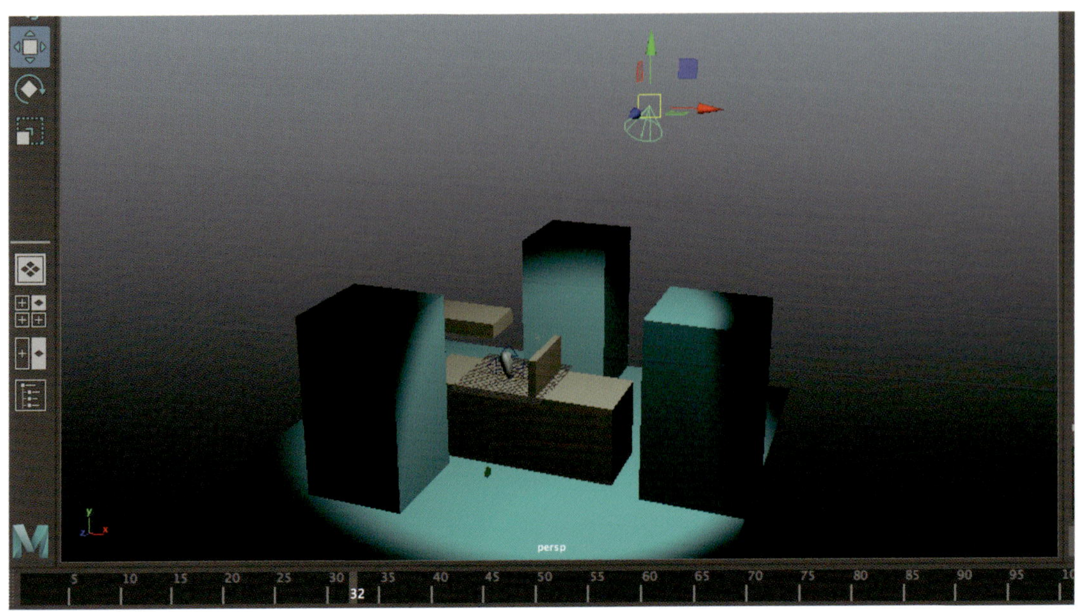

6 パースパネルで[7]キーを押して、ライティングをオンにします(ビューポートメニューで[表示] >[ライト](Show > Lights)がオンになっていることを確認)。ではライトを選択、ちょうどいい斜めのアングルになるまで、移動/回転します。シーン全体がよく見えるように、そして影の角度でディテールと深度が見えるように、アクションを照らしてください。

役立つヒント

スポットライトを選択したら、パネルメニューで［選択項目から見る］を選びましょう。すると、一時的にそのライトから見たようなカメラビューになります。Mayaユーザの多くは、パネル内のカメラツールで、カメラを通して見ながらライトを配置します。そうすれば、素速く簡単にシーンをステージングできます。Mayaでは、ライトのコーンアングルのプレビューが表示されます。

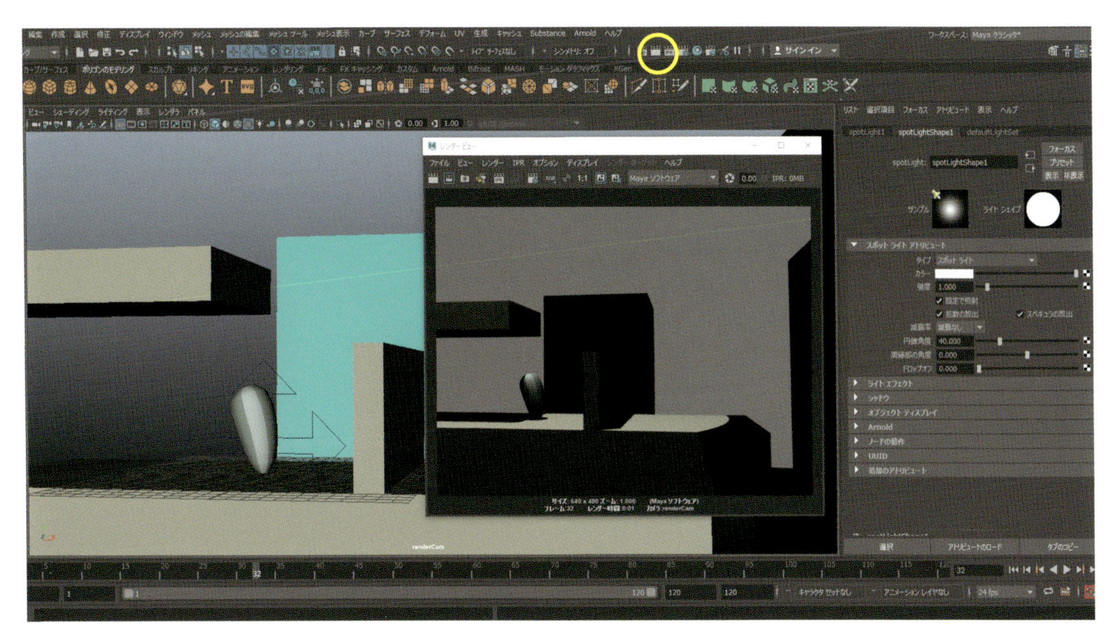

5 レンダーボタンを押して、ライトの配置を確認しましょう。おや、メインアクションが暗い影のなかで起きています！

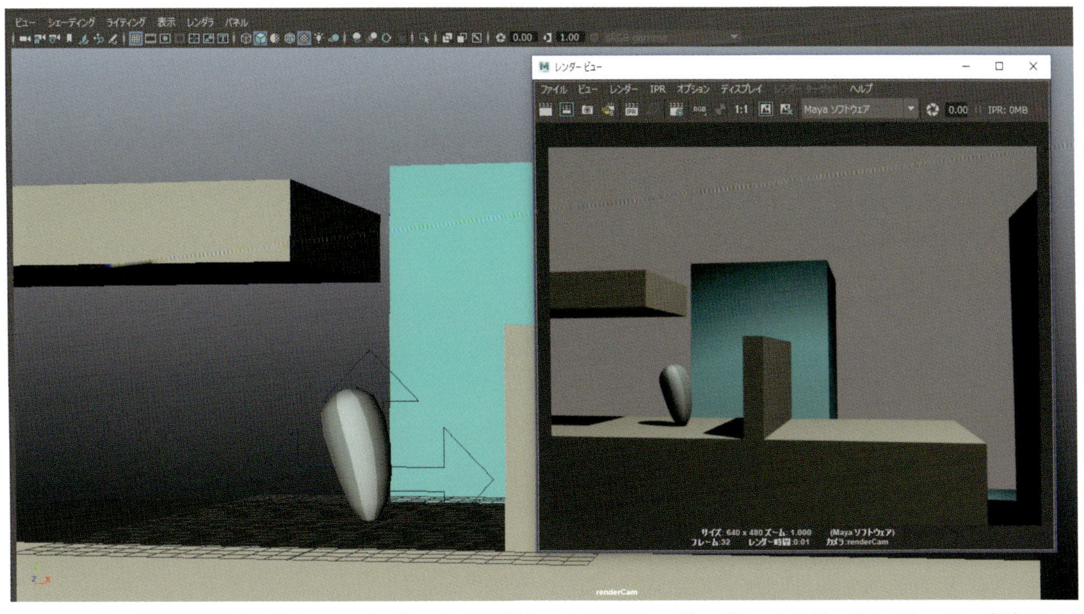

7 ライトの位置を再調整したら、renderCamに切り替えてもう1度レンダーボタンをクリックしましょう。素晴らしい出来映えですね。

04 ストレートアヘッドとポーズトゥポーズ

ダウンロードデータ straightAhead_start.ma / straightAhead_finish.ma

ここでは、アニメーションを設計するための２つの基本手法について説明しましょう。

ストレートアヘッドは、あるフレームでポーズを付けたベースアニメーションを作成し、フレームを１つ以上進めて、再びポーズを付けます。この手法は、カメラで1～2コマごとにフレームをキャプチャ（撮影）し、すべてのフレームでポーズを付けていくストップモーション型のアニメーションと同類と言えます。一方**ポーズトゥポーズ**では、まずキーとなるポーズを作ります。そして肝心なのは、キーポーズ間に空白や「ホールドポーズ」を挿入して、アニメーションの残り時間を補います。これは、ノンリニアの手法と同様に、タイムスライダでポーズを単純に調整し、ショット内でさまざまなタイミングを試すことができます。ただし、いずれの手法にも利点と欠点があります。

ストレートアヘッドは、アクションが機械的／物理的なときに使います。これらの場合、想像するよりもスローモーションのアニメーションを通してフレーミングする方が、動きを捉えやすいためです。例として、「ボールに追随するアンテナ」を見てみましょう。高度な物理アクションでは、アニメートしながらフレーミングし、逐一ポーズを調整しなければ、アンテナがどこに動くかを想像することは不可能です。まず、この例を実践してみます。

ポーズトゥポーズは、「キャラクターの演技」で使います。高度な物理アクションとは異なり、キャラクターが振る舞うキーポーズには、ストーリーを伝える役割があります。最高の瞬間を確実に表現するため、ポーズを作ってリタイムし、モーションが上手く機能するように調整します。アニメーターは演技アニメーションで、特に「ポーズ」を重視します。キャラクターのボディランゲージがしっかり表現されなければ、感動的なストーリーも色あせてしまいます。ポーズを作り、リタイムする際は、Mayaの［ドープシート］を使いましょう。

1 **straightAhead_start.ma**を開いてください。この跳ねるボールは見馴れていると思いますが、今回は頭にアンテナがあります。ストレートアヘッドの練習をしながら、このアンテナを前後にばたつかせてみましょう。

4 f08でボールが地面にぶつかるとき、アンテナはまだ反応しません。これは、ボールの勢いが上方向に移るときに、少し時間がかかるためです。アンテナをまっすぐ上に向けてキーをセットします（この例では**16**くらい）。

役立つヒント

ストレートアヘッドが最も上手くいくのは、動きのリファレンスとなるフレームがあるときです。この例では、ボールの位置でアンテナがどう動くかを判断しました。先が見えない状態で作ることと、ストレートアヘッドで作ることを混同しないでください。判断基準がなければ、経験豊富なアニメーターでもまず良いものはできません。アニメーションを作る前に、いつもしっかりとした計画を立てておきましょう。

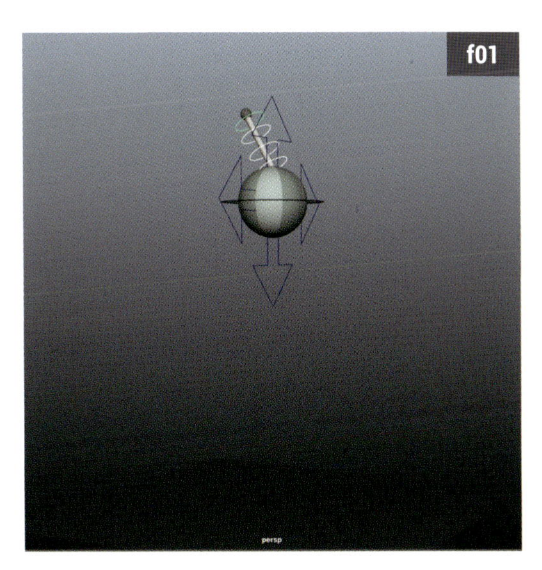

2 f01でボールは弧（アーク / 運動曲線）の頂点なので、アンテナは追い付こうと上方向に動きます。アンテナのコントロール（1〜4）をすべて選択し、キーをセットしてください。

3 f04に進みます。ボールは落下を始め、アンテナは数フレーム前の場所に留まろうと、上方向に動くはずです。演技付けでは、スカッシュ&ストレッチにも常に目を向けましょう。アンテナをもう少し上にしてキーをセットしてください（この例では**7**くらい）。

5 f10ではボールは再び上方向に移動しますが、数フレーム前に地面とぶつかった衝撃で、アンテナはまだ下方向に向かいます。アンテナを下方向に曲げてキーをセットします（この例では**-26**くらい）。

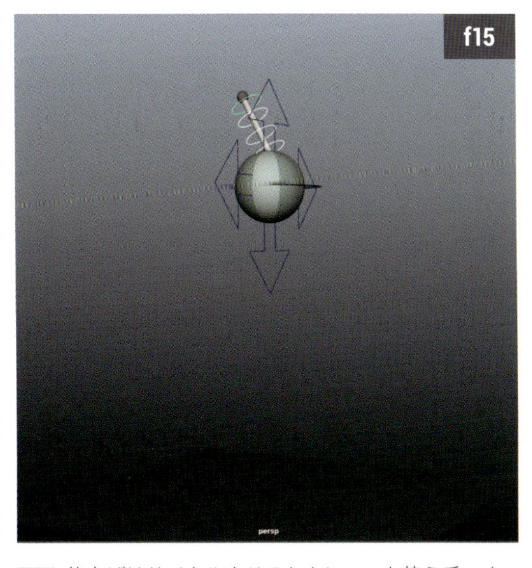

6 仕上げはサイクルさせるときにいつも使う手です。最初のフレーム（f01）を最後のフレーム（f15）にコピーしましょう。これでシーンは完成です。

ダウンロードデータ pose_to_pose_start.ma / pose_to_pose_finish.ma

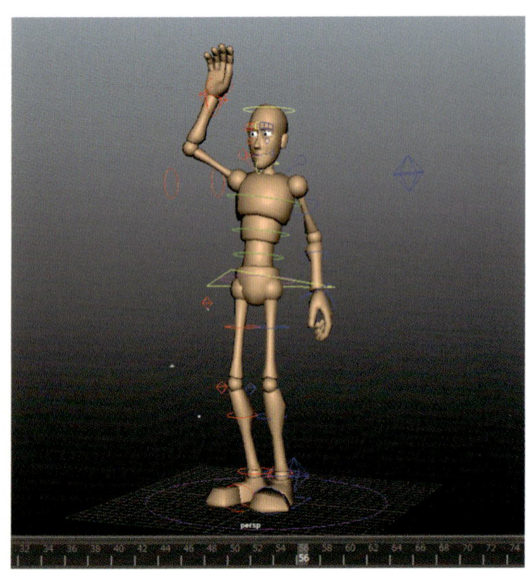

7 次は**pose_to_pose_start.ma**を開いてください。Goon（グーン）は、自分の知人と思い込んで、誰かに手を振ります。しかし、その人物が知人ではないことに気づきます！ 彼は手を引っ込めて恥ずかしそうなポーズになり、目を背けます。

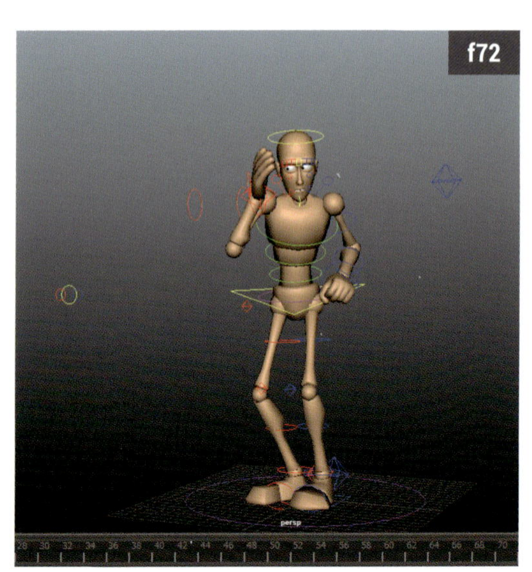

8 f72で恥ずかしそうなポーズを作り、[ドープシート]でタイミングを調節しましょう。身体のコントロールをすべて選択し、f72で[S]キーを押します。Goonの顔と身体に恥ずかしさを表現するポーズを付けましょう。

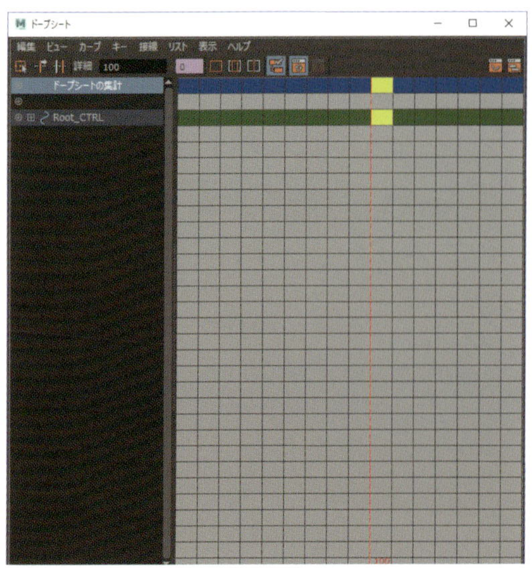

10 f72は最後のポーズとしては早すぎます。f72のブロックを選択し、移動ツールでもっと後のフレームに中ボタンドラッグしてください。良い感じに見えるところならどこでも良いでしょう！ 私は、こっそりと恥ずかしげなポーズになっていく感じが気に入り、f85を選びました。

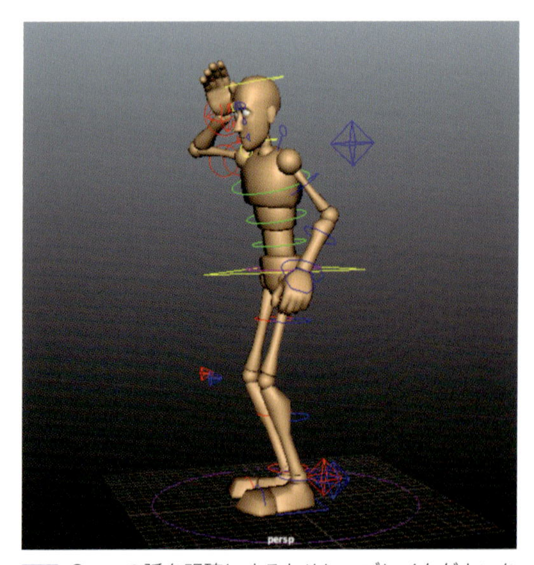

11 Goonの弧を明確にするために、ブレイクダウンを加えて、直線的な印象を和らげます。カメラを横顔に回してみましょう。腕が顔のかなり近くまで来ているのがわかりますね？ ポーズトゥポーズで作成したアニメーションをリタイムするときは、ブレイクダウンを追加し、細部を調整するのが一般的です。

役立つヒント

仮ポーズを決める良い方法をご紹介しましょう。すべてのコントロールを選択し、最後のキーポーズより少し前のフレームから、6～8フレーム後に中ボタンドラッグでキーをコピーします。完璧な仕上がりにするまで調整が必要ですが、作業を始める簡単な目安を作れます。

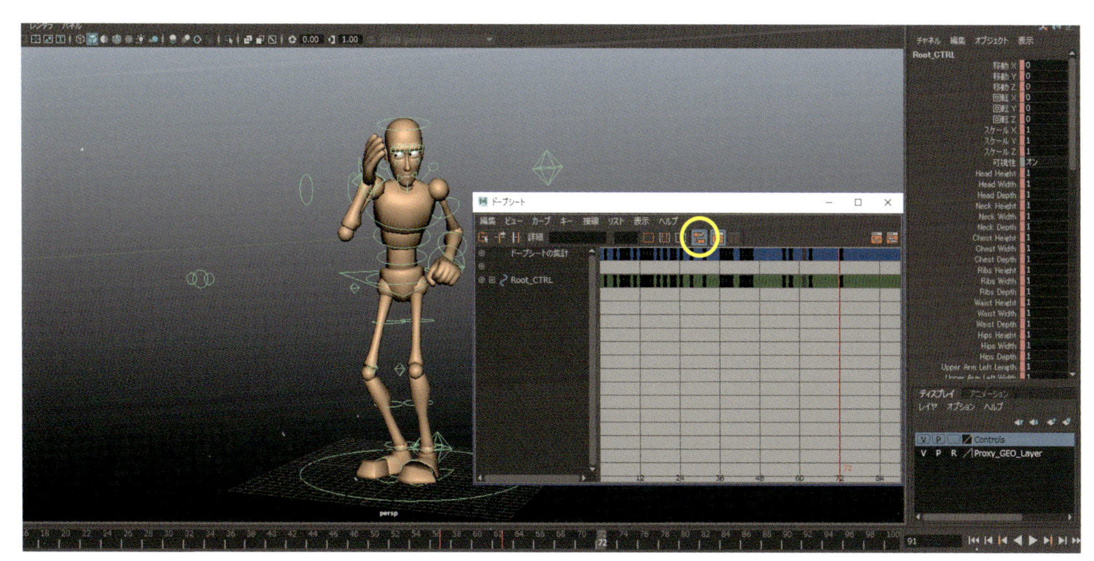

9 ［ドープシート］を開き、［下位層/階層なし］ボタンをクリックしてください。パネルでGoonのルートコントロール（root_CTRL）を選択すると、すべてのキーフレームが［ドープシート］に読み込まれます。［ドープシート］は、シーンで広範囲のリタイムを行うときに便利なツールです。

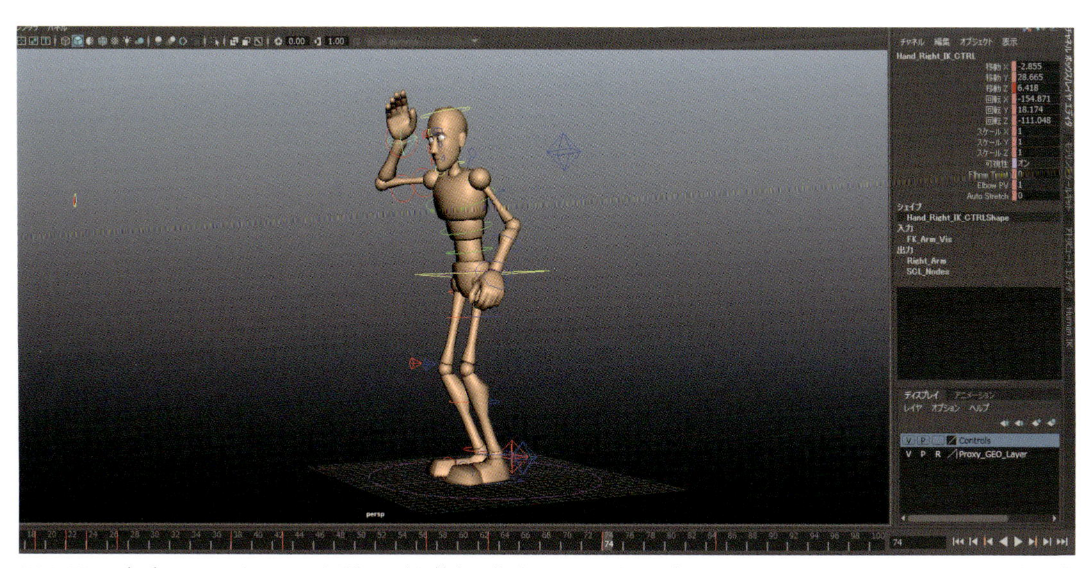

12 f74で右手のIKコントロールを選択、手を前方に移動させてください（GoonのCenter_Root_FK_CTRLを選択、背骨全体を少し前方に曲げてもよいでしょう）。これで頭上から顔付近までのポーズに、綺麗な曲線が生まれます。

05 オーバーラップとフォロースルー

ダウンロードデータ overlap_start.ma / overlap_finish.ma

オーバーラップとフォロースルーは、アニメーションにおいて最も直感的な基本原則です。いずれもオブジェクトを移動、減速させるために必要なエネルギーです。「**オーバーラップ**」とは、メインのアクションに対してオブジェクトが“遅れる”ことを意味します。「**フォロースルー**」とは、アクションが最後のポーズを“通り越す”ことを意味します。

オーバーラップはキャラクターアニメーションに流動性を生み出します。ジェスチャーに取り入れると、アニメーションに自然な柔軟性が生まれるでしょう。例えばキャラクターが腕を振るとき、手首も曲げると有機的な質感を上手く表現できます。また、歩行サイクルで背骨が自然に上下すると、落ち着いた感じに見えます。しかし、背骨を極度にオーバーラップさせると、落ち込み、悲しんでいるように見えます。このようにキャラクターの演技において、オーバーラップは非常に大きな影響力があるとわかります。

フォロースルーで主に表現できるのは、キャラクターの重量感です。キャラクターが重ければ重いほど、動作を止めるときにより多くのエネルギーが必要になります。フォロースルーを使って、これを強調しましょう。

すでに前のセクションで少しオーバーラップの練習をしました。今度はGoonがジャンプした状態から着地するシンプルなアニメーションで、さらに練習を重ねましょう。

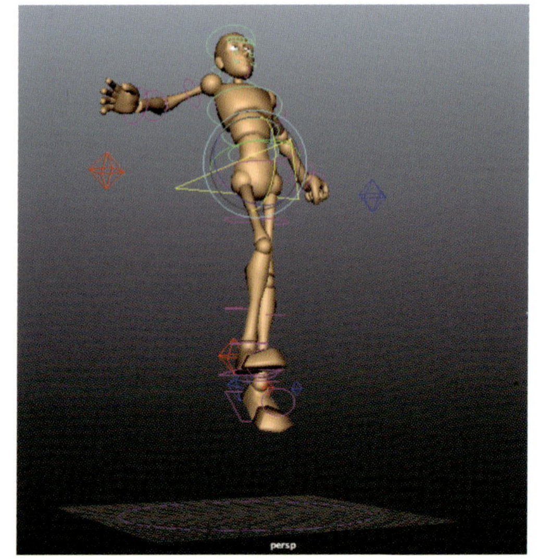

1 **overlap_start.ma**を開いてください。アニメーションを再生すると、Goonがジャンプから着地する瞬間であるとわかります。しかし、背骨は非常に硬く、不自然な状態です。このシーンには多少のオーバーラップとフォロースルーが必要です。

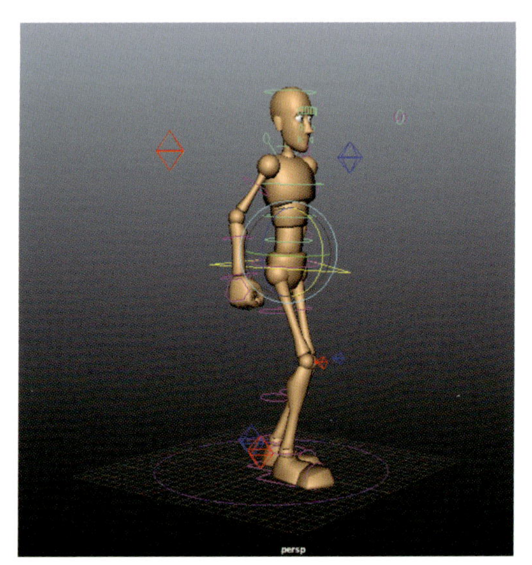

4 身体を起こすときは、あまり早過ぎないように注意しましょう。ここでも同じように、別のタイミングやポーズの強さを試してください。ほんのわずかにフレームが違うだけで、重量感が劇的に変化します。

役立つヒント

簡単なカーブのオフセットは一般的な手法ですが、これでオーバーラップとフォロースルーが完成というわけではありません。完成度の高い優れた結果に仕上げるには、ほぼ毎回、入念にカーブを調整する必要があります！

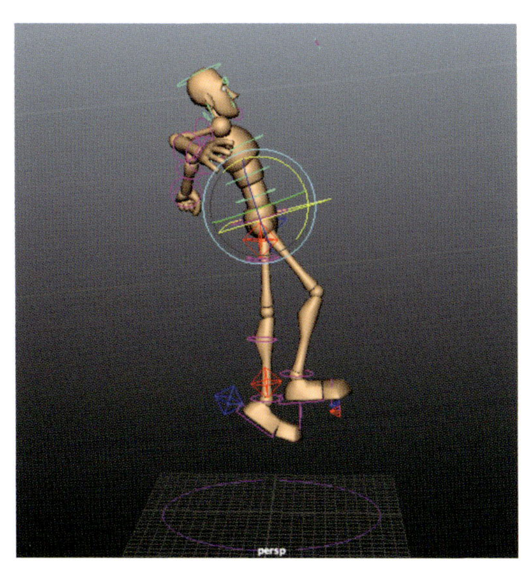

2 背骨にあるコントロールを選択し、f01でキーをセットします。前のセクションでアニメートしたアンテナのように、落下するときに背骨を"遅らせる"、つまりオーバーラップさせましょう。背骨を真っ直ぐにして、キーをセットします。図のようなポーズで良いでしょう。

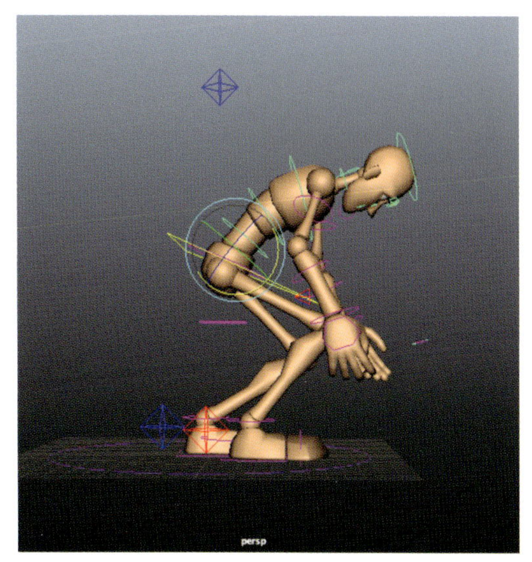

3 着地するときのアクションには、フォロースルーが必要です。具体的に言うと、背骨を前に曲げます。別のポーズやタイミングもいくつか試してみてください。

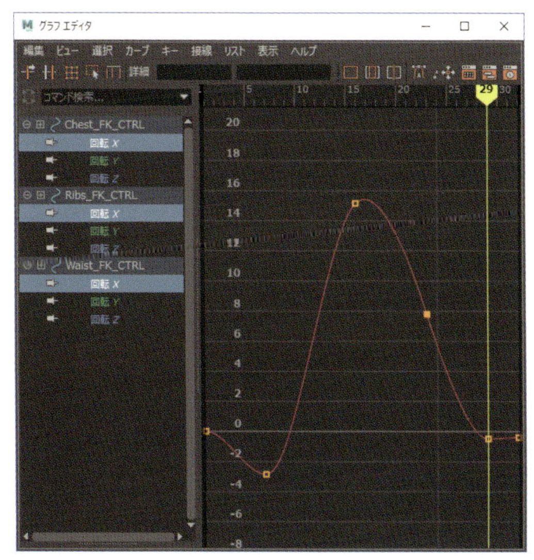

5 このアクションに、もっと自然なフォロースルーを作るため、オーバーラップをオフセットしましょう。背骨のコントロールを選択し、［グラフ エディタ］を開きます。［回転 X］チャネルを選択すると、図のようになります。

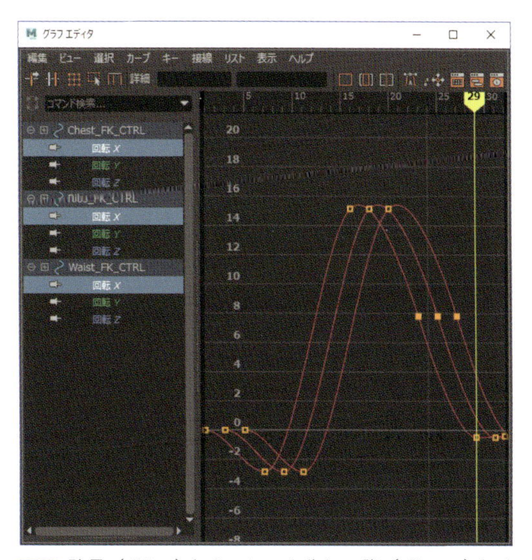

6 肋骨（Ribs）を2フレーム先に、胸（Chest）を4フレーム先にオフセットしましょう。アニメーションを再生すると、背骨に流動的なオーバーラップが加わり、さらに良くなっているのがわかります。

06 スローイン・スローアウト

ダウンロードデータ slow_In_Start.mb / slow_In_Finish.mb

スローイン・スローアウト（イーズイン・イーズアウト）とは、以下の状況におけるキーのスペーシング（間隔取り）を指します。

①アクションが静止状態になり進行方向を変える

②ポーズトゥポーズの遷移

この原則は、オブジェクトを即座に停止させるのではなく、アニメーターがよくやるように減速させること（ポーズにスローイン）、またはオブジェクトを急にフルスピードに上げるのではなく、動き始めながら段々と速度を上げること（ポーズからスローアウト）を意味します。Mayaではこの原則を、[グラフ エディタ]の［フラット接線］で表現できます。弾むボールのカーブを見てみると、オブジェクトの進行方向が変わるときに、スローインするのがわかります。ボールが弧（アーク / 運動曲線）の頂点（Yカーブの平坦な接線）に到達するとき、つまり進行方向の変化と加速が再び開始する前に、フラットな状態に減速します。

とはいえ、これは一律に適用できるルールではありません。**すべてのアクションをスローイン・スローアウトさせないでください！** 弾むボールのアニメーションでは、ボールが地面とぶつかるとき、スローイン・スローアウトは起こりません。ボールが堅い地面にぶつかって急に方向を変えるときは、これらの接線を非常にシャープにした方向転換でアニメートします。また、キャラクターが走っているアニメーションを思い浮かべてください。足は地面を強く踏みつけますね。それはつまり、足が地面と衝突する際に、まだ加速し続けているということです。

あたかも[フラット接線]が既定であるかのように、[グラフ エディタ]ですべての接線を“フラット化”するのはありがちなミスです。スローイン・スローアウトを深く理解しておけば、上手に緩んだポーズを作る状況や、くっきりと方向転換する状況がわかるようになります。Mayaの［編集可能なモーション軌跡］を利用して、スローイン・スローアウトを使うタイミングを練習しましょう。スローイン・スローアウトについてもっと知りたい人は、「2章 スプライン」もチェックしてください。

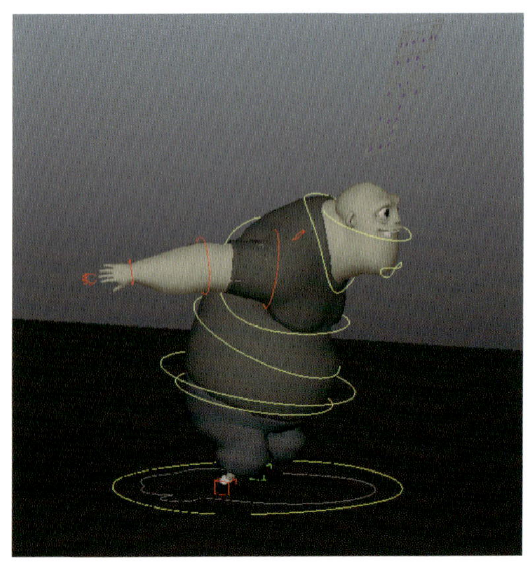

1 **slow_In_Start.mb**を開きます。このシーンではキャラクターのGroggy（グロッギー）が大きくジャンプしています。アニメーションを再生すると、空中の動きに問題があるとわかります。原因を調べてみましょう。

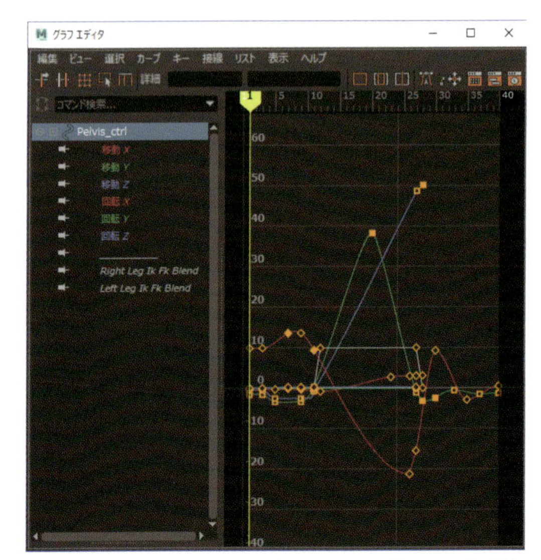

4 骨盤コントロールを選択したまま、［ウィンドウ］>［アニメーション エディタ］>［グラフ エディタ］（Windows > Animation Editors > Graph Editor）を開きます。

役立つヒント

[編集可能なモーション軌跡]は削除せず、一時的に隠しておく方がよいでしょう。[アウトライナ]でモーション軌跡ハンドルを選択し、[ctrl]+[H]キーを押してください(再表示は[アウトライナ]でハンドルを選択し、[shift]+[H]キー)。削除したものが、いつまた必要になるかわかりませんよ!

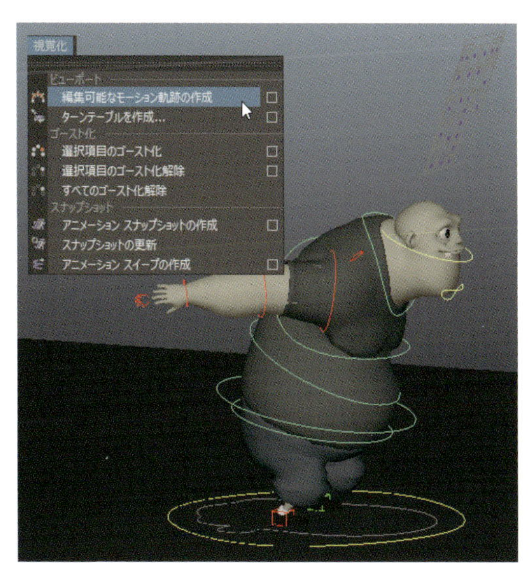

2 [F4] キーを押して、[アニメーション] メニューセットに切り替えます。Groggyの骨盤コントロール(pelvis_Ctrl)を選択、[視覚化]>[編集可能なモーション軌跡の作成](Visualize > Create Editable Motion Trail)をクリックしてください。

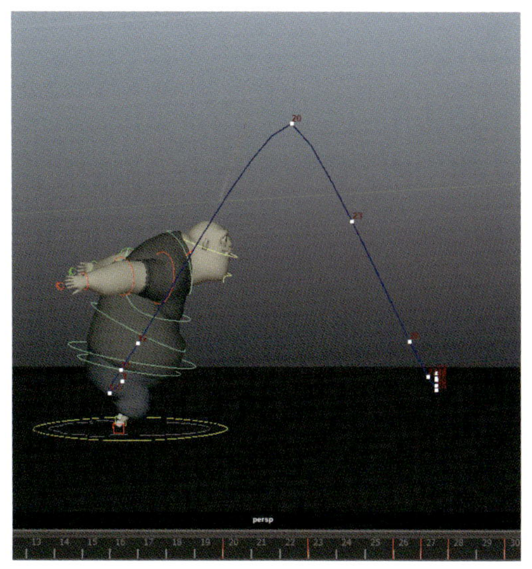

3 なるほど! 問題がはっきりしましたね。ジャンプの頂点(最も高い位置のキーフレーム)をスローイン・スローアウトにすると良さそうです。[グラフエディタ]で修正しましょう。

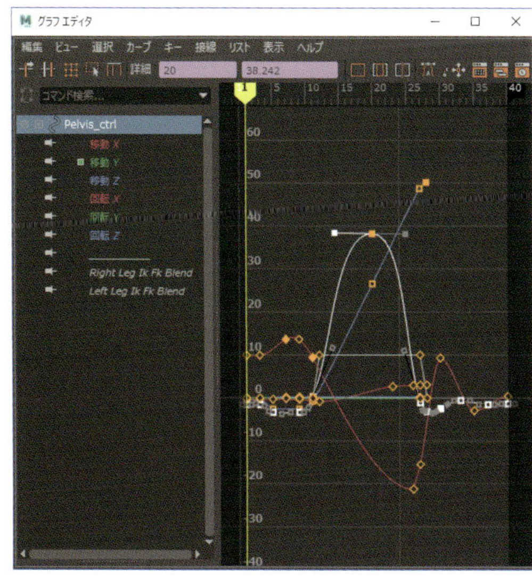

5 [移動 Y]カーブには明確なピークがあります。このカーブの頂点でキーフレームをクリック、2つの接線ハンドルを表示します。どちらかを選んで[W]キーを押し、外方向にハンドルをドラッグすると、カーブの頂点は滑らかで平らな形になります。

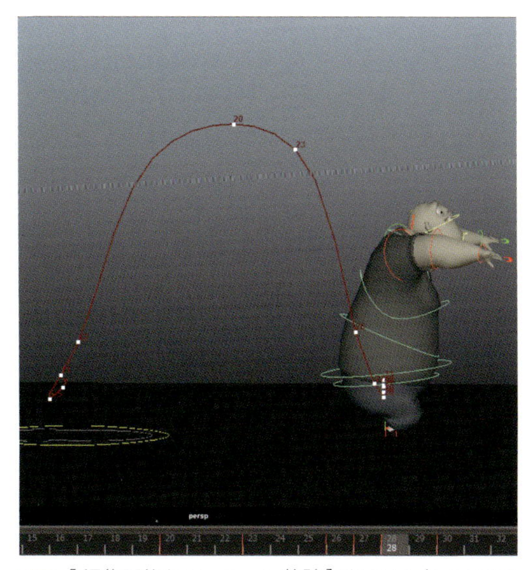

6 [編集可能なモーション軌跡]はリアルタイムで更新されるので、パースパネルで結果を見てみましょう。アニメーションを再生すると、ジャンプの頂点にスローインが加わり、シーンが改善されたことを確認できます。

07 弧（アーク / 運動曲線）

ダウンロードデータ arcs_start.ma / arcs_finish.ma

初期のアニメーターたちは「**自然な動作の多くは曲線を描く**」という興味深い事実に気づきました。そして、より魅力的な動きを作り出すために、アニメーションにこの軌道を取り入れることを実践したのです。これは、弧（アーク / 運動曲線）の原則として知られています。機械的／ロボット的な振る舞いを避けるため、常に画面のオブジェクトを目で追い、直線的な軌道になっていないか確めましょう。まずあらゆる角度から観察し、最後に最も重要なカメラビュー（観客はこれを見ることになります！）を確認します。

よくあるミスは、主な身体のコントロールの弧のみに注目してしまうことです。私たちアニメーターは、キャラクターに大まかなポーズを付けるコントロール（Root、Hand IK、Foot IK、Head）に注意が偏りがちです。新人アニメーターは、弧に注意を払おうとするものの、4～5つのメインコントロールにすべての意識と時間を注いでしまい、スムージングでも限られた範囲しか見ていません。その結果、身体のアニメーションは一貫性のないビジュアルになってしまいます。

そうではなく、全体を見てそれぞれの力関係を見極めなければなりません。ポーズの力関係をどう判断するかを学ぶ上で、『リズムとフォース：躍動感あるドローイングの描き方』（マイケル・マテジ著、ボーンデジタル刊）が非常に参考になります。全体のポーズそれ自体が、素早い変化やダイナミックな形で構成されていることを研究してください。これは弧上で自然に動くために必要です。

ここでは、ボディ全体でターンするアニメーションの弧を調整します。最初にキャラクターは向かって左を向いており、急ターンして右を向きます。このターンにブレイクダウンキーは打たれていません。つまり、左から右にポーズが移るとき、単調で直線的に補間された動きになっています。これを修正するために、ブレイクダウンを追加して、ターンの弧を改善しましょう。

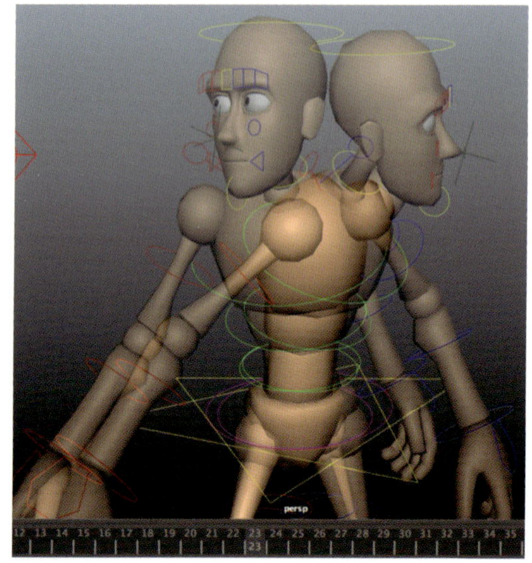

1 **arcs_start.ma**を開いて再生してください。おや！ ターンが不自然で機械的ですね。身体と頭部が、左から右へと直線的にターンしているのがわかりますか？ 手早くターンの動きに調整を加え、修正していきましょう。

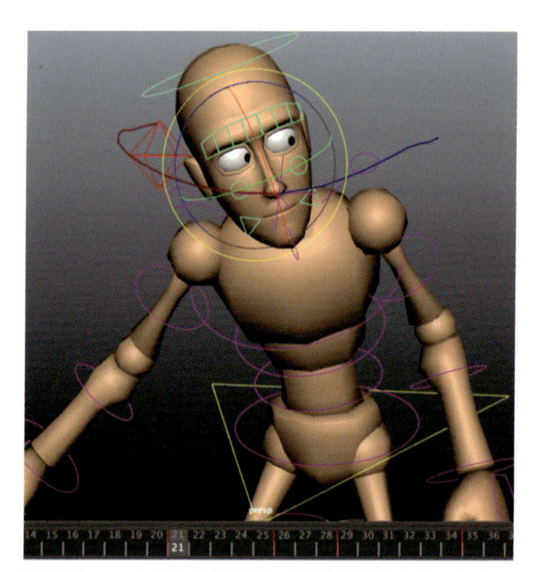

4 ターンするときは通常、頭部が身体をリードすると覚えておきましょう！ 頭部を少しだけZ軸で回転させ、ターンするときに顎を傾けます。これで頭部が少し自然な動きになりました。

役立つヒント

ビューポートで腕の弧を編集したいなら、まずIKの腕を編集してアニメーションをブロッキングします。次にコントローラに［編集可能なモーション軌跡］を加え、そのショットのアニメートを続けます。モーション軌跡の視覚的なフィードバックは便利です。この方法によって、実際にカメラフレーム内でアニメーションを作り込むこともできます。

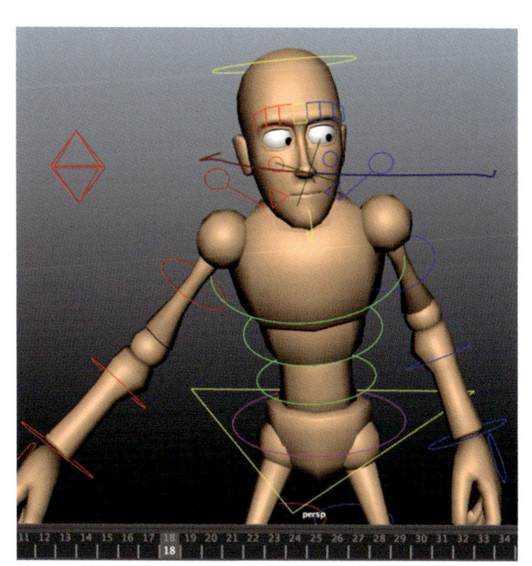

2 Goonの鼻先のnoseTrack_Locコントロールに、［編集可能なモーション軌跡］があります。このシーンでは、モーション軌跡を編集しませんが、視覚的なフィードバックを得るために利用します。頭が直線的にターンしているかわかりますね？

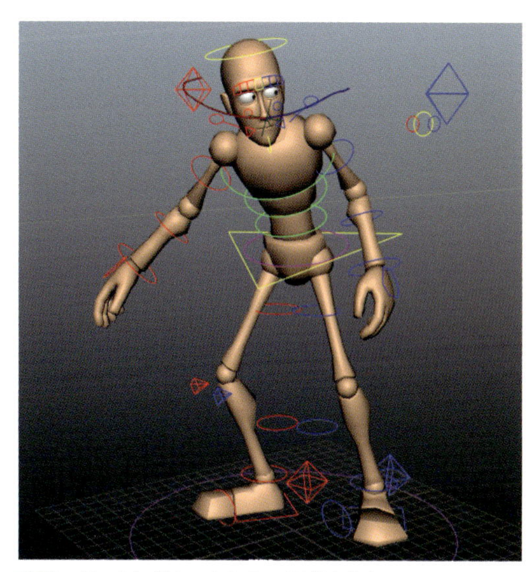

3 ブレイクダウンを加え、細部を作り込みましょう。Center_Root_FK_CTRL、Waist_FK_CTRL、Ribs_FK_CTRL、Chest_FK_CTRL、Neck_FK_CTRL、Head_FK_CTRLを選択してください。f21に進み、Goonの身体を少し曲げ、モーション軌跡が曲がるようにポーズを作ります。

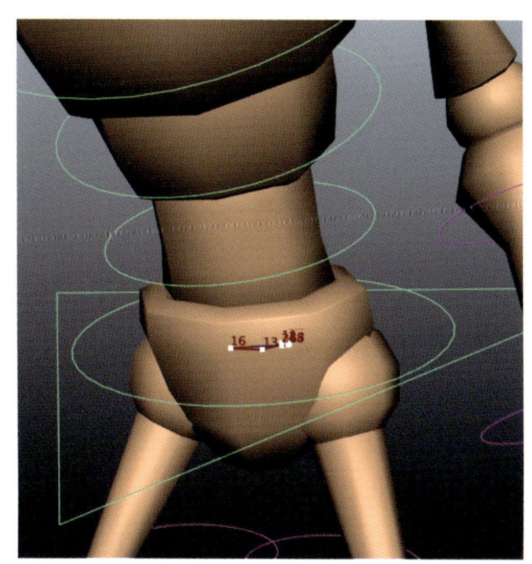

5 Center_Root_FK_CTRLを選択、［編集可能なモーション軌跡］をもう1つ作りましょう。身体の動きにも、弧のスムージングが必要です！

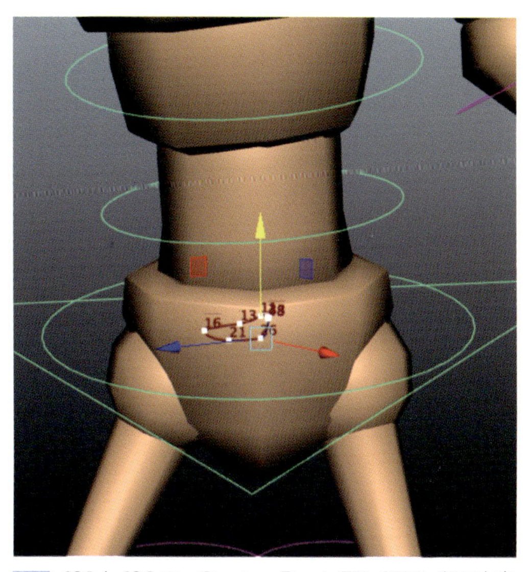

6 f21とf26で、Center_Root_FK_CTRLを下方向に移動させてブレイクダウンキーを作り、見映えの良い曲線運動を描きます。Mayaの［編集可能なモーション軌跡］は、パネル上で直接編集ができる強力なツールです。残りの部位でも弧を確認し、スムーズな動きにしましょう。

08 副次アクション（セカンダリアクション）

ダウンロードデータ secondary_start.ma / secondary_finish.ma

この原則は、深い**サブテキスト**（行間にあるもの、またはセリフでは表されない態度）をシーンに生み出すもので、主要（プライマリ）アクション以外のあらゆるアクションを指します。キャラクターが鉛筆を削りながら同時に上司のグチをこぼしていたら、それが副次アクションです。すなわち、鉛筆を削る主要アクションは、上司について話すときのポーズとボディランゲージに影響を受けます。鏡から振り返る前に手で髪をかき上げ、自分にウィンクするナルシストの動作は、良い副次アクションになります。このときの主要アクションは振り返る動作ですが、髪をかき上げる手が、シーン全体に異なる意味を巧みに加えます。

副次アクションの素晴らしいところは、やり過ぎということがあまりない点です（特に人間の場合）。私たちは常にマルチタスクで、同時に複数のことをこなしているものです。もちろん、アニメーションでそれをやると詰め込み過ぎになります。実際にはバランスが必要ですが、シーン上のほとんどの場面で追加レベルのアニメーション、すなわちサブテキストが使われます。

熟練のアニメーターは実際に副次アクションを活用し、シーンのサブテキストに合うように「**アクションの色付け**」をします。つまり、これは同じアクションであっても、標準的な面白みのない演技との違いを出すため、ポーズ・タイミング・スペーシングで副次アクションに変化を付けるのです。

1つ例を挙げましょう。母親が窓の外を見つめながら服にアイロンをかけているシーンを想像してください。すると父親が部屋に入ってきて、息子が戦争で死んだと告げられます。彼女は顔をそむけ、まだアイロンがけを続けますが、彼女のボディランゲージは変化します。手は震え始め、目には涙が浮かび、気を失いつつあります。この例では、服にアイロンをかける動作に対する調整（このシーンの副次アクション）が、アクションの色付けと呼ばれるものです。

ではもう1度、窓の外を見つめる妻と、部屋に入ってくる夫という同じ設定を思い浮かべてください。今回は、夫が妻に「調子はどう？」と尋ねます。その朝、妊娠したことを知った妻は「いいわ」と答え、笑顔を浮かべるとしましょう。あなたはこのシーンをどうやって副次アクションで“色付け”しますか？ 夫が部屋に入って来る音が聞こえたとき、彼女はわくわくして動作のスピードを上げるでしょうか？ おそらく、彼女は箱から子供服をいくつか取り出しており、それがアイロンをかけている理由になるはずです。そして、夫に調子を伝えるとき、動作を止めて服を見ることでしょう。このような副次アクションによって、アニメーターは幾多にもわたる微細な表現を手にするのです。私は副次アクションのことを「**サブテキストへの窓**」と呼んでいます。

シーンに微細な表現を加える副次アクションの練習として、アニメーションレイヤを使ったシンプルな小技を試してみましょう。図書館のシーンで座っているGoon（グーン）がいます。とても退屈そうに指で机をトントン叩いていると、好みの人が通り過ぎ、それを目で追います。アニメーションレイヤのウェイトで指をアニメートさせ、そのアクションに“色付け”してみましょう。基本的に、通り過ぎる人に目を奪われている間、指で机を叩くことを忘れます。ときには、副次アクションを止めるだけの何気ない表現でも成立し、十分な色付けになります。

役立つヒント

アニメーションレイヤとその使い方の詳細は12章でご紹介します。

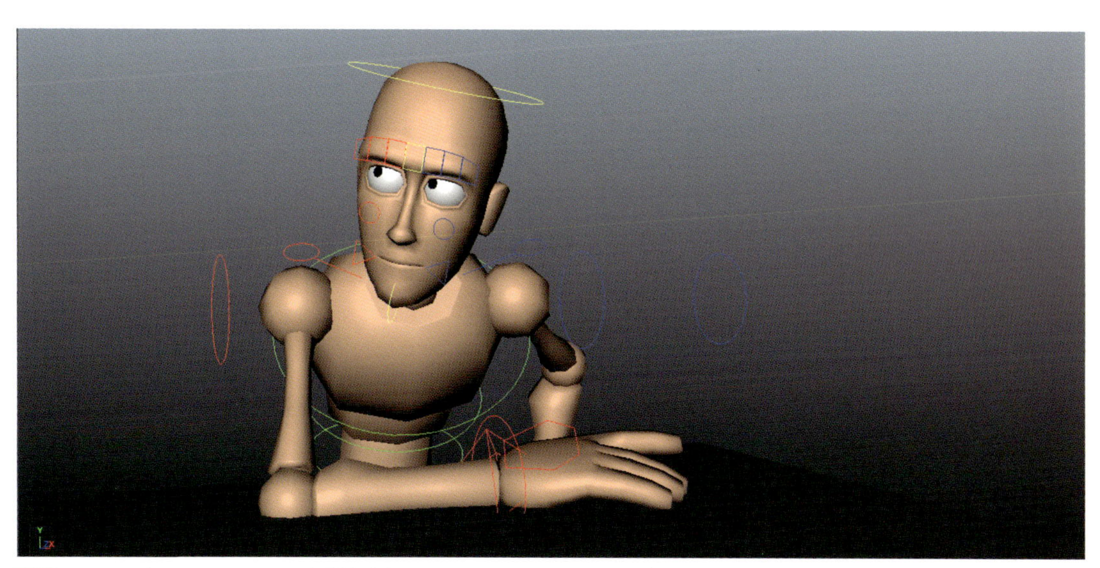

1 **secondary_start.ma**を開きましょう。アニメーションを再生すると、とても退屈そうなGoonが指で机を叩いています。そこに、好きな人が通りがかり、彼の心を捉えます。

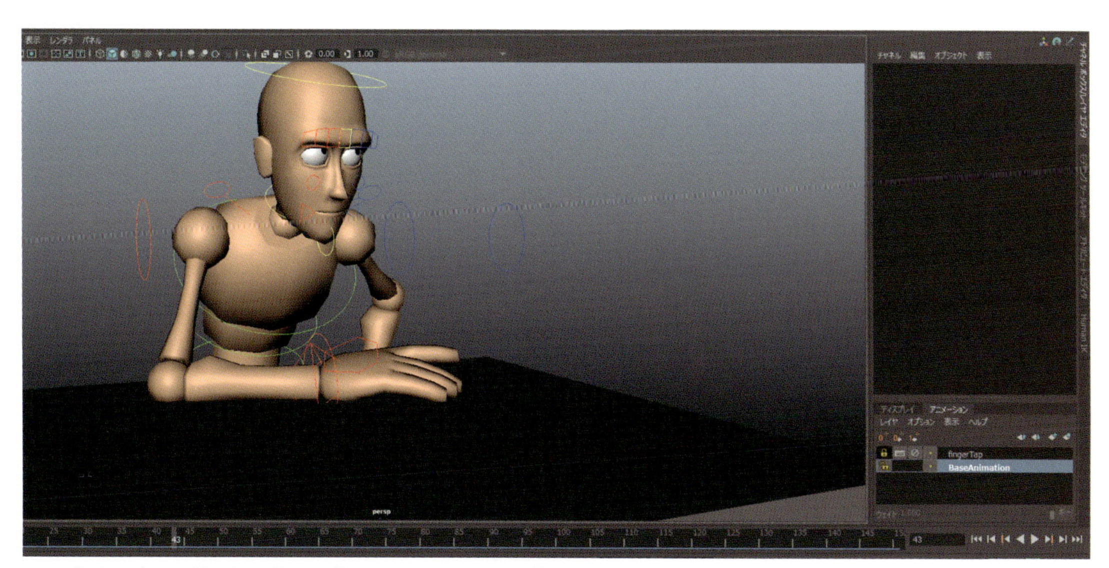

2 ［チャネル ボックス］の下部に2つのレイヤタブが表示されています。［アニメーション］タブを選ぶと、「BaseAnimation」（アニメートされた身体全体）と「fingerTap」レイヤが表示されます。

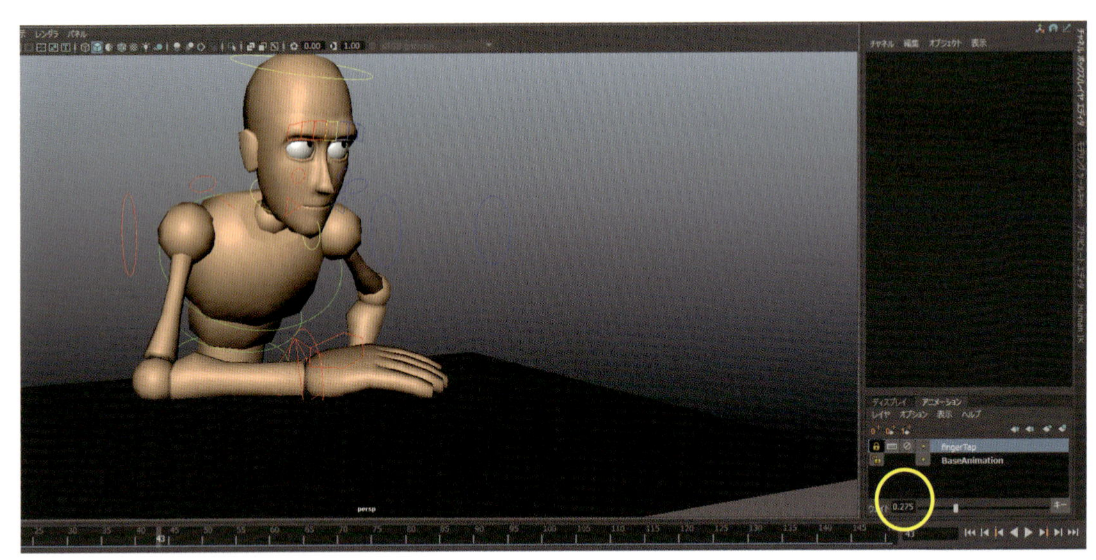

3 Mayaには、アニメーション同士をブレンドするための強力なツールが搭載されています。実際に複数のアニメーションレイヤ同士をブレンドできます（それをすべて把握できるかは別問題ですが）。ウェイトスライダを動かして、指で叩く動作にどう影響するか確認しましょう。

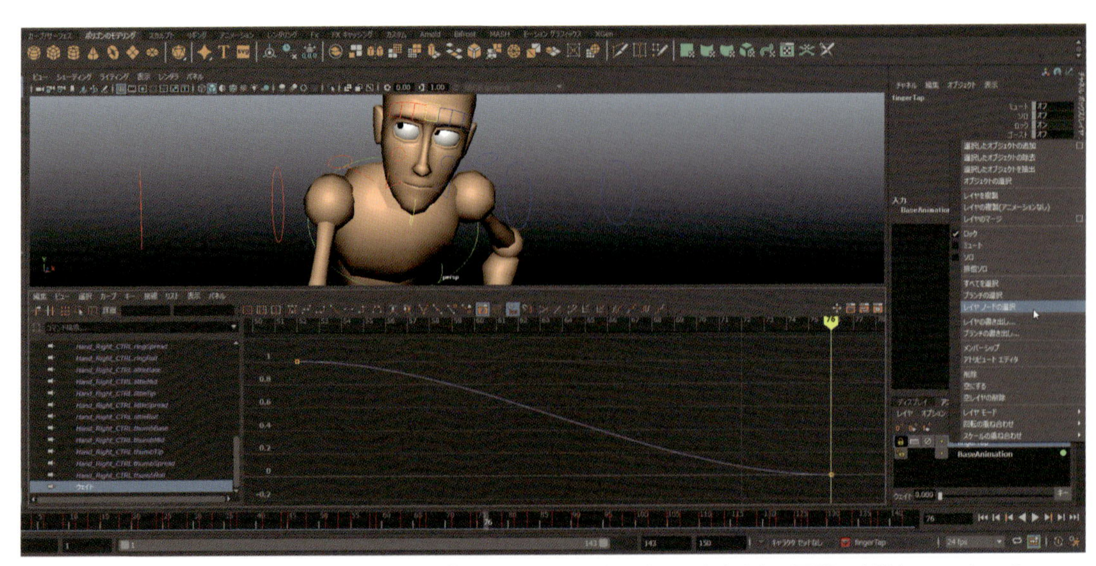

5 アニメーションを10～20フレーム進めて、「fingerTap」レイヤのウェイトを0まで下げてください。これでGoonは通りがかる人に釘付けになり、指で叩く動作の副次アクションを完全にやめます。[グラフ エディタ]でウェイトカーブを見るにはアニメーションレイヤで右クリックし、[レイヤ ノードの選択]を選択してください（リストの一番下に表示されます）。

役立つヒント

副次アクションの作り方がわからない場合、まずマスターのアニメーションレイヤに主要アクションのキーをセットしましょう。硬い感じに見えるときだけ、別の新しいアニメーションレイヤに副次アクションのキーをセットします。こうすれば、副次アクションが上手くいかなくても、主要アクションを壊すことなく、いつでもレイヤをオフにできます。

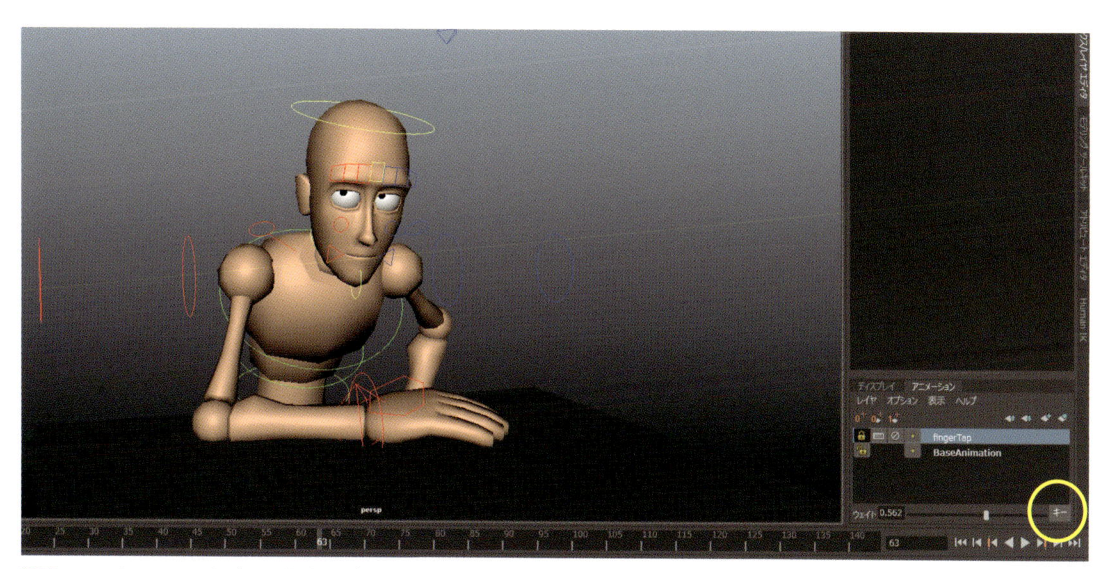

4 アニメーションをブレンドするだけでなく、ウェイトにキーを打つこともできます！ Goonが歩いてくる人物に気付いたとわかるフレームを見つけてください。[アニメーション レイヤ]タブで、ウェイトスライダの隣の[キー]ボタンを押し、「fingerTap」のウェイトにキーをセットしましょう。

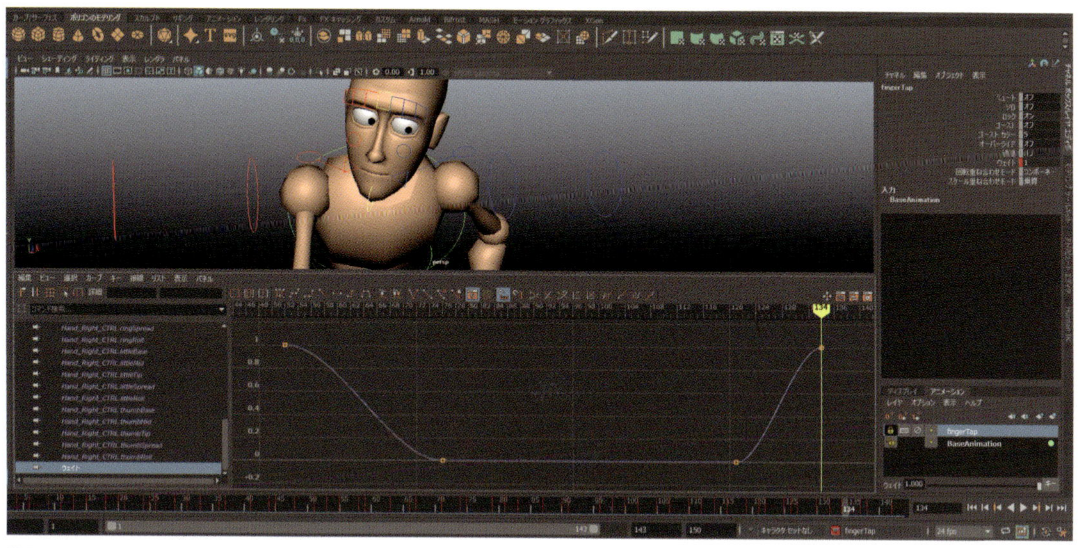

6 いろいろ試してみましょう！ 副次アクション周りを再生し、レイヤのウェイトをアニメートして、別のストーリーを伝えてみてください。シーンの終わりで**1**に戻し、それによってシーンのサブテキストが変化する様子を観察してみましょう！

09 タイミング

ダウンロードデータ timing_start.ma / timing_finish.ma

タイミングはアニメーションアートにおける基本原則というより、その土台と言えます。アニメーションとは、動きの幻覚を生む十分な速さで、瞬時に映写される静止画の連続に過ぎません。私たちの仕事はタイミングを活用して、リアルなシーンで正確な動きを描くだけでなく、シーンに意味を与えることです。

キャラクターアニメーションにおける最大の目的は、キャラクターに感情移入してもらうことです。観客はキャラクターが目的を達成すれば喜び、失敗すれば同情します。私たちアニメーターは、自分で作った動作の物理的・力学的な側面によく捕らわれています。そのせいで、シーンのタイミングをもっと改善し、ストーリーを深く伝えることを忘れてしまうのです。しかし、**アクションの合間の静止時間が、アクションそれ自体よりも力強いメッセージを持つこともあるのです**。

前のセクションでキャラクターの副次アクションを調整し、「目の前のできごとに心を奪われ、思わず手を止めてしまう様子」を表現しました。それは微細な表現ながらも、キャラクターの演技に大きな効果をもたらしています（アニメーションのタイミング全般についての学習は、本書の範囲を超えています）。今回は、シーンで色々と試し、微細なタイミングの変化が、演技に大きく影響することを確実に感じ取りましょう。タイムラインのキーフレーム編集ツールと［グラフ エディタ］で調整をしていきます。

1 **timing_start.ma**を開きます。副次アクションの実践で調整できるように、タイムラインの終わりを拡張しましょう。Goonが再び机を見る最後の演技に特に注目してください。

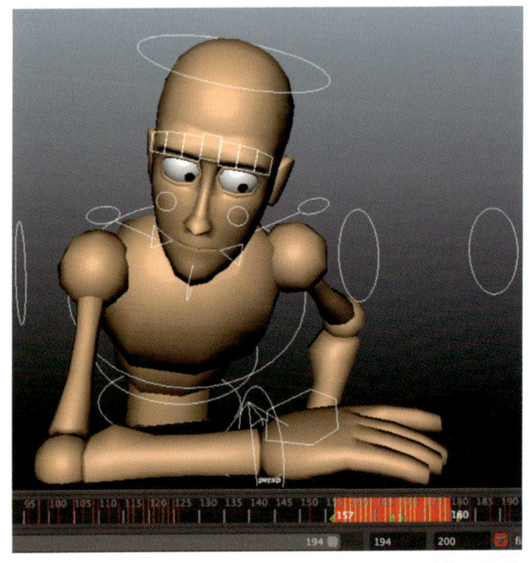

4 中央の矢印アイコンで、30フレームほど先に移動させましょう。特定のタイミングは選びません。タイミングの変化による微妙な違いを観察してください。この新しいタイミングから何が伝わってきますか？ 私には、この間の停止時間が長くなるほど、Goonが自分の見たものについて深く考えているように思えます。

役立つヒント

新人アニメーターは、タイミングとスペーシング（間隔取り）の違いでよく苦労します。それらは互いに関連するものの、同じではありません。10フレームにわたる動きは、たとえ実際の経過時間（10フレーム）が変わらなくとも、スペーシングに付ける変化の度合いで、見え方がまったく変わることもあるのです。

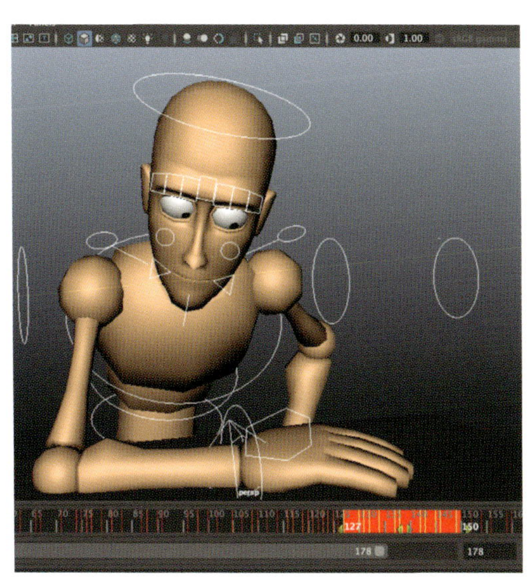

2 向かって左を見てから右へ視線を移す途中で、机を見つめる時間を延長しましょう。Goonのすべてのコントロールを選択します（目のTarget_CTRLも忘れずに）。タイムラインでf127を［Shift］+クリックし、f150までドラッグします。

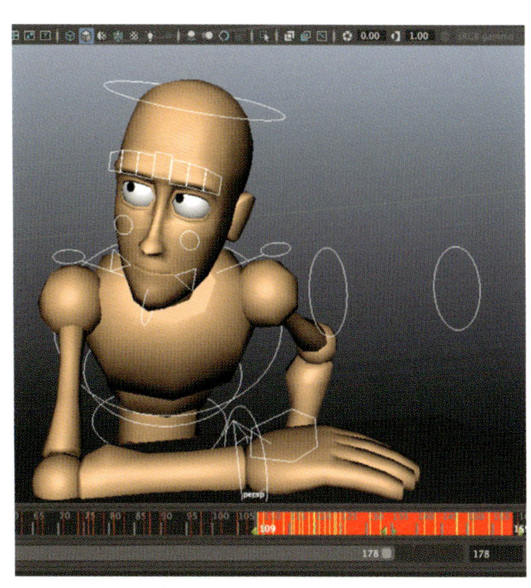

3 この赤いボックスは、タイムライン上の選択範囲です。端にある左右の矢印は、選択範囲をそれぞれの方向にスケール調整します。中央の2つの矢印は、タイムライン上で選択範囲を移動します。これらの矢印をドラッグし、使い方に慣れましょう。理解できたら、[元に戻す]でタイミングを戻します。

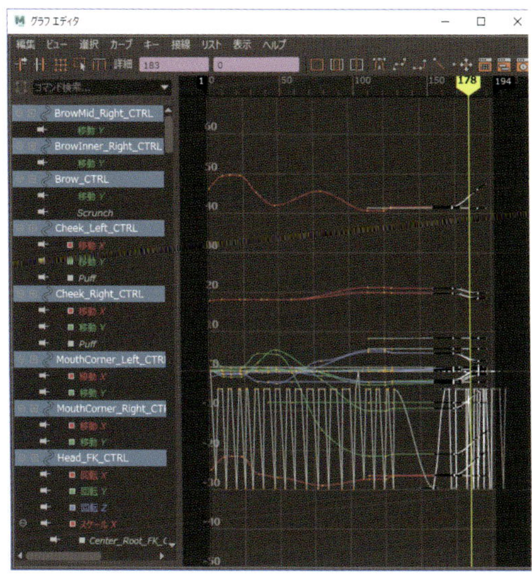

5 終わりの部分もいじってみましょう。すべてのコントロールを選択、［グラフ エディタ］を開きます。選択マーキーでドラッグし、最後の2つのポーズを選択。この2つのポーズのキーをスケールするため、[R]キーを押します。では[Shift]+中ボタンドラッグして、f150付近へ右に引っ張ります。最後のキーがf180に来たらボタンを離します。

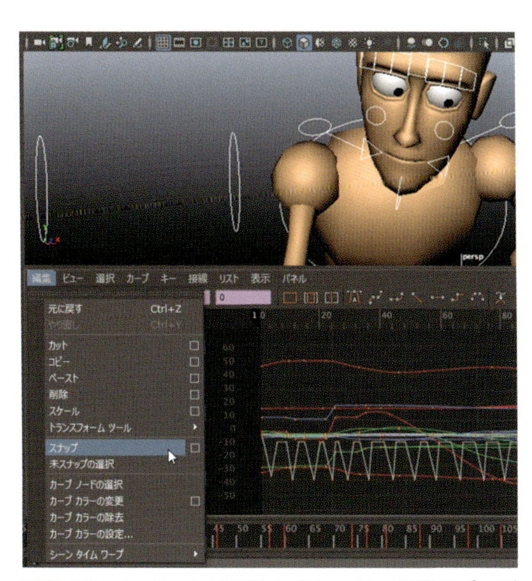

6 アニメーションを再生しましょう。最後のポーズへの移行がゆっくりになった結果、深く考え、少し憂鬱に見えるようになりました。［グラフ エディタ］でキーをスケールすると、キーは通常、半端なフレームに配置されます。［グラフ エディタ］ですべてのキーを選択、［編集］>［スナップ］（Edit > Snap）を適用して、整数フレームに戻しましょう。

10 誇張

ダウンロードデータ exaggeration_start.ma / exaggeration_finish.ma

誇張は、アニメーションの原則の中で最もシンプルで、最も勘違いされているものの1つです。なぜでしょう？ 新人アニメーターたちは昔のアニメーターの素晴らしいスタイルを再現しようと、何十年にもわたり盲目的にアニメーションに誇張を加えてきました。しかし、誇張すれば良いアニメーションになるわけではなく、カートゥン調にもなりません。**誇張するときは、自分がどのような効果を望んでいるのか、鋭い目をもって判断しなければいけません。**

シーンの要となるアイデアを見つけ、メッセージを誇張するための最適な方法を考えましょう。樽の外から針で刺されているキャラクターをアニメートするなら、空中に飛び出るタイミングとスペーシングを誇張します。クモを怖がっているキャラクターをアニメートするなら、脚が胴から逃げ出すように背骨を伸ばし、スカッシュ＆ストレッチで誇張するでしょう！ いずれのケースでも、メインとなるアイデアを選び出し、メッセージ性を強めるために必要なところだけ誇張します。ポージング・タイミング・スペーシング・構図・重量感・予備動作などをすべて誇張すると、シーンの見た目が複雑になり過ぎてしまいます。

Maya のアニメーションシーンは、できる限り簡潔であるべきです。ここでは、基本要素を簡潔に誇張するやり方を理解するため、完成済みの歩行サイクルを例に、[グラフ エディタ] で背骨のオーバーラップを調節してみましょう。ワークフローは、必要最小限のキーで構成されたアニメーションで進めてください。そうすれば、あとからアニメーションに変更を加えるのが容易になります。歩行サイクルの背骨のオーバーラップは、演技に絶大な効果を生み出すため、重要な基礎技術となります。大いに試す価値があるでしょう。

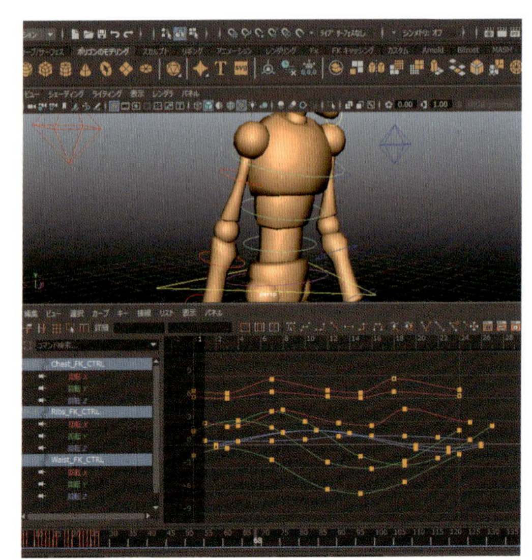

1 **exaggeration_start.ma**を開きます。Goonはまっすぐ前に歩いています。「標準」の歩行に少しだけ演技が加わった状態です。背骨のコントロール(Waist、Ribs、Chest)を選択し、[グラフ エディタ]を開いてください。

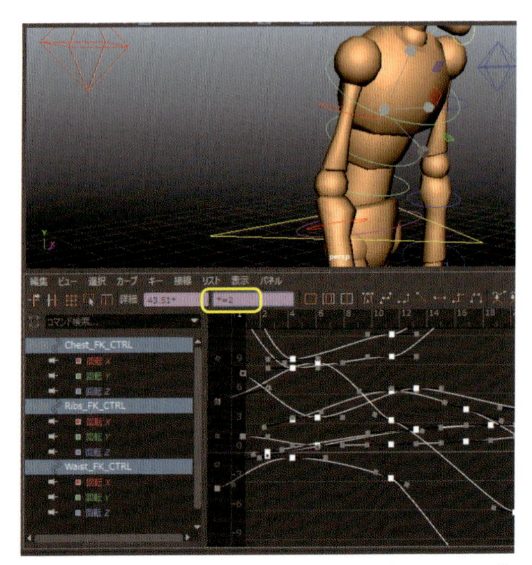

4 Mayaの数式機能でもスケールを調節できます。背骨のコントロールを選択し、[グラフ エディタ] の値ボックス(2つのボックスの右側)に ***=2** と入力しましょう。「*」は掛け算を意味し、「=2」は掛ける数を指定しています。

役立つヒント

同じチャネルを簡単に再選択するには、チャネル(例えば[回転 X])を選択し、[グラフ エディタ]のメニューで[表示]>[選択したタイプの表示](Show > Show Selected Type(s))をクリックします。[グラフ エディタ]の左側に、選択したすべてのオブジェクトの選択したチャネルのみが表示されます。背骨で行なったように、単一の基礎部を調整するときに便利な裏ワザです。他のチャネルを復帰するには、[表示]>[すべての表示](Show > Show All)をクリックします。[グラフ エディタ]の詳細は3章をご覧ください。

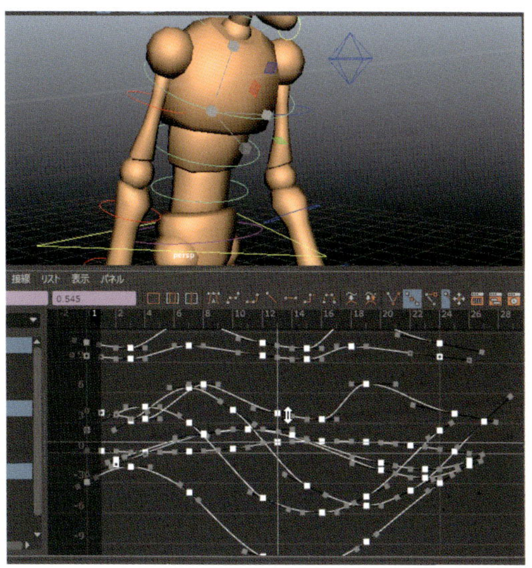

2 ご覧のとおり、これらのカーブには全く誇張がありません。[グラフ エディタ]で[スケールツール]([R]キー)を使いましょう。背骨のカーブを選択、上下に中ボタンドラッグしてキーのスケールを調節してください。ドラッグを開始したグラフ上のポイントが、スケールの中心になっています。

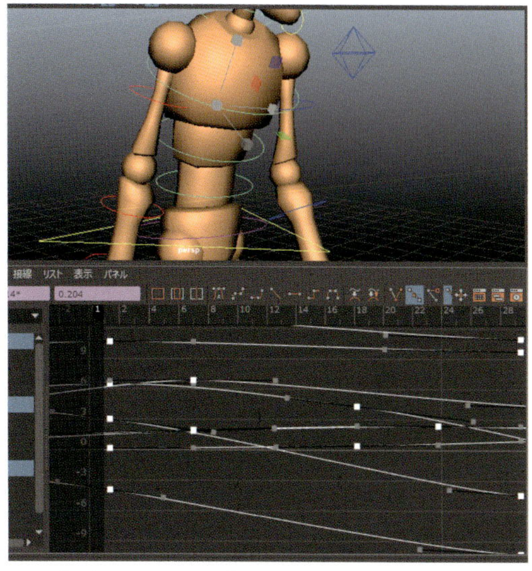

3 [グラフ エディタ]のキーを上下にスケール調節すると、値がスケールされ、左右にスケール調節すると、タイミングがスケールされます。ただし、背骨のタイミングのスケール調節は、残りの身体のコントロールも選択しないと上手くいきません。注意しましょう。

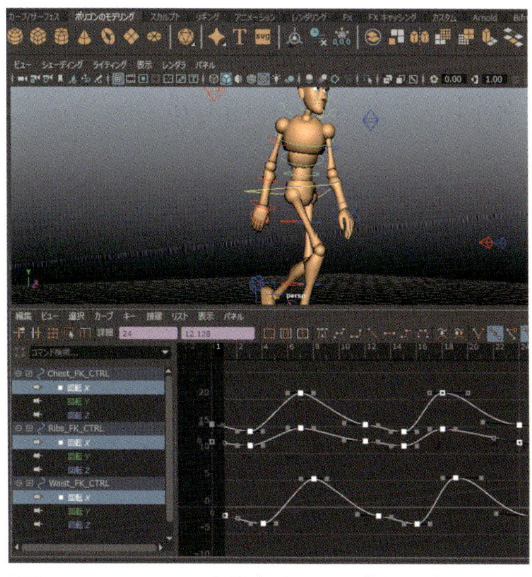

5 アニメーションを再生すると、背骨の誇張が強くなりましたが、まだ微調整が必要です。[グラフ エディタ]で[回転 X]カーブのみを選択、[W]キーで[移動ツール]に切り替えます。ドラッグで上に持って行き、重心よりも前方向に背骨をオーバーラップさせてください。

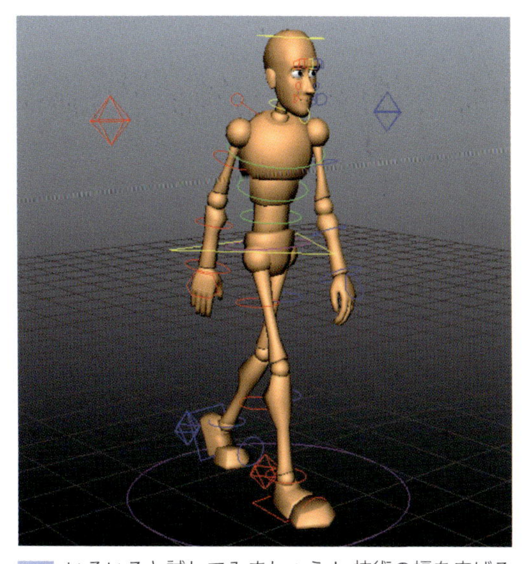

6 いろいろと試してみましょう! 技術の幅を広げるための最善策は、自分自身でどんどん新しい要素を見つけることです。[グラフ エディタ]を使って、腕やCenter_Root_FK_CTRLの[移動 Y]など、他の側面から歩行を強調し、ステップの上下運動をより極端にしてみてください。

11 ソリッドドローイング

ダウンロードデータ solid_drawing_start.ma / solid_drawing_finish.ma

ソリッドドローイングと聞くと、CGでは重要でないように思えます。コンピュータ上でアニメートすることと、ドローイングはどのような関係があるのでしょう？ 実はコンピュータアニメーションを作るとき、これは極めて重要な基礎となります。CGアニメーターにとって、芸術的な感性を駆使することなく、Mayaにすべての作業を任せるのは簡単です。しかし、ポーズ・遠近感・フォーム・ボリューム・力学における芸術性を忘れた途端に、アニメーションの魅力は失われ、平凡なものになってしまいます。

ソリッドドローイング（実質感のある絵）は、手描きのセルアニメーション時代から続いている基本原則です。それが根本的に伝えるのは、熟練のアニメーターたちが支持してきた「人物デッサンの原則」の順守です。デッサンを始めるとき、定番のシンプルなキャラクター構造から描き始めなければなりません。すなわち、キャラクターのアクションの導線、ポーズの力関係、そして重量感を考慮した簡潔な線で繋がれた形です。とりわけ、遠近感とキャラクターのボリューム感が安定していなければならないでしょう。言い換えるなら、**アニメーションの1秒24枚すべての絵で、同じキャラクターに見える必要があるのです。**

MayaはCGでソリッドドローイングを成し遂げる大きな力となります。しかし、手を抜かないように注意してください。3Dモデルで作業すれば、Mayaが「同一の型」を保ってくれますが、ポーズを付けて身体や顔が歪み過ぎないように気をつけないといけません。多くの場合、歪みの原因はリグを徹底的に試してないアニメーターが、本来の目的とは異なる方法でコントロールを使うために起こります。CGでは同じキャラクターに見えないくらいモデルが変形することもあるので、それを防ぐのがあなたの仕事です。

アニメーションに適さない粗悪なコントロールや、スキンウェイトに問題を抱えた一部のアニメーションを直すこともあるでしょう。厳密に言えば、アニメーターとしてテクニカルな問題に関わる必要はありません。しかし、CGアニメーションはチームの努力で成し遂げられるものであり、ソリッドドローイングは一緒に作るメンバー全員によって、完成するということを忘れてはいけません。

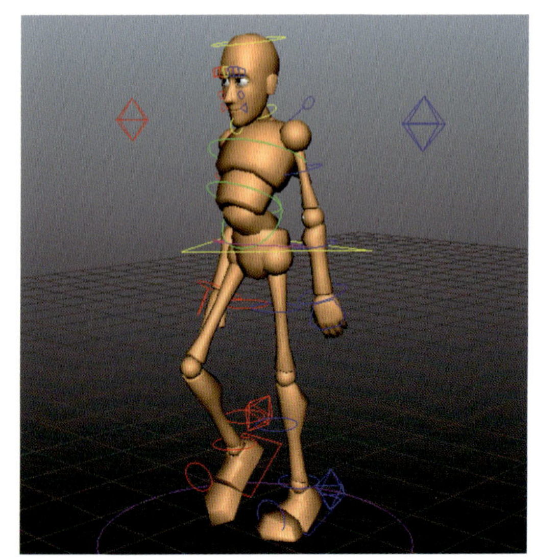

1 **solid_drawing_start.ma**を開きます。この歩行サイクルは少しおかしいですね。背骨のコントロールが互いに反発しています。一般論として、一緒に機能する部位は、互いに調和して動かなければいけません。動き方が不自然だと、意図的でもちぐはぐなポーズに見えてしまいます。

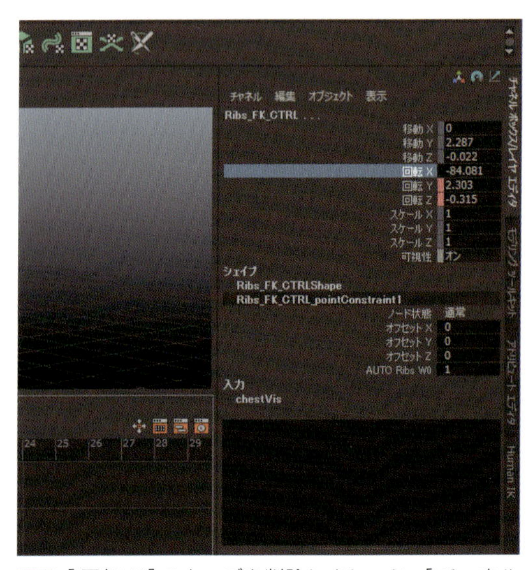

4 ［回転 X］のカーブを削除しましょう。［チャネルボックス］に切り替えると、［回転 X］に削除した値が残っている点に注目してください。Mayaでチャネルのアニメーションを削除すると、現在のフレームの値が残ります。［回転 X］チャネルを選択、**0**を入力して［Enter］キーを押します。

役立つ
ヒント

[グラフ エディタ]でカーブそのものを削除する代わりに、チャネルからアニメーションを削除できます。[チャネル ボックス]のチャネルを右クリック、[選択項目の削除]を選択してください。これでチャネルやアトリビュートそのものではなく、チャネルのアニメーションを削除できます。アニメーションを削除すると、チャネルの値は現在のフレームの値になると覚えておきましょう。

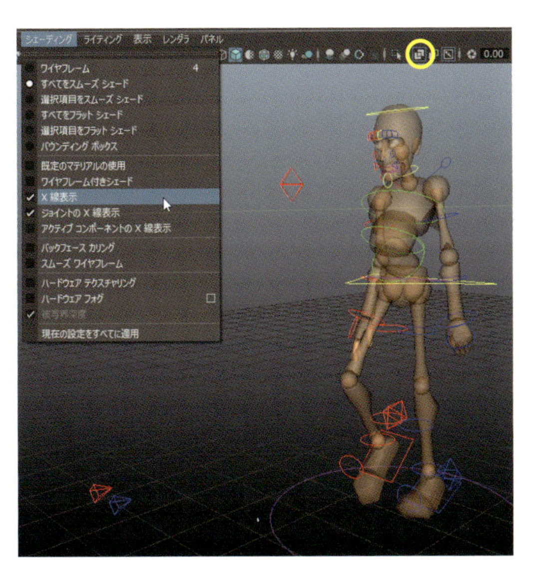

2 コントロールを確認したいときは、[シェーディング]メニュー(または[X線]ボタン)で、パネル内の[X線表示]をオンにします。このモードでは、すべてのジオメトリが半透明になるので、ジョイント、エッジ、カーブを簡単に確認できます。

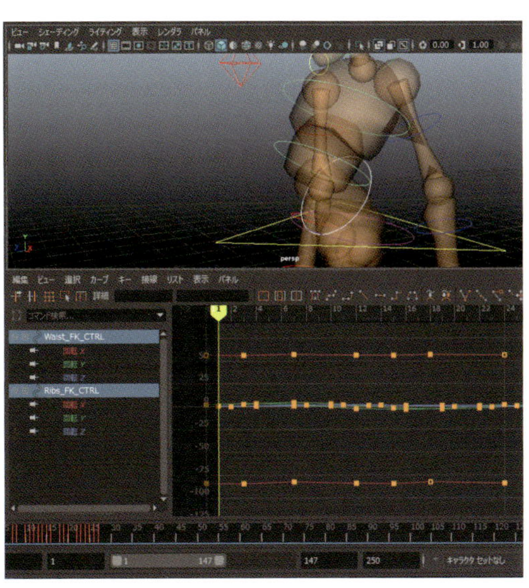

3 Waist_FK_CTRLとRibs_FK_CTRLを選択、[グラフ エディタ]を開きます。ご覧のように、これらは互いに反発しながら回転しています。

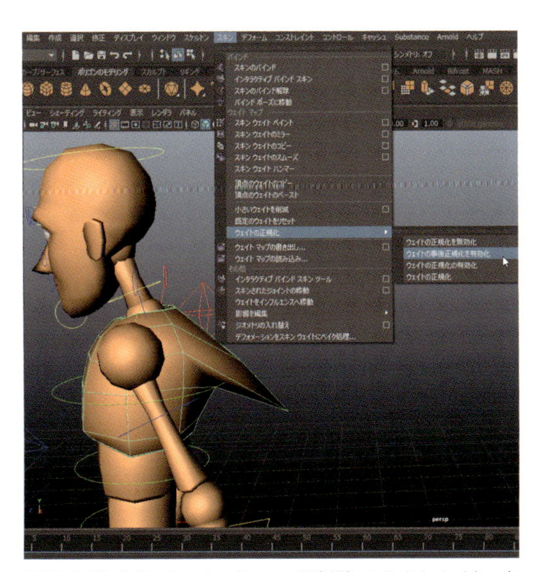

5 反発するアニメーションを削除できましたが、歩くときに頂点が後ろに残っています。では胸のジオメトリを選択、[アニメーション]メニューセットに切り替えたら、[スキン]>[ウェイトの正規化]>[ウェイトの事後正規化を有効化](Skin > Normalize Weights > Enable Weight Post Normalization)をクリックしてください。

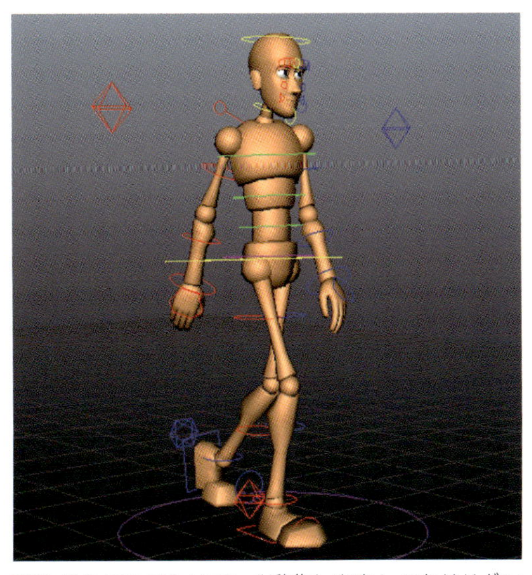

6 これでモデルは正しく動作します! これはリギングの問題で、アニメーターの問題ではありません(まだ修正されないときは、スキンウェイトをペイントして対応します)。CGアニメーションでは、ポージングのような芸術的選択と、スキンウェイトのような技術的選択が、ソリッドドローイングに大きく影響すると覚えておきましょう。

12 アピール

ダウンロードデータ appeal_Start.ma / appeal_Finish.ma

アピール（訴える力）を生み出すには、すべての原則を統合します。美しい有機的なタイミングのアピールは目に訴えかけてきます。面白いダイナミックなポージングも同様です。キャラクターデザイン・コントラストの効いた形・リズムは、いずれも最高のアピールを生み出せるように微調整され作り直されます。人々から愛されているアニメーションに登場する邪悪な敵役たちは、みなアピールを持っています。その印象的なシルエットや生き生きとした色使いは、たとえ悪者でも確かな魅力があります。アピールはアニメーターの仕事の頂点でありゴールです。とりわけ、観客にとって価値のある絵を見せる努力が必要です。

アピールの考察として、ポージングについて考えてみましょう。アニメーターの仕事は、キャラクターデザイン、モデリング、テクスチャリング、リギングの末にようやく始まります。ところが、アピールのあるキャラクターでも、悪いポーズがすべてを台無しにすることがあります。例えば、カメラにまっすぐ向けられた腕は、遠近感で短縮されてしまい、良いポーズでもすべて無駄になります。つまりアニメーションは、決められた構図の中で上手く機能させなければいけません。カメラを考慮し、ステージングが周到に用意されているか確認します。ポーズのシルエットでは、手足が胴体の陰に隠れないように、印象強くしてください。"限界を超えて"伸び過ぎた手足は、決して良い見映えになりません。

ポージングでよくある問題に「シンメトリ」も挙げられます。自然界では完璧に左右対称なものなど存在しません。これを避けるように注意しないと、気づかないうちにアニメーションにも影響してきます。例えば、キャラクターの左右両側で同時にチャネルをセットすれば、時間の節約になります。しかしこの小技を使うなら、シーンを遡り、シンメトリを修正する（崩す）ことを忘れてはいけません。腕・脚・手・顔のポーズさえも、その犠牲になりかねません。常に自分の仕事について批評し、他人に見せて、アニメーションのアピールを怠らないようにしましょう。この演習では、カスタマイズ可能なキャラクター Morpheus（モーフィアス）を例、コントロールを駆使してアピールのあるバリエーションを構築していきます。

1 **appeal_Start.ma**を開きます。Morpheusは、フリーダウンロードできるリグで、身体と頭部の形を変形できます。アピールの練習として、魅力的なバリエーションを作ってみましょう。

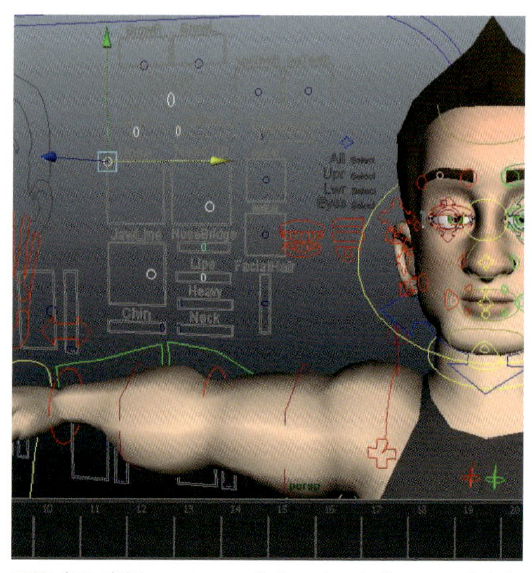

4 顔の変形コントロールをいくつか使って、大きな顎と頬骨を作ります。

役立つヒント

魅力的なキャラクターのバリエーションを見つけたら、見失わないようにしましょう！ シーンを別名で保存し、自分が作ったバリエーションが思い出せる名前をつけます。いつ、そのようなキャラクターが必要になるかわかりません！

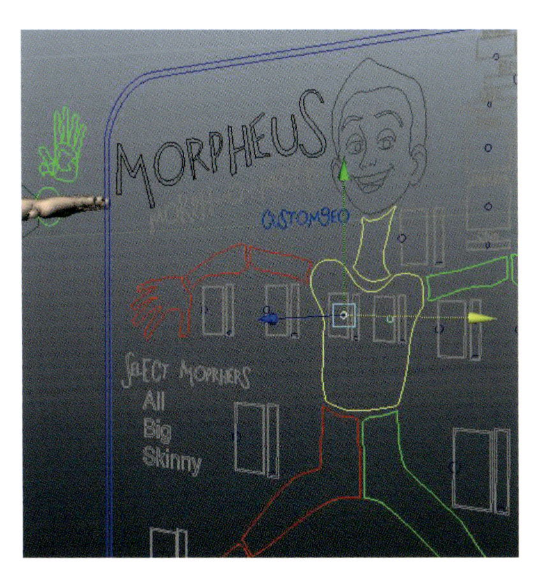

2 ここでは、Morpheusをスーパーヒーローのルックにするため、アピールのあるその特徴（大きな顎、広い胸、引き締まったウエストなど）を加えていきます。まず、胸のコントロールで胴の変形から始めてください（コントローラオブジェクトの胸の中央にあります）。

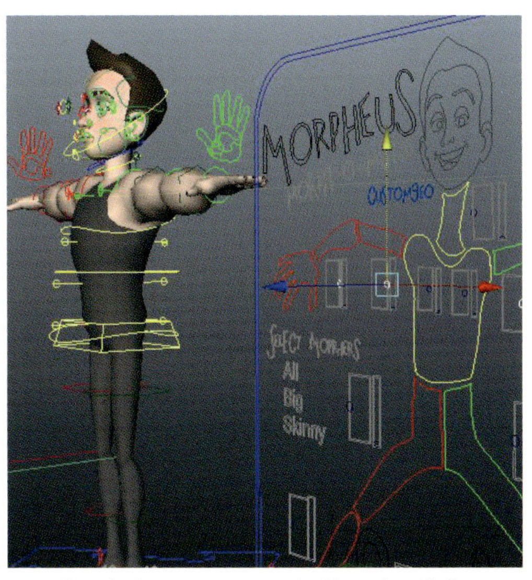

3 腕の変形のコントロールを選択、右に移動して、腕を大きくします。

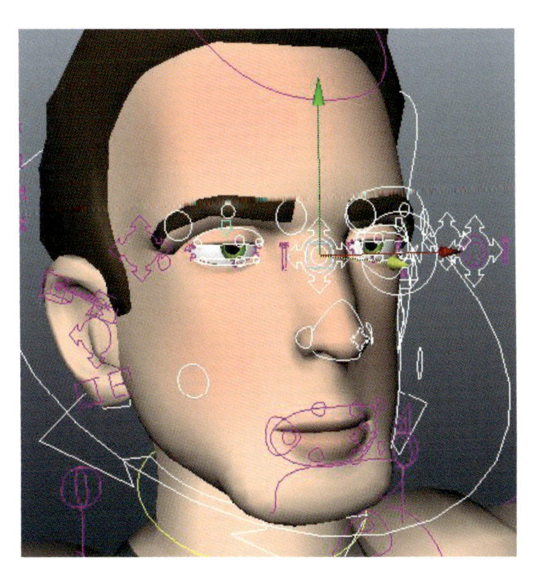

5 顔の変形を終えたら、顔自体にあるコントロールと位置コントロールで調節しましょう。それらを動かすと、顔の部位の位置が変化します。

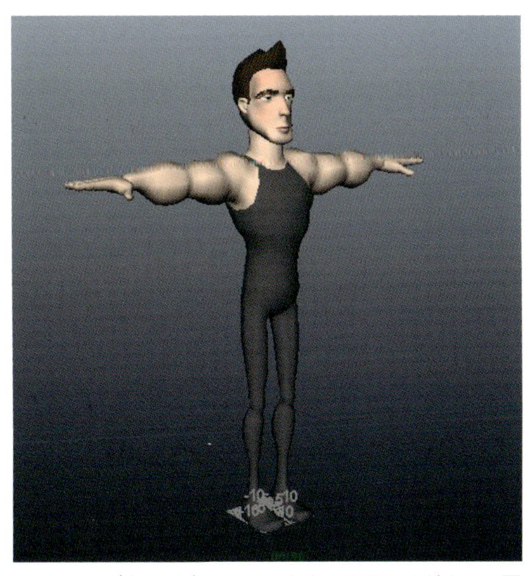

6 このガタイの良いキャラクターを見てください。両目の間隔が広く、ムキムキな腕、細い長い脚が私好みです。カスタマイズオプションを試しながら、アピールの独自バリエーションを作りましょう。

ワークフローって何?

私は教師として幾年もキャリアを積みながら、数百ものクラスを持ち、数千時間ものアニメーションを批評してきました。そしてあるとき、生徒から「先生はワークフローという言葉をよく使いますが、それはどういう意味ですか?」と質問を受けたのです。私は唖然としました。何度もワークフローをテーマに講義をしてきましたが、新人アニメーターにとって、まさに「ワークフロー」という概念そのものが理解できてないなんて思ってもみなかったのです。

ワークフローを簡単に言うと、始めから終わりまでショットを作るために「一歩ずつ着実に」取り組むプロセスのことです。それはプロジェクトに順応し、時間と共に少しずつ進化・変化しますが、ショットからショットへと作り進めていく基本工程において、ワークフローは常に同じです。簡単に聞こえるかもしれませんが、ほとんどの新人アニメーターたちは、学んでいく実際のプロセスにほとんど注意を払いません。むしろ、彼らは“行き当たりばったり”でアニメートし、画面上の予測できない結果を上達の証として判断してしまいます。この点を説明するために、別のアート分野における事例を見てみましょう。

私が学校に通っていた頃、Yu Jiという名前の厳しい人物画の先生がいました。彼のクラスでは、絵画の各工程をいつどのように行うのか、ひっきりなしに指示を受けていました。まず、非常に薄い焦げ茶色もしくは緑がかった茶色の顔料を、キャンバス全体がしっかり肉厚な茶色になるまで塗ります。次に、形状を定めるために鉛筆で素早くスケッチします。その後、すぐに細いブラシで茶色い絵の具を上塗りし、すべての陰影の部分を完全に塗りつぶします。この段階で、ようやく見ている物と同じ色になるように絵の具を混ぜ始めるのです。

こうして色を塗る段階に辿り着いても、Yu Ji先生は教室の中を歩きながら、生徒の色の選び方を正していきます。「隣の色は、より暖色か、寒色か?」「より明るいか、暗いか?」「色の傾向はどうか?」(例えば暖色であれば、より赤いか、それとも黄色いか)。これら3つの質問が、まるで壊れたレコードのように、3時間のクラスで少なくとも100回は繰り返されるのです。

しばらくしてYu Ji先生の目的は、何よりもまず良いワークフローを教えることだったのだと気づきました。私たちが強制されていたことはすべて、経験の浅い画家がよく陥るトラブルを回避するのに役立っていたのです。ここで重要なのは、これらのワークフローが素晴らしい結果を出すために試行錯誤の末、発案された信頼できる手法だという点です。

例えばキャンバス全体を茶色にするのは、白くてまぶしいキャンバスと単純に比較して、明るすぎる色を作らないようにするためでした。優先度の低いディテールよりも先に、早い段階で陰影の部分を塗り潰すのは、フォーム内の大まかな形に意識を集中するためでした。最後に、先生の3つの質問は、固定観念が色の選択に影響しないように、色の関係性に基づいて色を混ぜるためでした。

そのことについて思い返すと、Yu Ji先生が教えてくれた素晴らしいワークフローが大切だと改めてわかります。同時に、情け容赦ない人だと思っていたことを申し訳なく感じています！

アニメーションの話に戻りましょう。

学生は一般的に、基礎で学んだ順序と大体似たワークフローでアニメートを始めます。まず、大まかなタイミングとスペーシングでキャラクターにポーズを付け、次にスカッシュ&ストレッチに取り組み、そして予備動作とフォロースルーを設定するといった具合です。これらの作業は面倒ですが、基本原則を組み合わせて上手く機能させる方法を習得するまでは、伝統的アニメーターが表現するような流動性と美しさを再現できません。人物画家と同様に、多くの落とし穴がアニメーターを待ち受けているのです。

Yu Ji先生のクラスでは、誤って色を誇張しないようにキャンバスを茶色にしました。おそらくあなたの最初のワークフローは、**本当に表現したいいくつかのポーズをサムネイルにして、モデルでそれらを再現することです**。なぜなら、先のショットに進み、完全度を高めていくうちに、タイミング・スペーシング・構図上の制約に合わせることで、選んだポーズの多くが存在感を失ってしまうからです。Yu Ji先生はどんなディテール描写よりも先に、陰影の部分をすべて茶色で埋めるように指示しました。これは、フェイシャルアニメーションを加える前に、身体の動きを上手く仕上げることに似ていますね？

自分自身に問いかける3つの質問は、シーンとキャラクターポーズの選択を批評することを思い出させてくれます。完成度を高める前にアニメーションをもう1度見て、自分自身に問いかけ、独自のワークフローを構築してみましょう。「ポーズは最初に計画した通りダイナミックになっているか？」「アニメーションのポーズ・タイミング・構図のコントラストが効いているか？」「集めてきたリファレンスや観察したものと似ているか？」。

こうした質問は人によって異なるでしょう。しかしここで重要なポイントは、人物画／アニメーションいずれのワークフローにおいても、毎回それを行うということです。無計画にショットに取り掛かるのではなく、まずはワークフローの第1ステップから始めてください。膨大な時間を費やしてアニメーション作業に没頭し、振り返るとショットが全く進んでいないとならないように。

ショットのアニメーションを作っている間に、「ＯＫ、では次のステップは何だっけ？」と自問できれば、ワークフローの世界に踏み込んでいることがわかるでしょう。

ようこそ！ あなたは偉大なアニメーターへの道を歩み始めました。

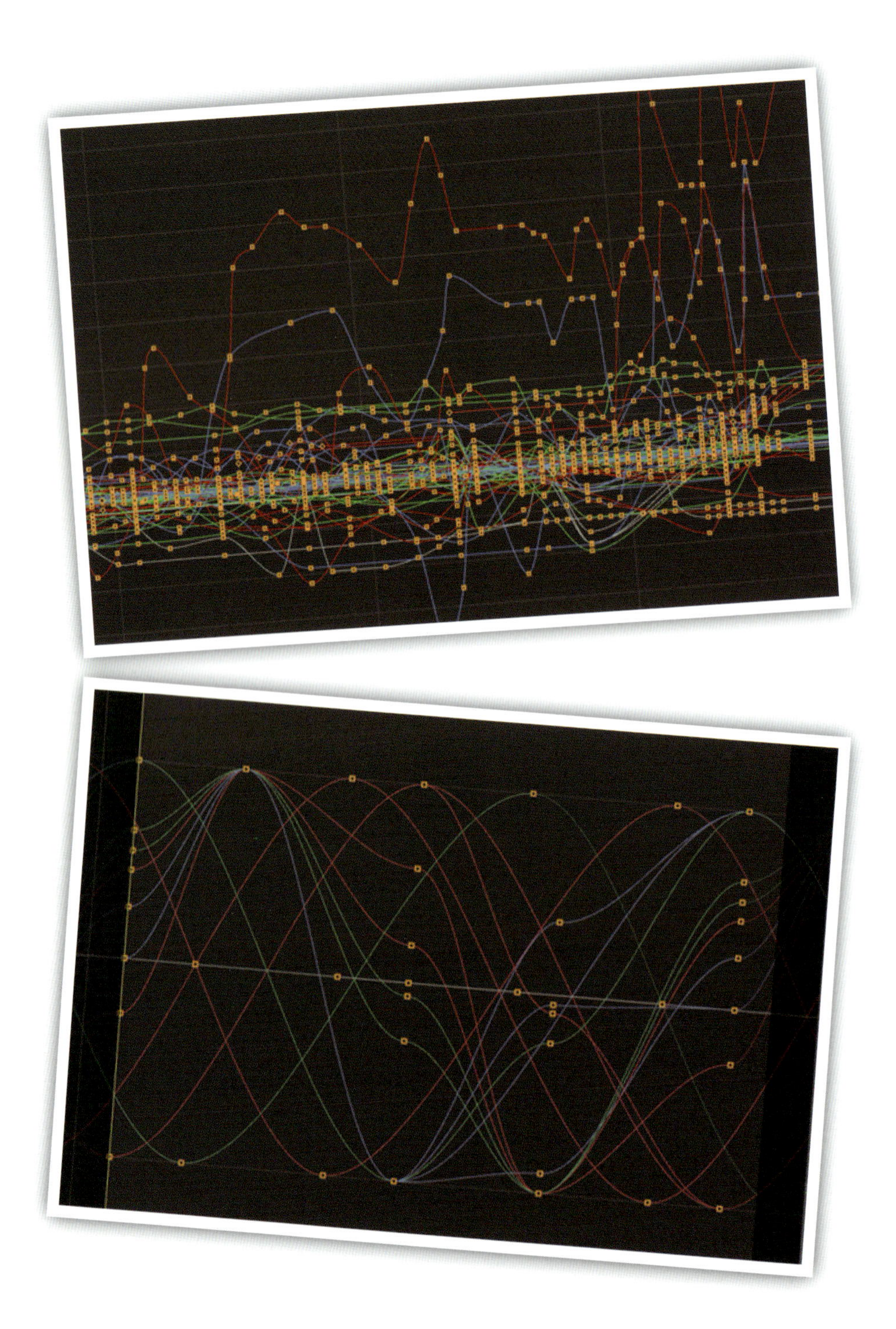

複雑なスプラインを読み取るのは困難で、悪戦苦闘することでしょう。これを避けたいなら、そのまま読み進めてください！

CHAPTER 2

スプライン

スプライン曲線（スプライン／カーブ）は、コンピュータアニメーションの生命線であり、動きを表現する上で効果的かつ包括的な方法です。Mayaのアニメーション作業のほとんどは、細かく絡み合った赤・青・緑のカーブを精読することに費やされるので、慣れておきましょう。本章では簡単に馴染めるように説明します。

[グラフエディタ]を開くと、もつれ合ったスパゲッティのようで萎縮してしまうかもしれませんが、スプラインはすぐに理解できるので安心してください。ここでは深く読み取るためのシンプルな考え方を紹介し、思いどおりに手早く操るための裏ワザを実践します。きっと、スプラインはあなたの心強い味方となってくれるでしょう！

01 スプラインの使い方

ダウンロードデータ HowSplinesWork.ma

スプラインに表示される情報を理解することが、それらを思いどおりに機能させるコツです。新人アニメーターの中には、絡み合ったカーブを見て萎縮してしまう人もいるでしょう。しかし、その背景にあるコンセプトは非常に簡単です。慣れるには練習が必要ですが、これから紹介するコンセプトを理解すれば、アニメーション制作において、スプラインが驚くほどエレガントな方法だとすぐにわかります。しっかりと理解を深め、作業を見違えるほど向上させてください。

スプラインは**時間経過に伴う値の変化**を表しています。カーブが右に進めば、フレームは先に進みます。カーブが上下すれば、アトリビュートの値が増減（上下）します。もしカーブの方向が変われば（下図の中央のキー）、対応するオブジェクトの方向が変化します。混乱しがちですが、**スプラインの上下は必ずしもビューポート内での上下ではない**と覚えておきましょう。最初は直感的でないかもしれません。しかし、キャラクターリグのセットアップと関係して、さまざまなシナリオの可能性があります。

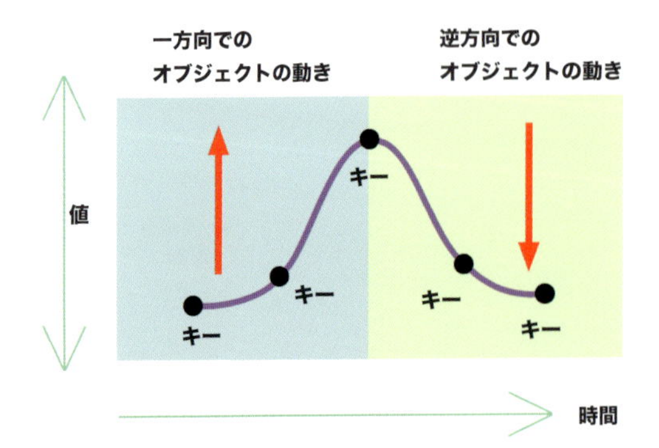

例えば、[移動 Y]アトリビュートのカーブは実際の身体の動きと似ているように見えますが、ほとんどの場合そうはいきません。カーブの上下移動は単純に値の変化であり、ビューポート内の見え方と必ずしも一致するものではありません。

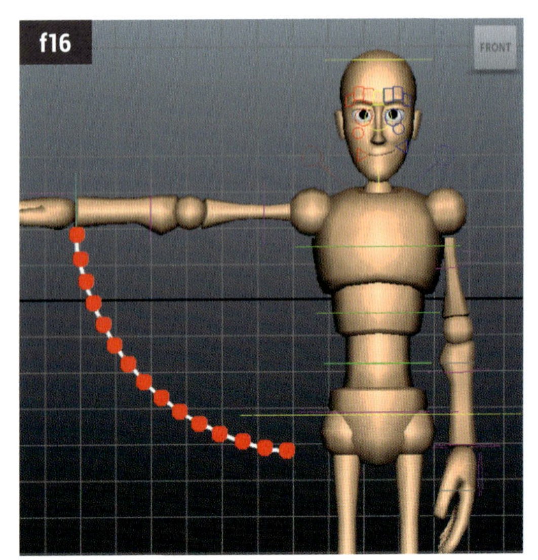

1 **HowSplinesWork.ma**を開きます。f01～f16では、キャラクターが腕を上げています。動きが一定になっているのを確認しましょう。全フレームで、腕は同じ値だけ移動しています。

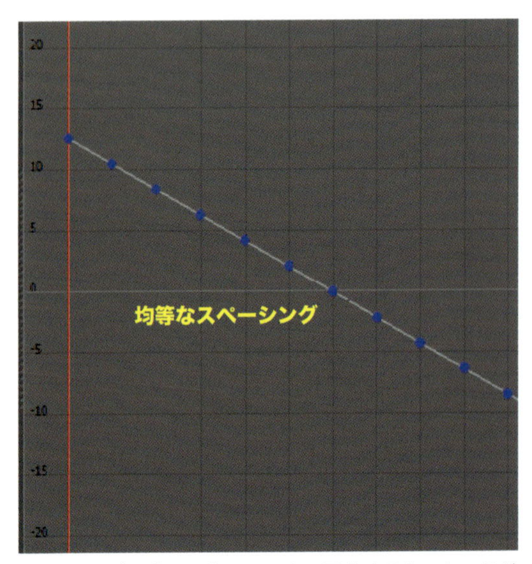

3 カーブに沿って各フレームで区分すると、ちょうどビューポートで見た軌跡のスペーシングのように、すべて等間隔となります（本章のいくつかのカーブの色は、紙面ではっきり見えるように調整されています）。

役立つヒント

初めてスプラインの作業を始めるときは、ビューポートと［グラフ エディタ］の両方を開くのが最適です。ツールや［チャネル ボックス］でキャラクターを操るよりも、［グラフ エディタ］でキーを動かして、キャラクターにどう反映されるかを観察しましょう。また、逆にキャラクターをビューポートで動かし、スプラインの変化を観察しましょう。そうすれば、すべての操作がどのように相関しているかわかります。

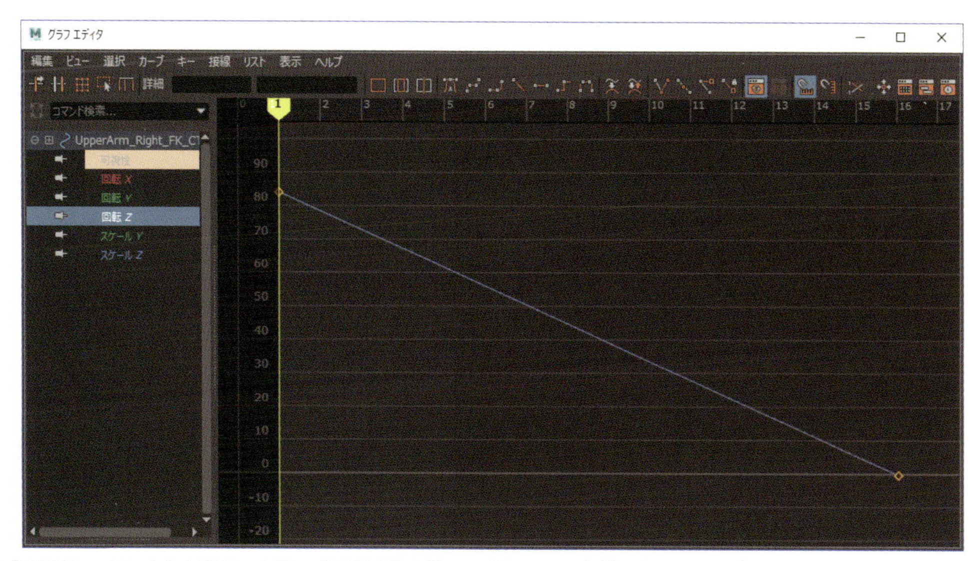

2 ［グラフ エディタ］を開き、上腕の［回転 Z］を見てみましょう。直線になっている点に注目してください。つまり、ビューポート内の動きが均等なスペーシングになっているとわかります。

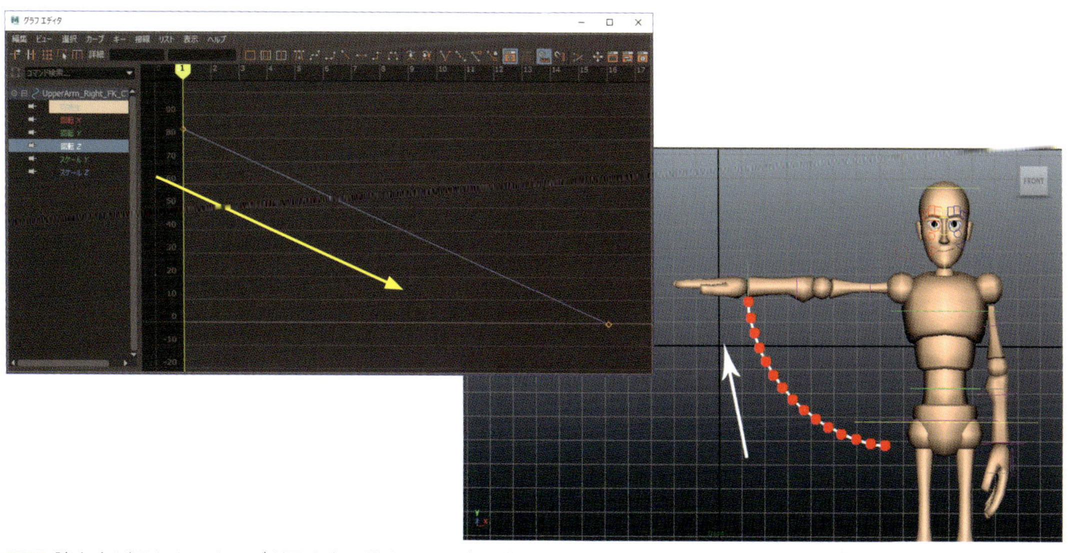

4 腕を上げるとき、カーブが下方向に進んでいる点に注目しましょう。前述のように、カーブの上下方向は単なる値の変化であり、ビューポートの動作を直接表現しているわけではありません。

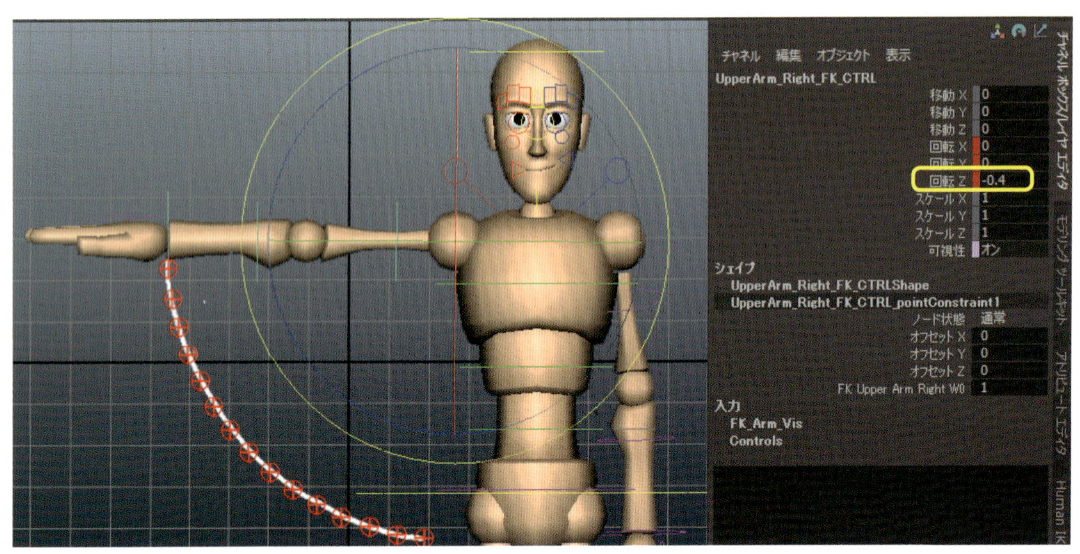

5 上腕のコントロールを選択、[チャネル ボックス]の値を見ながらZ軸で回転させてみましょう。腕を上に回転させると、[回転 Z]の値がマイナスになります。この特殊なキャラクターリギングでは、カーブを下に進ませると、値が減るように設定されています。

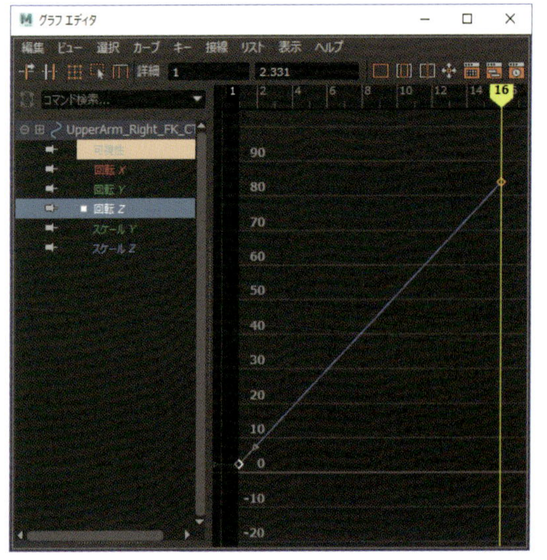

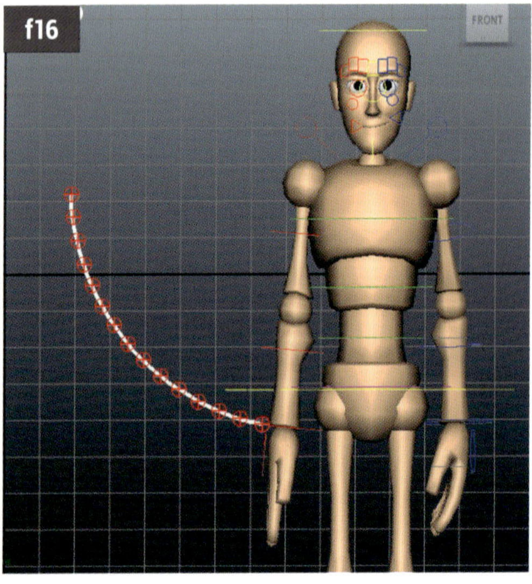

8 この仕組みに慣れるまでカーブのキーを調整し、アニメーションの確認を続けてください。図ではキーの位置を反対にしたため、腕が反対方向に動いています。

役立つヒント

あらゆるキャラクターには、それぞれ異なるリギングが施されています。ここでは腕がZ軸で上に回転すると、アトリビュートのマイナス値が増えますが、別のモデルではプラス値が増えることもあります。スプラインの上下は、動く方向でなく値の変動を表していると理解してください。

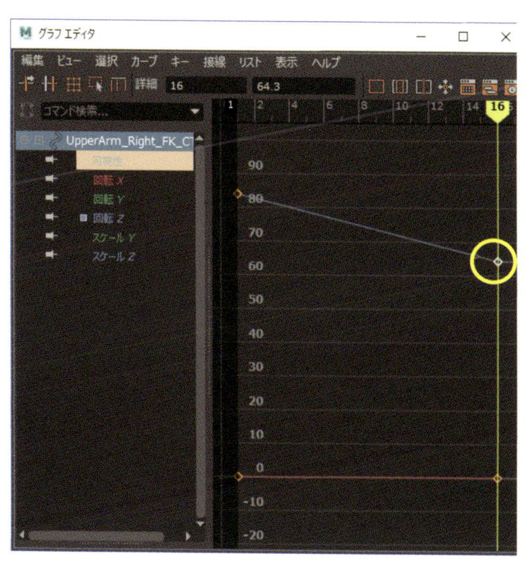

6 [グラフ エディタ]でf16のキーを選択してください。[移動ツール]([W]キー)に切り替え、[shift]キー+ドラッグで上に持ち上げましょう。移動ツールで[shift]キーを押しながらドラッグすると、水平または垂直(先に動かした方向)に動きが制限されます。

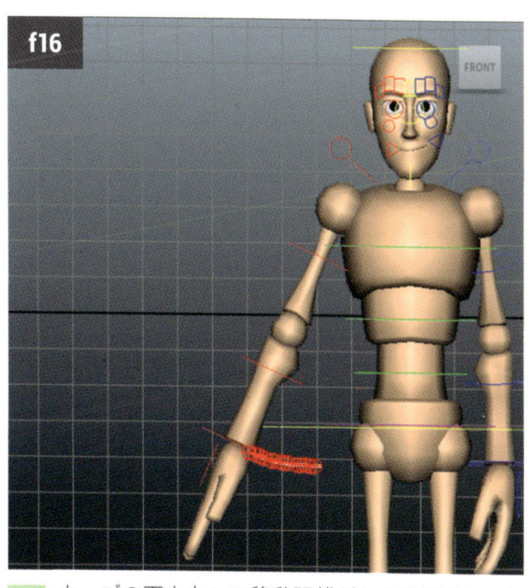

7 カーブの下方向への移動距離がかなり短くなったため、値が少し減るだけに留まり、腕がほとんど上がらなくなりました。モーション軌跡を見ると、スペーシングがいかに縮まったかがわかります。

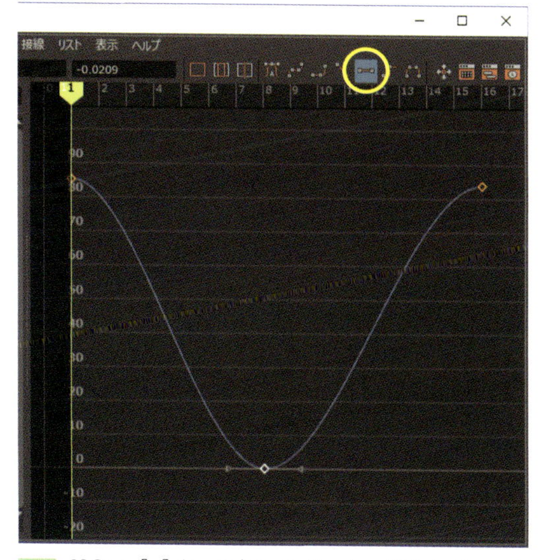

9 f08で[I]キーを押しながらカーブを中ボタンクリック、キーを挿入します。次にカーブ全体を選択し、[フラット接線]ボタンを押します。最後に[移動ツール]でf08のキーを下に、f16のキーを上に動かしてください。

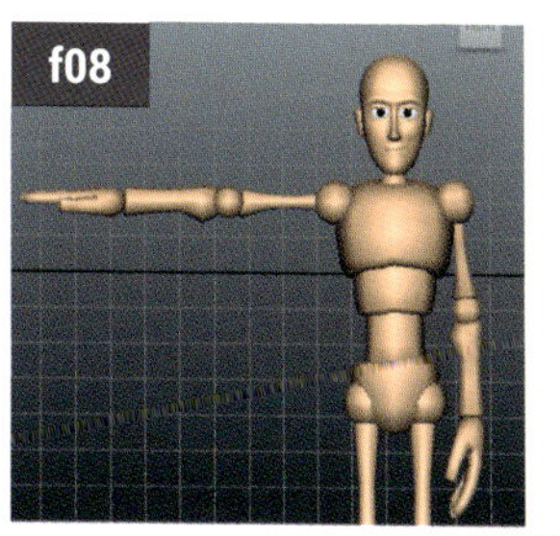

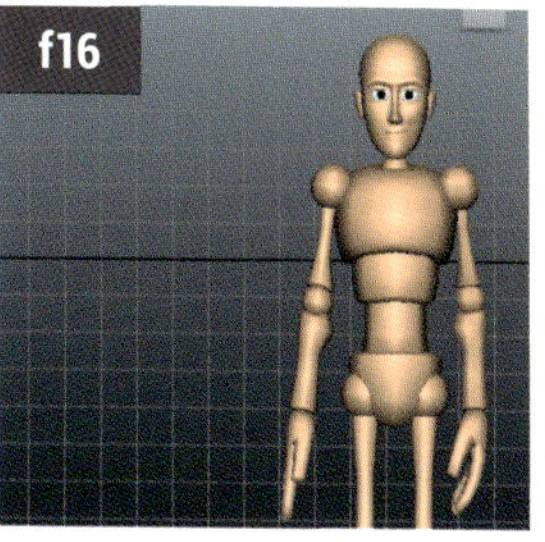

10 f01～f08で腕が上に動きます。カーブの方向が変わると、腕はまた下に戻ります。

02 スプラインとスペーシング

ダウンロードデータ TimingSpacing.ma

スプラインカーブの変化が、動きのスペーシング（間隔取り）に与える影響をさらに詳しく見てみましょう。

フレーム間でカーブの方向が主に水平であれば、値はそれほど変化しません。したがって、ビューポート内でそのアトリビュートは少ししか動きません。

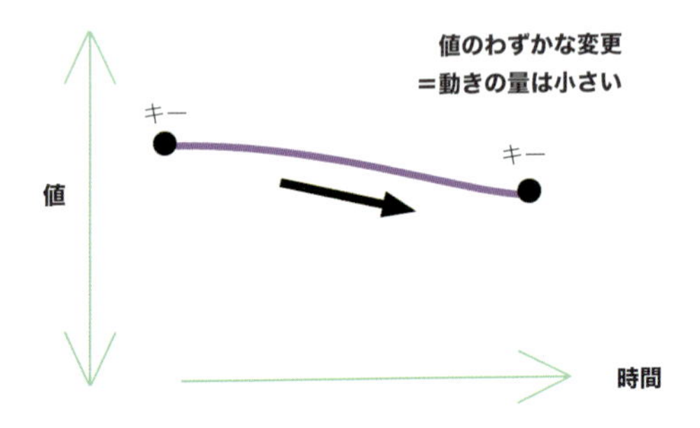

フレーム間でカーブの方向が主に垂直であれば、値はより大きく変化し、動きも大きくなります。

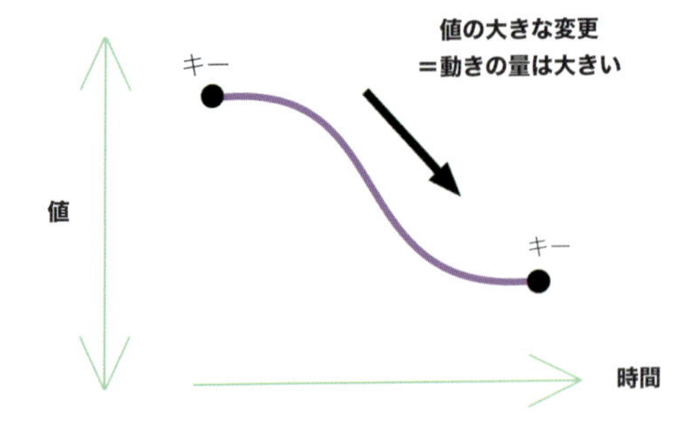

フレーム間でカーブが完全に水平なら、値が変化しないため、カーブのアトリビュートは完全に止まった状態になります。これらの仕組みを完璧に理解するため、いくつか試してみましょう。

この節では、フレーム（タイミング）の数を変えることなく、動きの速度にある程度明確な変化を与えます。タイミングとスペーシングは互いに関係していますが、スペーシングは使っているフレーム数以上に、大きな影響力を持っています。

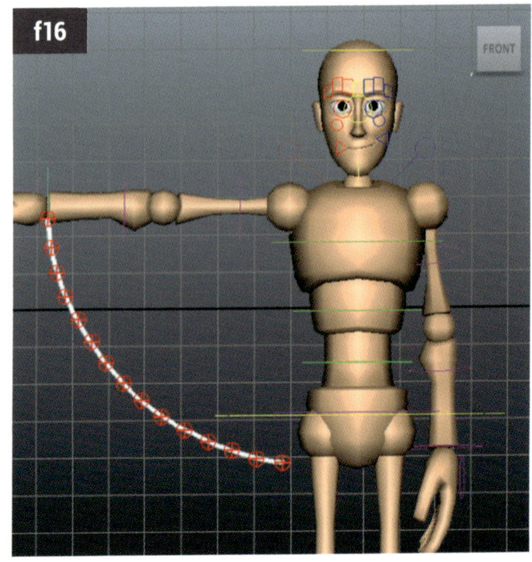

1 **TimingSpacing.ma**を開きます。直線的で均等なスペーシングで、上腕を上に動かすことから始めましょう。[グラフ エディタ]を開き、右上腕（R upper arm）の[回転 Z]カーブを選択してください。

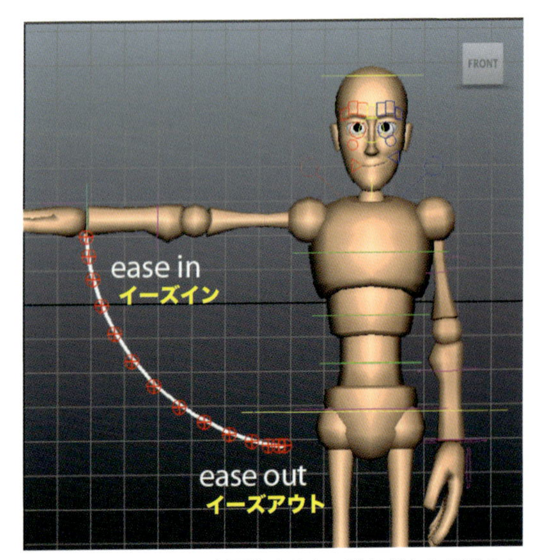

3 アニメーションを再生すると、動きがかなり滑らかになったのがわかります。腕が動き始めるときにイーズアウト（静止状態からゆっくりと動き出す）、止まるところでイーズイン（ゆっくりと静止状態に入る）します。

役立つヒント

動きのスペーシングを追跡するために、多くのアニメーターはホワイトボード用マーカーで直接モニターに描き込みます。モニターがLCDであれば、透明なプラスチックを上に置いてスクリーンを保護し、優しく描きます。ガラス製スクリーンのCRTモニターであれば、直接描き込んでも大丈夫でしょう。

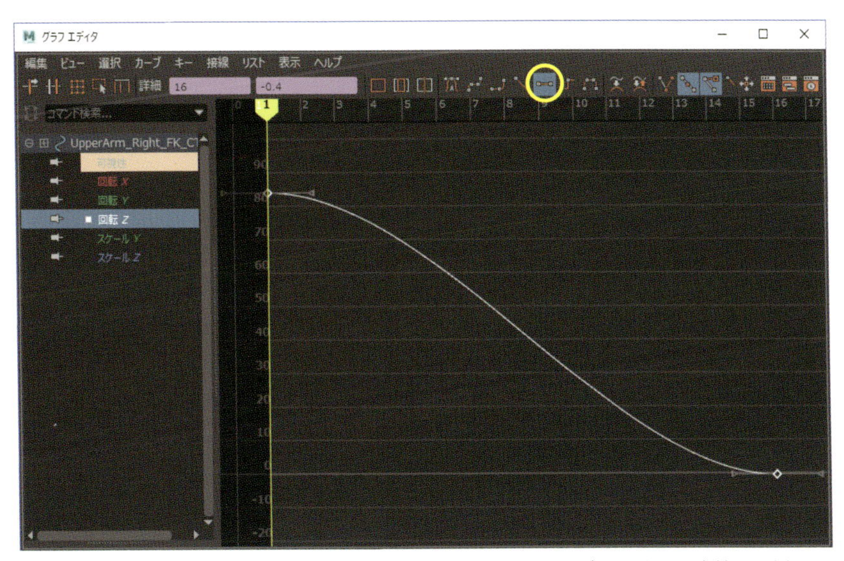

2 カーブ全体を選択して、[フラット接線] ボタンを押します。これでカーブの形状は、直線から緩やかな「S」字に変わります。

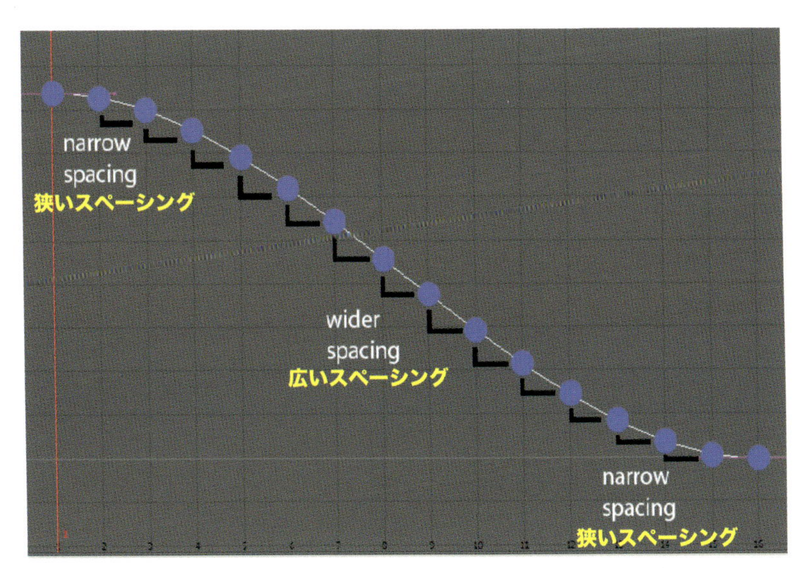

4 [回転 Z] カーブのスペーシングを区分すると、ビューポートで見える動きとカーブのスペーシングの関係がわかります。Goonの腕は短い間隔で始まり、中央では広い間隔で動きます。

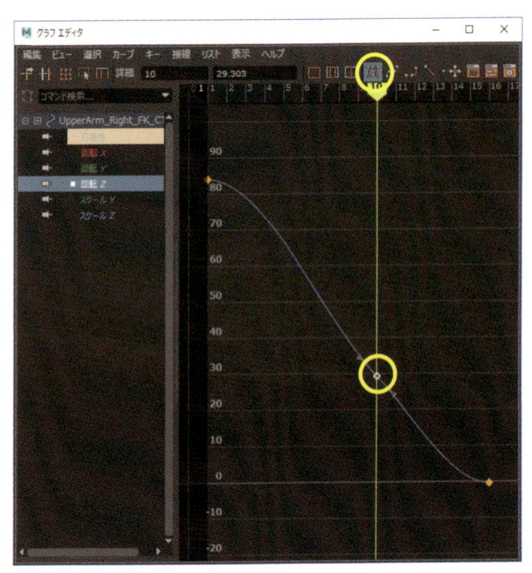

5 f10に進み、右上腕にキーをセットします。カーブが滑らかでなければ、[グラフ エディタ]でセットしたキーを選択し、[自動接線]ボタンをクリックしましょう。これにより、キーをどこに移動させても、接線は滑らかに保たれます。

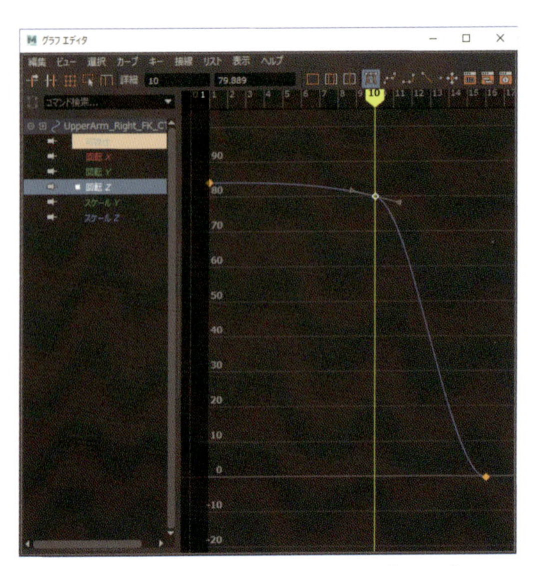

6 [W]キーで[移動ツール]を選択、[Shift]キー+ドラッグでキーを上に持ち上げ、最初のキーよりわずかに下にくるようにします。

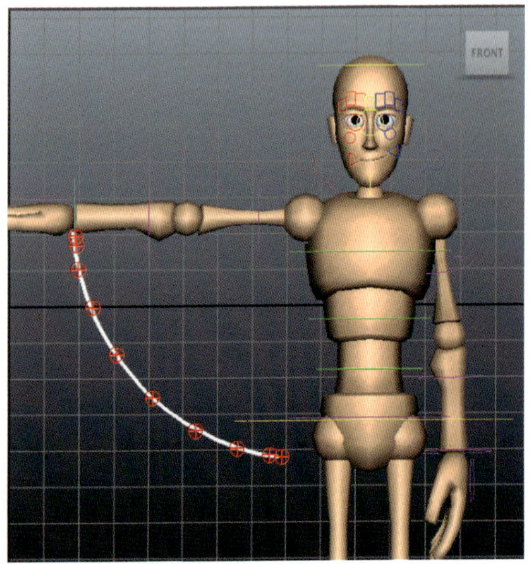

9 今度は逆の動作になります。腕が最初に早く動き、終わりのポーズに近づくにつれて、徐々にイーズインします。

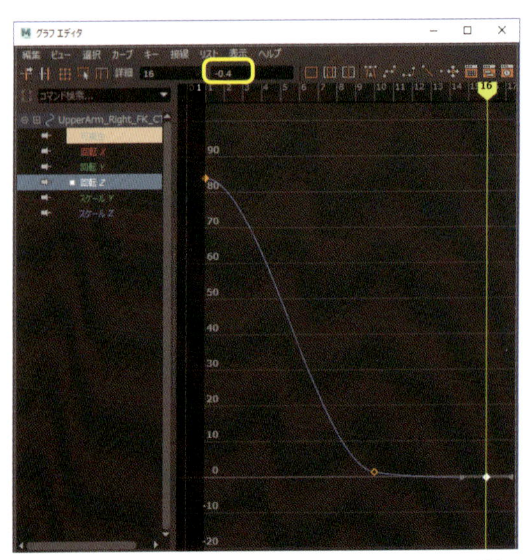

10 f16で最後のキーを選択し、値の領域を見てください。この例では**-0.4**になっています。

役立つヒント

スプラインテクニックはあとで説明します。ステップ11のようにキーの方向が変わるところでは、カーブがキーの値を超えて膨らまないようにしましょう。そのようなカーブでは、想定どおりに編集することが難しくなります。

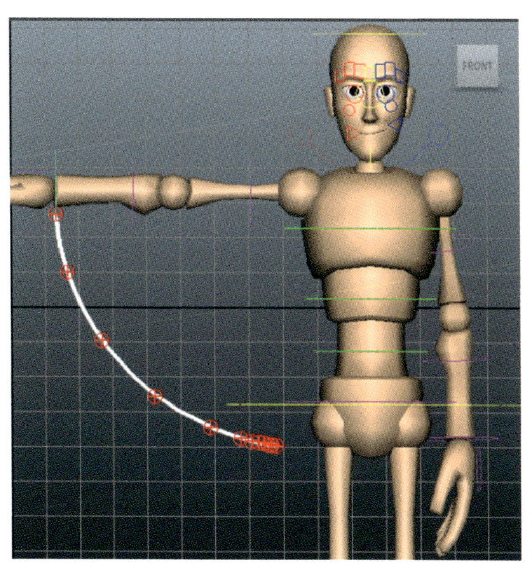

7 アニメーションを再生して確認しましょう。最初の10フレームではスペーシングが非常に狭いため、腕はあまり動きません。しかし、f11でその値は大きく変化し、動きが速くなります。

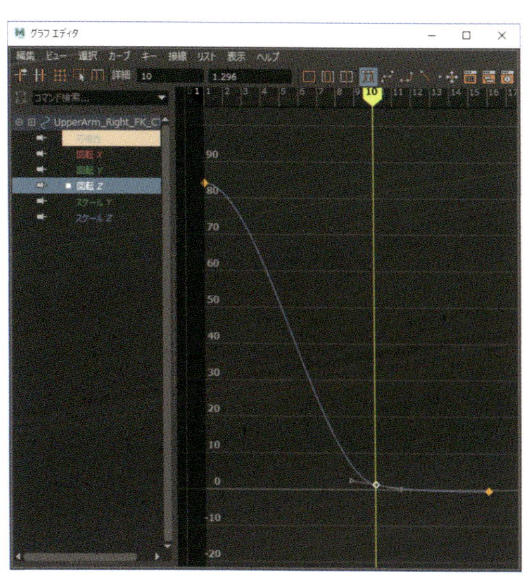

8 もう1度、f10でキーを編集し、最後のキーの値に近づけてみましょう。

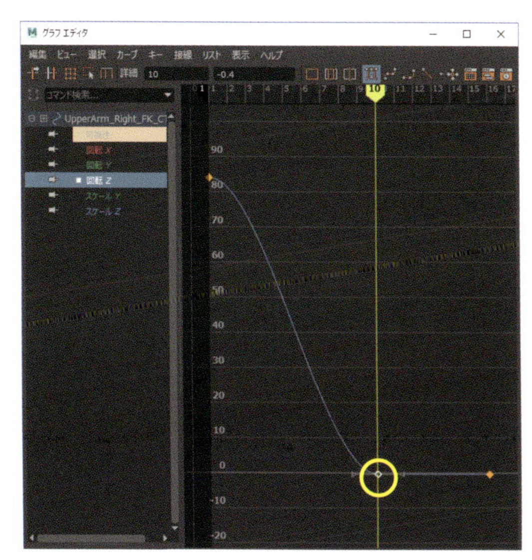

11 f10でキーを選択し、f16のキーと同じ値を入力します。このキーは［自動接線］に設定されているので自動的にフラットになります。これでフレーム間の値が同じまま保たれます。

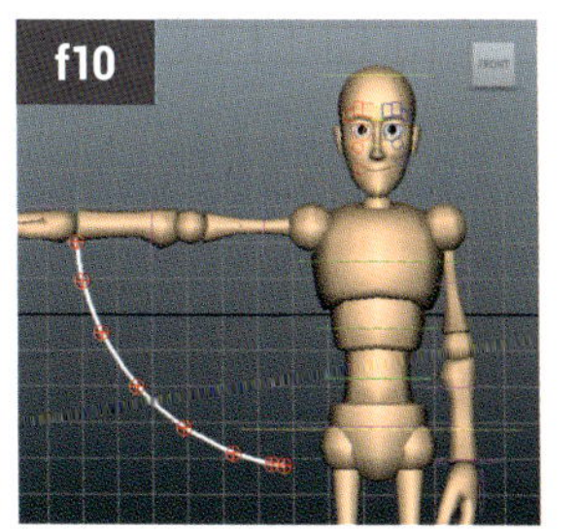

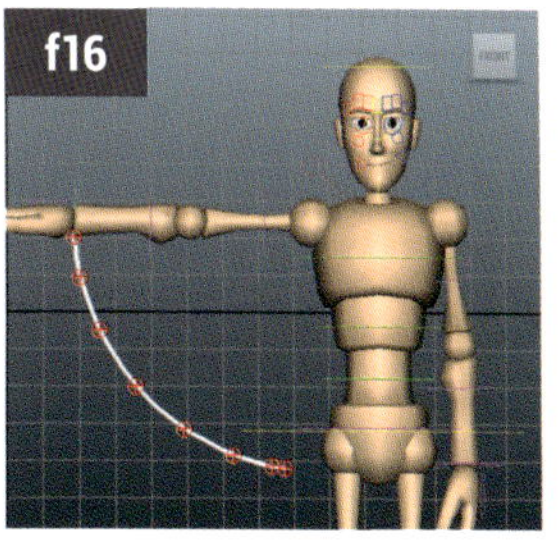

12 f01～f10にかけて腕はイーズアウト・イーズインしながら動きますが、その後はf16まで静止します。フレームが経過しても、カーブは上下に変化しないので、腕は止まったままになります。

03 接線タイプ

ダウンロードデータ TangentTypes.ma

Mayaで使用する接線とそのスタイルは、スプラインを理解する上でもう1つの重要な側面となります。Illustratorのようなグラフィックプログラムを使った経験があれば、すぐに接線に馴染めるでしょう。これはキーフレームの周りに存在するハンドルで、キー前後のカーブの角度と向きの調整に使用します。前節で見たように、カーブの傾斜はアニメーションのスペーシングに大きく影響するので、接線がどのように機能するかをしっかりと把握してください。

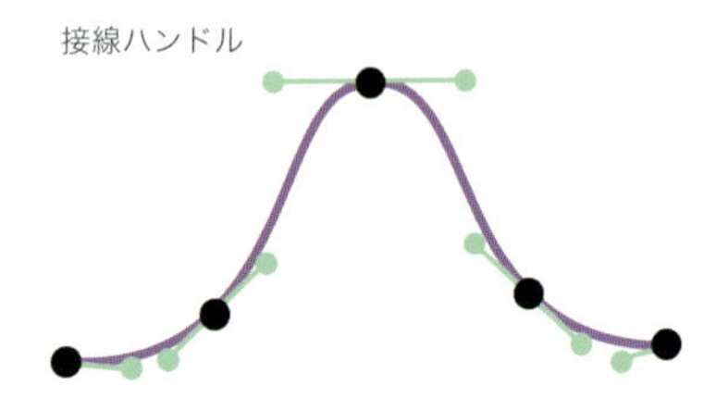

Mayaは数種類の接線タイプを備えています。それらはハンドル用の角度プリセットに過ぎませんが、便利なものが揃っています。ハンドルは自由に調整できるので、接線タイプは作業の開始点となります。不適切な接線タイプを使ってしまうと、モーションが非常に“CGっぽく”なり、面白味がなくなります。しかし、どれを選べば理想に近い結果になるかを知っておくと、ワークフローの高速化に役立ちます。

ここではMayaの接線タイプと、それらが最適となる状況について説明します。「A」の文字が付いているアイコンは［自動接線］機能で、時間を大幅に節約できます。これ自体は接線タイプではなく、キーの接線を位置に合わせて自動調節する設定です。先端のキー(カーブの向きが変わる位置のキー)が平坦になる一方、途中経過のキー(カーブの両側が同じ方向に向いているキー)は滑らかになります。キーを編集するとき、どんな状況でも接線が自動的に適応するのです。素晴らしい機能ですね！

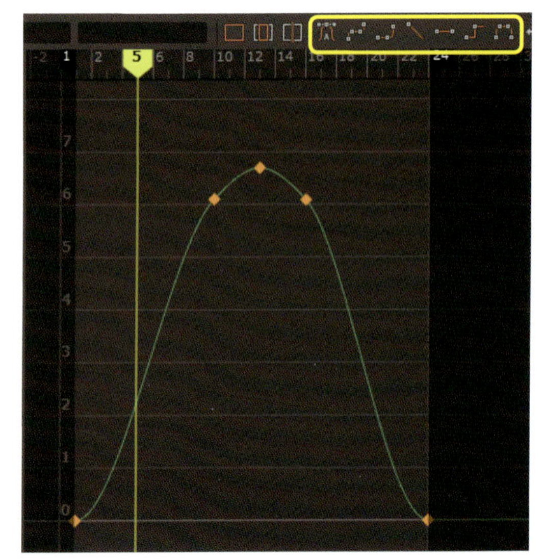

1 ［グラフ エディタ］の上部に接線タイプのアイコンが並んでいます。どれか（もしくはすべての）キーを選び、必要なタイプをクリックしてください。最初のアイコン（Aが付いているもの）は、選択されたキーとカーブを［自動接線］にします。

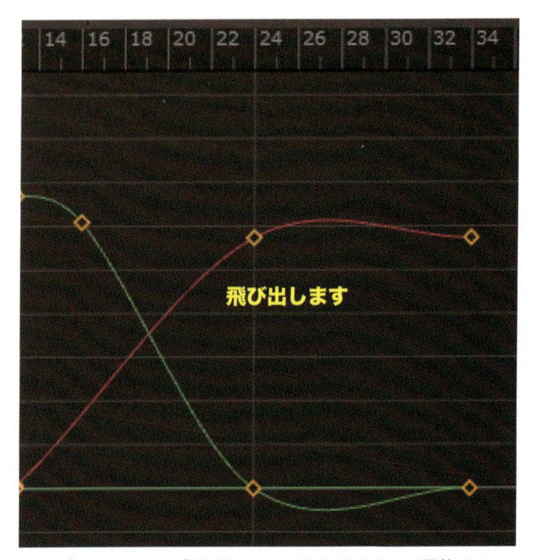

4 ［スプライン］接線はキー間を滑らかに遷移させ、平坦になりません。途中経過のキー(両端のキーが同じ方向)にはとても有効ですが、極値のキー(カーブの向きが変わるキー)では飛び出しが発生し、コントロールが難しくなります。

役立つヒント

アニメーションを微調整する場合、1つの接線タイプのみで進めることはまずありません。そのとき作業している特定のキー、状況に適したタイプを使うことになるでしょう。

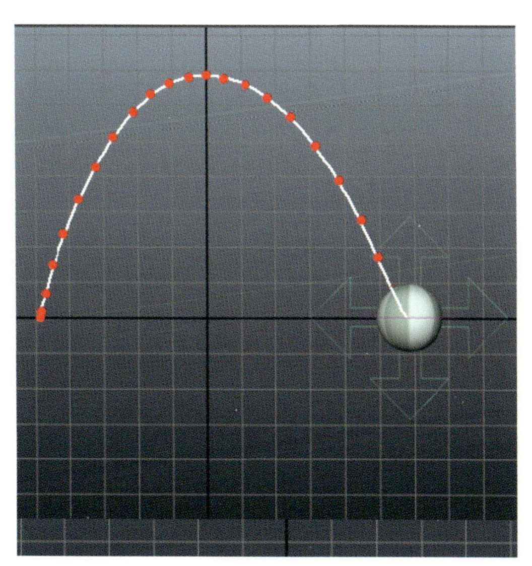

2 **TangentTypes.ma**を開きます。正面のビューを見ると、ボールが弧を描く基本アニメーションがあります。

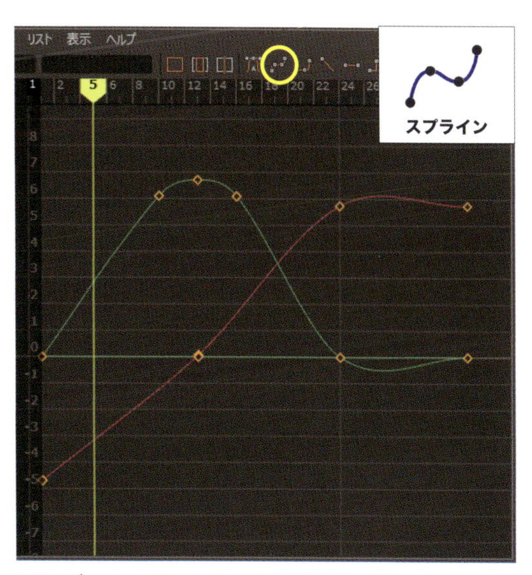

3 ボールのコントロールを選択し（表示されていなければ、[表示]＞[NURBS カーブ]（Show > NURBS Curves））、[グラフ エディタ]を開いてください。すべてのカーブを選択し、[スプライン接線]ボタンをクリックしましょう。カーブの終わりがどのように変化するか確認してください。

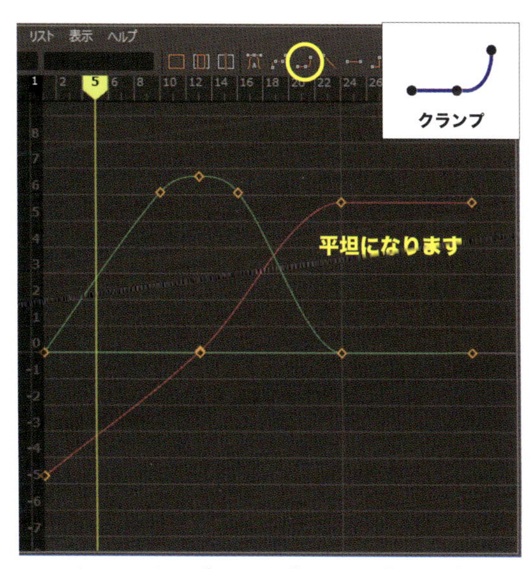

5 すべてのカーブを選び、[クランプ]接線ボタンを押します。[クランプ]接線は[スプライン]接線とほとんど同じですが、同じ値や近い値の隣接キーで飛び出しが起こりません。前例で飛び出していた部分が、平坦になっている点に注目してください。

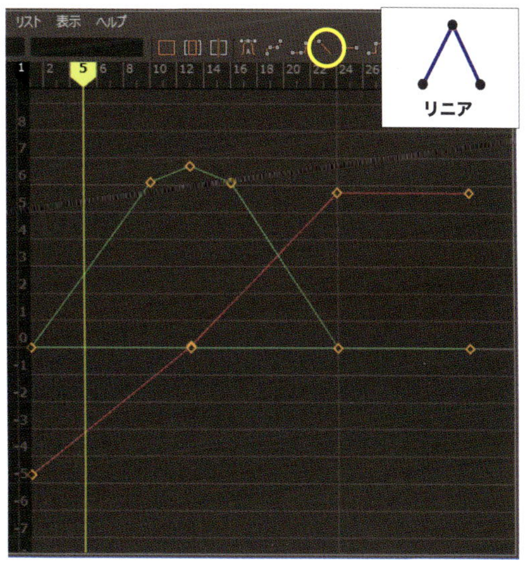

6 次は[リニア]接線ボタンを押します。これは単純にキーとキーの間を直線にするため、非常にシャープな角度、遷移を生み出します。

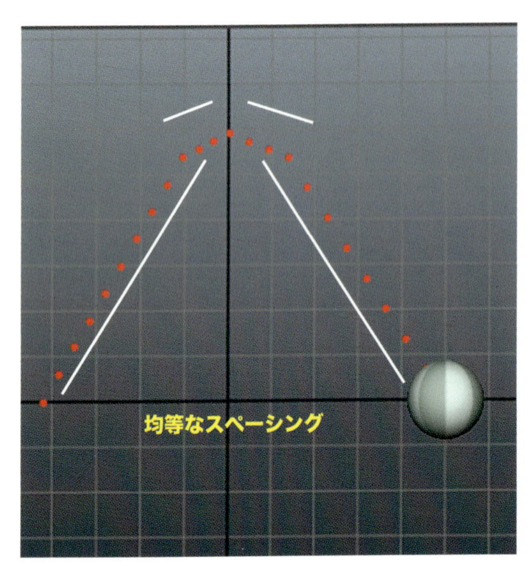

7 ボールパスのスペーシングが、それぞれのキー間で均等になっている点に注目しましょう。[リニア]接線は、ボールが地面とぶつかるときのように、オブジェクトが移動し、速度を落とさないまま別オブジェクトに衝撃を与える場合に便利です。

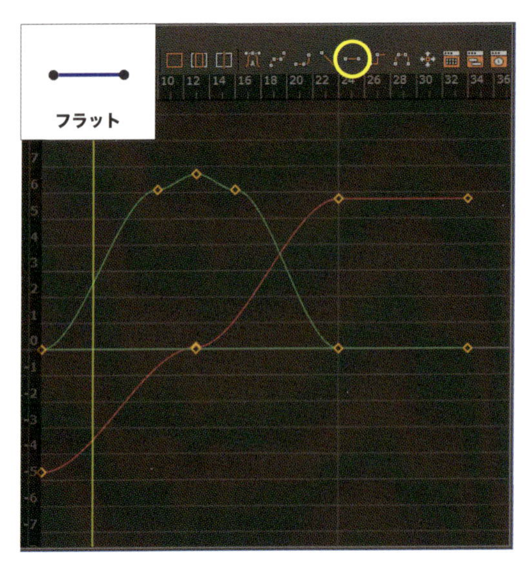

8 各キーでプラトー（高原状態）を作るのが［フラット］接線です。カーブの向きが変わり、イーズイン・イーズアウトするような先端のキーでよく使います。途中経過のキー、パスの中間でオブジェクトの動きを遅くします。

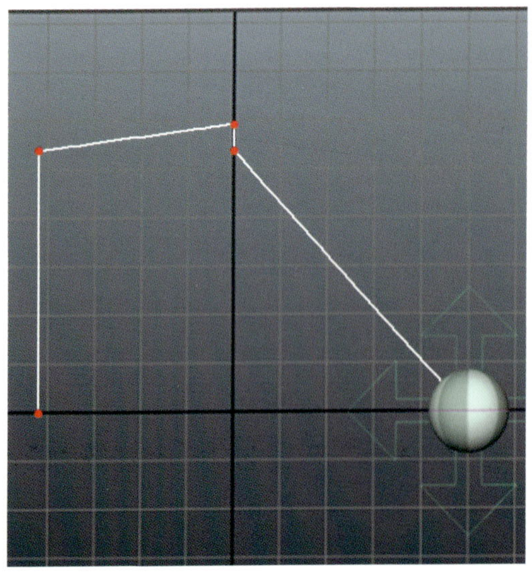

11 この例では特定のフレームに進んだときに、ボールがそれぞれの位置に突然移動します。[ステップ]接線はフルアニメーションのブロッキング、IK／FKの切り替え、表示／非表示のように単一フレームで変化するアトリビュートでよく使われます。

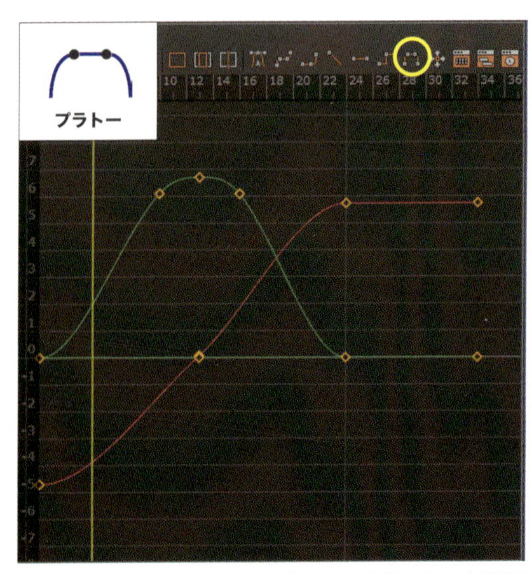

12 最後は、飛び出しを防ぎつつ、先端のキーが平坦になる［プラトー］接線です。[クランプ]接線との主な違いは、カーブの始まり、終わりの両方を平坦にするという点です。

役立つヒント

ステップ状のブロッキングからスプライン状のカーブに移行するとき、[プラトー][クランプ][自動接線]は最もオールラウンドな選択です。飛び出しの修正や、手作業で途中経過のキーをスプラインにしたり、先端のキーを平坦にする必要がないため、作業の開始点として最適です。

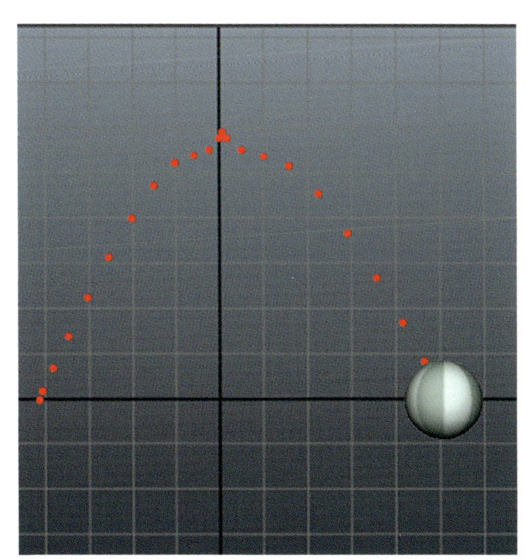

9 それぞれのキーにイーズアウト・イーズインするボールのスペーシングに注目しましょう。[フラット]接線は、イーズアウト・イーズインさせたいときに良い開始点となります。それらは同じ値のキーでは平坦になり、決して飛び出しません。

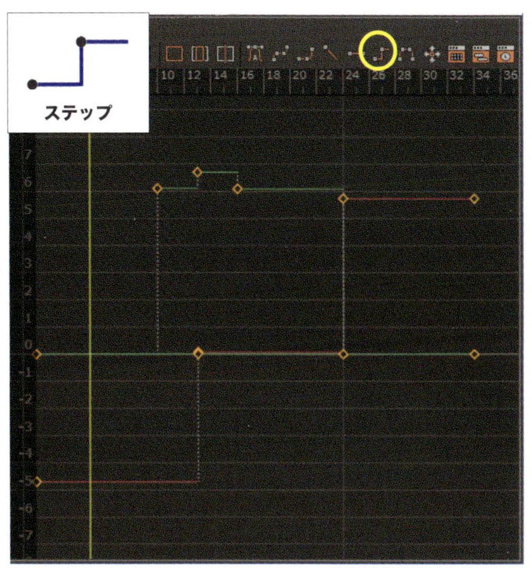

10 次は、全く補間のない[ステップ]接線のキーです。それらは次のキーフレームがくるまで止まっているため、階段状のキーになります。

	スプライン	滑らかな補間。カーブが両端とも同じ方向になっている途中経過のキーに向いている。カーブで飛び出す傾向がある
	クランプ	滑らかな補間。近い、もしくは同じ値のキーで飛び出さない。カーブの最初と最後のキーがスプライン化する。ステップキーからスプラインモードに移行するときに向いている
	リニア	キーからキーへの直線。2つのキー間を完全に均等にスペーシングし、カーブをシャープな角度にする。オブジェクトが他のオブジェクトに最大速度でぶつかるキーに向いている。ブロッキングでコンピュータにありがちなイーズイン／アウトを避けるためにも使われる
	フラット	キーに完璧に平坦なプラトー(高原状態)を作る。自動的にイーズアウト・イーズインを加え、決して飛び出さない。(カーブの向きが変わる)先端のキーや、フレームを通して値が変わらないキーに向いている
	ステップ	キー間を補間しない。次のキーフレームまで動かない。ポーズトゥポーズのブロッキングや、コンストレイント、IK／FK、カメラカットの作成など、1フレームで切り替えたいアトリビュートでよく使われる
	プラトー	クランプと似ているが、カーブの最初と最後のキーは平坦になる

13 まとめとして、接線タイプごとの一般的な使い方を表にしました。繰り返しになりますが、これらは作業の開始点で役立つことに過ぎず、ルールというわけではありません。[自動接線]は接線タイプではなく自動機能です。これは、キーフレームを編集するときの状況に応じて、ダイナミックにキーを[スプライン]接線か[フラット]接線にセットします。(カーブの方向が変わる)先端のキーは平坦になり、(カーブが同じ方向に続く)途中経過のキーは、滑らかなスプラインになります。

04 接線ハンドル

ダウンロードデータ TangentHandles.ma

接線タイプの理解を深めたところで、どんな種類のカーブでも思いどおりに作れるよう、ハンドルのカスタマイズについて学んでいきましょう。Mayaの接線ハンドルは、あらゆるアニメーション／グラフィックプログラムにも優る究極の柔軟性をもたらします。この機能を利用しない手はありません。まず、アニメーションに設定したいスペーシングを思案します。次に、そのスプライン形状を考え、ハンドルを使ってそれを再現していきます。

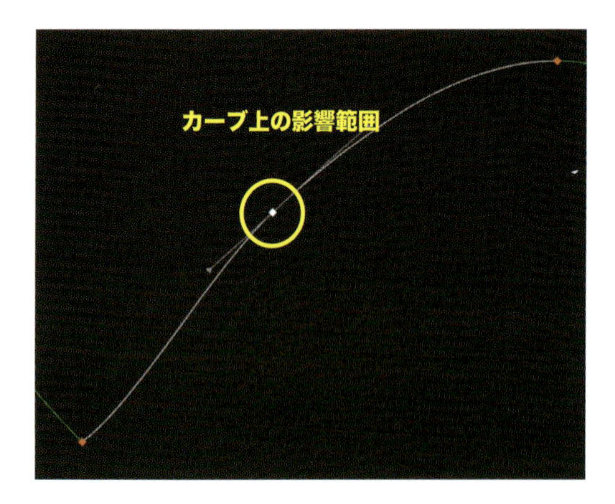

接線ハンドルには、ウェイト付き／ウェイトなしの2種類あります（ここで紹介するのは、あくまで作業形式です）。どちらで進めるかは最終的に好みの問題です。では、接線ハンドルを使った「別レベルのコントロール」を得る方法を見ていきましょう。「追加のコントロール」と言っていない点に注目してください！ ハンドルを使って得られるカーブの形は、キーフレームの追加でも実現可能です。つまりユーザ次第というわけです。作業の進め方によるので、すべて試してみてください。

私の哲学は「**利用できるすべてのツールを試して、仕事に最適なものをその都度選ぶのが最善の方法である**」です。

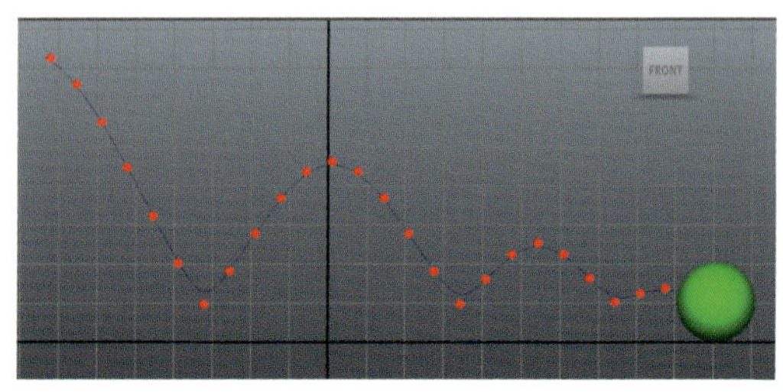

1 **TangentHandles.ma**を開いてください。弾むボールのアニメーションがあります。ボールのコントロールを選択し、[グラフ エディタ]を開きましょう。

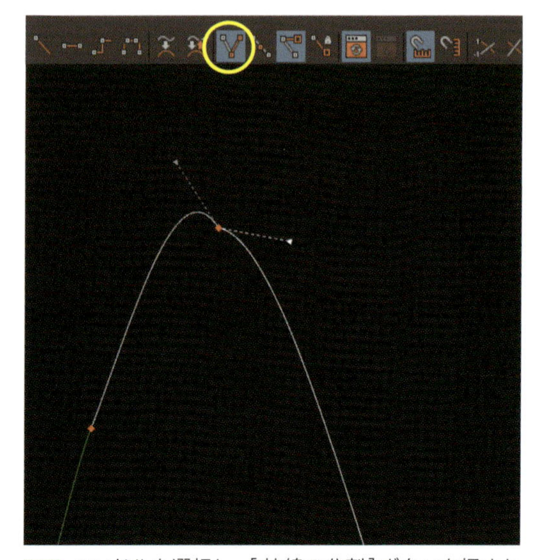

4 ハンドルを選択し、[接線の分割]ボタンを押すと破線になります。これは独立した状態になったことを意味します。ドラッグして個別に選択、移動し、どんな形状のカーブでも作成できます。

役立つヒント

接線ハンドルで編集可能な要素が増えると、スプライン編集がさらに複雑になります。無駄にハンドルを分割したり、ウェイトを開放するのは避けましょう。最もシンプルな方法がいつもベストです。

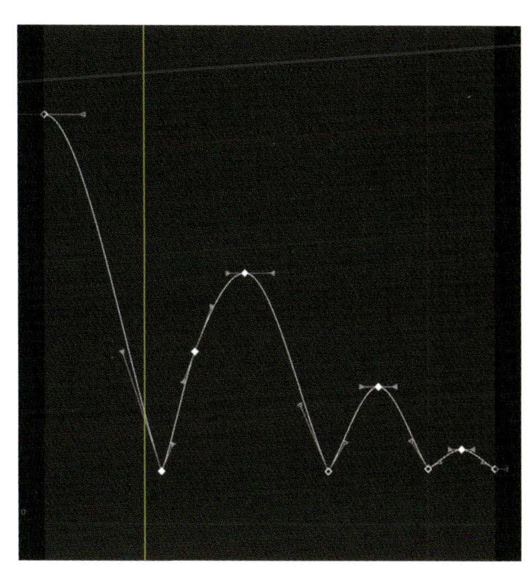

2 [移動 Y]カーブを選択し、接線ハンドルを試してください。それらのハンドルはウェイト付けされていません。カーブ上で同じ長さの割合と同じ量の影響力を持っています。

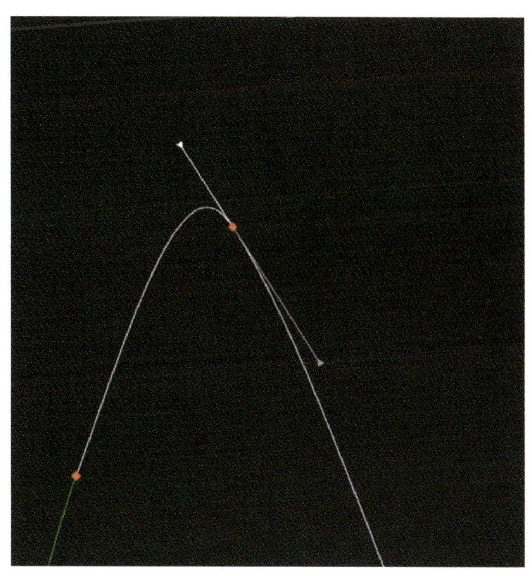

3 [W]キーで [移動ツール]に切り替えてハンドルを選択、ドラッグして向きを変えましょう。これらのハンドルは統一されているので、どちらかを移動させると1つのセットとして動作します。

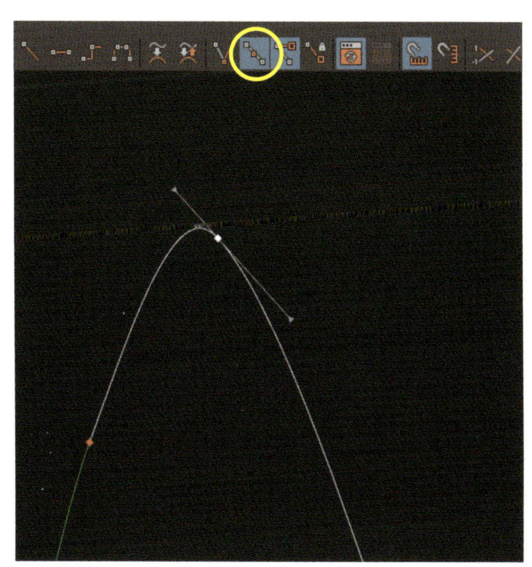

5 [接線の統一]ボタンを押すと、ハンドルは元の状態に戻ります。これで、接線は再び単一のセットとして移動できます。

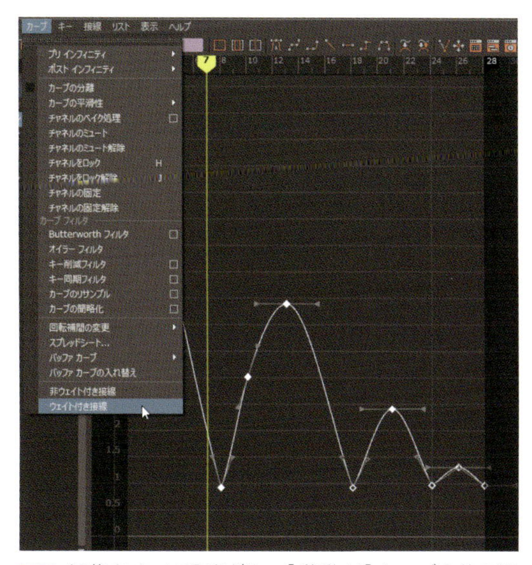

6 編集をすべて取り消し、[移動 Y]カーブ全体を選択します。[グラフ エディタ]で[カーブ]>[ウェイト付き接線](Curves > Weighted Tangents)をクリックしましょう。これで、キーとハンドルが正方形に変化します。

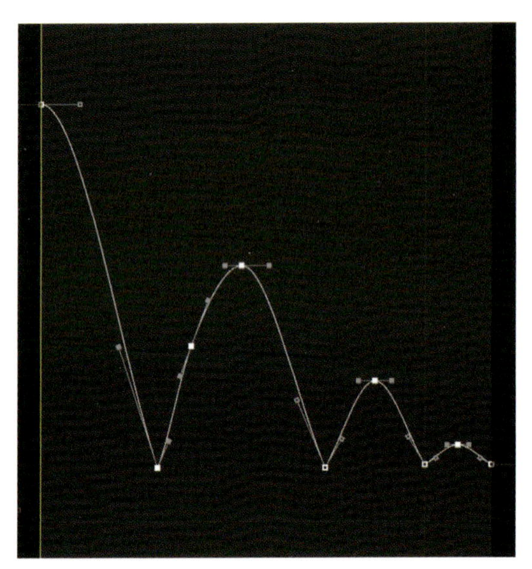

7 ウェイト付き接線は、キーフレーム間にある値の距離に応じて、異なる長さを持っています。距離が長いほどハンドルは長くなり、カーブへの影響力が強くなります。

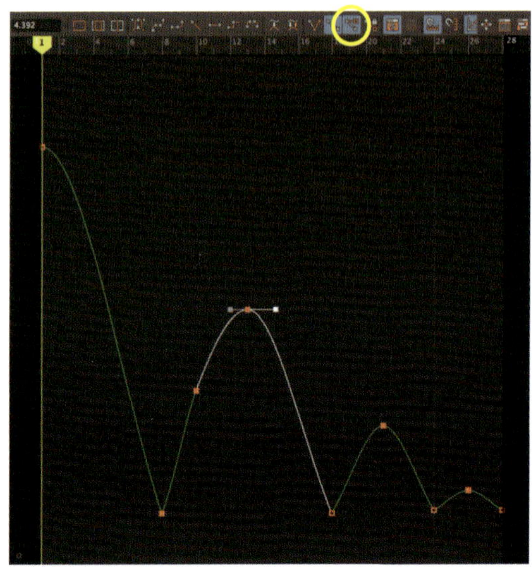

8 ウェイトなしと同様にハンドルを分割して操作できますが、接線ウェイトには追加オプションがあります。キーを選択し、[接線の長さを開放] ボタンをクリックしてください。

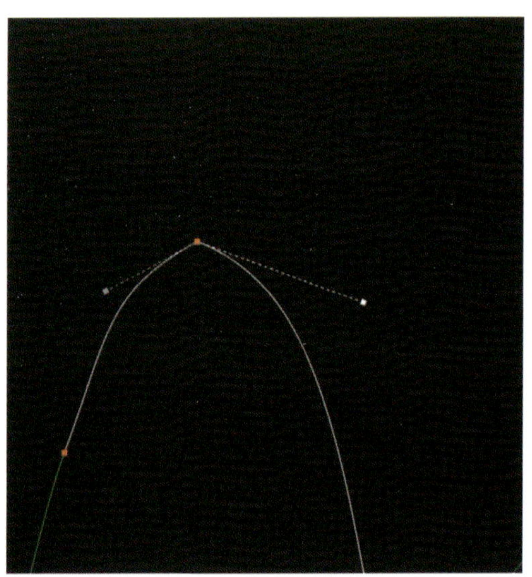

10 前にやったように、接線ハンドルを分割すれば、どんな形のカーブでも作ることができます。

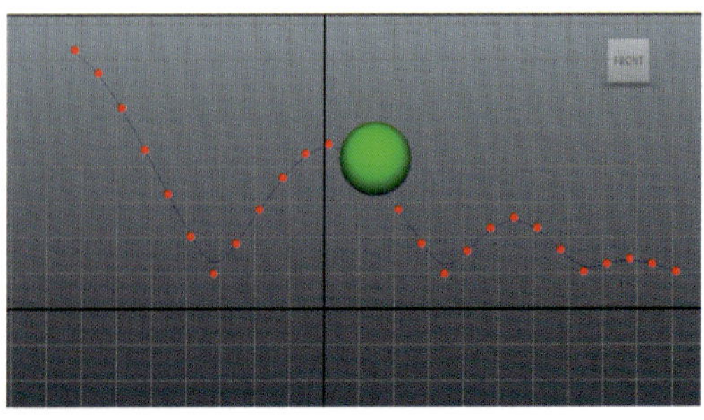

11 さまざまな接線ハンドルを試して、希望どおりのスペーシングにする方法を学んでください。

役立つヒント

アニメーションを始めたばかりなら、ウェイト付きで分割した接線ハンドルの使用は後回しにしましょう。キーのみでアニメーションをコントロールする方法を先に学んでおけば、ハンドルとスペーシングの関係が簡単にわかるようになります。

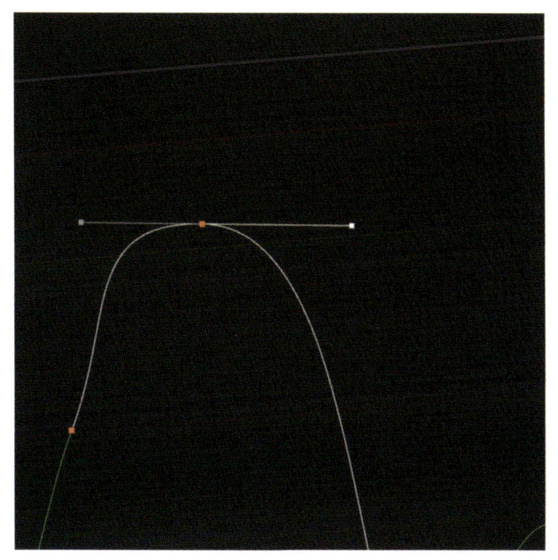
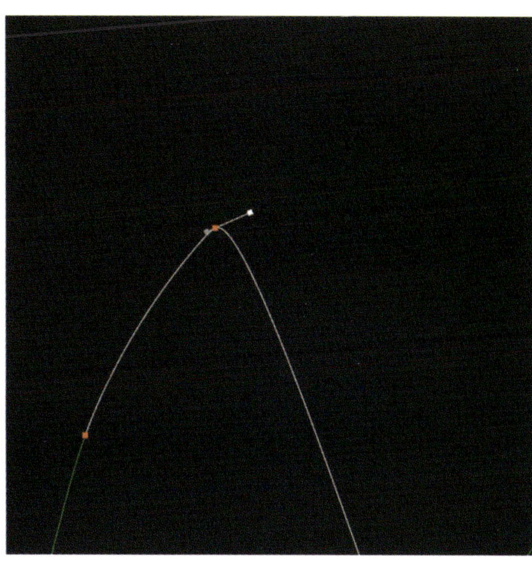

9 ［移動ツール］でこれらのハンドルを任意の長さに調整して、カーブに対する影響量を増減できます。

ハンドルの長所

・より少ないキーで、カーブが細かくなることを防げる
・カーブを形作るためのオプションが強力
・カーブを正確に時間に合わせてスケールできる
・密度を加えることなく、微妙なスペーシングの調整に向いている
・少ないキーでシャープな角度を作成できる

ハンドルの短所

・隣接するキーを調整するとスペーシングに影響する
・キー無しでは実現不可能な形がある
・キーが少なすぎると、ふわっとした感じになる
・他のアニメーターによる編集が必要なとき、作業が難しくなる場合がある
・大きなスペーシングの範囲に対して、コントロールが難しい

キーの長所

・確実であり、値が隣接するキーの影響を受けない
・完璧なコントロール、どんな形でも実現可能
・［グラフ エディタ］ではっきりと読み取れる
・簡単に作業でき、シンプルである
・他のアニメーターでも、カーブを簡単に編集できる

キーの短所

・カーブが密集してわかりづらく、変化させにくい
・フレームにキーをスナップすると、時間がスケールされ、正確さが少し失われる
・一般的に細かくコントロールするには、多くのキーが必要になる

12 ハンドルの使用はアニメーションを作る1手段に過ぎず、必ずやる／決してやるべきでない、ということではありません（状況次第です）。アニメーターの中には、接線をまったく使わずにキーセットする人もいれば、常に分割したウェイト付きハンドルを使う人もいます。しかし、多くの人は必要に応じて両方の手段を使い分けています。最終的にはユーザ次第ですが、これらの方法で考慮すべき要素をいくつか挙げてみました。作業に応じて最適なやり方を選べば、あらゆることをできる限りシンプルに保てるでしょう。

05 スプライン テクニック

ダウンロードデータ SplineTechnique.ma

ここまでの学習で、スプラインの能力とその使い方を理解できたことでしょう。次はスプラインワークフローの効率化を紹介しながら、作業をもっと簡単にする方法について説明します。

スプラインの中には作業の妨げになるものもあります。しかしこの技術を磨けば、自分で上手くコントロールできるようになります。すなわち、コンピュータに生成させるのではなく、自分自身が望むアニメーションを作成するのです。

前にも述べたように、これらは厳密なルールというわけではありません。コンピュータに生成させるのが最適な場合もありますが、それらは例外です。一般的なガイドラインとして（特にまだスプラインに不慣れな場合は）、この節で紹介する内容によって理解が深まるでしょう。

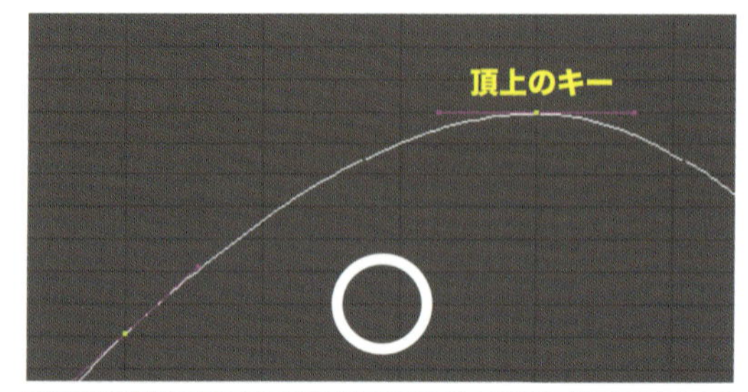

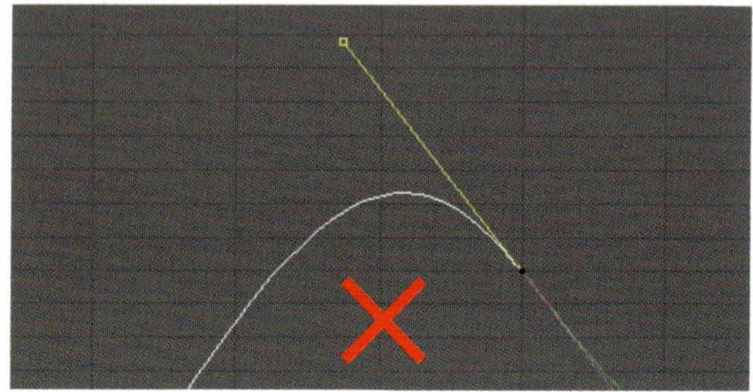

1 **SplineTechnique.ma**を開き、ボールの移動コントローラを選択してください。f12で［移動 Y］のカーブを見てみましょう。f13が頂上のキーですが、接線によってf12のほうが高い値になっています（下）。これがオーバーシュート（飛び出し）です。最大値でフラット接線、または［リニア］接線を使い、膨らみを調整してください。

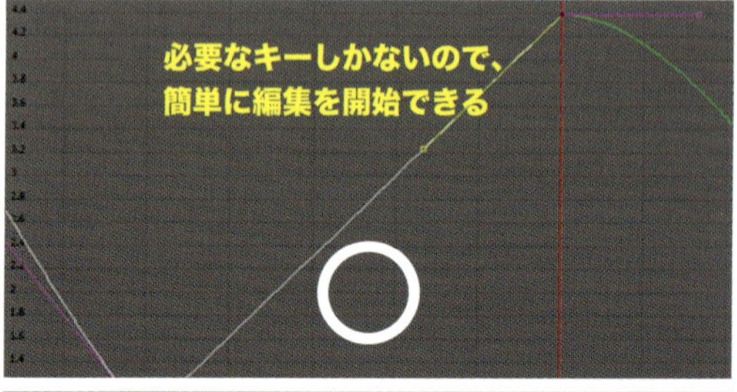

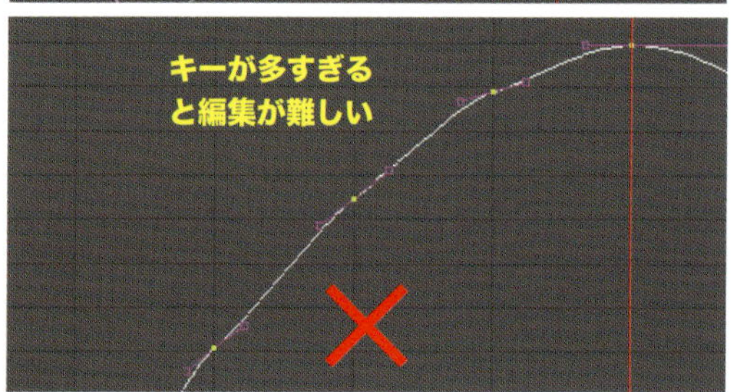

3 ［移動 X］のカーブを見てください。すべてのフレームにキーを配置すると、余分なキーがたくさんできます（下）。スプライン化するとカーブはうねり、台無しになるでしょう。キーは必要な数だけ使い、接線の見映えを確認してください。キーが多すぎると変更に手間取ります。カーブを滑らかに移行させるため、キーのほとんどを削除しましょう。

役立つヒント

［自動接線］は素晴らしい機能です。だからといって怠けないようにしましょう！ それは結局、コンピュータのアルゴリズムで生成されたスペーシングとスローイン／アウトに過ぎません。自分が望むものに近いカーブを少ない手間で設定できますが、コンピュータの動作をコントロールし続ける必要があります。上手く補正されたカーブは、偉大なアニメーターの証です。

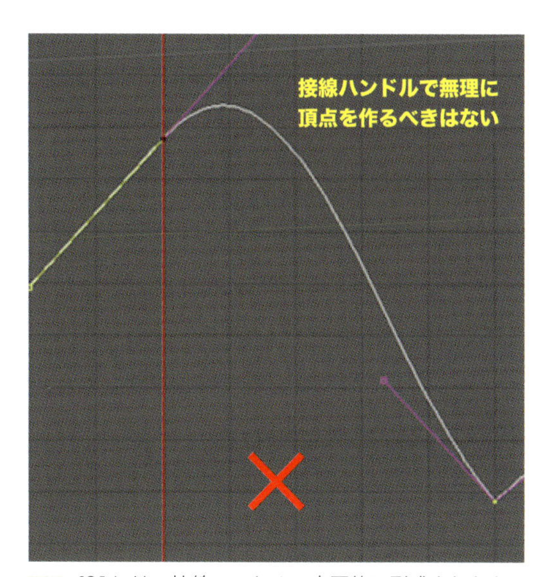

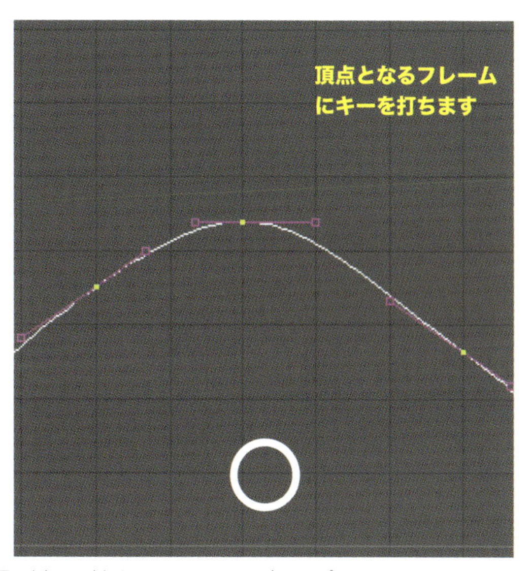

2 f21には、接線ハンドルで意図的に形成されたもう１つの飛び出しがあります。これはビューポートで問題なく見えても、不適切なのは間違いありません（左）。頂上にキーがあれば、状況は明確になり、簡単に編集できます（右）。そして、知らない間に値が変わるようなことはありません。飛び出しがあるときは、隣接するキーフレームやハンドルを動かして、その先端を修正するようにしましょう。Mayaをどれだけ愛用していても、こうした類の結果を望んでいません！

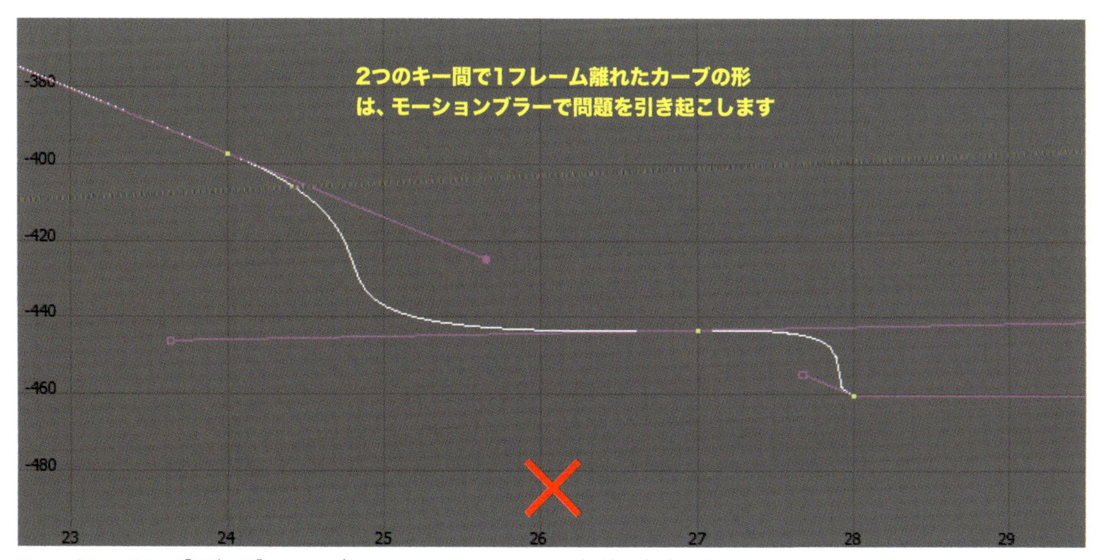

4 f24〜f28の［回転 Z］のカーブを見てください。ときには極端な角度が必要になることもありますが、シャープな角度が必要なときは、ハンドルよりもキーを使いましょう。キーを移動するとハンドルは変化しますが、キーの値は常に一定です。また、f27〜f28のように、ビューポートで見えない1フレームの不具合であっても、避けるのが得策です。制作スタジオによっては、フレーム間でモーションブラーを適用します。しかし、このようなカーブはレンダリング時に風変わりな結果を生み出します。アニメーターが希望するモーションブラーのルックを作る場合に利用できますが、意図的でない限りやめておきましょう！

06 スプライン リファレンス

ダウンロードデータ SplineReference.ma

ここまで、スプラインがシンプルなツールでありながら、どんな動きでも正確に表現できることを見てきました。スプラインをごく自然に読み取るには訓練が必要ですが、アニメーションを続けていけば、きっと上手く読み取れるようになります。

スプラインを読み取るのは、**共通の形を認識することに過ぎない**という事実に、多くの新人アニメーターは気づいていません。一般的なスプラインの形であれば、イーズインの見た目はいつもほぼ同じです。その形の大きさと角度によって、イーズインの大きさが決まります。円は大小に関わらず円であるとわかりますが、それと全く同じことです。

本節のファイルには、一般的なアニメーションでスペーシングのリファレンスになる6つのスプラインがあります。50フレームごとに別々のアニメーションと説明があるので、タイムレンジのスライダを1、50、100、150、200、250フレームで開始するように移動させ、それぞれ確認してください。上腕の［回転 Z］カーブにはアニメーションが付いています。［グラフ エディタ］の見方を理解するには、難しい形よりもこれらの形を覚える方が近道です。楽しんで読み取ってください！

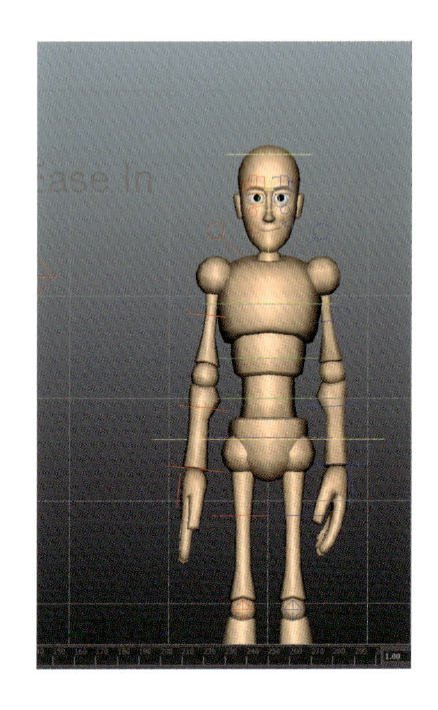

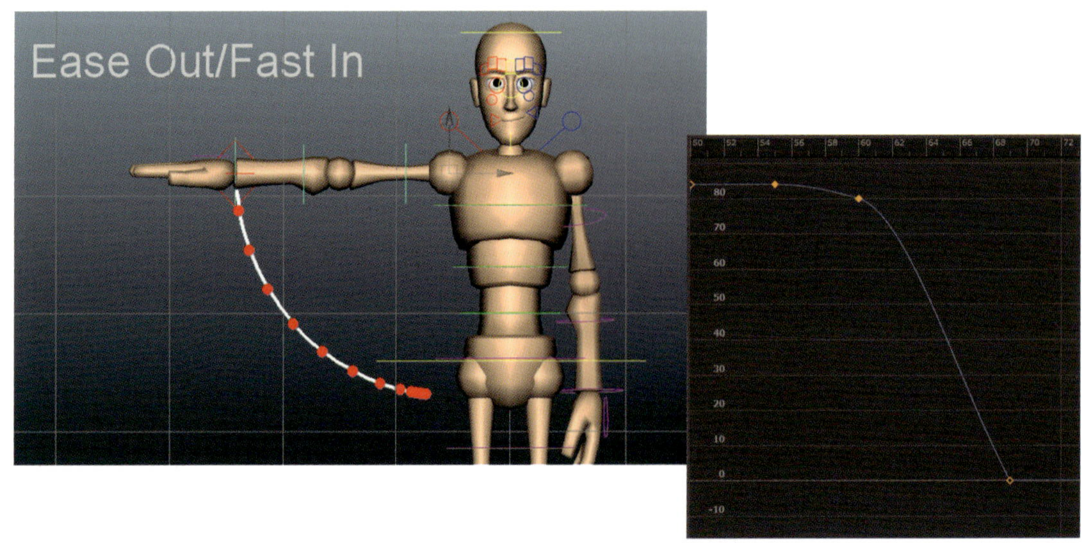

2 f50～f99：
イーズアウト/ファストイン

役立つヒント

イーズアウト/イーズインの形を作る際に追加のキーをセットすると、とても上手くいきます。Mayaのデフォルトのイーズアウト/イーズインは、常に同じ比率で、時間的にやや平坦に感じる傾向があります。

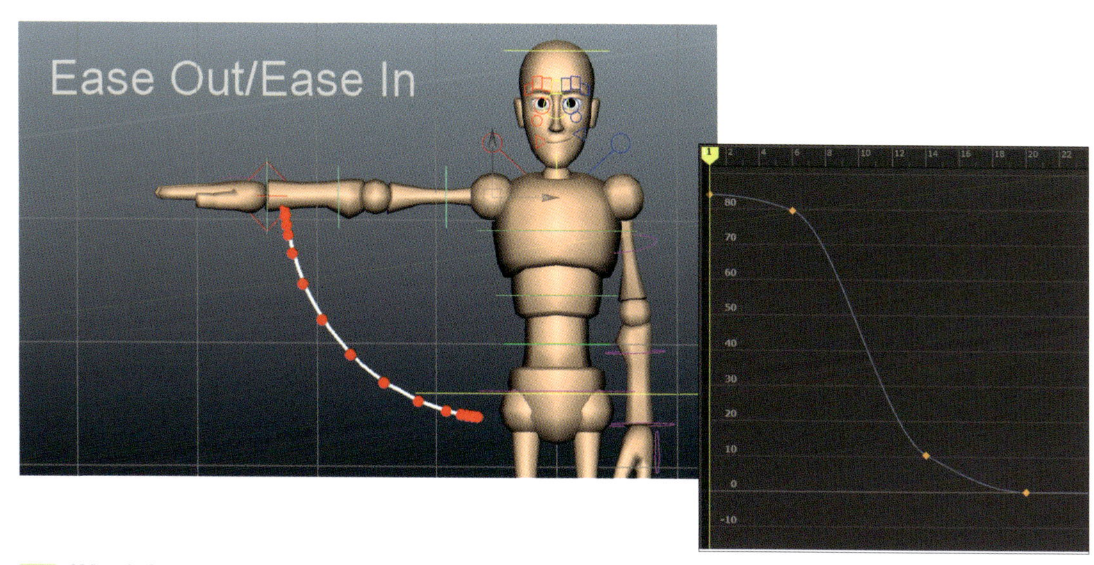

1 f01～f49：
イーズアウト/イーズイン

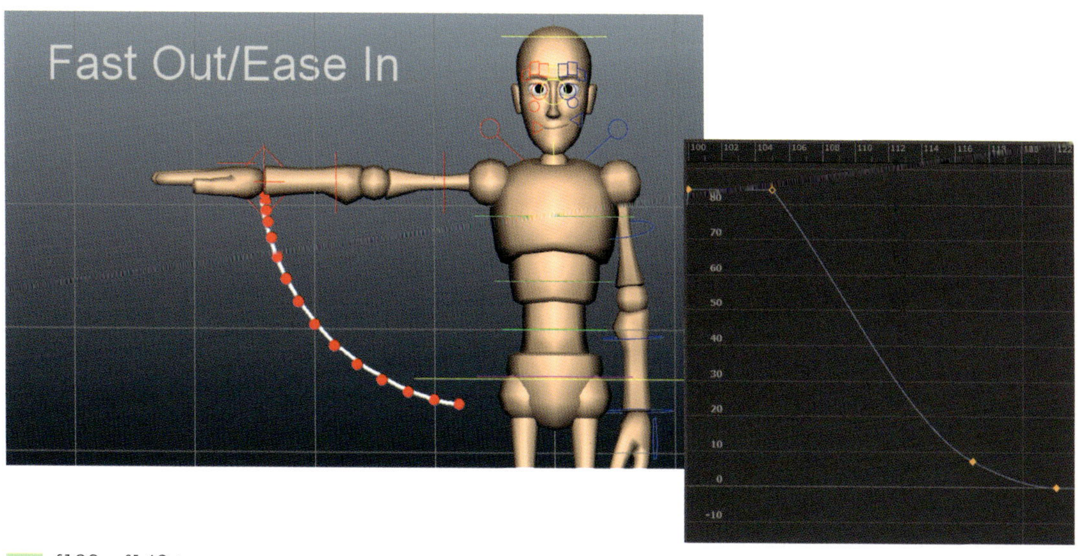

3 f100～f149：
ファストアウト/イーズイン

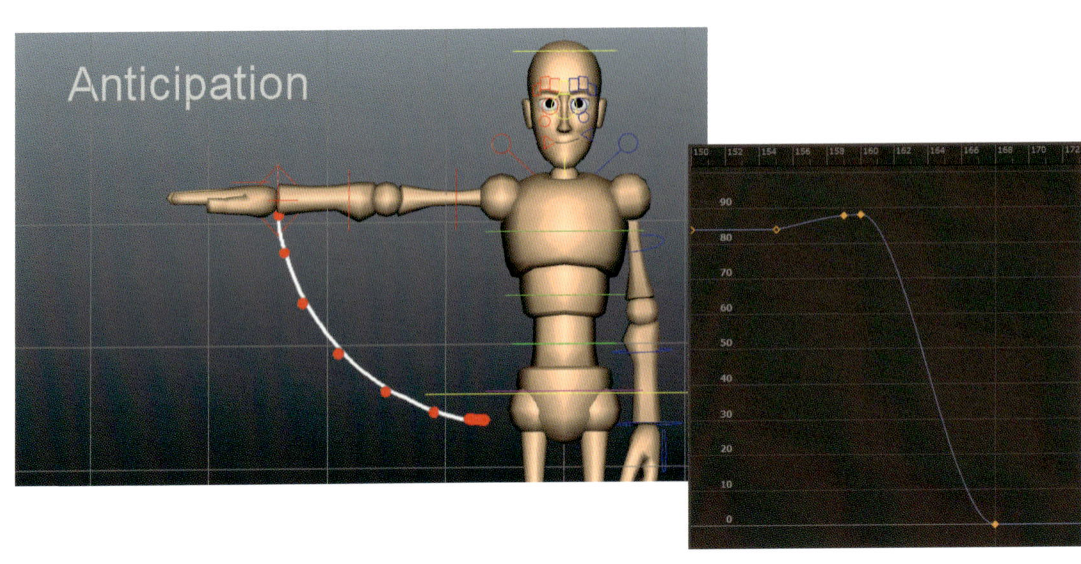

4 f150～f199：
アンティシペーション（予備動作）

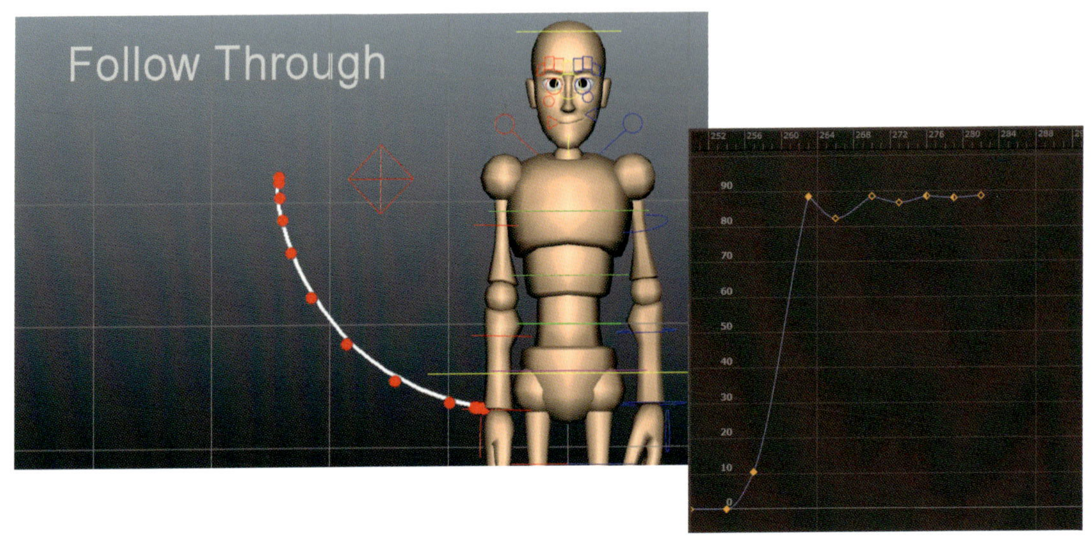

6 f250～f299：
フォロースルー

役立つヒント

バウンドするボールが地面に当たるときのように、[リニア]接線はオブジェクトが当たって跳ね返るキーの素晴らしい開始点となります。

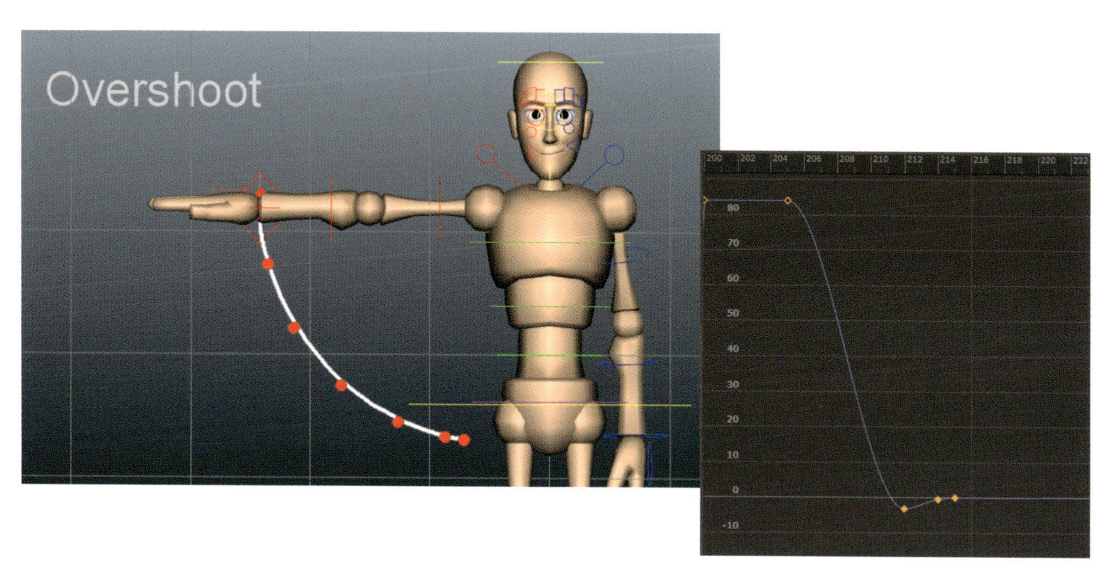

5 f200〜f249：
オーバーシュート（飛び出して戻る）

学び直すとしたら

以前、生徒から「アニメーションを最初から学び直すとしたら、やり方をどう変えますか？」と聞かれたことがあります。私の答えですか？「すべて」です。もちろん学び直すなら、今知っていることをすべて知りたいと思うでしょう。でも、それだけで果たして楽しいでしょうか？ 私はおそらく他の趣味にも打ち込み、たくさんの絵を描いていることでしょう。それでもたった1つ、確実に変えることがあります。そこで、質問の内容を「アニメーションを最初から学び直すとき、1つだけ学び方を変えるとしたら、それは何ですか？」としましょう。答えはとてもシンプルなので、あなたは驚くかもしれません。

「アニメーションの作業を徹底的に少なくします」

と言っても、これだけでは理解できませんね。では説明していきましょう。以前の私は、多くのアニメーターたちがその学習期間にやってきたことと同じ道を辿っていました。つまり新しいツールや新しい技術を学ぶとき、複数のキャラが会話するような300フレームものシーケンスで試していたのです。それも、複数のカメラカット、特殊効果、こだわり抜いたライティングなど、余分なものを取り入れながら…

まだ学生だった頃、超大作のショットに挑戦しました。しかしそれらのミニプロジェクトは作りかけのままで、ほとんどが未完でした。このようなサイクルを続けると、若いアニメーター特有の「ブロッキングは早いけれど仕上げのスキルがない」という残念なパターンに陥ります。私は約5年にわたる独学のアニメーショントレーニングで、3年目には、ライティングなどのシーンをブロッキングできるようになりました。しかし、作品は思い描いたような完成度に至らず、わからない問題にイライラしたものです。私が言いたいのは、それが「回避できるはずだった」ということです。そこで、私からのアドバイスを贈ります。

あなたが学校に通っていて、選択の余地のある課題が与えられたら、可能な限り**最も単純なことを行なってください**。例えばシンプルなシーンで、1〜2人のキャラクターを150〜250フレーム範囲でアニメートする課題を与えられたなら、1人のキャラクター、150フレームの範囲でショットをアニメートしましょう。手数の少ないアニメーターの方が、習得が早い理由をご存知ですか？ 答えは簡単です。**始めから終わりまでのワークフローを多くこなすほど、シーンに着手してから完成させるまでの全工程が早くなる**からです。適度に楽な課題に取り組めば、着手したものは完了します。これは、まさにあなたが必要とする大きな原動力になります。アニメーションの学習を数多くこなすことが重要です。

私のクラスでも、楽な作業に取り組んだ生徒はコンセプトの理解度が高く、自分の作品への応用も簡単に成し遂げています。アニメーションはもっと主観的なものに見えるかもしれません。しかし、**アニメーションの学習はショットの質でなく、むしろ量をこなすことである**と言えるでしょう。

私のイラストレーションの先生は、「誰でも10,000枚の不出来な絵を**自分の中に**持っている」と言いました。そして「これら10,000枚の絵を早く自分の中から出すほど、後ろに控えている良い絵が早く出てくる」と説明しました。実際に先生は、無心でもいいのでとにかく描くように促していました。自分が描いているものさえ考える必要はありません。なぜなら、不出来な絵を**自分の外に**出すことが最も重要だからです。先生はときどき生徒の作品を取り上げ、面白いことを言っていました。「おやまぁ、これはなんてひどい作品でしょう。よかったですね。これでこの絵はあなたの中から取り出されました。このあとにどれだけ良い絵が控えているか楽しみです！」と。私たちは皆、これから登場してくる山積みの絵のことを考えて、笑い合ったものです...

以下に絶妙な複雑性を備えているリストを挙げておきます。アニメーションの小テストに取り組んでみましょう！

・跳ねているボール。
・転がっているボール。
・ボール向けの障害物コース。
・尻尾のついたボールに、予備動作とオーバーラップを加える。
・砂袋を生物のように動かすテスト。
　立って、伸びをする袋。
　壁を飛び越えようとする袋。
　開かないドアを引っ張っている袋。
　片足からもう一方の足へと重心を移している袋。
　眠りから目覚めた袋。

・電話を取り出している人。
・電話を使っている人
・くしゃみをしている人。
・ハンカチを当て、咳をしている人。
・真上にジャンプしている人。
・前方にジャンプしている人。
・揺れているオブジェクトをかがんで避けている人。
・剣をワイルドに振り回している人。
・剣でダミーを刺す人。
・トランポリンで跳ねている人。
・各スポーツでシンプルな動作を行なっている人。
　サッカーボールを蹴る。
　バスケットボールをシュートする。
　ゴルフクラブをスイングする、他。
・重いオブジェクト（ボックス、バーベル等）で作業するキャラクター。
・座る/立ち上がるキャラクター。
・単純なアクロバット（サマーソルト、横回転、宙返り）をする人。
・時間を確認している人。
・大きな音に驚いている人。
・何か臭いものを嗅いでいる人。
・リンゴを食べている動作。
・岩棚を登っている動作。
・岩棚を降りている動作。
・薄い氷の上を歩いている動作。
・くじ引きで当たったところ。
・走るサイクル。
・歩行サイクル。
・銃弾が身体のあらゆる部分に撃ち込まれている動作。

・服を着る動作。
・皿を片付ける動作。
・料理している動作。
・赤ちゃんを抱っこしている動作。
・どうしようもない痛みに襲われている動作。
・蜂の攻撃をかわしている動作。
・濡れた服を脱ぐ動作。
・車に乗る動作。
・髪をとかしている動作。
・歯を磨いている動作。
・靴を試している動作。
・大きなバルブを回している動作。
・冷蔵庫を開いている動作。
・意識を失っている動作。

簡単にまとめましょう。もし私が最初からアニメーションを学び直すとしたら、**より多くのことを、少ない手数で行います**。3～4人のキャラクターが300フレームにもわたって会話するような、途方もないシーケンスに取り組むのではなく、48～96フレームで試してみるでしょう。シンプルなターン、ボールを拾っているキャラクター、含み笑いをしているキャラクター、椅子を引いて座るキャラクター、皿をよけて立ち上がるキャラクターのショットなど、できる限り多くの練習を行います。このシンプルなたった1つの助言さえ取り入れていれば、少なくとも練習時間の半分は削減できたに違いありません。

加えて「10,000の不出来なアニメーションを取り出す」という目標に、もっと近づいていたでしょうね。

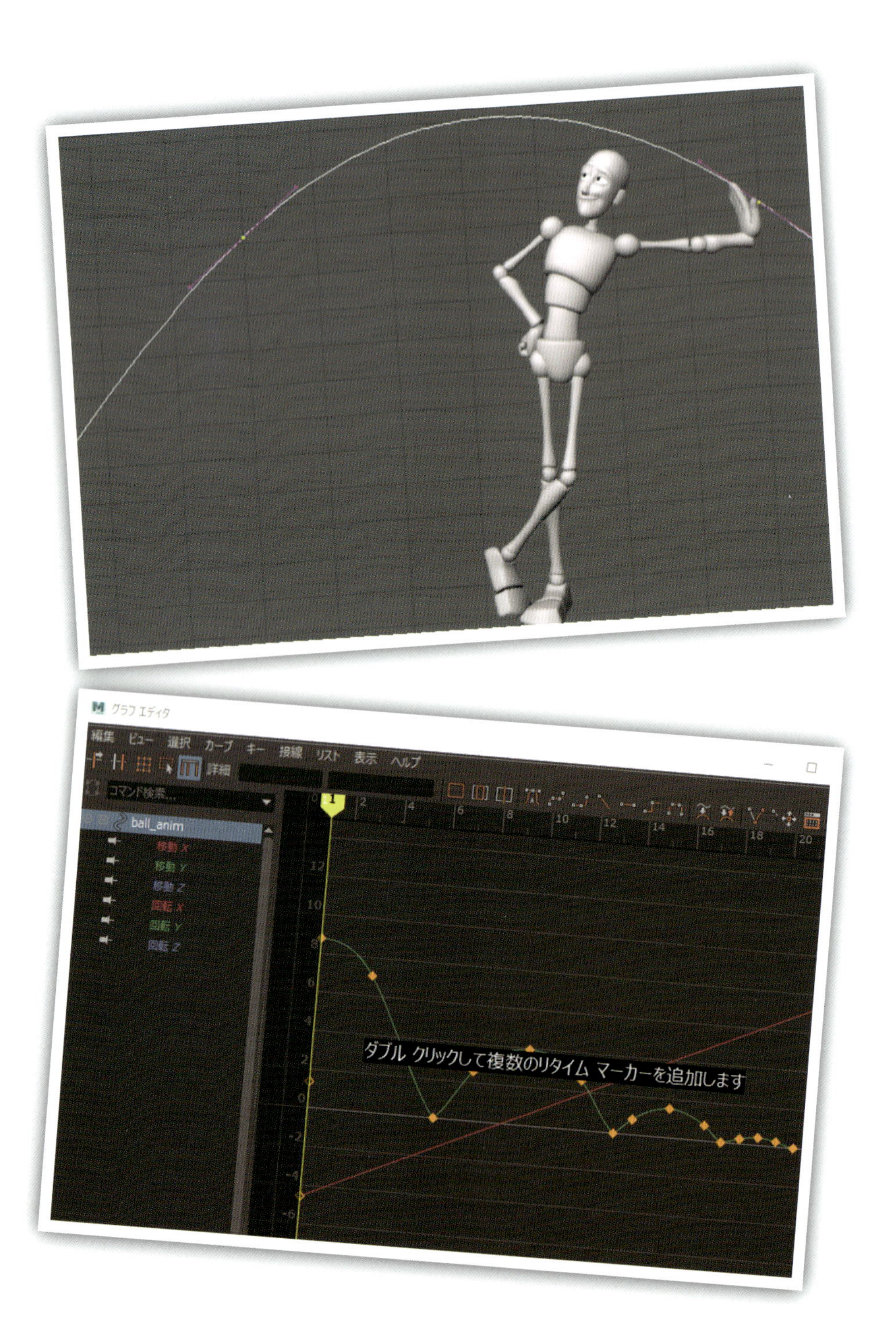

スプラインカーブのジャングルを切り開くカタナのように、[グラフ エディタ] は非常に強力で、簡単かつ効率的です

CHAPTER 3

グラフエディタ

アニメーション制作おいて、Mayaの［グラフ エディタ］は最も強力で多用されるツールです。多くの時間をその作業に費やせば、この素晴らしいエディタのあらゆる機能を細部に至るまで自然と習得できるでしょう。

前章ではスプラインについて学びました。ここからは［グラフ エディタ］とスプラインを組み合わせ、編集・操作する方法を学びましょう。

01 グラフエディタの基本操作

ダウンロードデータ SpeedCheats.ma

その魅力的な要素を紹介する前に、まず基本的な使い方を見ていきましょう。Mayaの最も優れた機能の1つが統合された［グラフ エディタ］です。つまり、Mayaの［グラフ エディタ］は、他のAutodesk製品（3ds MaxやMotionBuilder）の［カーブエディタ］と全く同じになりました。統合された新エディタはシンプルかつ効率的です。

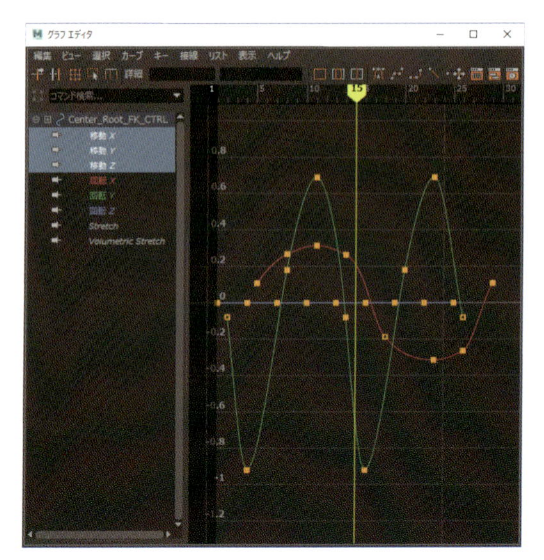

1 コントロールを選択すると、最初にすべてのカーブが表示されます。左パネル内のアトリビュートを選択すると、そのカーブのみ表示されます。[Shift]キーを押したまま（またはドラッグして）、アトリビュートを複数選択したり、[Ctrl]キーを押したまま、複数のアトリビュートを個別に選択することもできます。

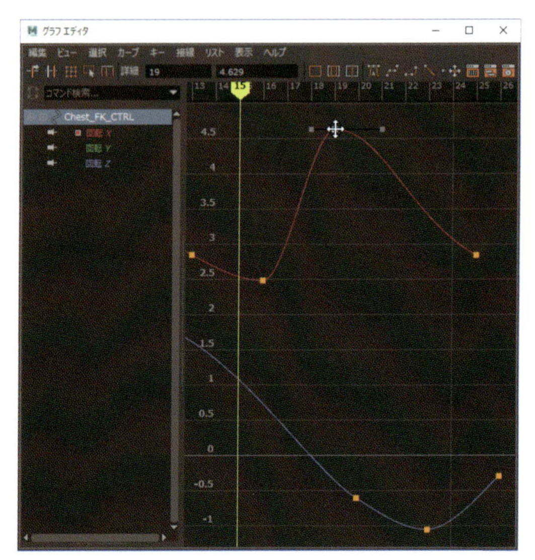

3 ［グラフ エディタ］では［移動ツール］（[**W**]キー）と［スケールツール］（[**R**]キー）を使えます。キーまたはカーブを選択したら、マウスドラッグで編集できます。

役立つヒント

［グラフ エディタ］内で右クリックするとメニューが表示され、［キーの挿入］［接線タイプの変更］［バッファの入れ替え］など、さまざまな操作を素早く行えます！

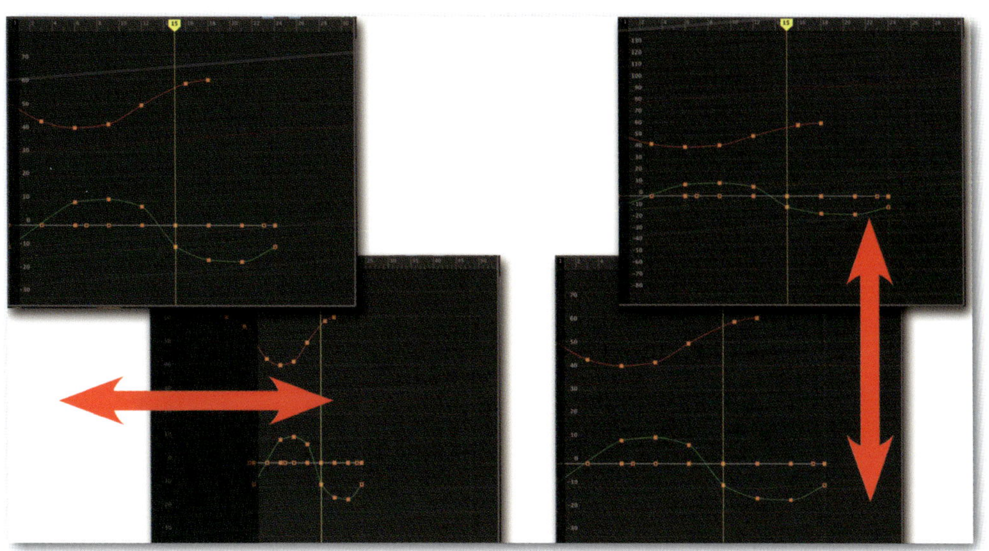

2 **［Shift］+［alt］キー**を押したまま、水平方向に右ボタンドラッグすると、グラフに表示される「フレーム」の範囲が拡張／縮小します。垂直方向に右ボタンドラッグすると、「値」の範囲が拡張／縮小します。

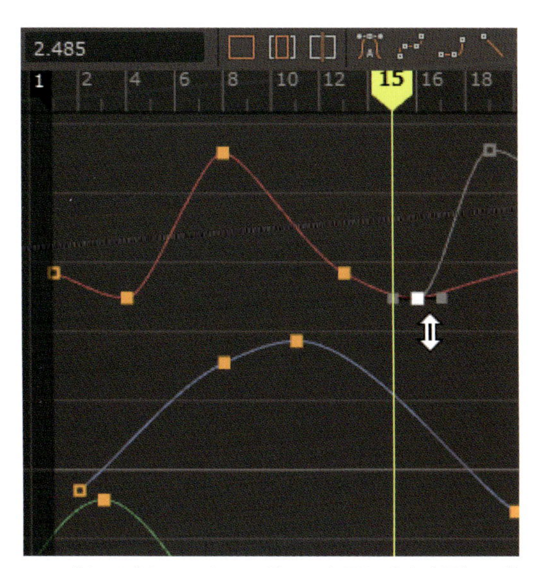

4 ［Shift］キー +ドラッグで、水平か垂直（最初に動かした方向）に動きを制限できます。

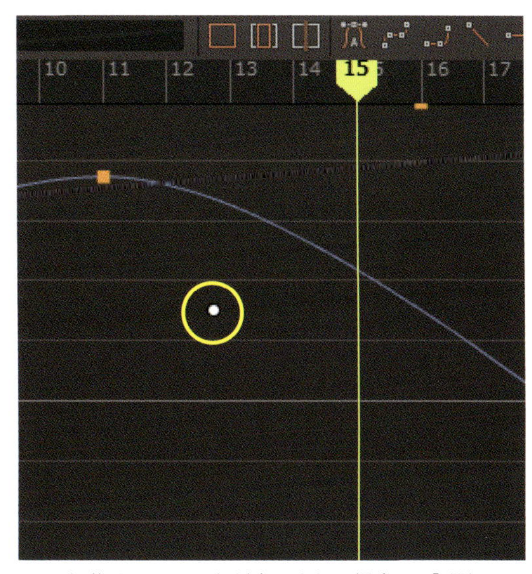

5 編集するときに丸が表示される場合は、［選択ツール］（［Q］キー）が有効になっています。編集するときは、［移動ツール］［スケールツール］などの編集ツールを選択しましょう（最近のバージョンでは［選択ツール］でも編集できます）。

02 表示関連のツール

ダウンロードデータ visualTools.ma

［グラフ エディタ］には魅力的な機能が満載です。中でも特に重要な機能を活用すれば、カーブを最適な方法で表示できます。

「正確な値を打ち込む」「不具合がありそうなキーを探す」「異なるカーブを徹底的に比較する」「特定のアトリビュートを分離する」など、さまざまな場面に適応します。

本節では、シンプルな跳ねるボールのアニメーションで［グラフ エディタ］の機能を試しながら、じっくりカーブを見ていきます。※旧バージョンで［グラフ エディタ］を使うには［ビュー］＞［クラシック ツール バー］(View > Classic Toolbar)に進み、チェックが外れていることを確かめてください。

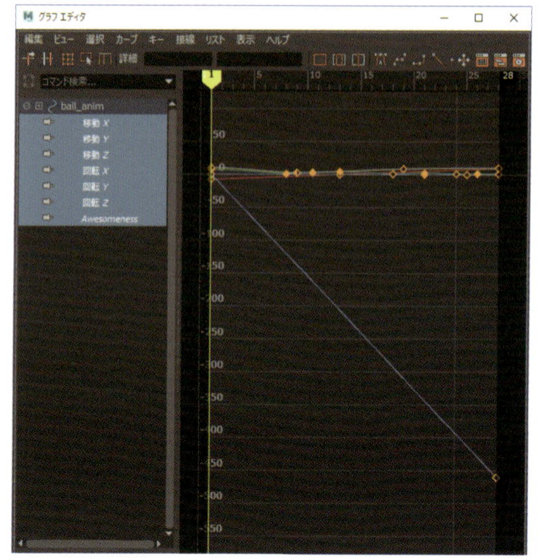

1 **visualtools.ma**を開きます。ビューポートでボールの移動コントロールを選択、［グラフ エディタ］を開きます。左パネルでアトリビュートをクリックしてカーブを表示すると、見づらいカーブがありますね。では、作業したいカーブをわかりやすく表示させるためのオプションを見ていきましょう。

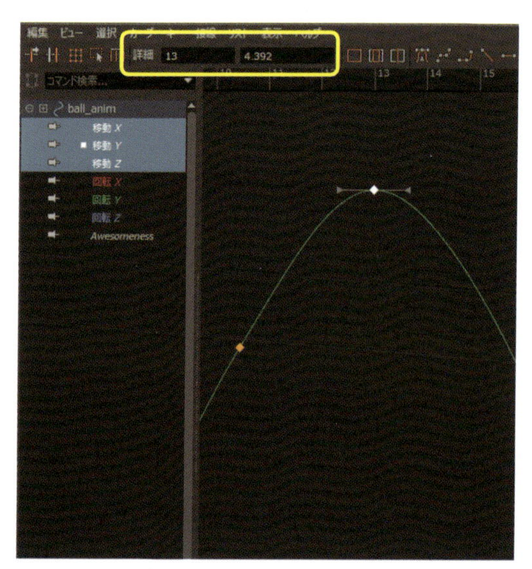

4 キーの詳細フィールドに、選択されたキー値とフレーム数（もしくは選択されたカーブのフレーム範囲）が表示されます。ここはフレーム数や値を正確に入力するときに便利です。キーの値を［Ctrl］＋［C］キーでコピーし、別キーの詳細フィールドに［Ctrl］＋［V］キーでペーストできます。

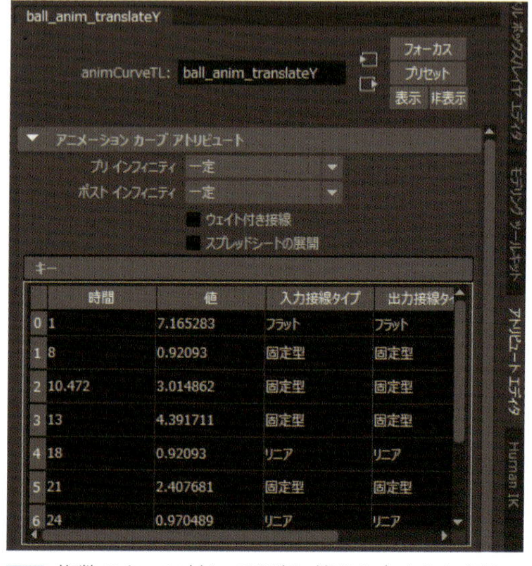

5 複数のキーに対して正確に値を入力するときは、カーブを選択し、［カーブ］＞［スプレッドシート］(Curves > Spreadsheet)を開きます。これで、カーブ上のすべてのキーの値が表示されます。コピー＆ペーストはもちろん、接線タイプの変更もできます。

役立つヒント

[グラフ エディタ]を使わなくても、[チャネル ボックス]内でチャネルをミュート/ミュート解除できます。[チャネル ボックス]内のアトリビュートを右クリックし、[選択項目のミュート/ミュート解除]を選んでください。

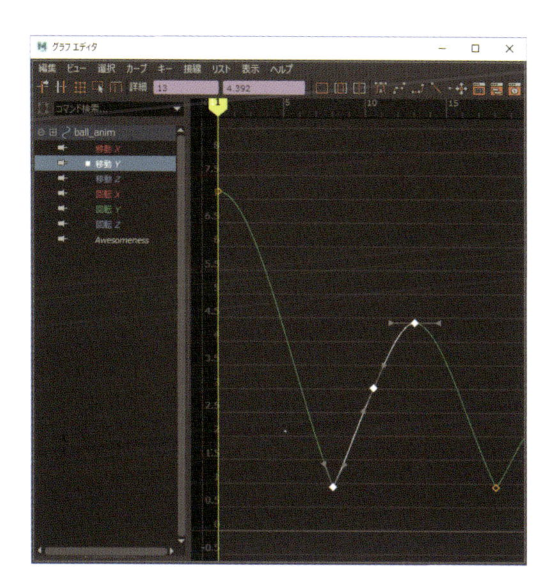

2 [移動 Y]カーブのキーをいくつか選択、[F]キーを押してさらにフォーカスできます。

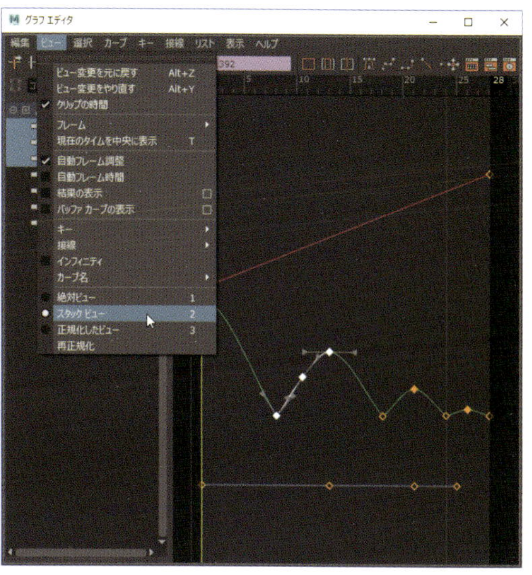

3 Mayaには複数のカーブを表示する機能が備わっています。複数のチャネルを選択し、[ビュー]>[スタック ビュー](View > Stacked View)を有効にしましょう。これですべてのチャネルが、それぞれのスタックペインに表示されます。

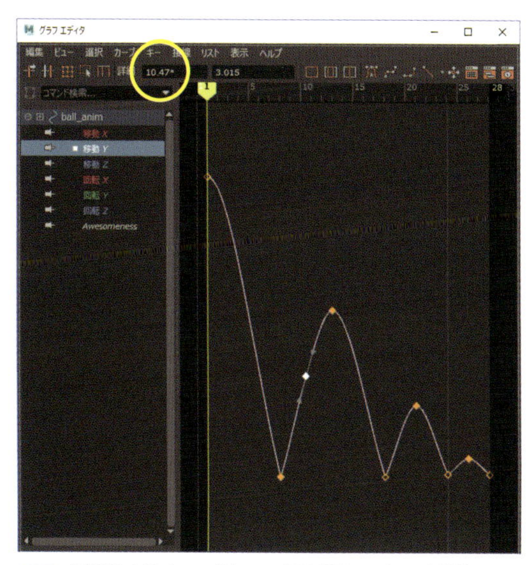

6 [移動 Y]カーブ上で、f10周りのキーを選択してください。キーの詳細フィールド内に、現在のフレームが**10.47**と表示されています。キーをスケール、編集すると、フレームとフレームの間にキーがくることがあります。

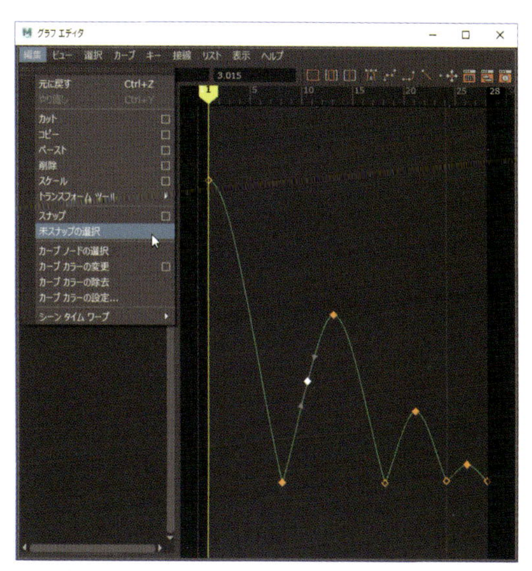

7 [移動 Y]アトリビュートを選択、[編集]>[未スナップの選択](Edit > Select Unsnapped)を適用してください。フレームにぴったり配置されていないキーがすべて選択されます。これは、複数またはすべてのアトリビュートでも実行できます。続けて、[編集]>[スナップ](Edit > Snap)を選ぶと、選択されたキーが最も近いフレームに移動します。

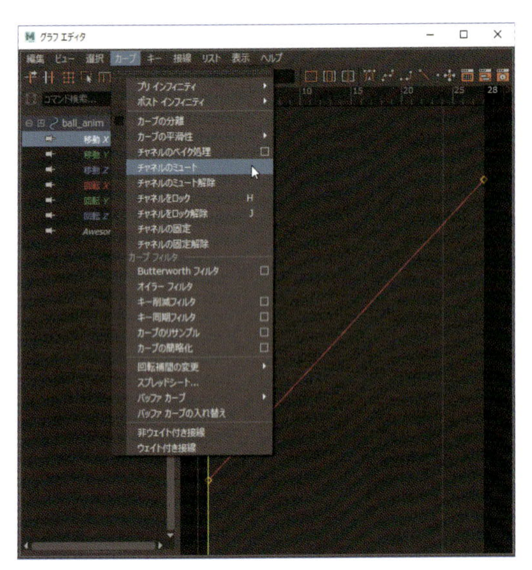

8 ボールは跳ねながらX軸で移動します。アニメーションを分析する場合、アトリビュートの1つを省いて見ると効果的です。[グラフ エディタ]で [移動 X]チャネルを選択し、[カーブ]>[チャネルのミュート](Curves > Mute Channel)を選んでください。

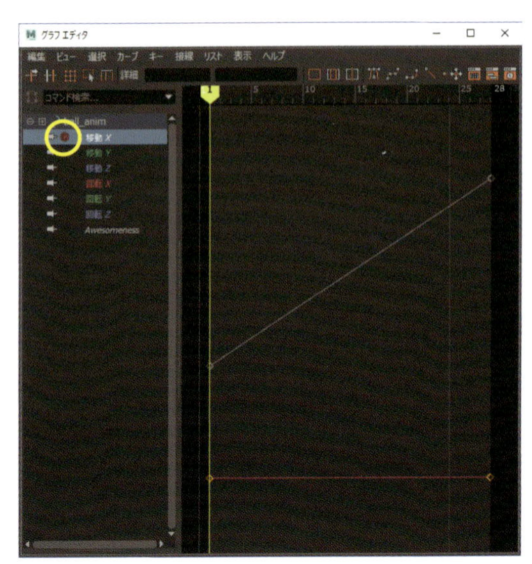

9 これまで、カメラをパンしてボールを見る必要がありました。今度は、単純に同じ位置で跳ねています(ボールはX方向には移動しません)。[グラフ エディタ]内では、ミュートチャネルの隣に×印があります。ミュートすると、現在の値は削除されず保持されます。

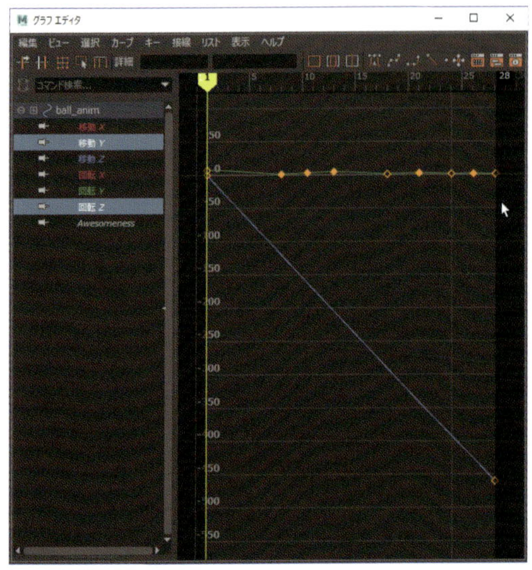

12 [移動 Y]と[回転 Z]チャネルを選択してください。別カーブと比較しているときに、カーブを編集したくなっても、値の範囲がまったく異なる場合は困難です。ここでは[移動 Y]カーブの形がよくわかりません。

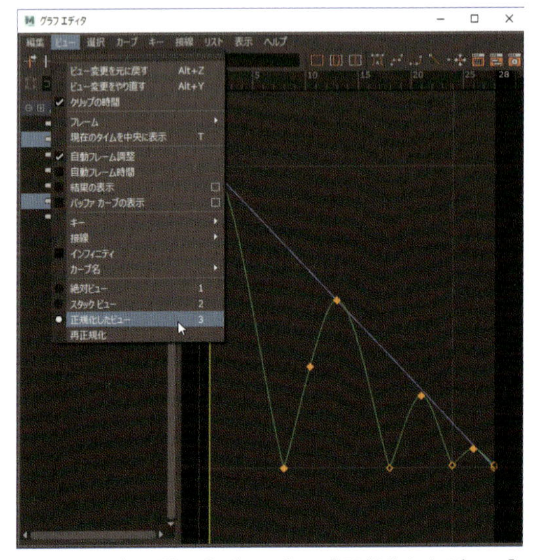

13 カーブを選択、[ビュー]>[正規化したビュー](View > Display Normalized)を有効にします。これで、値は-1から1までの範囲で相対的に表示されるので、簡単に比較・編集できます。通常の表示に戻るときは、[正規化したビュー]のチェックを外します。

役立つヒント

［グラフ エディタ］で［選択］>［事前選択ハイライト］を有効にしてみましょう。これで選択可能なカーブ上にマウスを重ねると明るくなります。重なり合っているカーブのキーを選択するときに、非常に便利な機能です！

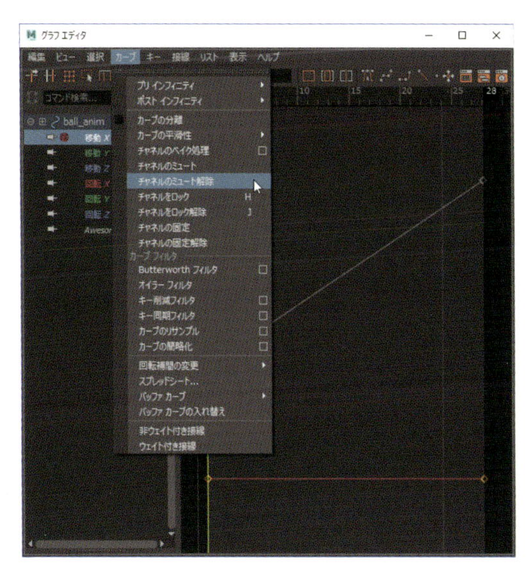

10 ミュートを解除するには、チャネルを選択、［カーブ］>［チャネルのミュート解除］(Curves > Unmute Channel）を選びます。これですべてが通常に戻ります。

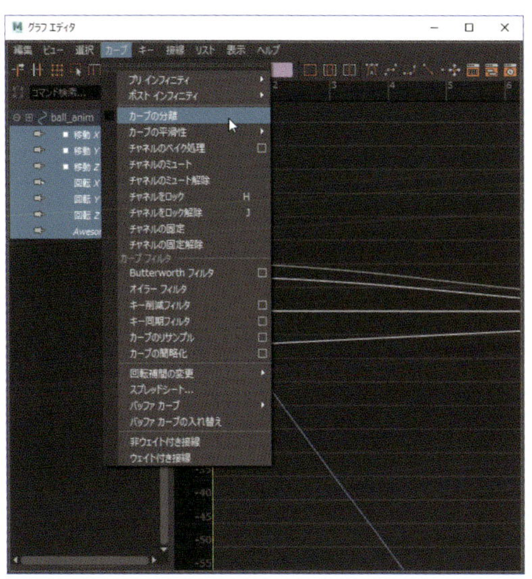

11 選択した特定のアトリビュートのカーブを素早く分離するには、［グラフ エディタ］でカーブを選択、［カーブ］>［カーブの分離表示］(Curves > Isolate Curve）をクリックします。これは複数のコントロールを選択するとき、特定のアトリビュートを表示できる便利な機能です。

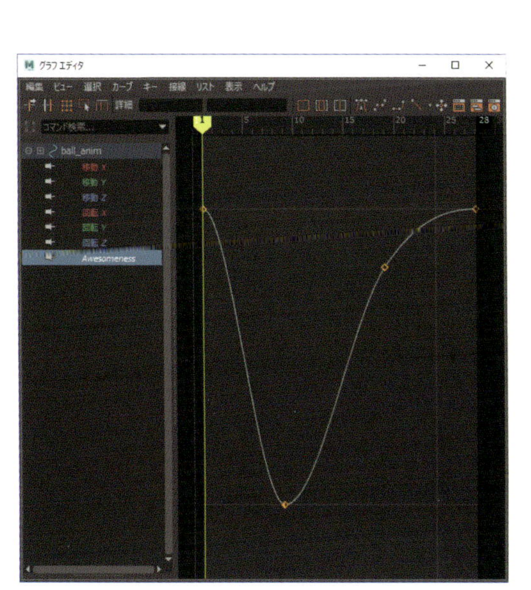

14 標準的な回転／移動／スケールなどを除く、追加のアトリビュートは、グレー表示されています。このボールでは「Awesomeness」アトリビュートがそれに当たります（これはただの例として用意したものです）。では、このカーブを選択してください！

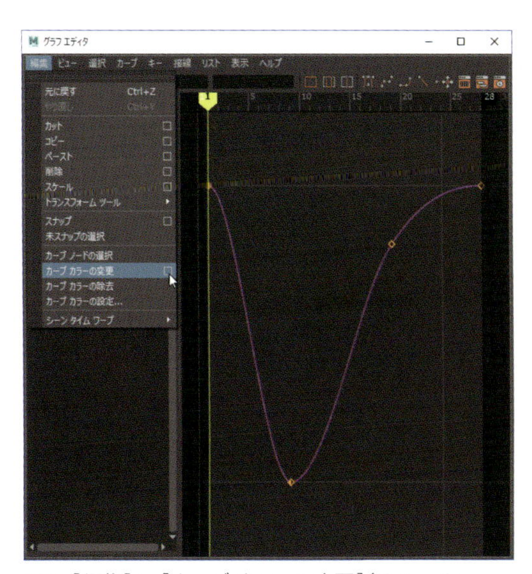

15 ［編集］>［カーブ カラーの変更］(Edit > Change Curve Color）オプション□で、カーブを好きな色に変更します。これで複数のカーブを同時に表示しても引き立ちます。色を消すときは、カーブを選択し、［編集］>［カーブ カラーの除去］(Edit > Remove Curve Color）を選びます。

03 キーの操作

ダウンロードデータ workingWithKeys.ma

［グラフ エディタ］を使えば、タイムラインや［ドープ シート］で実現不可能なキー操作を行えます。これは視覚的な利点と言えるでしょう。また、作りたいカーブの大まかな形はわかっていても、キーセット、ドラッグしてその形に仕上げるには時間がかかることがあります。そんなときは［キーの追加ツール］でキーの必要な場所をクリックしましょう。こうすれば、希望どおりに微調整できるカーブを手軽に作れます。

既存カーブにキーを追加したいこともあるでしょう。単純にキーセットしても良いですが、Mayaの既定の接線が同時に設定されるため、カーブに余計な変化が生じることもあります。キーセットと接線の編集は手間なので、［キーの挿入ツール］で手軽に追加していきましょう。

Mayaにはアニメーションをリタイムできる［リタイムツール］が搭載されています。これは「キーのラティス変形ツール」や［キーの領域ツール］よりもさらにシンプルで強力です。［グラフ エディタ］でカーブをダブルクリックすると、リタイムハンドルが作成されます。これを時間軸で前後に移動すれば、キーを思いどおりにスケールできます。このハンドルは基本的にシーンの「ビート（拍子）」を定義するため、アニメーションを驚くほど直感的にリタイムできます。［キーのラティス変形ツール］と［キーの領域ツール］もまだ使われていますが、ここでは標準ワークフローに組み込みやすい［リタイムツール］の使い方を紹介します。

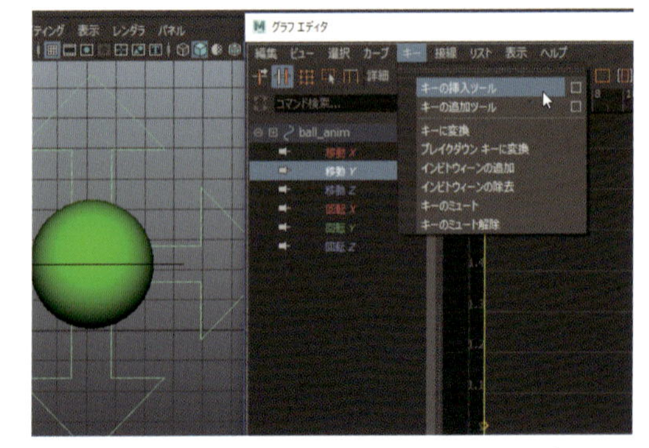

1 **workingWithKeys.ma**には、跳ねるボールのアニメーションがあります。現状ではX方向に移動するものの、上下には動きません。［グラフ エディタ］で［キー］>［キーの挿入ツール］をクリックします。

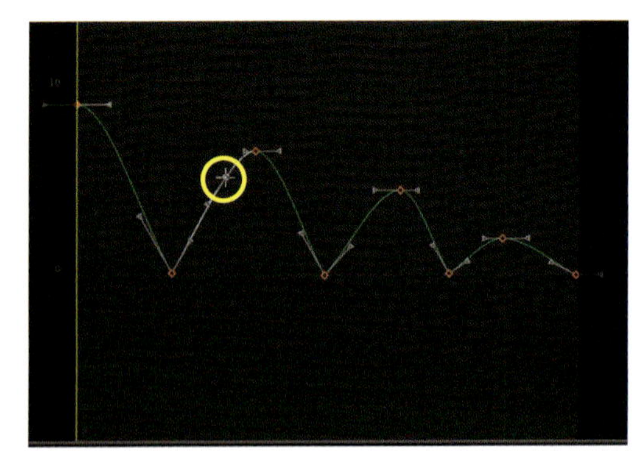

4 ［移動 Y］カーブを崩さず、頂上部にキーを追加、滞空時間を延ばしてみましょう。カーブを選択し、[I]キーを押したままにすると、ポインタが十字マークになり、［キーの挿入ツール］が有効になります。

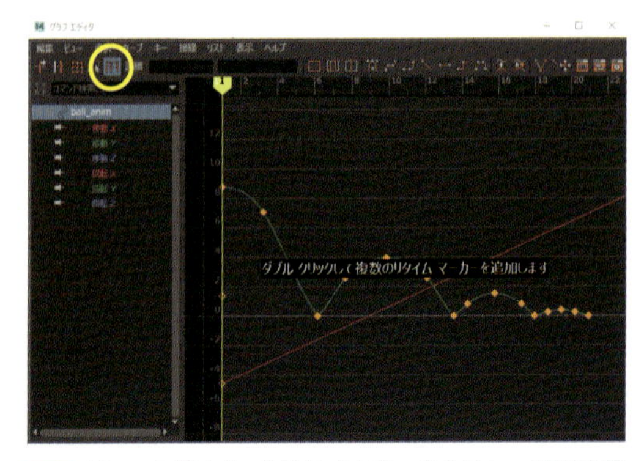

7 Mayaの強力な［リタイムツール］はユーザが定義した複数の領域で、キーのタイミングをスケールできます。［リタイムツール］を選び、任意の位置をWクリック、リタイムハンドルを作成しましょう。

役立つヒント

Mayaには「ブレイクダウン キー」と呼ばれるキーフレームの種類があります。これはアニメーターが考えるようなブレイクダウンとは異なり、単純に、前後のキーとの間で正確な比率を維持するキーです。他のキーを移動させたら、フレームとフレームの間に置かれます。一般的に、ほとんどのアニメーターはMayaの標準キーフレームのみですべての作業を行います。

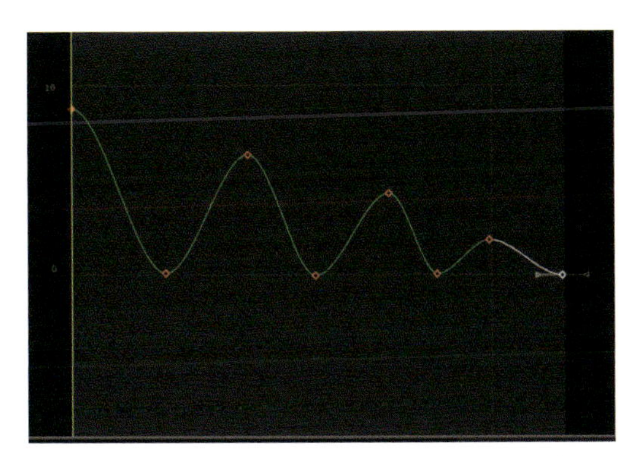

2 [移動 Y] アトリビュートの最初のキーを作成します。続けて グラフ上を中ボタンクリックしていき、キーを追加してください。10秒程度で一般的な形状のカーブを作成したら、微調整を始めます。

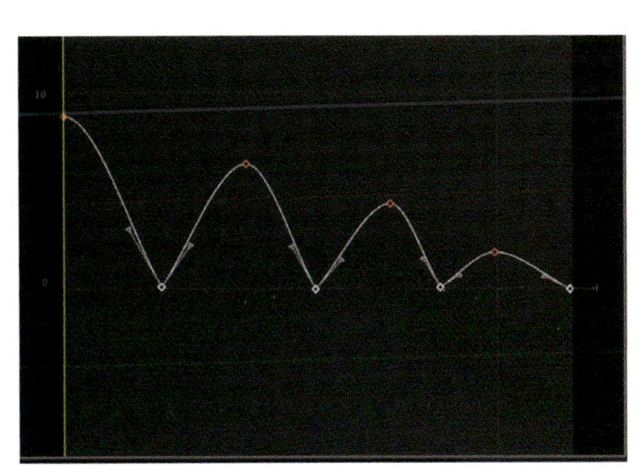

3 下部のキーをリニア接線に変更すると、跳ねるボールの動きがほぼでき上がります。

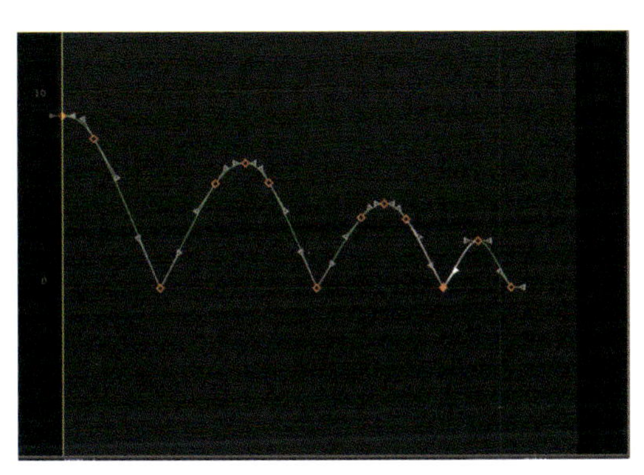

5 カーブ上で中ボタンクリックすると、カーブの形を崩すことなくキーを挿入できます。

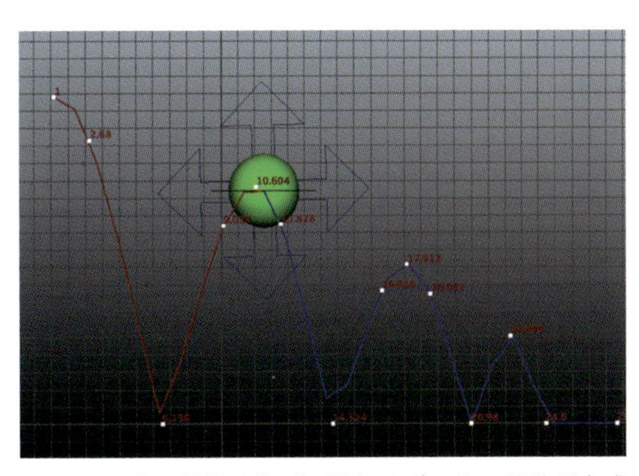

6 もう少し調整すれば、跳ねるボールの移動が完成します。1分程度で終わるでしょう。

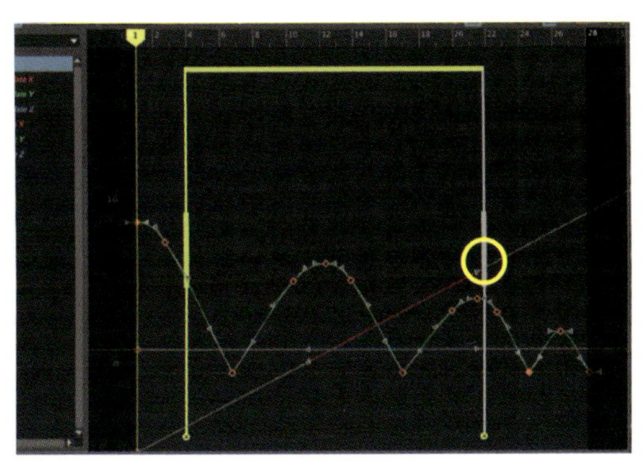

8 リタイムハンドルを掴んで前後に動かしてください。キーが時間でスケールしているのがわかりますか？ いつでも好きな数だけハンドルを追加できます！

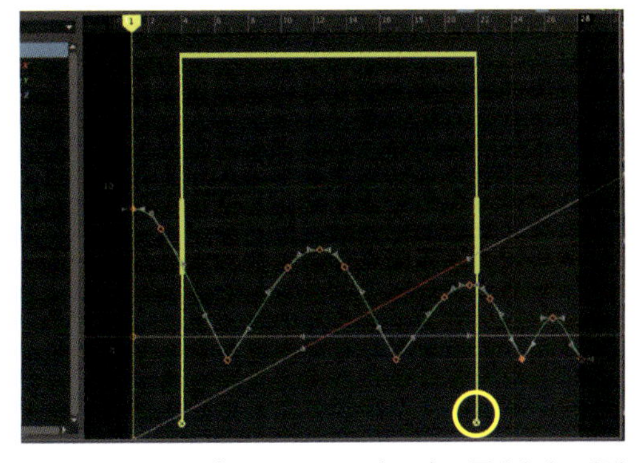

9 ハンドルを消すには、下にある丸で囲まれた×印をクリックしてください。ハンドルが消えますが、リタイムされたキーはそのままです。とても便利ですね。

04 演算子の値

ダウンロードデータ valueOperators.ma

特定の変更を、複数のキー値に対して1度に実行することがあります。例えば、背骨の［回転 X］を20%上げて歩かせるとどうなるか確認する、あるいはカーブのフレーム範囲を33%に縮小することもあるでしょう。見ただけではわからないかもしれませんが、キーの詳細フィールド（フレーム、値）では、複数のキーを同時に編集するための計算を行えます。一連の演算子を使えば、ツールのクリック操作なしで素早く結果を得られます。裏ワザの1つとして覚えておくとかなりお得な感じがしますね？

演算子は以下の通りです。

+=　加算

-=　減算

***=**　乗算

/=　除算

選択したキーの値に5を加えたければ、**+=5**と入力し、［Enter］キーを押します。20%増加させたければ、***=1.2**を入力して、同じ操作を実行します。では、いくつか異なる状況で演算子を使ってみましょう。

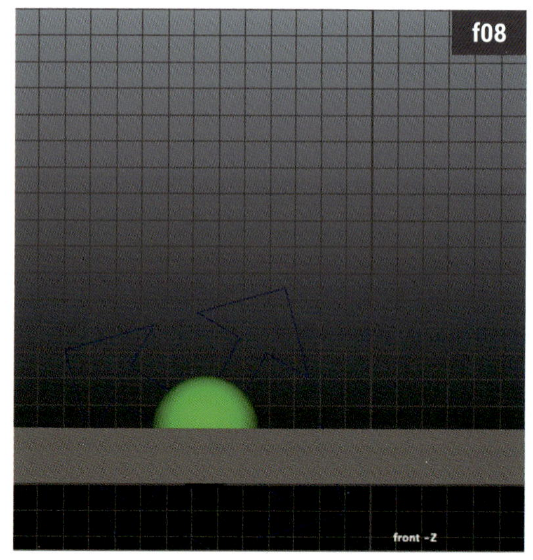

1 **valueOperators.ma**を開くと、再び跳ねるボールのアニメーションが表示されます。しかし、ボールの跳ねる位置が1ユニット低いため、途中で地面と交差しています。まずコントローラを選択しましょう。

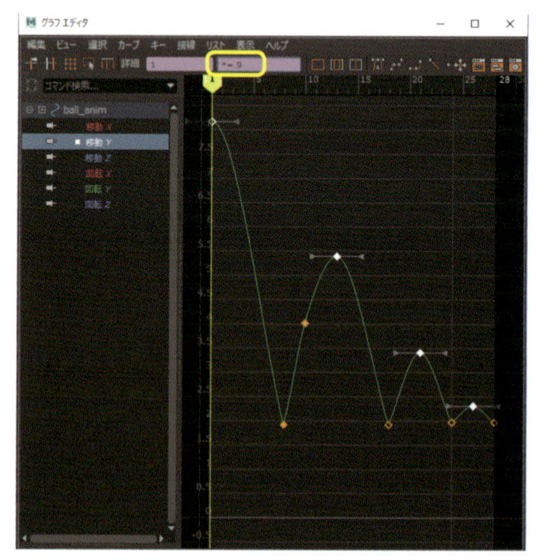

4 ［移動 Y］のそれぞれのピークを10%下げましょう。ボールが宙に浮いているキーを選択、値のフィールドに***=.9**と入力して10%縮小します。

役立つヒント

［グラフ エディタ］の［インフィニティ］は、カーブの開始前と終了後に行う動作を意味します。複数のオプションがありますが、既定は［一定］（最初か最後に打たれたキーの値で維持）になっています。サイクルアニメーションでは、通常［サイクル］か［オフセット付きサイクル］を使います。

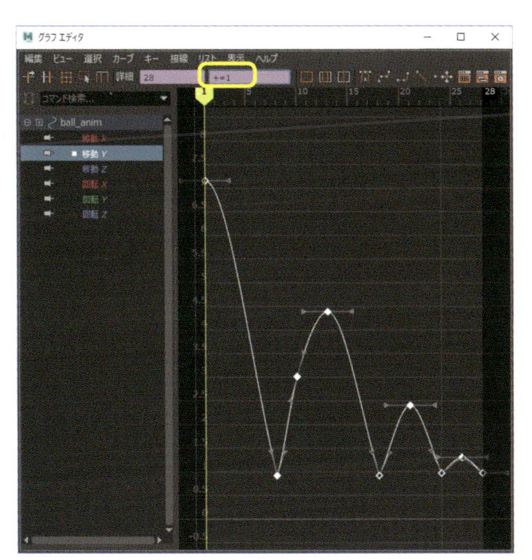

2 ［グラフ エディタ］で［移動 Y］カーブを選択、値のフィールドに **+=1** と入力、［Enter］キーを押しましょう。これで選択したすべてのキーに1が加算されます。

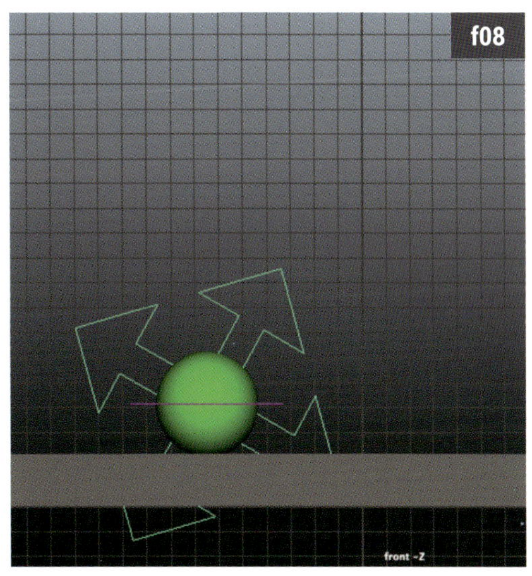

3 すべてのキーが1ユニット高くなり、ボールが地面の上に配置されるようになりました。

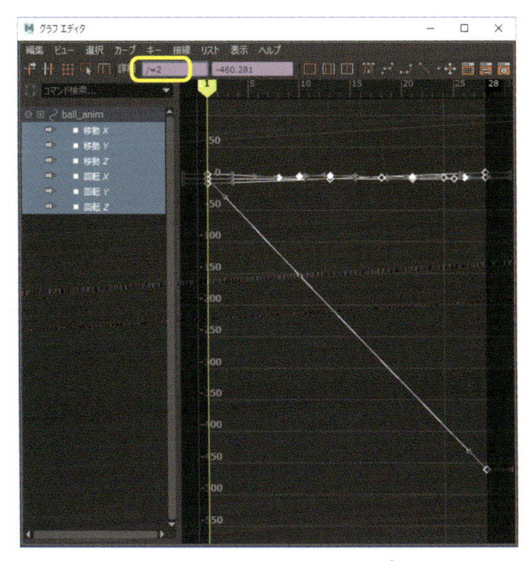

5 キーの時間もスケールできます。ボールのすべてのカーブを選択し、フレームの詳細フィールドに **/=2** と入力、キーのあるフレーム数を半分に減らしましょう。これでアニメーションは2倍の速度で再生されます。

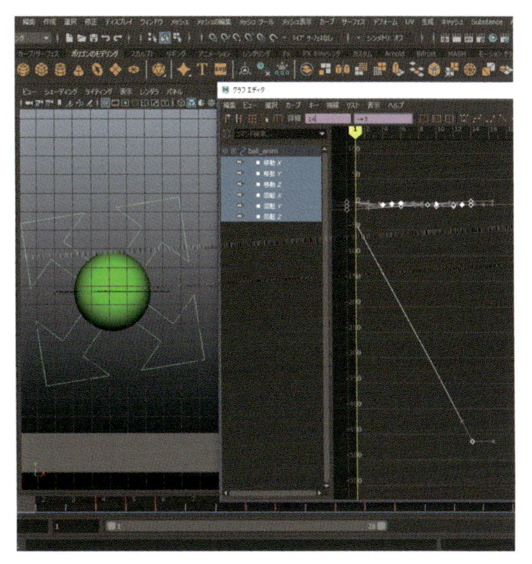

6 **-=** と入力すれば減算もできます。すべての演算子が、フレームと値の両詳細フィールドで使えることを覚えておきましょう。

05 バッファカーブ

ダウンロードデータ bufferCurves.ma

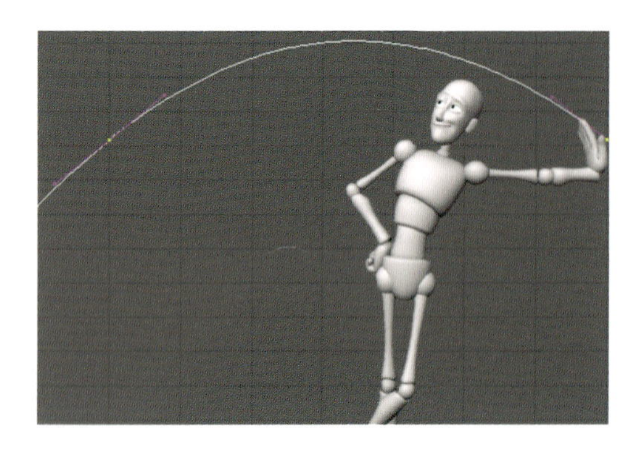

アニメーションの工程が一本道であることは、まずありません。さまざまなアイデアを比べ、適切な選択肢を確認する必要があるでしょう。しかし、別ファイルに保存されたカーブバリエーションを見るのは、手間が掛かり非効率です。

そこで、[グラフ エディタ]に備わっている[バッファ カーブ]機能を使いましょう。これにより、異なる2つのカーブを表示させ、即座に切り替えできます。2つの動きでどちらが良いか判断するときに、作業をやり直したり、作品を失うことなくいろいろ試せるでしょう。

[バッファ カーブ]は、1つもしくは複数のアトリビュートを試すのに最適な機能です(キャラクター全体で扱うことも可能です)。[バッファ カーブ]の短所は、アトリビュートで作業するための決定的なインタフェースがないことです。複数のアトリビュート間で切り替えていると、今まで見ていたものを見失ってしまいます。したがって、大きなスケールのバリエーションを扱うときは、アニメーションレイヤの方が圧倒的に便利です(12章で説明します)。

この例のように、1〜2つのアトリビュートを比較する場合は、[バッファ カーブ]で効率的に作業を進められるでしょう。

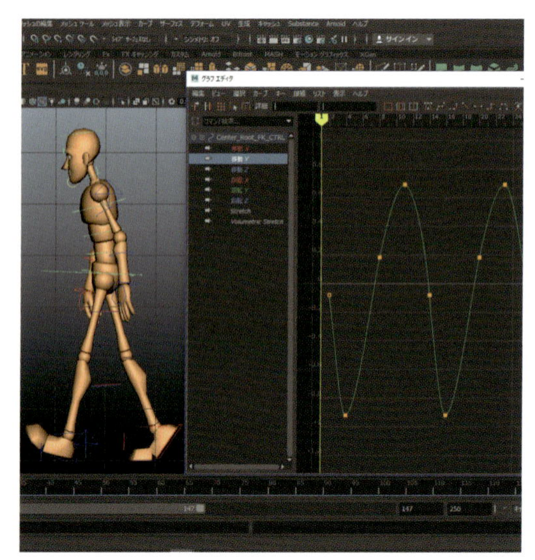

1 **bufferCurves.ma**を開いてください。9章に登場する歩くGoon(グーン)が表示されます。Center_Root_FKコントロールで[移動 Y]カーブを選択します。

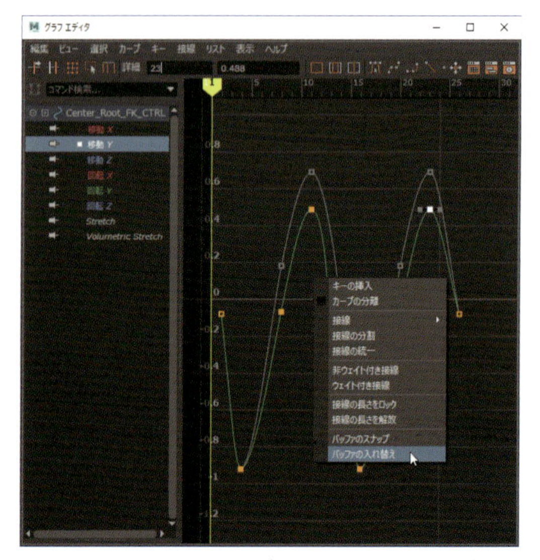

4 マウスを右クリック、ポップアップメニューで[バッファの入れ替え]を選び、バッファカーブをアクティブにしてください。今度は作業していたカーブがバッファとなり、元のバージョンを編集できます。

役立つヒント

表示するカーブを編集・選択不可にしたい場合（例えばもう1つのカーブと比較する際、そのカーブが選択されたままになるのを避けたいとき）、チャネルを選択して［カーブ］>［チャネルをロック］（Curves > Lock Channel）を選びます。ロックを解除するには、［チャネルのロック解除］（Unlock Channel）を選びます。

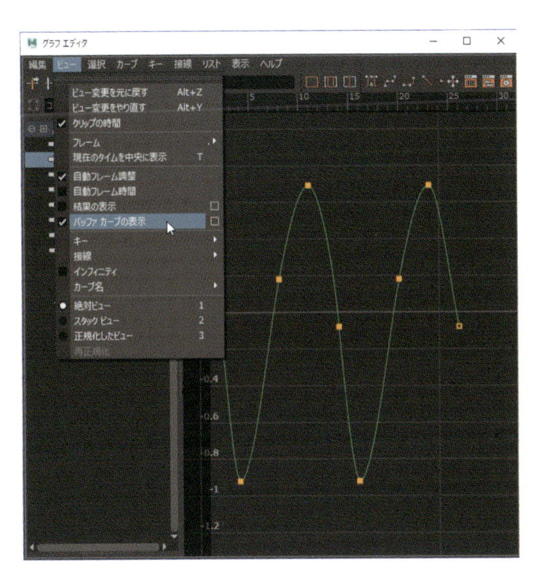

2 バッファカーブは既定で非表示になっています。［グラフ エディタ］で［ビュー］>［バッファ カーブの表示］（View > Show Buffer Curves）を有効にしてください。この時点では、両方のバージョンが同じなので、何の変化も見られません。

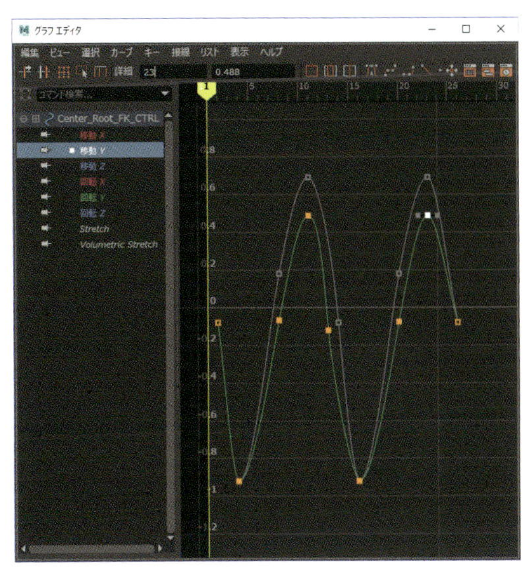

3 いくつかのキーを動かすと、バッファにロックされたグレーのカーブが表示されます。この時点で、バッファのバージョンを維持したまま、いつもどおりにカーブを編集でき、必要に応じてそれを参照できます。

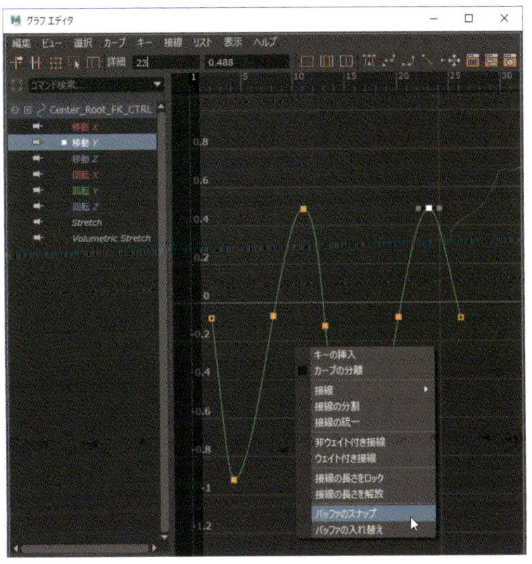

5 右クリックのメニューで、［バッファのスナップ］を選ぶと、バッファは現在作業中のカーブにスナップします。これは、現在のカーブの状態を素早く保存し、さらにテストしたいときに便利です。

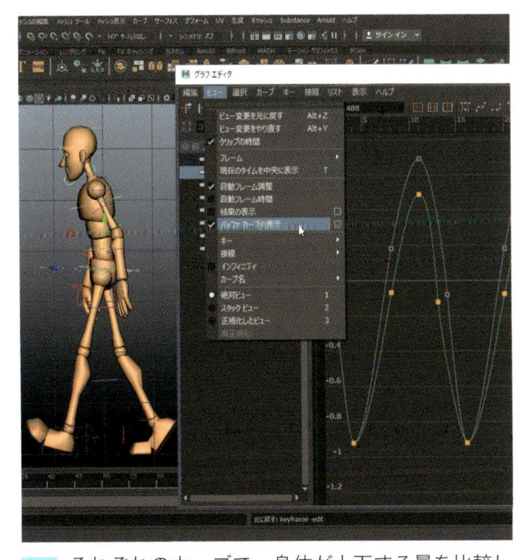

6 それぞれのカーブで、身体が上下する量を比較してください。バッファカーブが目障りなとき、あるいは作業を終えたら、［ビュー］>［バッファ カーブの表示］（View > Show Buffer Curves）をもう1度選び、非表示にしましょう。

06 スピードを上げる裏ワザ

ダウンロードデータ speedCheats.ma

アニメーションを作り進めるうちに、[グラフ エディタ]で同じ操作を何度も繰り返していることに気づくでしょう。Mayaの[グラフ エディタ]には、不要な作業や面倒な操作を避けるための素晴らしいツールが、いくつか用意されています。ここでは、一般的なカーブのブックマークをセットする方法と、特定のアトリビュートのビューを分離させる方法（サイクルアニメーションで役立ちます）を見ていきましょう。

アニメーションを作り進めるに従い、重要になるのが、必要なコントローラや情報に素早くアクセスする方法の確立です。プロはシーンやUI（ユーザインタフェース）を探し回るのは時間の無駄だと考えます。これから紹介するテクニックを使えば、たとえシーンが複雑になっても、面倒なことを避けて素早く作業できます。

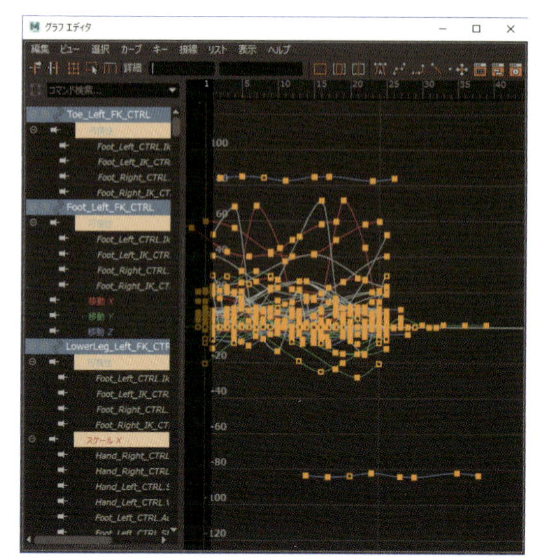

1 **speedCheats.ma**を開きます。[パース ビュー]パネルで、Goonのリグ全体をドラッグして選択、[グラフ エディタ]開きましょう。上図のようになります。スパゲッティが好きな人はいますか？

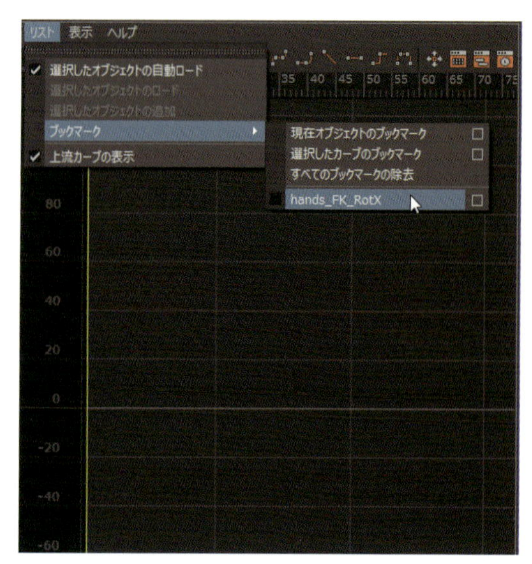

4 パネル内のすべての選択を解除します。[グラフ エディタ]の見渡しが良くなりました。では[リスト]>[ブックマーク]（List > Bookmarks）をクリック、たった今作ったブックマーク［hands_FK_RotX］をクリックしましょう。

役立つ
ヒント

プロダクションで働いていると、特定のチャネルに急いでアクセスすることがよくあります。そこで、ブックマークに名前を付けるときは、チャネル名ではなくキャラクターのアクションの名にして、簡単に見つけられるようにしましょう。例えば「head_FK_RotX（頭部のFK_回転X）」とする代わりに、「Head_Bobbing（頭部の上下運動）」のような名前にします。

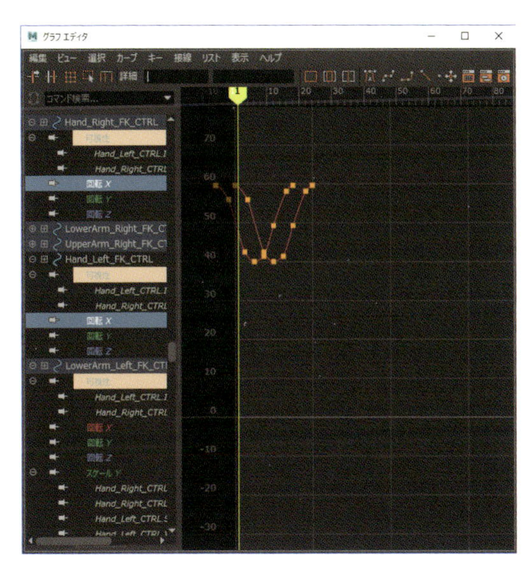

2 hand_FKの［回転 X］カーブで何度も繰り返し作業するとしましょう。慎重に1つ目をクリック、2つ目を［Shift］+クリックし、選択してください。

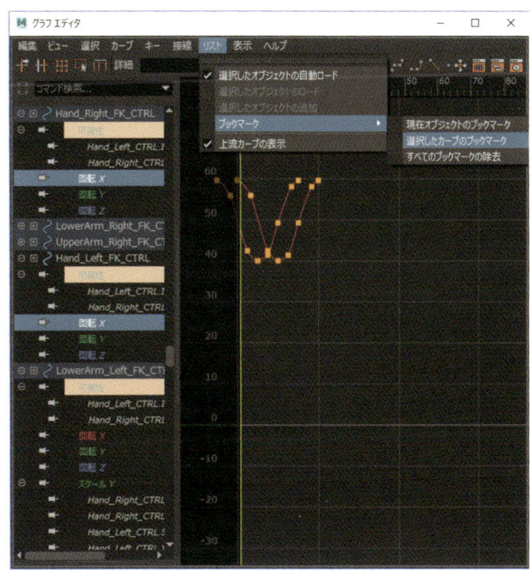

3 大変でしたね！ こんなことはもう繰り返したくありません。では［リスト］>［ブックマーク］>［選択したカーブのブックマーク］（List > Bookmarks > Bookmark Selected Curves）オプション□をクリック、ブックマークの名前を「hands_FK_RotX」にして［Enter］キーを押しましょう。

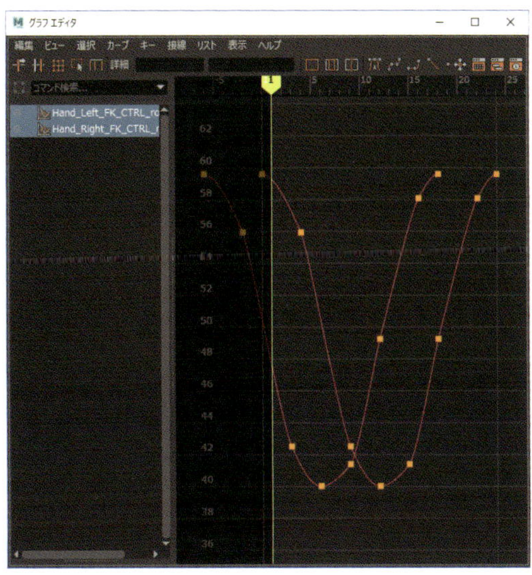

5 ［グラフ エディタ］内には、見たかった2つのカーブのみ読み込まれます。このブックマークはいつでも使えます。さて、特定のカーブタイプだけを見たいときはどうすれば良いでしょうか？ これはとても簡単です。

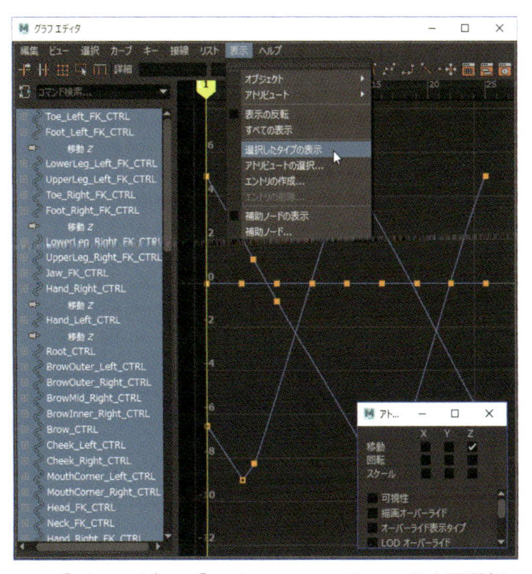

6 ［パース ビュー］ですべてのコントロールを再選択、［グラフ エディタ］で［移動 Z］チャネルの1つを選び、［表示］>［選択したタイプの表示］（Show > Selected Type(s)）をクリックします。左のすべてのチャネルを選択しても、［グラフ エディタ］には［移動 Z］しか表示されません！ 解除するにはアトリビュートの選択でチェックを外します。

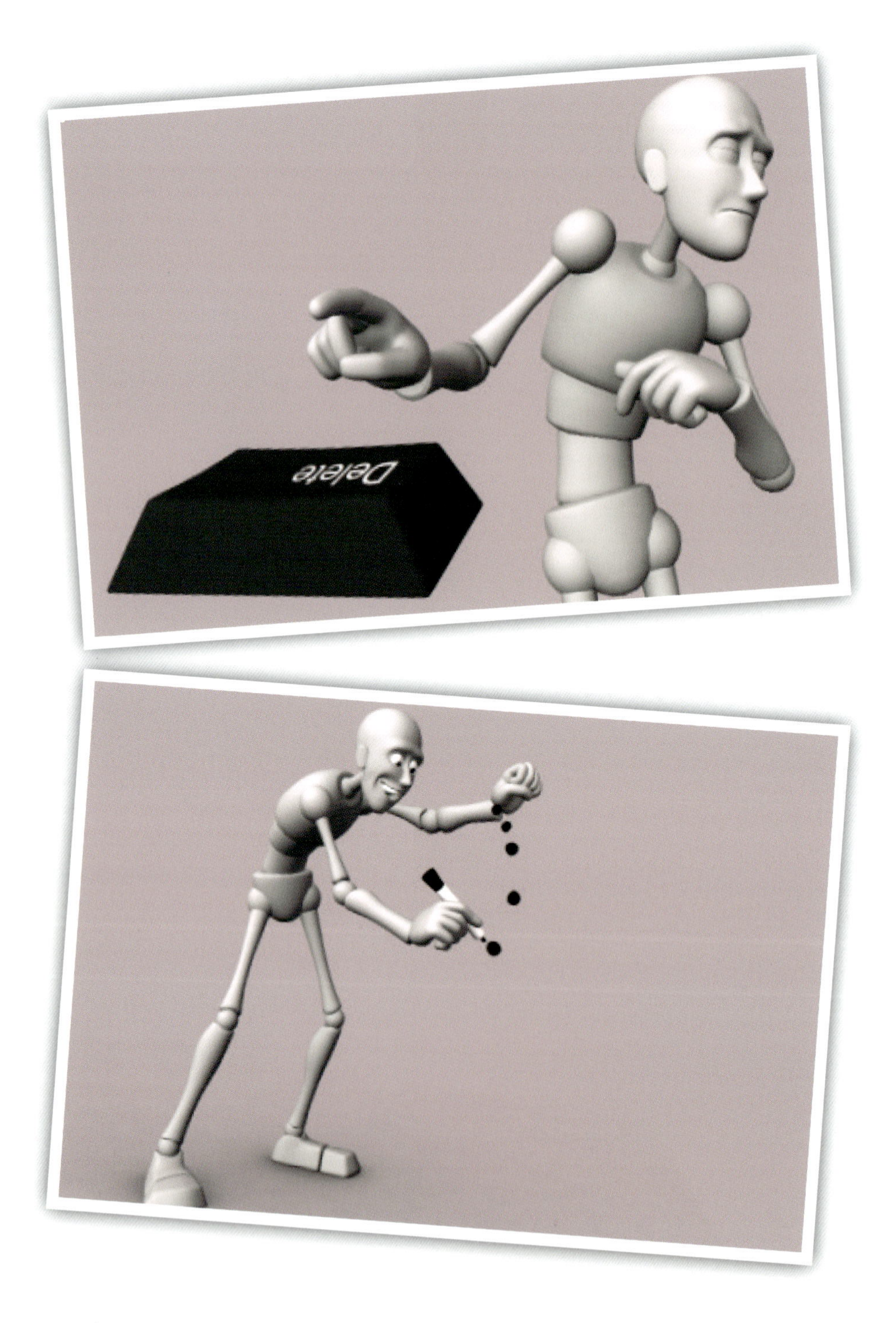

本章では、弧（アーク / 運動曲線）の変更と追跡、複数のピボットで作業、タイムラインの使用など、多岐にわたり詳しく説明されています

CHAPTER 4

テクニック

アニメーションプロセス全体を通して、すべてのアニメーターが使用できるさまざまなテクニックがあります。スキル開発と同時に一連のマントラ（真言）も定期的にアップデートしましょう。言わば、自分の「カンフー」に磨きをかけるのです。

この章では、アニメーションに使える便利なツール、テクニックに関する幅広い選択肢を紹介します。アニメーション作品を制作するとき、何度もこうしたテクニックを参照することになるでしょう。それらはすべて、アニメーターのワークフローにおける一般的な型となるものです。用意周到なキリギリスは、効率よく作業を進めて横になるのです...

01 自動キー

ダウンロードデータ AutoKey.ma

アニメートしながら［S］キーを絶えず押し続けるのは面倒で、［S］キーも摩耗してしまいます。そこで面倒な作業をなくし、キーボードの寿命を延ばすため、［自動キー］を使ったさまざまな方法を見ていきましょう。簡単に手動キー入力の手間を省くことができます。

［自動キー］は現在のキーを維持したまま動作する素晴らしい機能ですが、よく見落とされています。

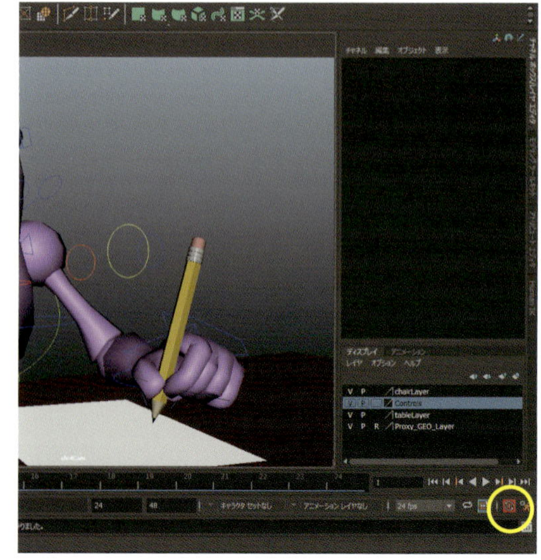

1 **AutoKey.ma**を開きます。［自動キー］のオン／オフを素早く行うには、右下のコーナーにあるボタンを使います。赤くなっていることを確認しましょう（赤は［自動キー］がオン）。

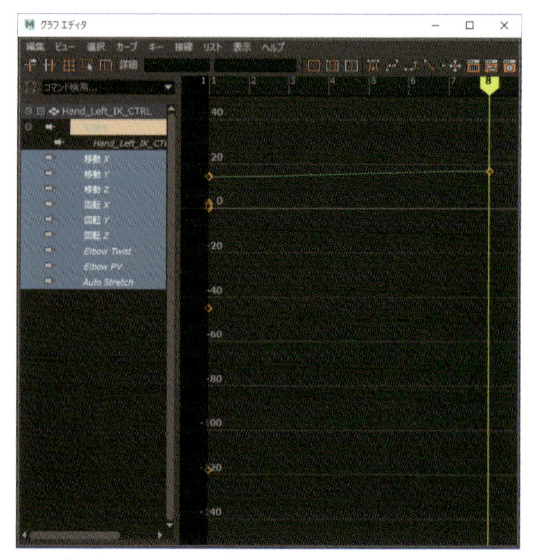

4 ［グラフ エディタ］を見ると、f01ですべての左手のIKアトリビュートにキーがあります。しかし、f08では［移動 Y］にのみキーセットされています。

役立つヒント

それぞれのアトリビュートに手動でキーセットする場合、移動は[Shift]+[W]キー、回転は[Shift]+[E]キー、スケールは[Shift]+[R]キーです。

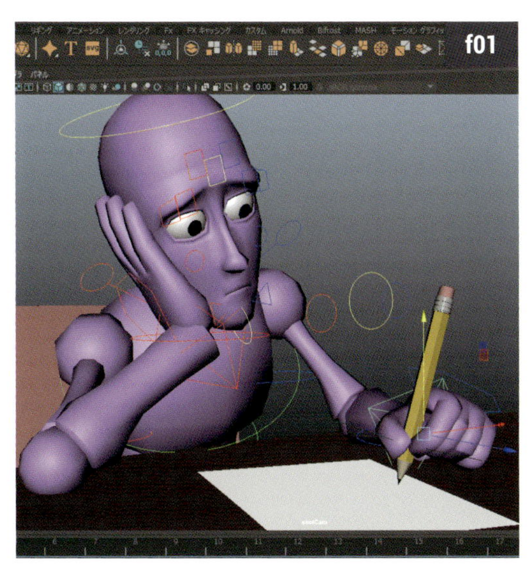

2 現在、このキャラクターポーズはキーセットされていません。左手のIKを選択・移動して、キーセットされないことを確認します。[自動キー]は最初に手動でキーを作成したアトリビュートにのみ、キーセットします。では手を元に戻し、f1で[S]キーを押してキーセットしてください。

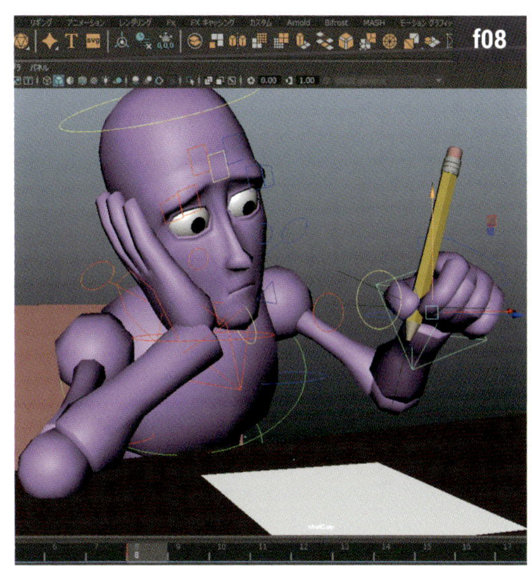

3 f08に進み、Y方向に手を動かしましょう。これで[移動 Y]にのみキーセットされます。繰り返しになりますが、既定の[自動キー]は変更されたアトリビュートにキーセットされます。すべてのコントロールではありません。

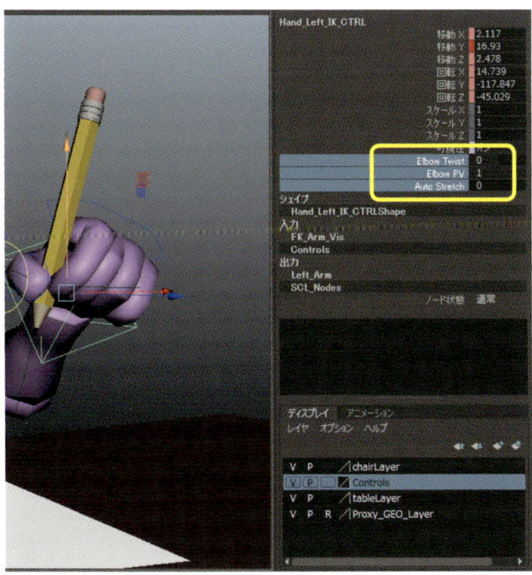

5 [チャネル ボックス]で、左手コントロールの最後にある3つのアトリビュートを右クリック、[選択項目の削除]を選択し、これらのチャネルのキーを削除します。

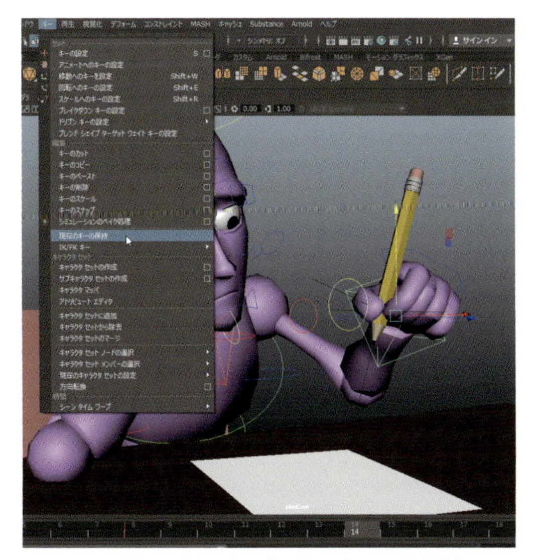

6 f14に進み、[キー]>[現在のキーの保持](Key > Hold Current Keys)を選択します。このオプションは[自動キー]でキーのないアトリビュートはそのままに、キーを持つアトリビュートにキーセットしたいときに使います。

02 タイムライン テクニック

ダウンロードデータ Timeline.ma / Timeline_end.ma

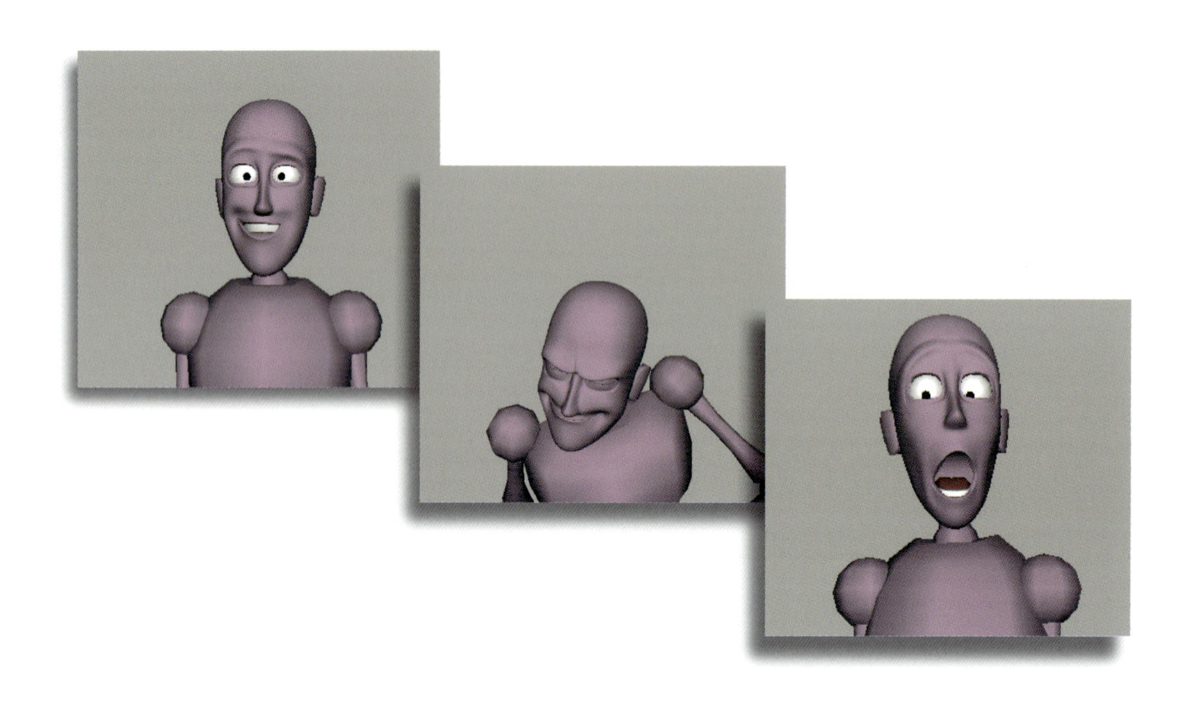

タイムラインは、Mayaでアニメートするときに最もよく使うインタフェースです。「スクラブ」を始めとした多くの機能を持ち、そのシンプルな外観からは想像もできない強力な能力を秘めています。そして、タイムラインから離れることなく、アニメーションをさまざまに編集、キーのコピー&ペースト、記録、接線タイプの変更を行えます。さらに［プレイブラスト］だって簡単に作成できます。本書の学習を通じて、アニメーションに役立つタイムライン テクニックを身につけていきましょう。

今回は、Goon（グーン）によるシンプルなアニメーションを使います。ここにある3つの基本ポーズは、それぞれのポーズをお互いに補間しています。楽しいタイムライン編集で、ポーズを減らしたり、アニメーションを追加したりしてみましょう。

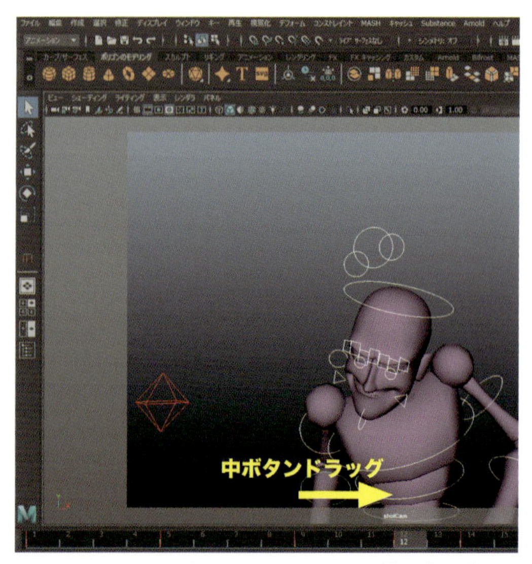

3 これでキャラクターは、f05まで予備動作に移りません。次のポーズでも同じ位置に保持しましょう。f09からf12まで中ボタンドラッグして、ポーズをそのままコピーするキーをセットします。

役立つヒント

［K］キーを押したままビューポートをドラッグすると、タイムラインを使わずにスクラブできます。

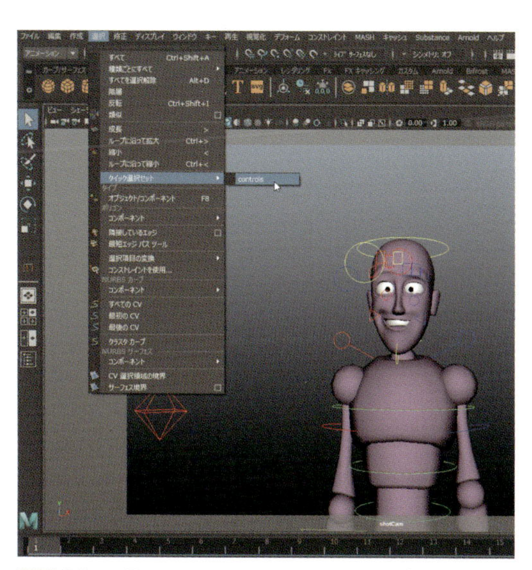

1 **Timeline.ma**を開きます。最初のポーズでは、予備動作に移る前にフレームを少し長く保持します。［選択］>［クイック選択セット］>［controls］（Select > Quick Select Sets > controls）で、Goonのコントロールをすべて選択してください（controlsは事前に作成したセットです）。

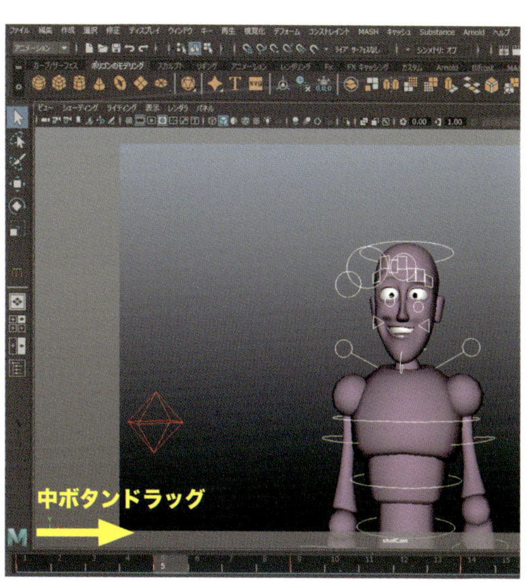

2 タイムラインでf01からf05まで中ボタンドラッグします。通常のスクラブと異なり、アニメーションは変化しません。中ボタンドラッグすると、開始位置のフレームが保持されるので、ポーズを簡単にコピーできます。接線が［自動］になっていることを確認し、f05でキーをセットします。

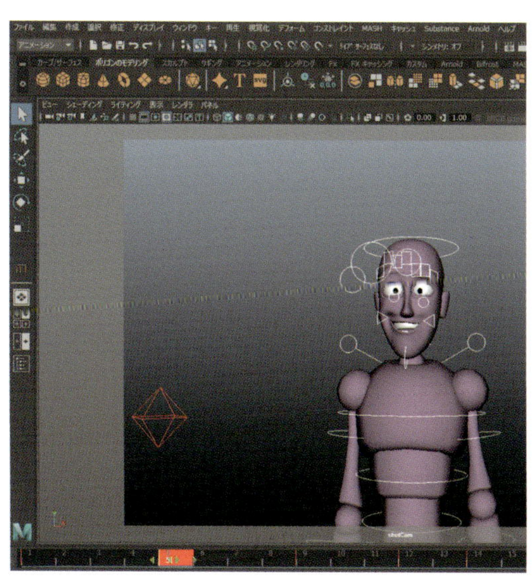

4 ルックは改善しました。今度は、予備動作に移るときの遷移をもう少し滑らかにしましょう。f05で［Shift］キー + クリック、目盛が赤に変わります。

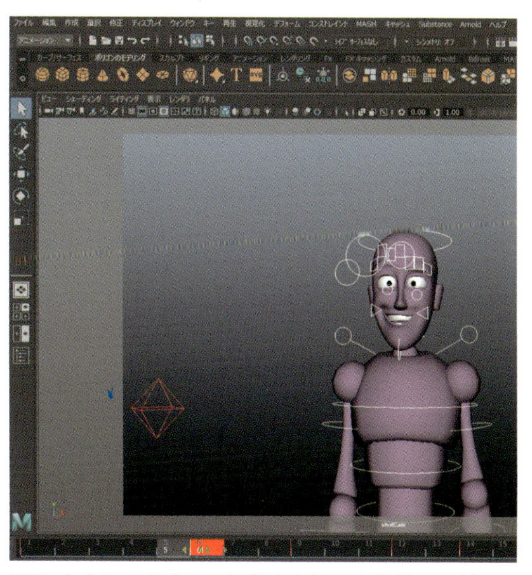

5 中央にある2つの矢印をクリック&ドラッグし、f06に移動します。これで遷移は3フレームのみになりました。いい感じです。

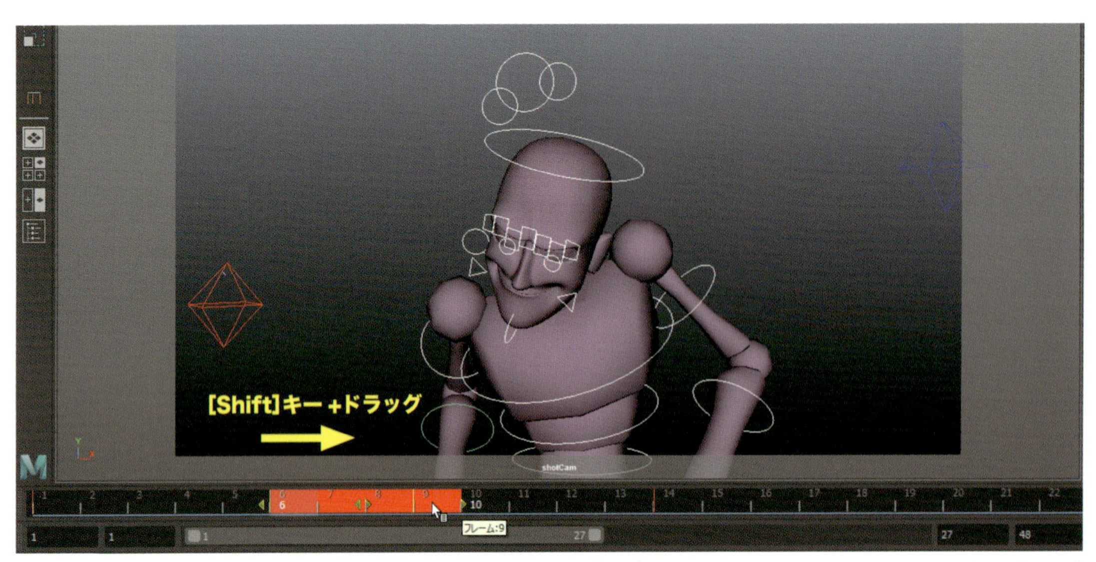

6 Goonはとても激しく予備動作のポーズをとっているので、ポーズを少し和らげましょう。f06からf09まで［Shift］キー + ドラッグし、赤くハイライトします。

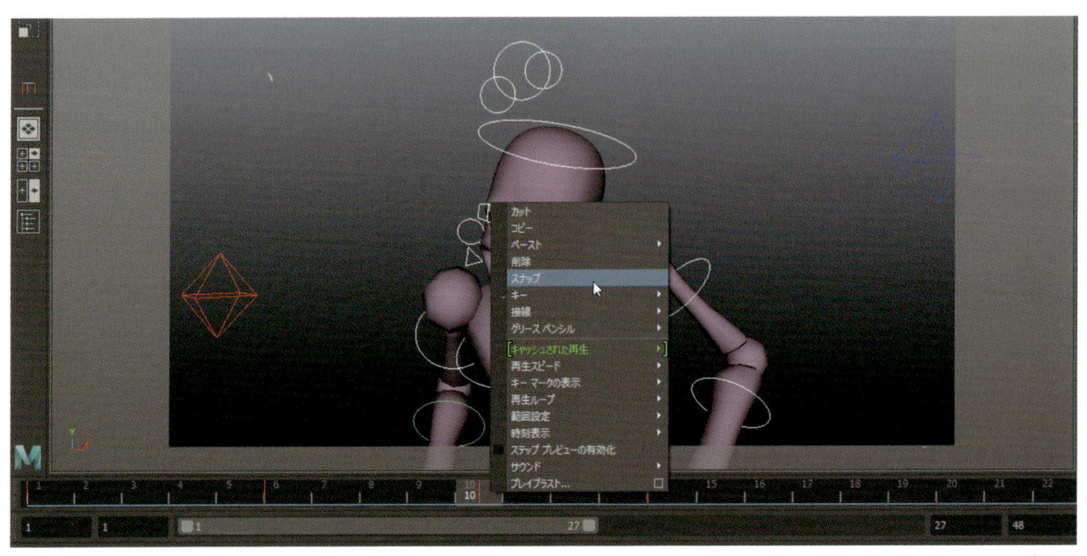

8 ルックはとても良くなりましたが、f10とf11の間にスケール調整されたキーは予測不能になり、モーションブラーの問題を引き起こします。f10で右クリック、［スナップ］を選択し、最も近いフレームにキーをスナップしましょう。これでキーはf11に戻ります。

役立つヒント

タイムラインを使えば、会話のアニメーションで［サウンド］を有効にできます。まず［ファイル］メニューからオーディオファイルを読み込みます。タイムラインを右クリック、［サウンド］で有効にすると、スクラブして再生できます。

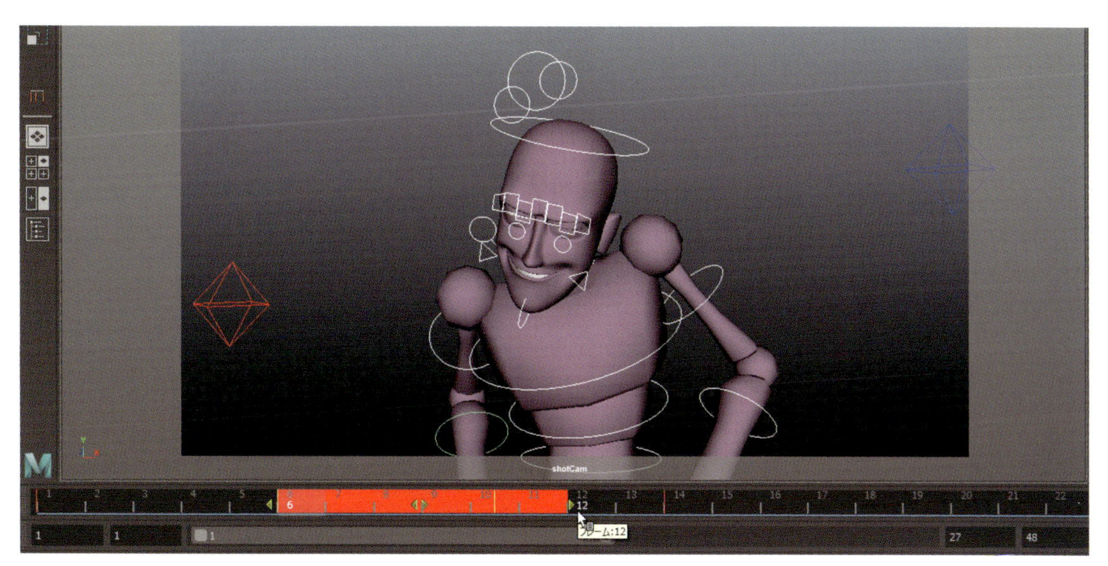

7 右向きの矢印をf12までドラッグし、キーの値をスケールアウトします。これで予備動作が滑らかにイーズインします。

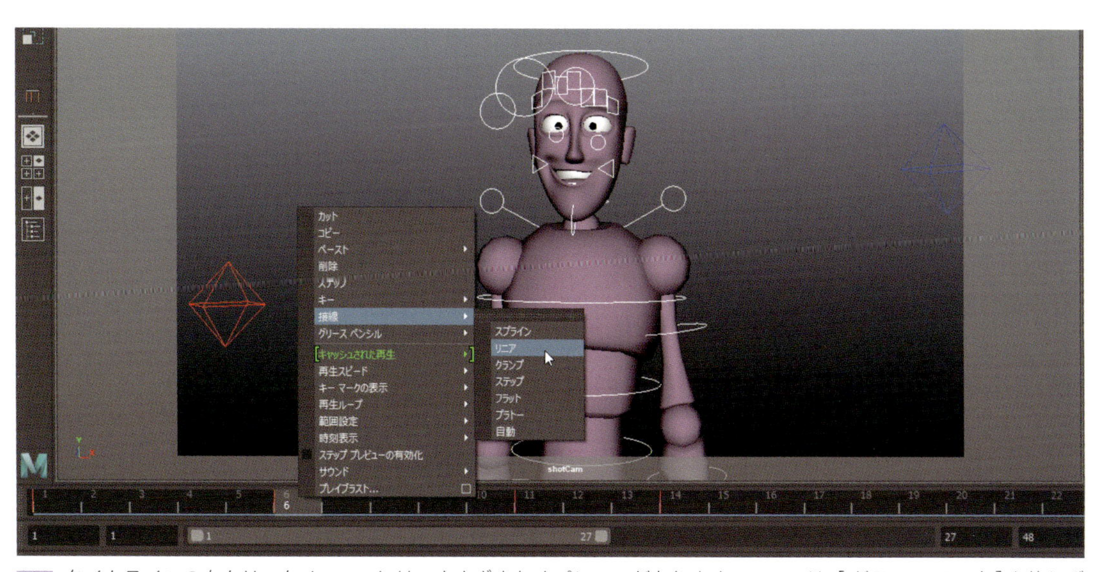

9 タイムラインの右クリックメニューには、さまざまなオプションがあります。ここでは［グラフ エディタ］を使わずに接線を変更したり、プレイブラストの作成、スピードの調整、表示オプションの切り替えなどを行えます。右クリックを使って、ワークフローを大幅に高速化してください。

03 カートゥン調の動き

ダウンロードデータ cartoony_Start.ma / cartoony_End.ma

カートゥン調は実装の難しいスタイルです。多くの初心者は、カートゥンの基本表現をすべて盛り込もうとして失敗します。つまり、すべてを誇張すれば、アニメーションが自動的にカートゥン調になると信じているのです。これだと失敗は避けられません。カートゥン調の動きを作るには、視覚的な比喩を選び、誇張された動きの印象を表現します。これはどういう意味でしょう？ つまり、**日常生活で現実の動きを観察し、あなた自身のキャラクターにその動作を反映する**のです。

みなさんは今までさまざまなカートゥン表現を見てきたことでしょう。「パンチを受けた頭部が、鐘を鳴らすような動きになる」「つぶされたキャラクターが1枚の紙になって地面に落ちる」「麻酔剤を打たれた腕がスパゲッティのようにうねる」など。これらの例はすべて、「現実の動作」を参考にして、キャラクターの身体に取り入れられたカートゥン表現です。これらの例では「誇張」について、一言も述べていないと気づきましたか？

これから最後の例で紹介した「うねる腕」を作っていきます。リファレンスジオメトリを使えば、うねった腕の動きを推測する必要はありません。ただ目の前にある動作をコピーするだけです。カートゥンスタイルのアニメーションに近い動きを参照するときは、いつでもこのテクニックを使ってください。

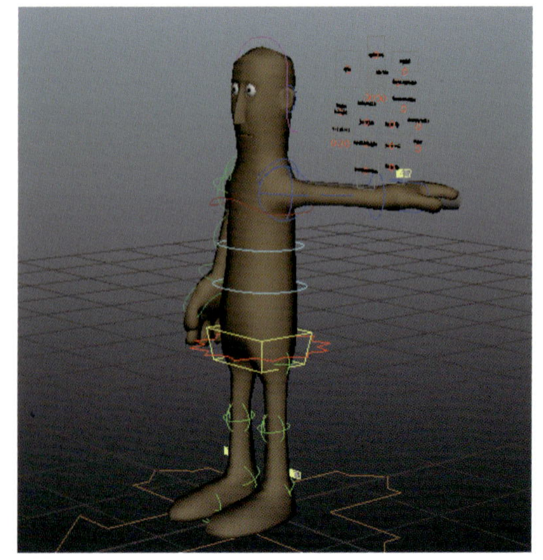

1 **cartoony_Start.ma**を開くと、シーンには滑りだすキャラクターBloke（ブローク）が含まれています。これから、Blokeを逃げているように見せていきます。腕が完全に麻痺している印象を与え、スパゲッティのようにうねらせましょう。

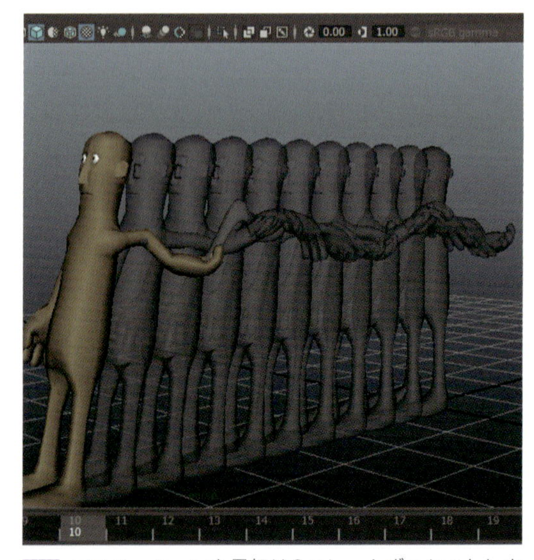

4 アニメーションを最初は2フレームずつセットします。次に1フレームずつ、腕の動きがすべてのシリンダの動きと一致するまで、作業を続けます。

役立つヒント

ここでは波の動きを得るため［波形デフォーマ］を使いました。しかし、素晴らしいカートゥン調の動きを作るには、デフォーマ・ダイナミクス・ヘア・クロスなど、たくさんの方法があります。与えたい印象を思いついたら、リファレンスジオメトリを用意しましょう。これはキャラクターの身体をコピーして簡単に作成できます。

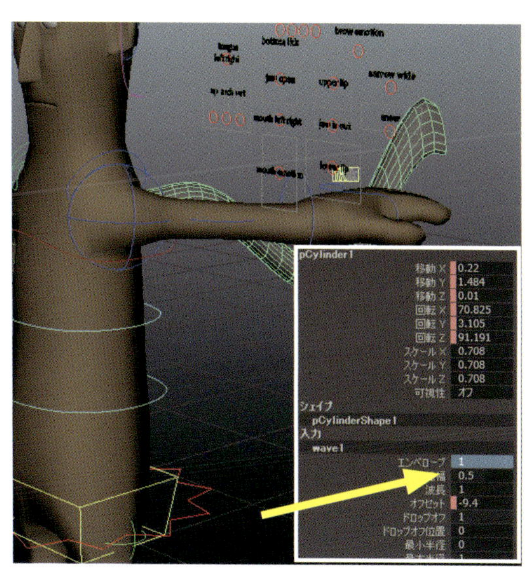

2 Blokeの腕に円柱を取り付けてあります。これは、よろめく動きを適用するためのリファレンスジオメトリの一部です。円柱ジオメトリを選択し、［チャネル ボックス］の入力にあるwave1で、［エンベロープ］パラメータを**1**にセットします。

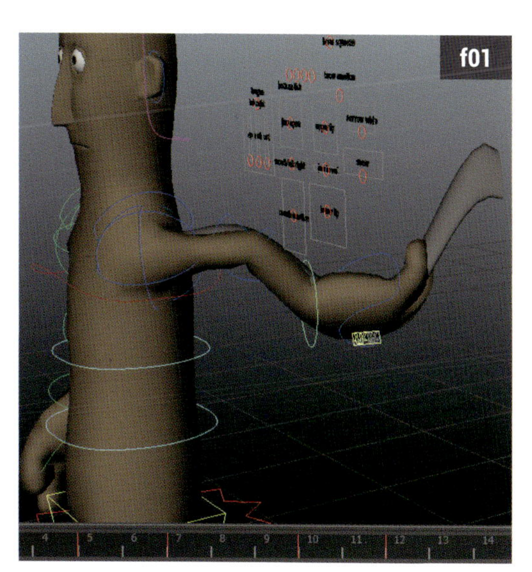

3 円柱がスパゲッティのようにゆらゆらとしています。これらの動きに従い、腕にキーをセットしていきましょう。腕のコントロールをすべて選択し、f01に一致するキーをセットします。

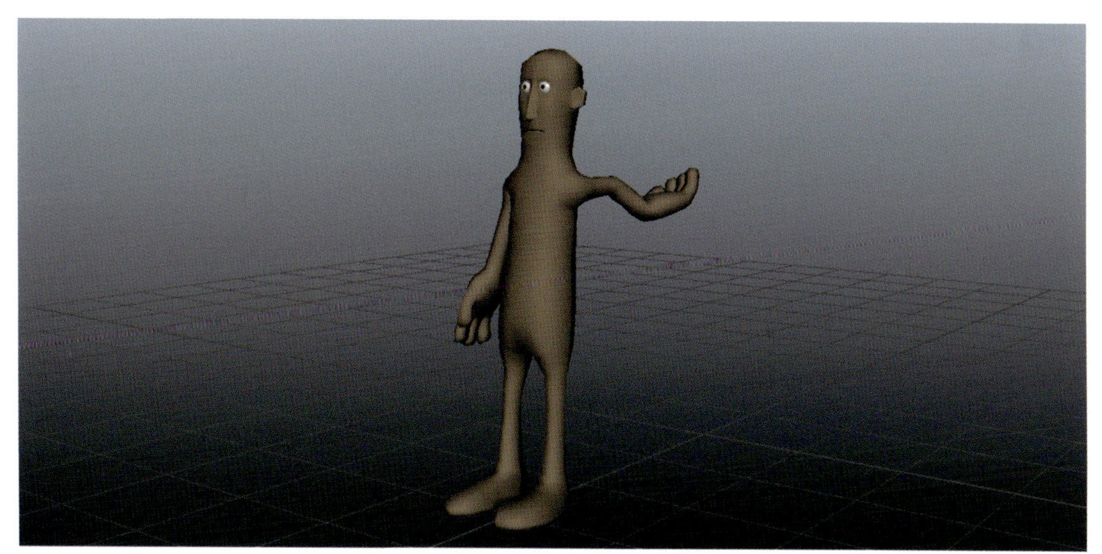

5 完成です！円柱を非表示にしてアニメーションを再生すると、生命を得た腕はゆらゆらと素晴らしい動きになりました。ただ誇張するのではなく、現実の生活に基づいた動きにすることを忘れないでください。そうすれば、生き生きとした真のカートゥンアクションを作成できるでしょう。

04 Traxエディタ

ダウンロードデータ trax_Start.ma / trax_End.ma

［Trax エディタ］はキャラクタセットにアニメーションクリップをロードするツールです。同時に、オーディオを読み込んで操作するのにも最適な場所です。これは直感的でとても楽しい作業です。

クリップの操作は、アニメーションの「ミキシング」のようなものです。クリップ ライブラリを作成し、アニメーションをミックスして組み合わせ、全体の演技を作成します。

また、複数の背景アニメーションの入れ替えにも適しています。例えば、アニメーションクリップを複数のキャラクター上にドラッグ&ドロップし、動作のサイクルやクリップ間のブレンドを行えば、群衆のアニメートがとても簡単になると想像できるでしょう。まさにそれを実行できるのが［Trax エディタ］です。

クリップを使うときに覚えておいてほしいのは「**通常、キャラクタセットは同一にする**」です。そして、完成リグで作業することを強くお勧めします。また、作成したアニメーションがミックスし、一致しているか確認してください。モジュール化やノンリニアで使えるレイヤ化したアクションの作成を検討してみましょう。

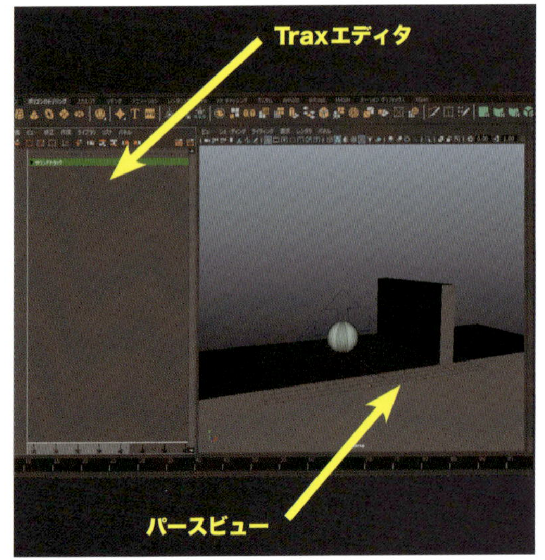

1 **trax_Start.ma**を開いて、図のようにパネルを配置してください。右に［パース ビュー］、左に［Trax エディタ］です。［パネル］>［パネル］>［Trax エディタ］（Panels> Panel> Trax Editor）で選択します。

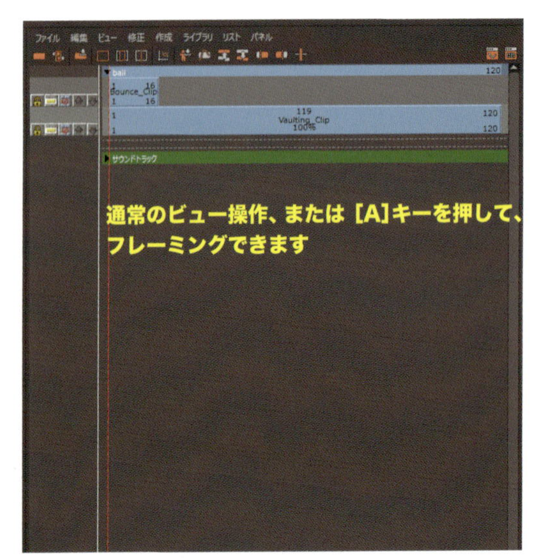

4 もう1度、［ファイル］>［アニメーション クリップをキャラクタに読み込み］（File>Import Animation Clip to Characters）を選択、別のクリップを読み込みます。**Vaulting_Clip.ma**を選択し、新しいトラックにロードします。

役立つヒント

これらのクリップは「相対」空間で作成したアニメーションを書き出したものです。つまり、この設定はコントロールの位置が、最後のクリップの終了位置から始まるということです。キャラクターが0から5ユニットまで前に歩くクリップを持てば、次のクリップは自動的に5から10ユニットまで歩きます。

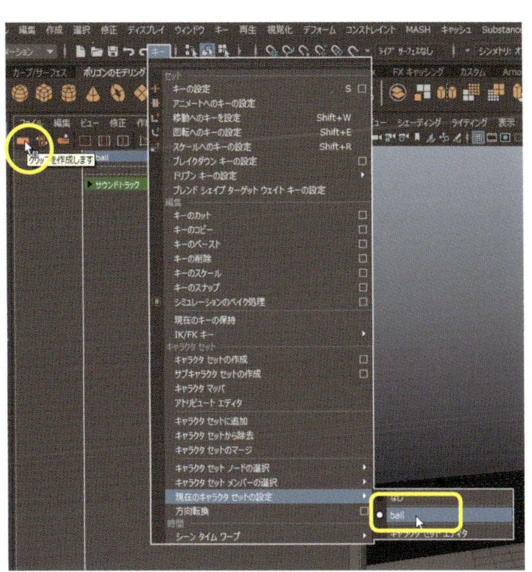

2 [F4]キーで[アニメーション]メニューセットに切り替えます。次に[キー]>[現在のキャラクタ セットの設定]>[ball](Key > Set Current Character Set > ball)を選択します。[Trax エディタ]の左上コーナーにあるボタンをクリック、トラックを作成しましょう。

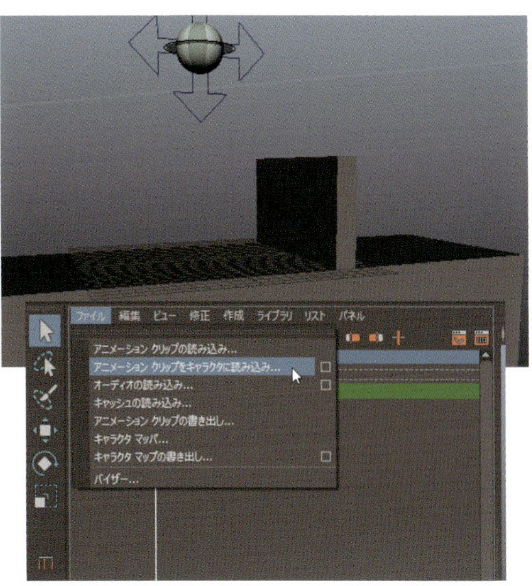

3 [ファイル]>[アニメーション クリップをキャラクタに読み込み](File > Import Animation Clip to Characters)を選択、ボールが弾む最初のアニメーションクリップを読み込みましょう。**Bouncing_Clip.ma**を選択すると、[Trax エディタ]にロードされます。

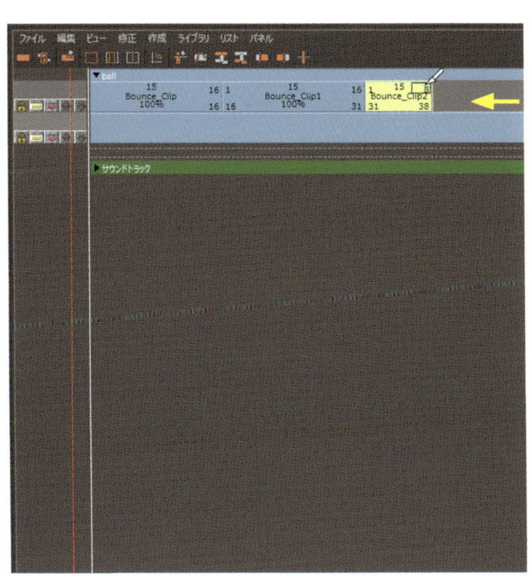

5 bouncing_Clipを選択しコピーします([Ctrl]+[C]キー)。続けて2度ペーストし([Ctrl]+[V]キー)、同じトラックを順番に並べます。3つめの右上の角をつかんで、クリップ範囲の終端が8になるまで左にドラッグします。

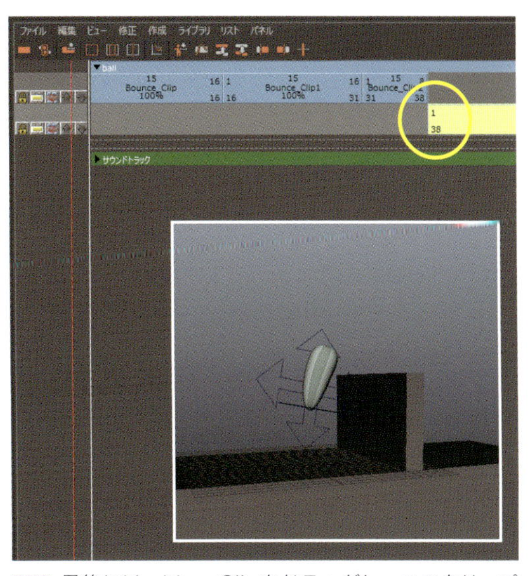

6 最後にVaulting_Clipをドラッグし、このクリップのf01が3つめのBouncing_Clipのf08に揃えます。アニメーションを再生すると、ボールが2度弾んで着地し、壁を飛び越えます。

05 カーブのコピー

ダウンロードデータ CopyingCurves_start.ma / CopyingCurves_end.ma

データのコピー操作は、初期のコンピュータからある機能です。これはコンピュータアニメーションでも有効で、カーブのコピーはかなり使い勝手の良い方法です。アニメーションデータをシャッフルするさまざまなオプションで、時間と労力を節約できるでしょう。ここでは、前の演習で使ったキャラクターの頭部から首や身体にカーブをコピーし、さらに素晴らしいアニメーションを構築していきます。

この演習で説明するように、コピーと言っても別のコントロールに同じアトリビュートのカーブを配置するだけではありません。どのアトリビュートのカーブでも、他のアトリビュートにコピーできます。つまり、別コントロールで必要なカーブとすでに作成したカーブの形が似ている場合、簡単に入手できます（例えば、回転のカーブを移動に利用する）。

また、アニメーションの開始点に使用してもよいでしょう。既存のカーブを微調整すれば、コントロールの配置やキーの設定を省けるので、作業を高速化できます。速いのは良いことです。

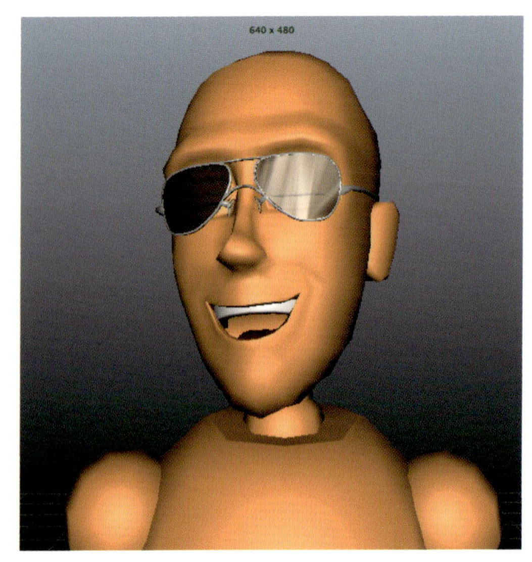

1 **CopyingCurves_start.ma**を開きます。このGoonはアニメートされています。

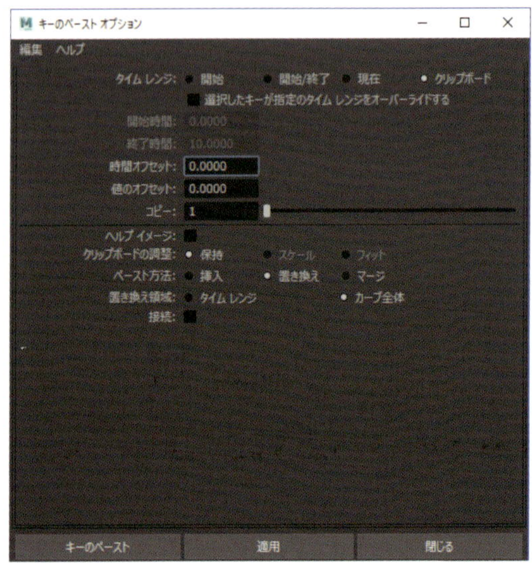

4 首のコントロールを選択します。これらのカーブをペーストする前に、[編集]>[キー]>[キーのペースト](Edit > Key > Paste Keys)オプション□を開きます。コピーしたカーブを使うため、[タイム レンジ]:[クリップボード]、[ペースト方法]:[置き換え]、[置き換え領域]:[カーブ全体]にして、[キーのペースト]を押してください。

役立つ
ヒント

シンプルなアニメーションでブロッキングする場合、カーブのコピーはとても有効な手段です。特に、ダンスやサイクルアニメーションなどの短いループで最適に動作します。

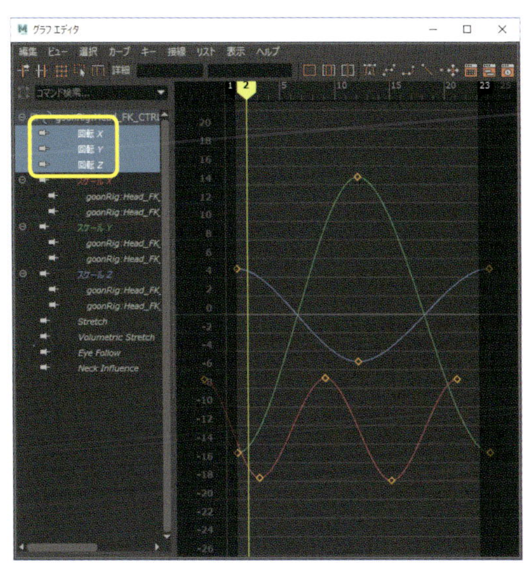

2 ［グラフ エディタ］で、頭部のコントロールの［回転 X］［回転 Y］［回転 Z］アトリビュートを選択します（左のパネルでアトリビュートを選択してください。カーブ自体ではありません）。

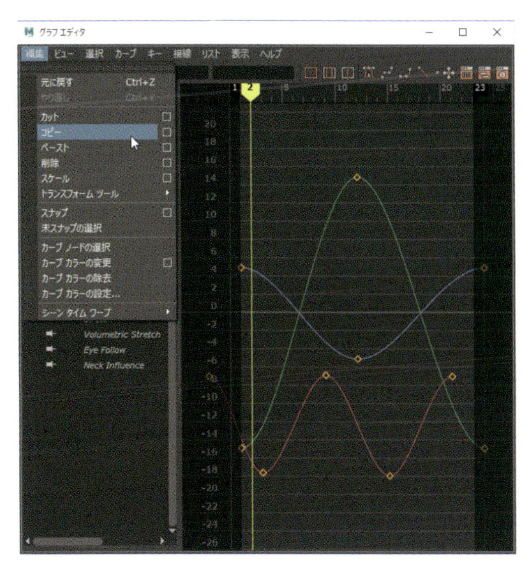

3 ［グラフ エディタ］メニューで［編集］>［コピー］（Edit > Copy）を選択、カーブをコピーします。

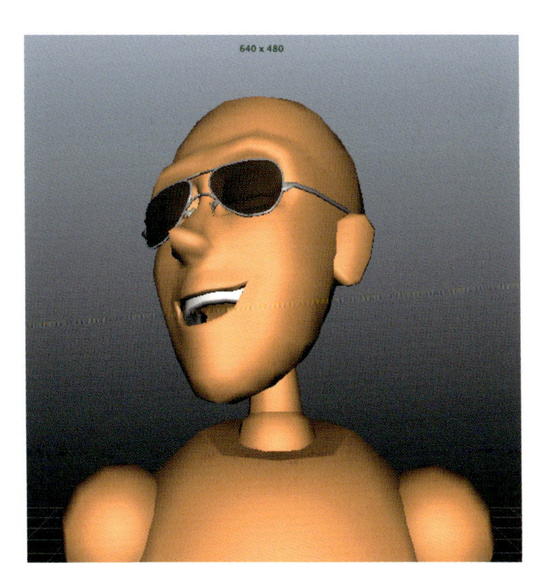

5 ［グラフ エディタ］で何も選択されていない場合、カーブは自動的にコピー元と同じアトリビュートに配置されます。頭部のカーブを首にコピーできました。おや、Goonの頭部は後ろに倒れすぎですね。

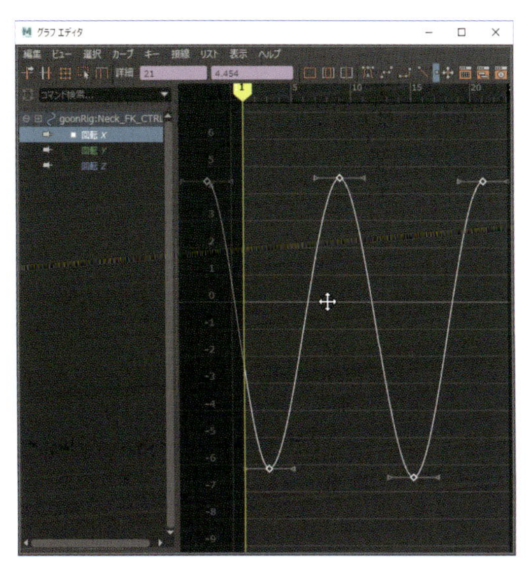

6 ［回転 X］のカーブ全体を上に移動し、頭部を前に傾けましょう。続けてカーブ全体を縮小します。Goonの動作は大きくなりますが、大げさではなくなりました。

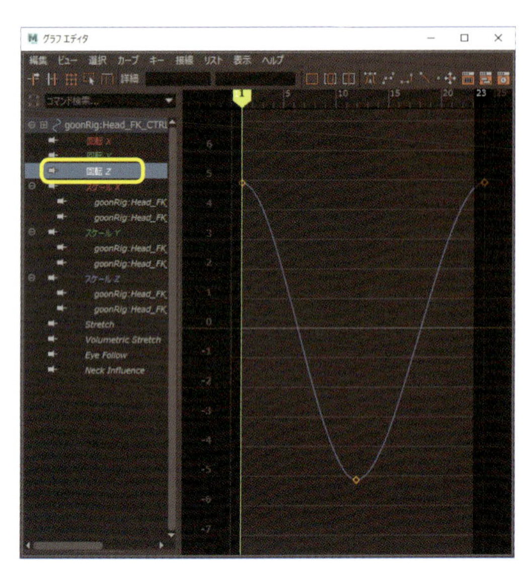

7 カーブを使って、今度は胸に左右の動きを追加しましょう。頭部の［回転 Z］カーブは、最初に想定している動きと似た形を持っています。［グラフ エディタ］でアトリビュートを選択、［編集］>［コピー］(Edit > Copy)を選択します。

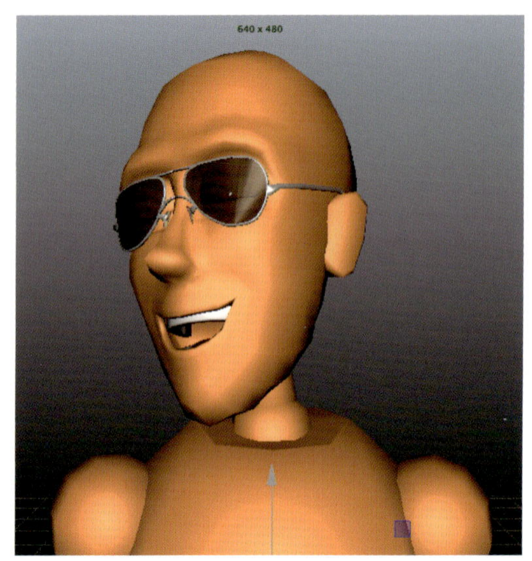

8 頭部の［回転 Z］を、胸の［回転 Z］と［回転 Y］に配置するため、まず［グラフ エディタ］でこれらのアトリビュートを表示しましょう。胸のコントロールを選択、f01にキーを打ちます（キーがないと、グラフは表示されません）。

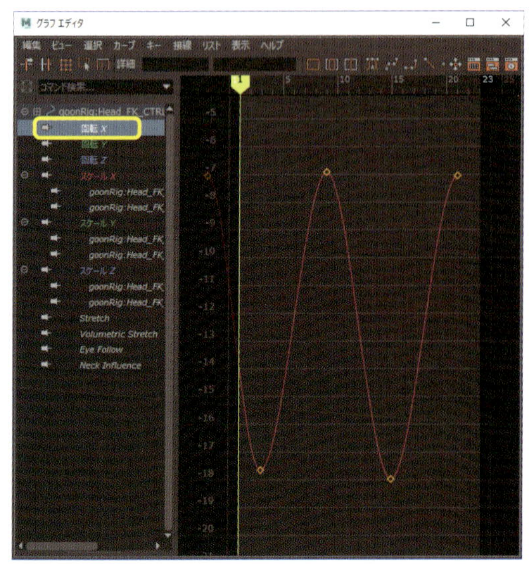

11 最後は身体にいくつかのバウンスを追加しましょう。私たちが必要とするカーブに最も近いのは、頭部の［回転 X］です。このアトリビュートを選択し、カーブをコピーします。

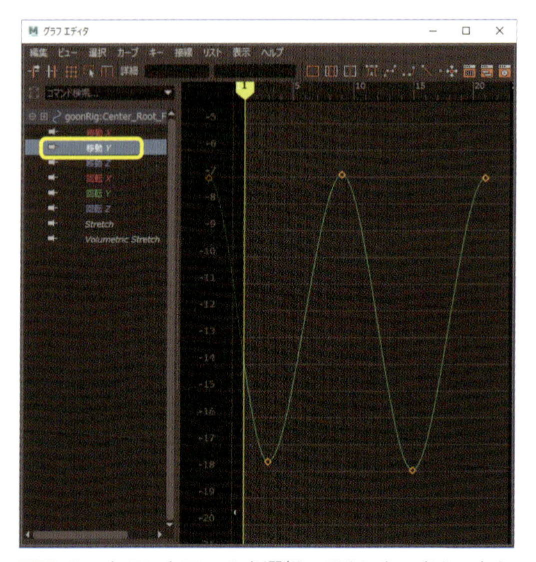

12 ルートコントロールを選択、f01にキーをセットします。続けて［移動 Y］アトリビュートを選択し、カーブをペーストします。この値によって、キャラクターはフレームの外に出てしまうので、簡単にカーブを微調整しましょう。

役立つヒント

カーブのコピーは素晴らしいテクニックです。洗練する前の開始点となるカーブを素早く入手したいときに最適です。例えば、尾や垂れ下がった耳のような重複アクションの開始点として、上手く機能します。

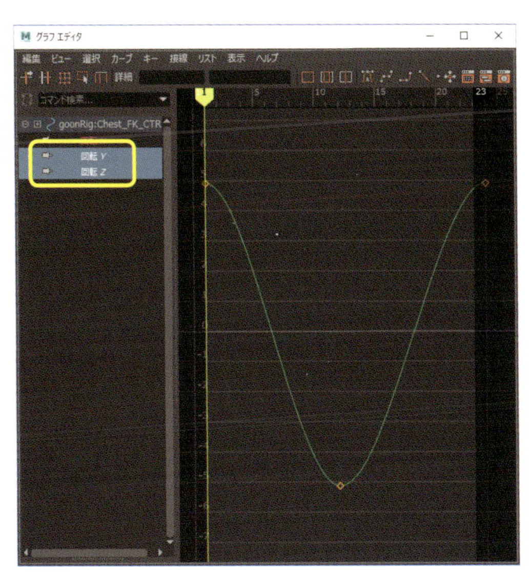

9 ［グラフ エディタ］で胸の［回転 Y］と［回転 Z］アトリビュートを選択、［編集］>［ペースト］(Edit > Paste)を実行します。カーブは2つのアトリビュートに配置されます。

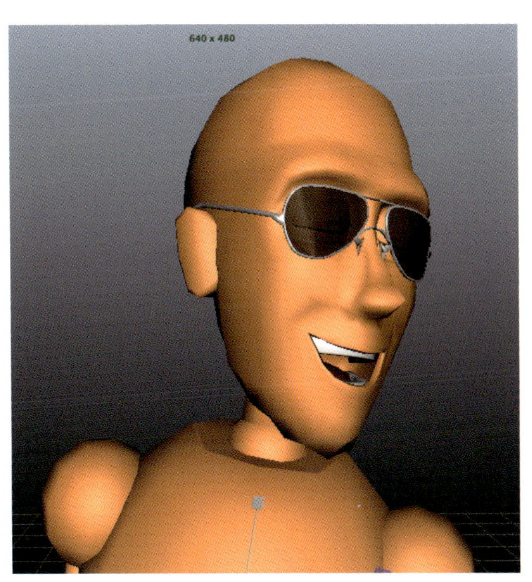

10 両方のカーブを1フレーム先にずらし、わずかにオフセットしたら、それらを拡大しましょう。これで、Goonの動作はとてもエネルギッシュになりました。

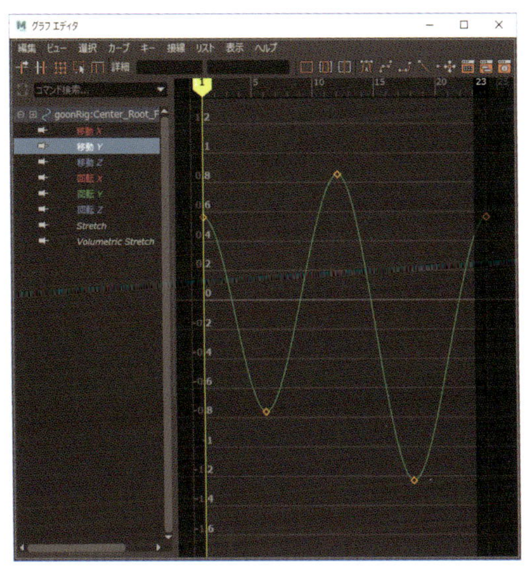

13 f01から始まり、キャラクターのバウンスがフレーム内に収まるようにカーブを編集します。また、値に少し変化を付けて、すべてがまったく同じ動作にならないようにします。

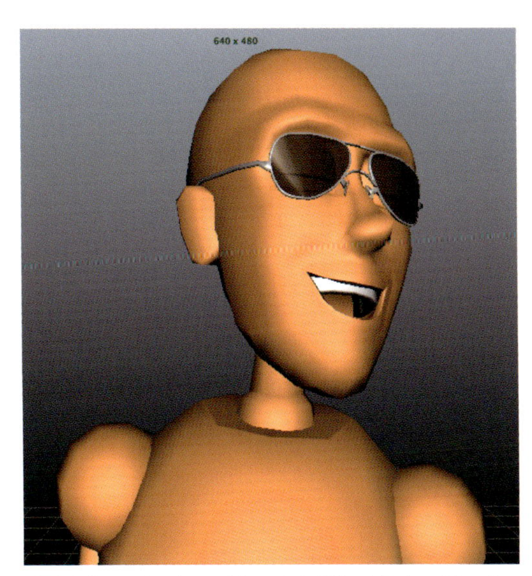

14 肩にいくつかのバウンスを追加すると、アニメーションをさらに洗練できるでしょう。ここでは、動きのない部分にカーブをコピーし、簡単に滑らかな開始点を得る方法を紹介しました。

06 編集可能なモーション軌跡

ダウンロードデータ EditableMotionTrail.ma

洗練された魅力的なアニメーションを作成するため、心地よい弧（アーク）の動きを取り入れるのは良いアイデアです。これはアニメーションの12原則の1つです！ Mayaには弧を追跡するツールがたくさんありますが、ビューポートで直接修正できればよいと思いませんか？ あるいは［グラフ エディタ］に移動することなく、カーブのスペーシング（間隔）を調整できたら？ 1つでもそのような方法があれば...

待ってください、実はあります。Mayaに搭載された素晴らしい機能「編集可能なモーション軌跡」で、弧（または他のシェイプ）を追跡し、編集することができます。これはオブジェクトのパスを3D空間に示すだけでなく、ビューポートで直接編集できるのです。

［編集可能なモーション軌跡］は非常に強力なツールで、他のキーフレームツール（［グラフ エディタ］［ドープシート］）と連動して動作します。つまり、他のツールで編集した結果は、あらゆる場所に反映されます。アクション、タイミング、スペーシングのパスを調整できるほか、キーフレームの追加／削除／移動もパス上で行えます。では、この強力なツールを詳しく紹介していきましょう。

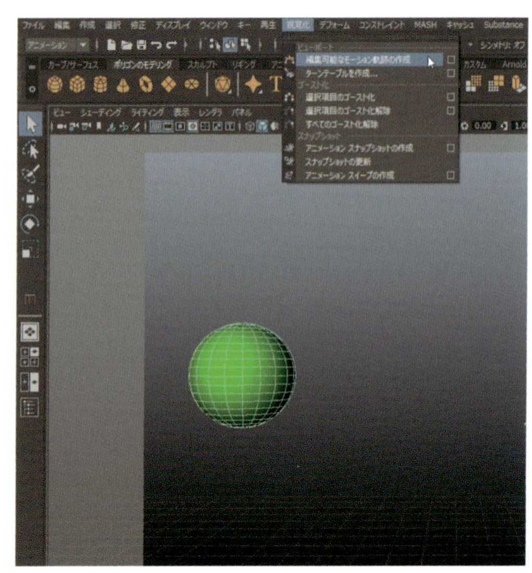

1 **EditableMotionTrail.ma**を開いて、接線のウェイトと、［接線のタイプ］が［自動］になっていることを確認します。モーション軌跡の動作は、カーブ上にある接線の設定によって決まります。それでは、ボールを選択し、［視覚化］>［編集可能なモーション軌跡の作成］（Visualize > Create Editable Motion Trail）を適用しましょう。

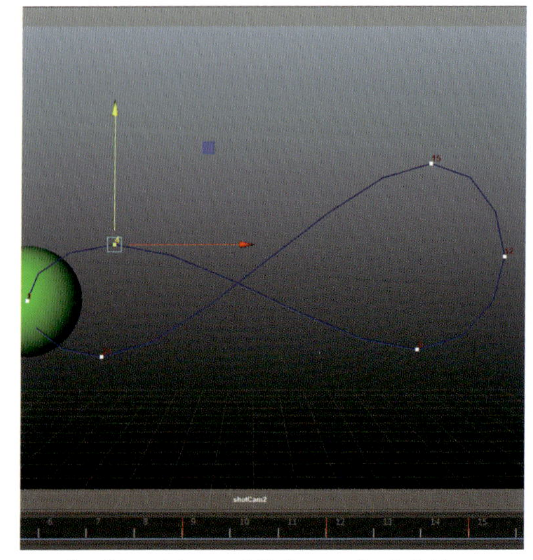

4 ［W］キーを押して［移動ツール］に切り替え、f04のキーを選択します。まるでアニメーションコントロールを移動するように、3D空間でキーを操作し、瞬時にパスを調整できます。

役立つヒント

複数のモーション軌跡を扱う場合、[軌跡のカラー]スライダはとても便利です。異なる色を適用しておけば、すぐにそれらを識別できるでしょう。

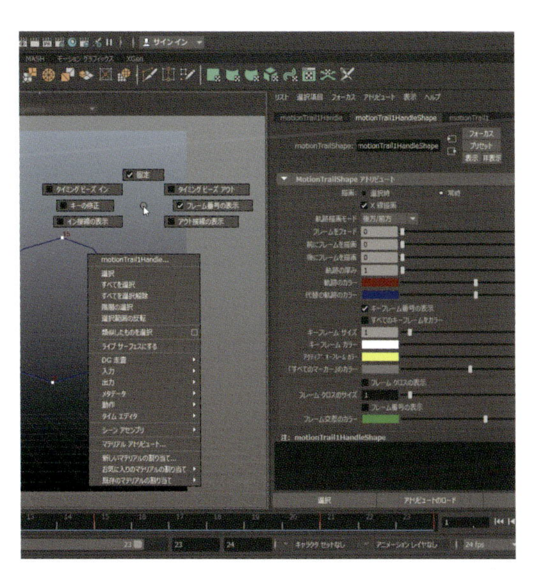

2 [アトリビュート エディタ]を開いて、ビューポートでモーション軌跡をクリック、オプションを表示させます。直接モーション軌跡を右クリックすれば、一般的な設定のオン／オフ切り替えに素早くアクセスできます。

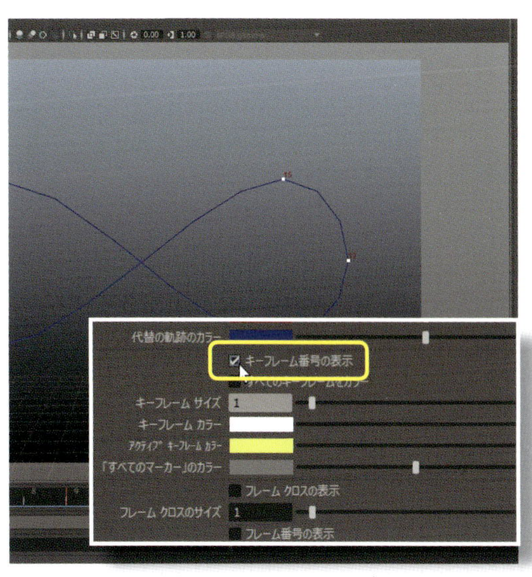

3 モーション軌跡は、3D空間のオブジェクトのパスを示しています。軌跡に沿った白いビーズは、キーフレームの位置です。各キーのフレーム番号を表示するには、[アトリビュート エディタ]で [キーフレーム番号の表示]ボックスをクリックします。

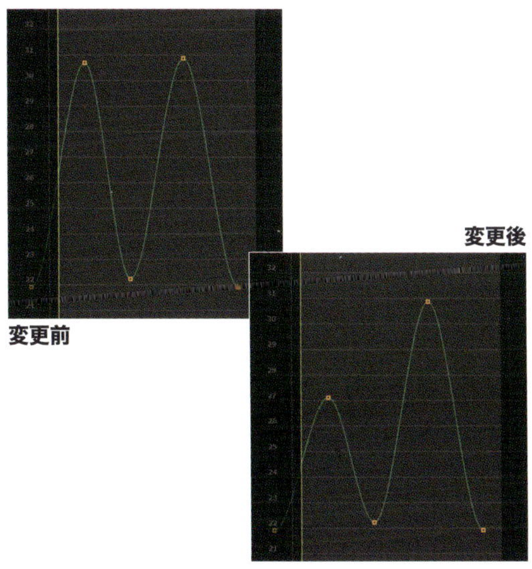

5 [移動 Y]カーブ に注目してください。これは前の手順で行なったパスの変更前／変更後です。モーション軌跡のキーを調整すれば、カーブを視覚的に自然な方法で編集できます。

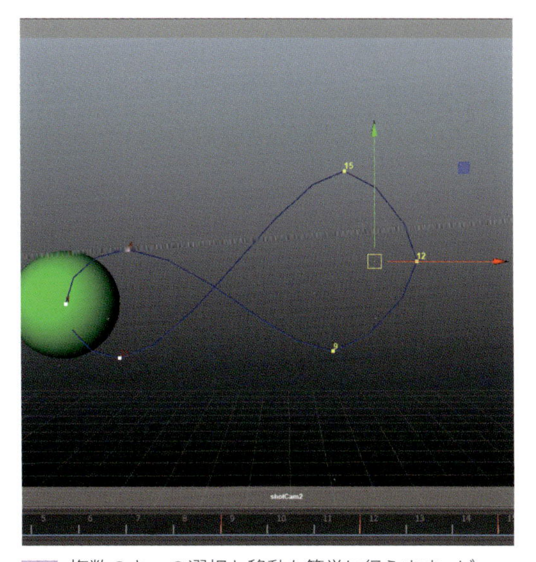

6 複数のキーの選択と移動も簡単に行えます。ビューポートで [Ctrl]＋中マウスボタンドラッグすると(前後に)、選択したキーを垂直面で移動できます。こうすれば、カメラを切り替えて編集する必要がありません。

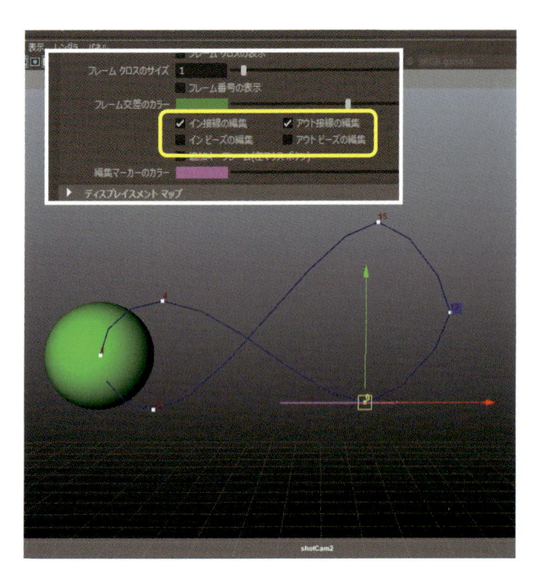

7 f09でキーを選択し、[アトリビュート エディタ](または右クリックメニュー)で[イン接線の編集]と[アウト接線の編集]をオン、キーにハンドルを表示します。ハンドルの動作によって、カーブ上で視覚的に設定できることを思い出しましょう。

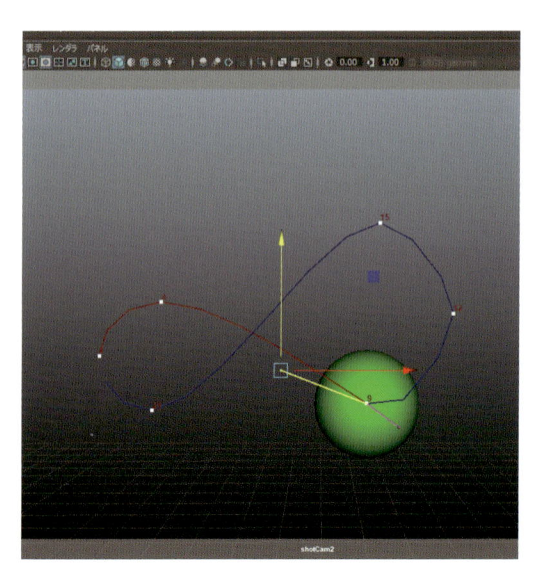

8 選択マーキーでハンドルを選択し、モーションパスのスペーシングを編集します([グラフ エディタ]と同じです)。1つの軸方向だけで操作したい場合、ハンドル上のマニピュレータで各軸へ移動します。中央を選択し、すべての軸へ自由にドラッグするよりも簡単に作業できます。

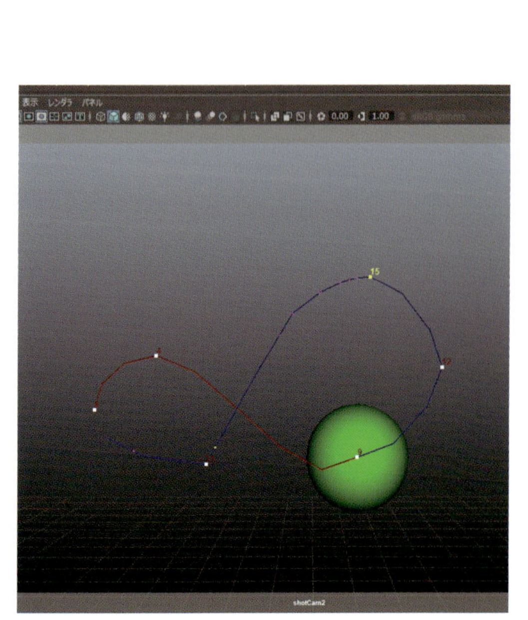

11 単純にビーズをクリック&ドラッグし、スペーシングを調整できます。キーの接線にウェイトがセットされていない場合、白いビーズが表示されません。覚えておいてください。

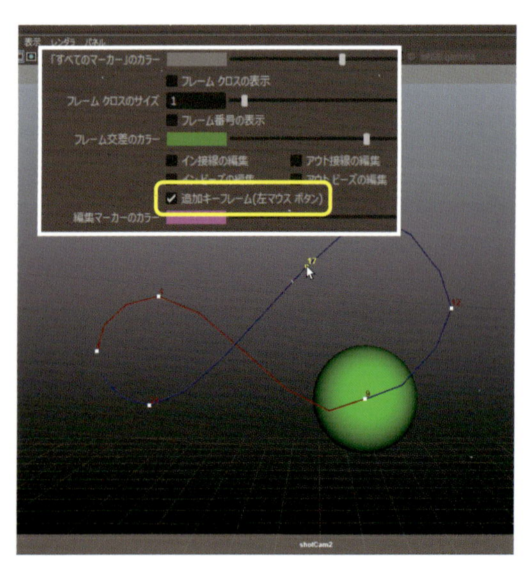

12 [アトリビュート エディタ](または右クリックメニュー)で、[追加キーフレーム(左マウスボタン)]ボックスをクリックします。これをオンにすると、軌跡をクリックして簡単にキーを追加できます。現在の接線設定に関わらず、新しいキーの接線は既定の設定になります。

役立つヒント

[描画]オプションで軌跡の表示方法を定義します。[選択時]を選ぶと、オブジェクトが選択されたときにのみ軌跡が表示されます。[常時]を選ぶと、オブジェクトの選択に関係なく軌跡が常に表示されます。

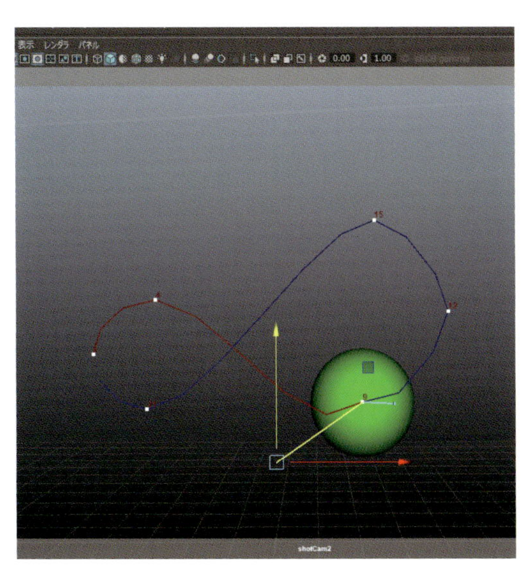

9 ハンドルを分割しましょう。[グラフ エディタ]でカーブ/キーを選択、[接線の分割]ボタンをクリックしてください。これにより、ビューポートでハンドルを個別に編集できるようになります。

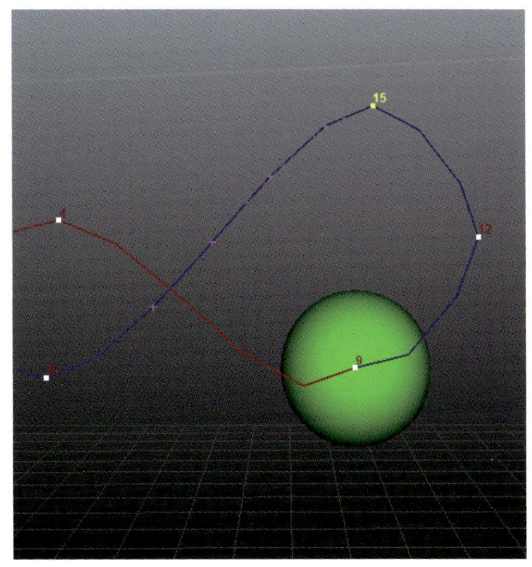

10 f15でキーを選択、[アトリビュート エディタ](または右クリックメニュー)で[アウト ビーズの編集]をクリックします。中間のキーを表すビーズが軌跡上に表示されます。接線とビーズはまったく異なる表現なので、同時に表示できません。これはインビトゥイーンのスペーシングです。

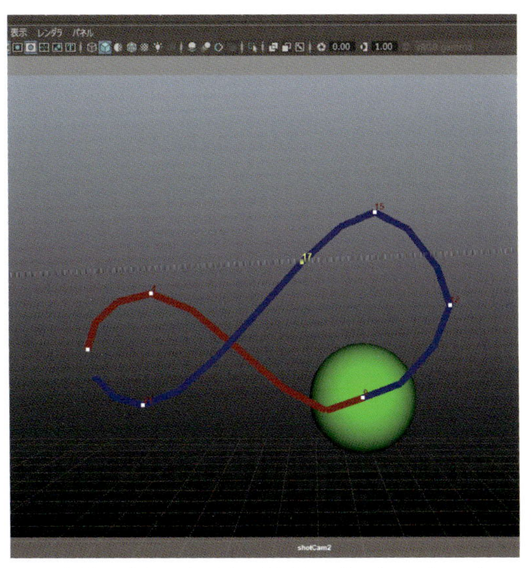

13 軌跡の太さを変更する場合は、[アトリビュート エディタ]の[軌跡の厚み]スライダで素早く変更できます。

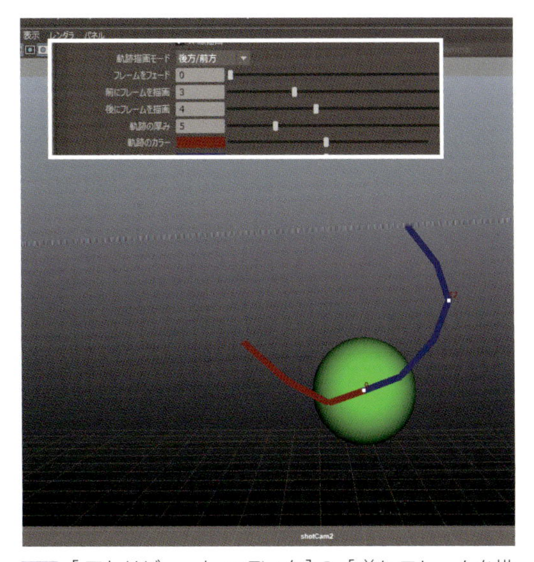

14 [アトリビュート エディタ]の[前にフレームを描画]と[後にフレームを描画]に値を入力できます。これは現在のフレームの前後に表示するフレーム数を制御します。小さな領域でパスが複数回交差し、軌跡が見えにくいときに重宝する機能です。**0**にセットすると、すべてのフレームが表示されます。

07 IKとFK

ダウンロードデータ IK_FK.ma

キャラクターアニメーション向けのほとんどのリグは、腕と脚で2つのモードを利用できます。すなわち、IK（インバース キネマティクス）とFK（フォワード キネマティクス）です。両方実行できる場合でも、多くのアニメーターには好みのモードがあります。しかし、一部のアニメーションでは、特定のモードのみを使うこともよくあります。

例えば、キャラクターが手で何かを植えるとしましょう。このとき納得できる結果に導きたいなら、体重を支えたり、押し引きするために、IKの腕を使う以外に選択の余地はありません。モードの切り替えは最初面倒に感じますが、切り替え方法さえ理解すれば、実際にはとても簡単です。

簡単な復習をしましょう。FKでは、手（足）の位置がその関節（ジョイント）によって決定されます。これは現実の世界で、手足が機能する仕組みと同じです。手を伸ばして何かをつかむには、肩を回転しなければなりません。「肩→上腕→前腕→手」の順でオブジェクトに到達します。少なくとも、肘を上げずに手を上げることはできません。FKでキャラクターの身体を移動すると、腕も同じように移動します。これは歩行や身振りのような動作に適していますが、押したり引いたりする動作には適しません。

IKはその反対です。手が独自に配置され、Mayaは手の角度に基づいて腕の残りの部分を配置します。つまり、手は「身体に繋がっている独自のオブジェクト」と考えることができます。身体を動かしても手はその場所に留まるので、押し引きの動作に最適です。IKでは手の位置を保持したまま、身体をアニメートできます。

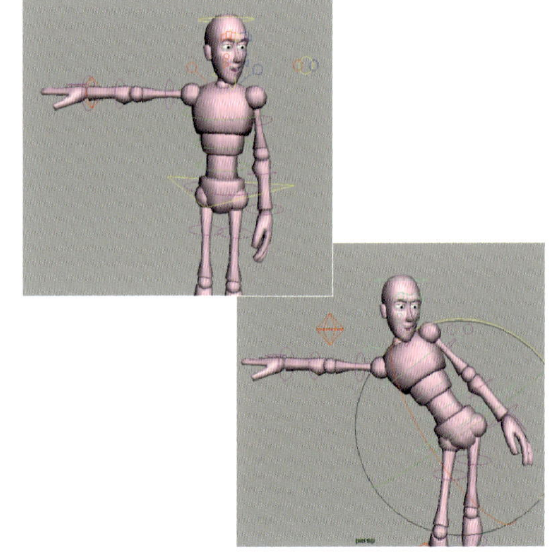

1 **IK_FK.ma**を開きます。現在の左腕はFKです。ルートコントロールを回転すると、左腕も一緒に動きます。

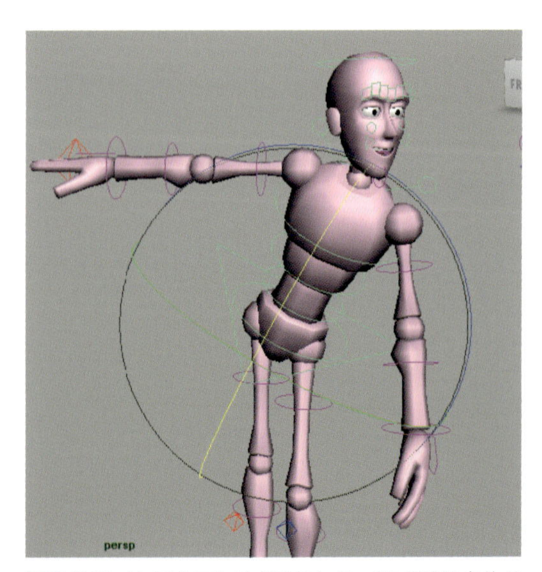

4 胸のインフルエンスが0のとき、FKの腕は身体の移動に従いますが、回転には従いません。身体を変更しても、腕はほとんど補正する必要がないため、この方法を好むアニメーターもいます。

一部のリグでは、IKアームに高度なオプションが設定されています。これらの手はワールド空間ですが、リグに組み込めば切り替え可能です。例えば、ルート空間オプションを設定すると、ルートと一緒にIKは移動します。

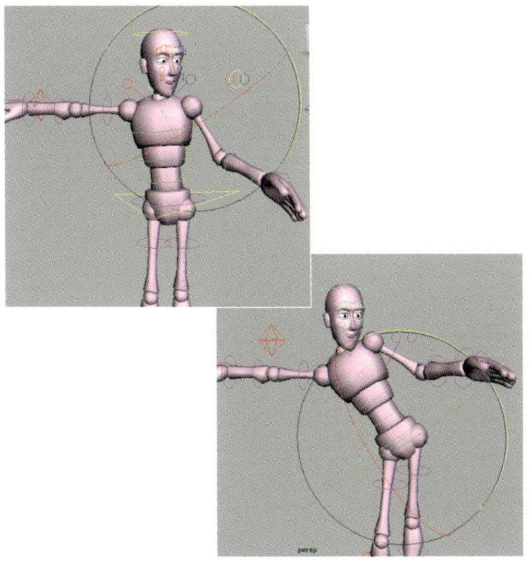

2 身体の回転を取り消し、左腕を好みのポーズに配置します。さあ、もう1度回転しましょう。やはり左腕は、身体と背骨の動きに付いていきます。

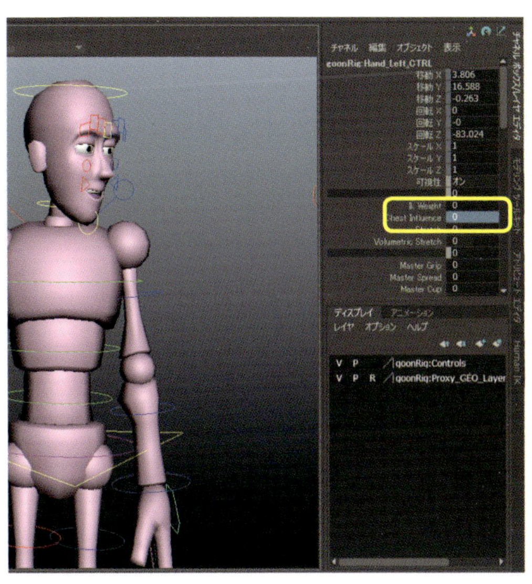

3 すべて元に戻し、左手のコントロール（Hand_Left_CTRL）を選択します。[チャネル ボックス]にある胸のインフルエンスアトリビュート［chest influence］を**0**に変更しましょう。腕がわずかにジャンプすることがありますが、問題ありません。

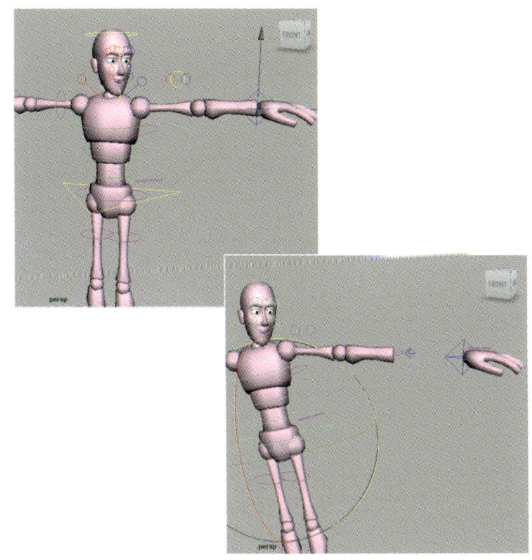

5 すべて元に戻します。左手のコントロールを選択、IKウェイト（Ik Weight）を**1**（100%）にセットしてください。腕はIKコントロールの位置に移動し、IKに切り替わります。身体を動かすと（どれだけ動かしても）、手は同じ位置にとどまります。

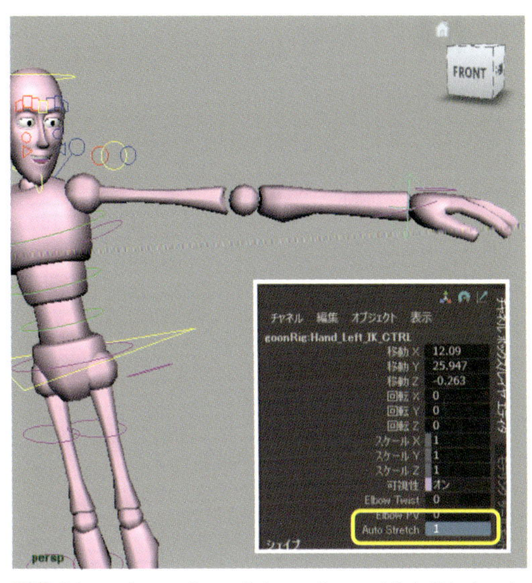

6 IKコントロールで、［Auto Stretch］を**1**にセットしてください。ジオメトリは手首を分離することなく、手と身体の間で伸縮します。※これらのリギングに関しては、『Maya リギング 改訂版』（ボーンデジタル刊）に詳しく紹介されています。

08 IKとFKの切り替え

ダウンロードデータ IKFKswitching_start.ma / IKFKswitching_end.ma

アニメーション計画で重要な手順は、異なる状況でIK、FK、またはその両方を適切に使用することです。両方使う場合、質の高いアニメーションに大事なのは、シームレスでスムーズな切り替えです。一部のアニメーターは、この切り替えを恐れるかもしれません。しかし、その背後で動作している機能に留意すれば、とても簡単です。

これを実現しているのは、ジオメトリの下にあるジョイントと繋がった**2種類の腕**です。1本の腕で、IKとFKモードを切り替えるわけではありません。実際には別々のジョイントでジオメトリを移動します。FKからIKに切り替えるとき、IKの腕が引き継いだフレームで、FKの腕はまだ最後の位置にあります（目に見えません）。2つの腕が動作していることを覚えておけば、切り替えの仕組みがより明確になるでしょう。

複数フレームで、別の腕にブレンドしていくこともできますが、大抵の場合、**単一フレームで切り替えるのがベストです**。ブレンドすると、IKとFKの腕に部分的にセットされるフレームが出てきて、両コントロールの変化の量がジオメトリに影響します。これでは、両方のポーズとタイミングを正確にすることが困難になります。もちろんこれでも機能しますが、私は常にすべてのフレームで完璧にコントロールするのを好みます。

一部のリグにあるIK／FKスナップは、互いの腕を自動的に並べてくれるので、簡単に作業できます。しかし、ほとんどのリグにそのような機能はないので、手動でフレームを切り替えながら、ポーズを調整する必要があります。ここではその方法を説明します。

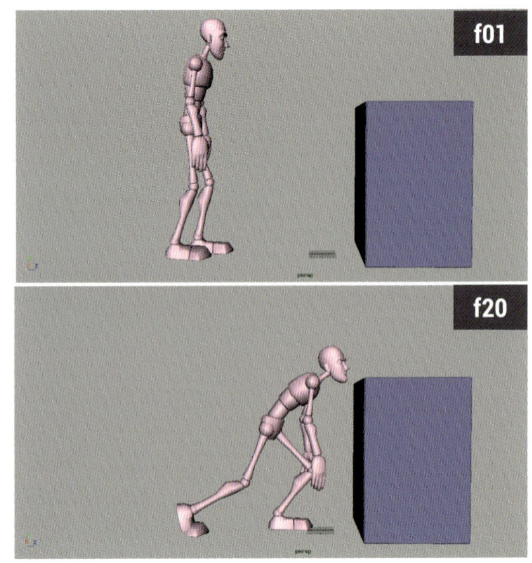

1 **IKFKswitching_start.ma**には、立っているキャラクターが、箱を押し出すシンプルなブロッキングアニメーションがあります。腕はまだアニメートされていません。ではFKから始めましょう。

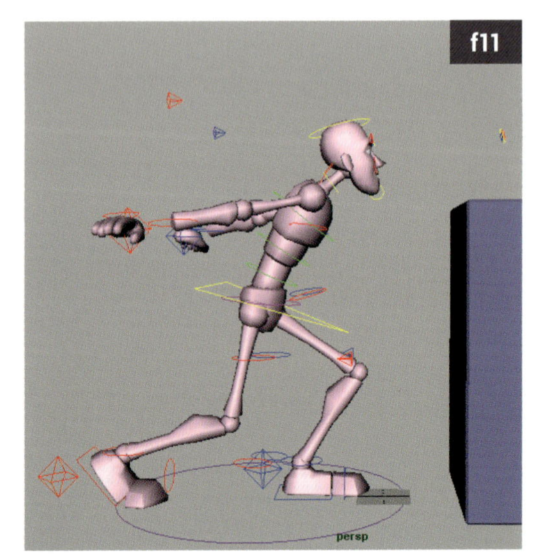

4 f11で［Ik Weight］アトリビュートを**1**にしてキーをセットしましょう（IK = 100%）。これで腕はIKアームスケルトンが配置されている位置にスナップします。

役立つヒント

IK／FKの切り替えでは、遷移が上手くいくまで小さなことに気を取られないでください。基礎が確立できるまで「手」に注目します。その間、「指」は無視するか非表示にしましょう。

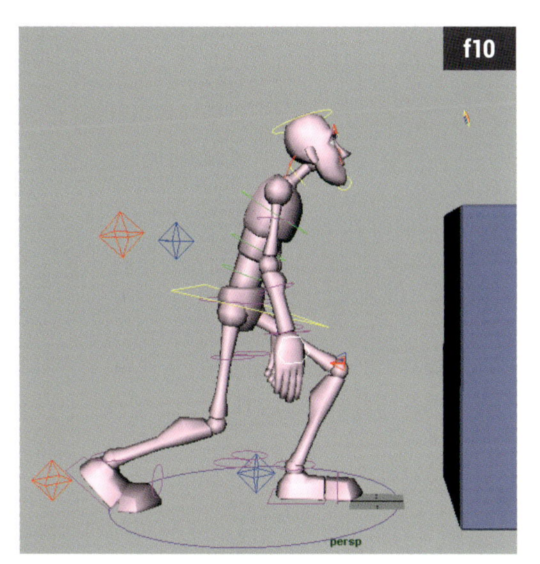

2 最初はIKを使わずに手動でアニメートし、後で切り替えていきます。IKを切り替る位置はf11です。まず、両手のコントロール（Hand_Left/Right_CTRL）を選択し、f10に移動します。

3 f10で［チャネル ボックス］の［Ik Weight］アトリビュートを右クリック、［選択項目のキー設定］を選びます。**0**にキーが再セットされ、f10までFKを維持できます。

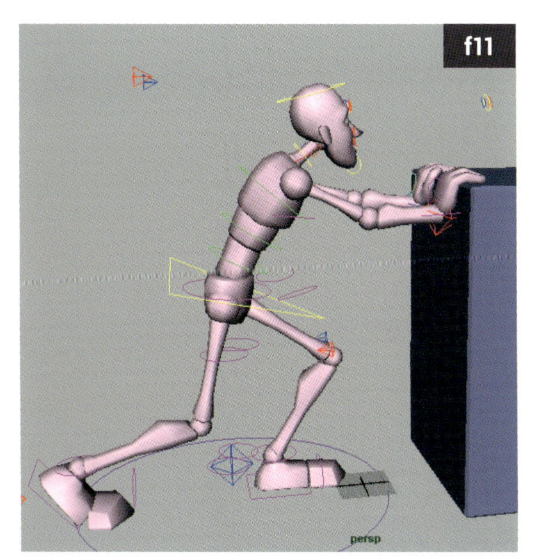

5 手首にあるIKコントロールを選択、f11でIKの手と指が箱の上にくるようにポーズを付けましょう。肩を使えば、素晴らしいポーズをセットできます。切り替えを行うときは、基準ポーズから次のポーズへ遷移させるより、最初に切り替えるポーズを決めるほうが簡単です（ポーズトゥポーズ）。

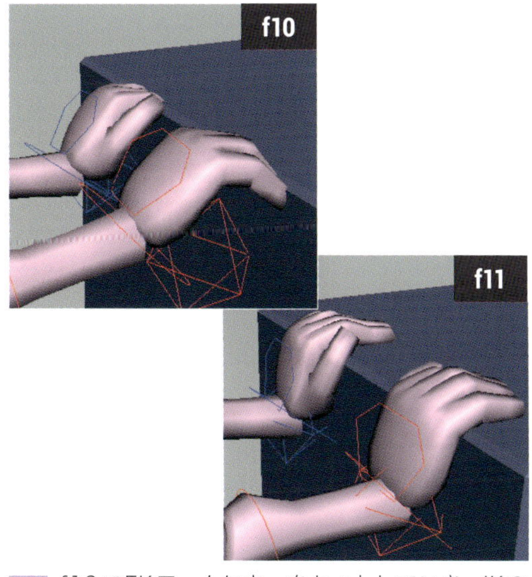

6 f10でFKアームにキーをセットしていき、IKのポーズになるように調整します。指は無視して、手のひらにだけ集中しましょう。これはいずれにしろ、後で再編集が必要です。まだ完璧ではありません。IKポーズもまだ再調整するので、おおよその位置にセットしましょう。

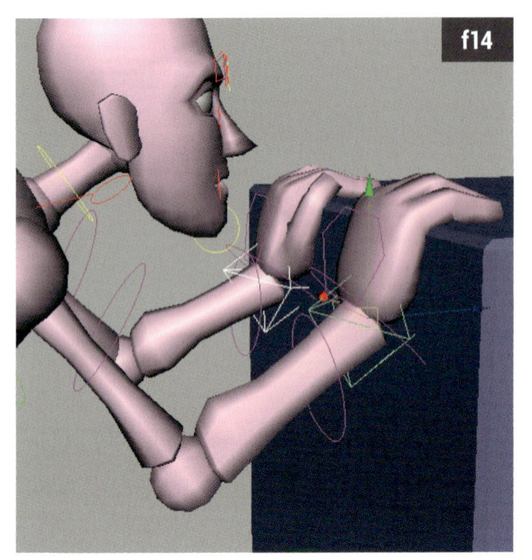

7 遷移が良好になったので、接触点を改善していきます。現在、手は箱に密着してますが、押し出ししているように見えません。IKコントロールを選択、もう少し後で同じポーズをとらせたいので、f14にキーをセットします。

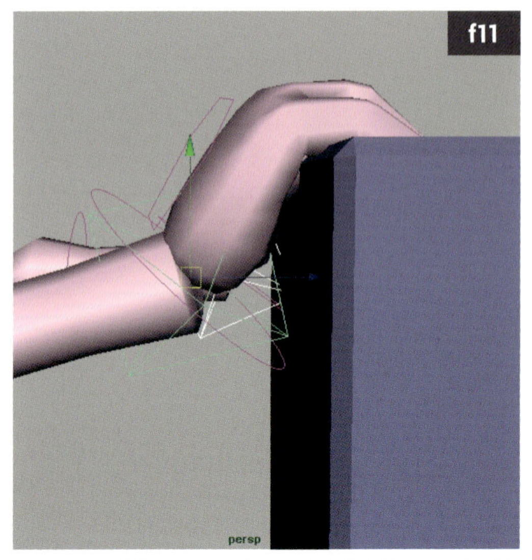

8 f11に戻り、IKコントロールを少し引いて、わずかに下へ回転させます。もう1度、手のひらに集中しましょう。まだ指は気にしないでください。f14に向かって手のひらをイーズインして、押し出している感じを与えましょう。

10 このように切り替えフレームをセットすれば、2つの異なるコントロールタイプ間で、切り替えた部位を除き、残りは通常どおりアニメートします。

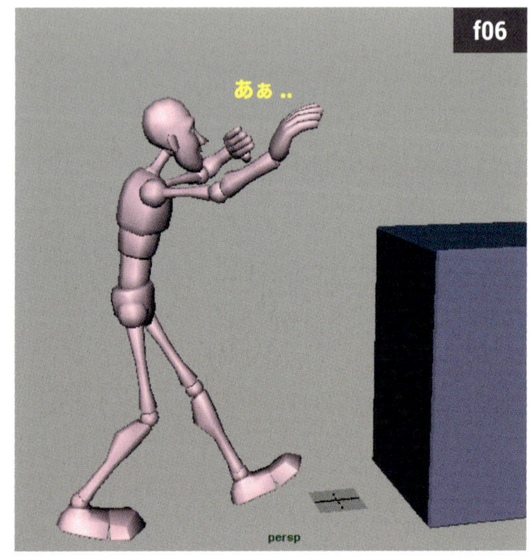

11 ポーズの移行中に、腕がフリップして台無しになることがあります。それはジンバル・ロックという現象で時々起こります。

役立つヒント

手を添えた場所でFKとIKが切り替わる際、よく手がオブジェクトに貼りついたまま固まっています。そのままにならないように修正しましょう。手は有機的なので、皮膚はわずかに潰れるはずです。

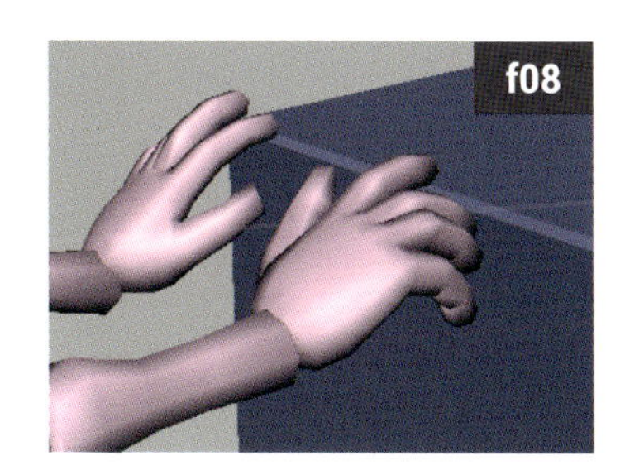

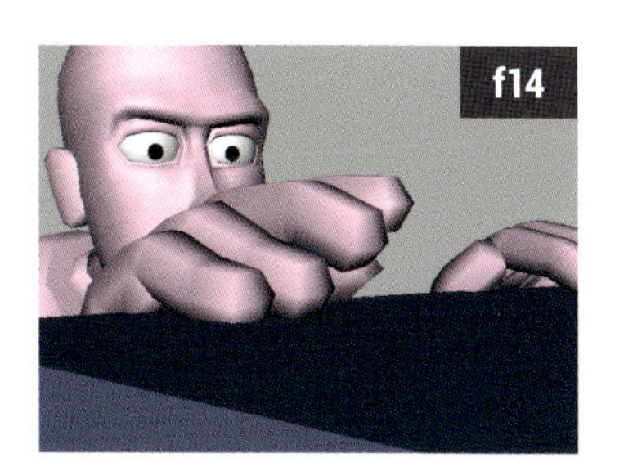

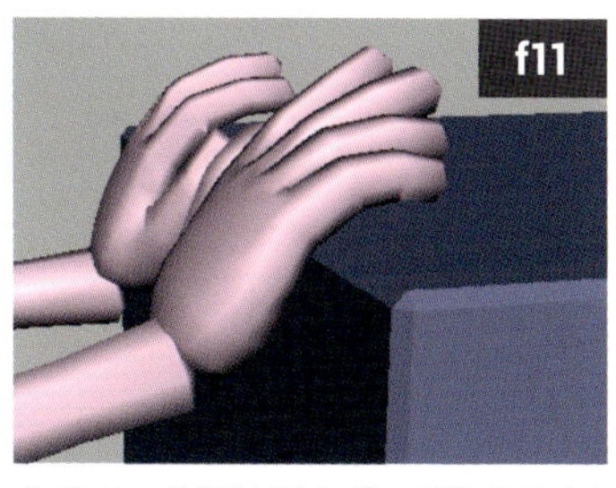

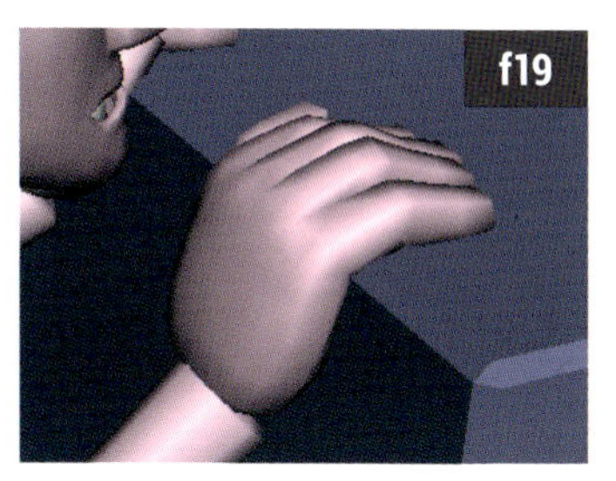

9 押し出しの動作は良くなったので、今度は指のポーズを大まかに付けていきます。押し出す手のひらを追いかけて、オーバーラップ（重複）するようにしましょう。

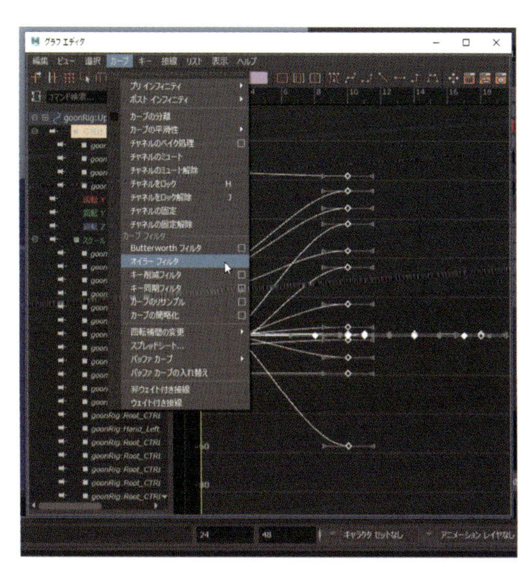

12 これを修正するため、［グラフ エディタ］ですべてのFKアームカーブを選択、［カーブ］>［オイラーフィルタ］（Curves > Euler Filter）を適用します。

13 これで腕は押し出しのポーズを補間し、期待どおりの結果になりました。ここからさらにアニメーションの洗練・調整を続けてください。

09 キャラクタ セット

ダウンロードデータ CharacterSets.ma

すべての（または一部の）アニメーションプロセスで、アニメーターは［キャラクタ セット］を好んで使用します。これは基本的に、キーを選択する必要のない選択セットです。

これは昔からMayaにある機能で、活用し続けているアニメーターもいます。個人的に、指のような特定のチャネルコントロールでたくさんのキーフレームが必要なとき、とても便利な機能です。ここでは［キャラクタ セット］の作成と編集方法について見ていきましょう。

1 **CharacterSets.ma**を開いて、右下の［キャラクタ セット］から［spine］を選択します。

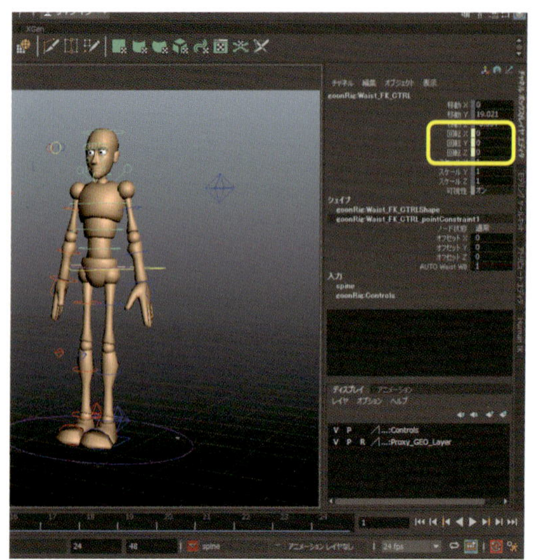

2 何も選択せずに、[S]キーを押してキーセットしてみましょう。このセットにはすべての背骨コントロールが含まれているので、自動的に任意のキーがセットされます。キーセットされたチャネルは、［キャラクタ セット］に接続されていることを示す黄色に変わります。

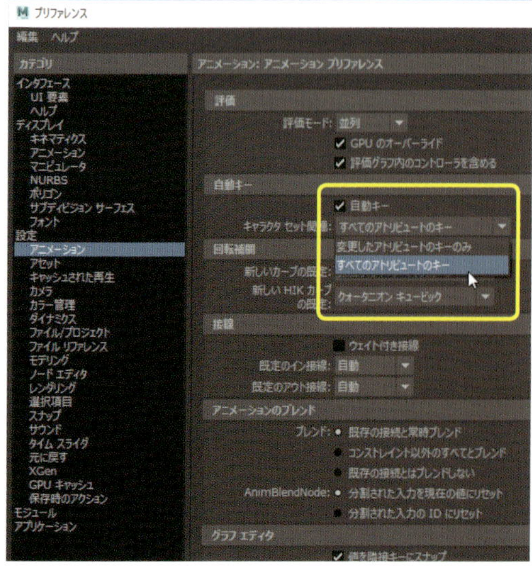

5 ［arms］セットを選択すると、すべてのコントロールにキーがセットされるようになります。次は［プリファレンス］で［アニメーション］を選択、[自動キー]をオンにします（オンになっていない場合）。［キャラクタ セット関連］で、[すべてのアトリビュートのキー]に変更します。

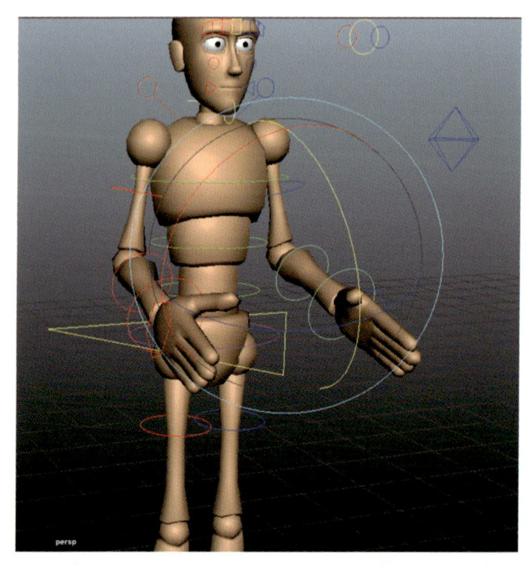

6 腕のコントロールのいくつかを調整すると、自動的に他のすべての腕のコントロールにキーがセットされます。すべてのコントロールで手軽にブロッキングできる便利な方法です。

役立つヒント

アニメートを開始する前に、[キャラクタ セット]を作成するのが最適です。すでにアニメートしたコントロールのセットが必要な場合、何も選択しないで新しいセットを作成します。次に[キャラクタ セットに追加]で、コントロール/アトリビュートを追加してください。

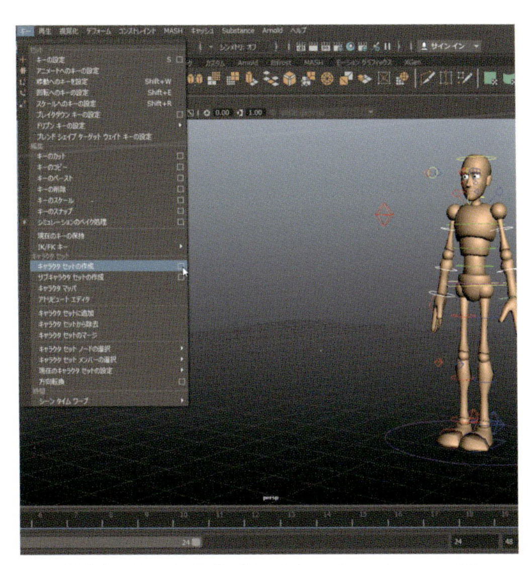

3 両腕にセットを作成しましょう。すべての腕のコントロールを選択、[アニメーション]メニューセットに切り替えて（[F4]キー）、[キー]>[キャラクタ セットの作成]（Key > Create Character Set）オプション□を選択します。

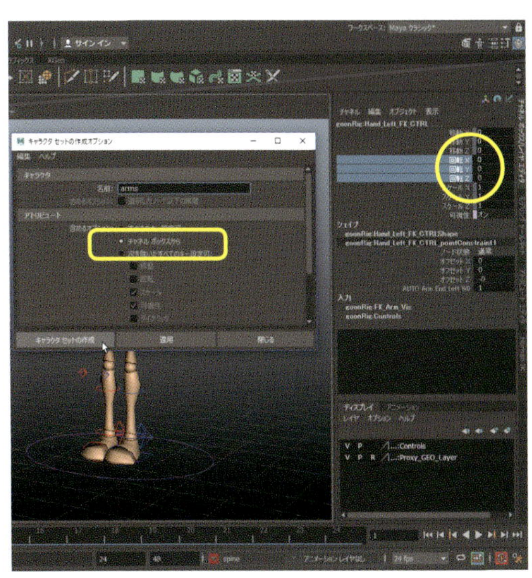

4 オプションでセット名を「arms」に変更し、[チャネル ボックスから]を選択します。[チャネル ボックス]で[回転 X][回転 Y][回転 Z]チャネルをハイライトし、[キャラクタ セットの作成]ボタンをクリックします。

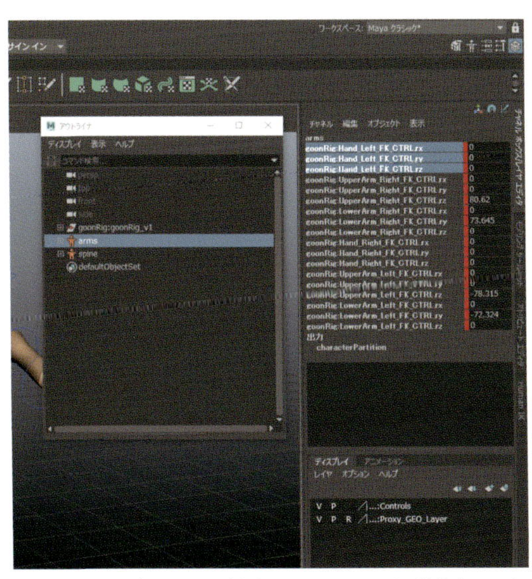

7 アトリビュートを削除するときは、まず[ウィンドウ]>[アウトライナ]（Window > Outliner）で編集したいセットを選択します。次に[チャネル ボックス]で削除したいアトリビュートを選択し、[キー]>[キャラクタ セットから除去]（Key > Remove Character Set）を適用しましょう。

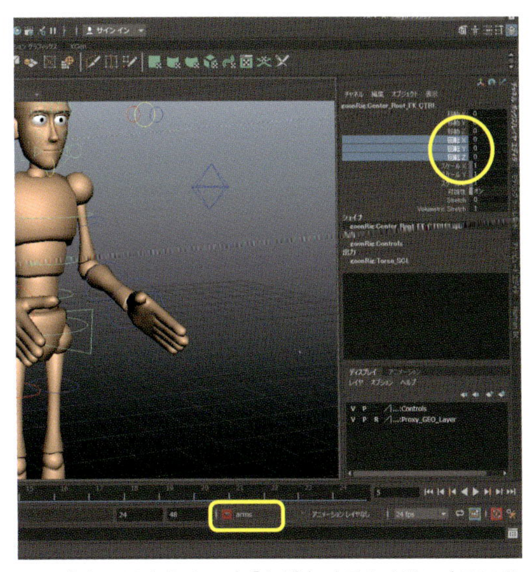

8 [キャラクタ セット]に追加するときは、右下のリストで[arms]が選択された状態で、好みのオブジェクト/アトリビュートを選択、[キー]>[キャラクタ セットに追加]（Key > Add to Character Set）を適用します。

10 グリース ペンシル ツール

ダウンロードデータ grease_Pencil_Start.ma / grease_Pencil_End.ma

Mayaの最も価値ある念願のアップデートは［グリース ペンシル ツール］でしょう。伝統的なアニメーションにおいて、グリースペンシルはとてもシンプルな道具です（セルやガラス上にグリースやワックスマークを残せます）。絵の上に手早くマークしたり、こすりつけたりできます。近ごろは、CGアニメーターも創造性をより手軽に発揮できるようになりました。［グリース ペンシル ツール］のようなツールは、私たちの想像力・即興のアイデア・ジェスチャーを、MayaのストイックなUIに浸透させてくれます。

グリースペンシルやブルーペンシルスクリプトは昔からありますが、どれも機能性や利便性に乏しく、内蔵ツールにある利点を持ち合わせていませんでした。

［グリース ペンシル ツール］から恩恵を得るには、ペンタブレット、タブレットPC、タブレット型モニタ（ワコムのCintiqなど）、タッチスクリーンを使わなければいけません。マウスから有効なジェスチャーストロークを得ることはほぼ不可能です。私は人間工学上の理由から、一般的なマウス操作用のペンタブレットを長い間支持しています。まだ切り替えてないなら、検討する時期かもしれません。

これからグリースペンシルを使って、ゆっくりと始めましょう。まず、弾むボールアニメーションでシンプルなポーズを作成していきます。リグをセットし、モデルやキャラクターのポーズを作成する前に、好みのフレームを手早く簡単に描けるとわかるでしょう。複数の学習アプローチでアニメーションに取り組めば、ワークフローはとても改善されます。では始めましょう。

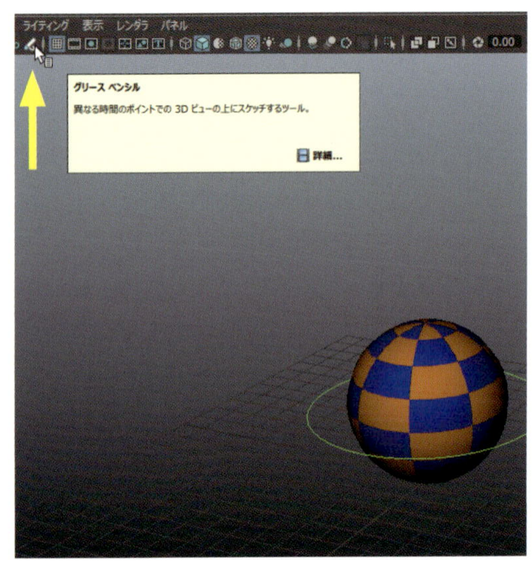

1 **grease_Pencil_Start.ma**には、これからアニメートする弾むボールリグがあります。パースビューパネルの上部にあるボタンをクリック、［グリース ペンシル ツール］をオンにします。

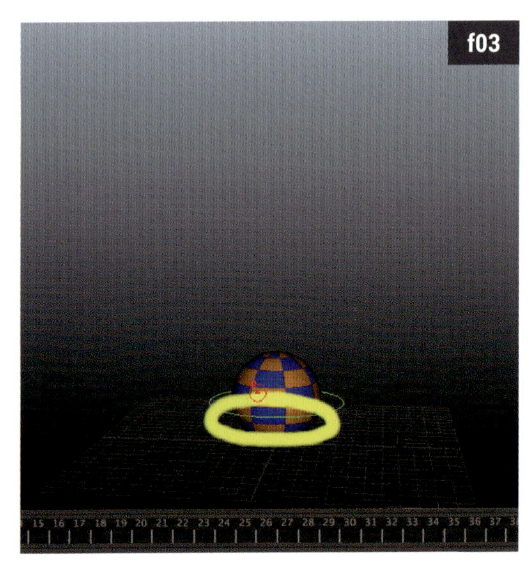

4 タイムラインをf03に進め、［グリース ペンシル ツール］で［フレームを追加］ボタンをもう1度クリックします。ここでは、予備動作でぺちゃんこになる球を描きます（スカッシュ&ストレッチ）。

役立つヒント

[グリース ペンシル ツール]ではシーンと対照的な色を使用しましょう。既定は水色ですが、通常は黄色をお勧めします。

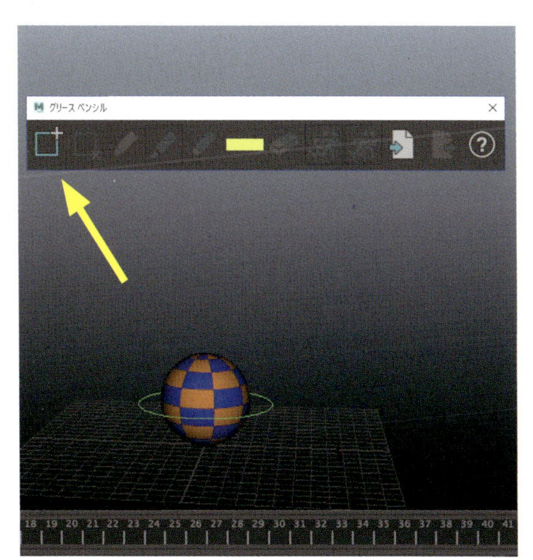

2 パースビューで[グリース ペンシル ツール]の[フレームを追加]ボタンをクリックしましょう。このフレームはステップキーのように振る舞います。つまり、新しいフレームが作られるまで、スクリーン上に存在します。

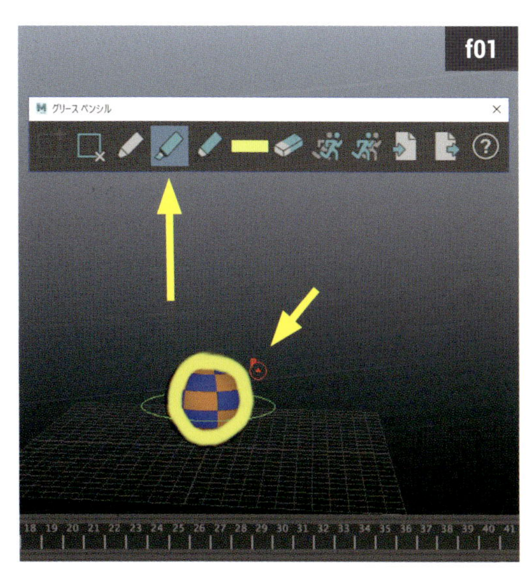

3 矢印のボタンをクリック、[マーカー ツール]に切り替えます。このスタイルはラフスケッチに適しています。f01で、グリッド上に着地するような球のストロークを描きます。

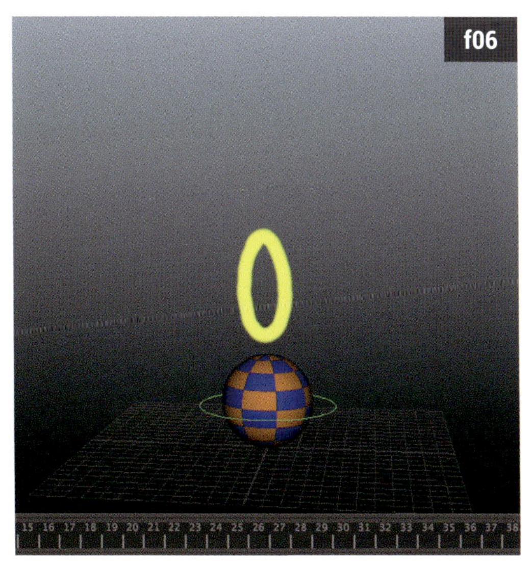

5 f06で別のグリースペンシルフレームを追加、空中に伸びて飛び上がる球を描きます。

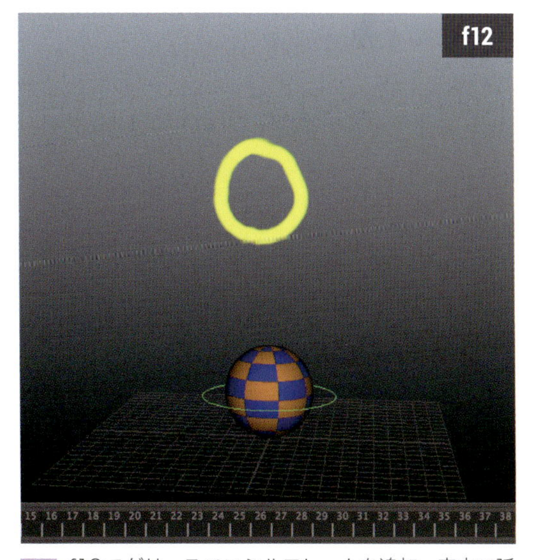

6 f12でグリースペンシルフレームを追加、空中で弧の頂点に当たる部分に球を描きます。このフレームでスカッシュ&ストレッチは不要です。

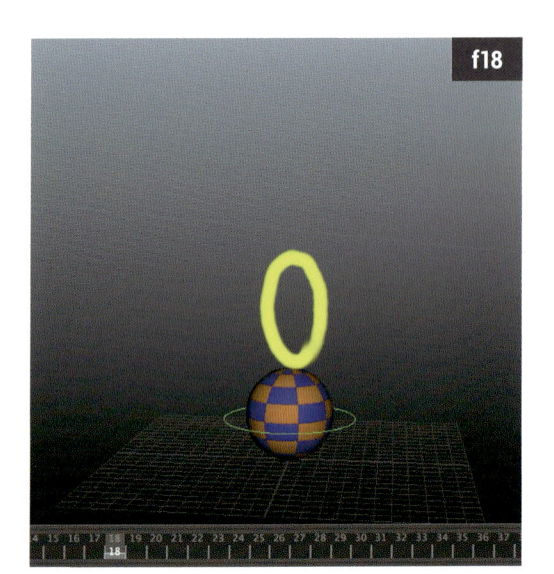

7 f18でグリースペンシルフレームを1つ追加、地面に戻りながら再び伸びる球を描きます。

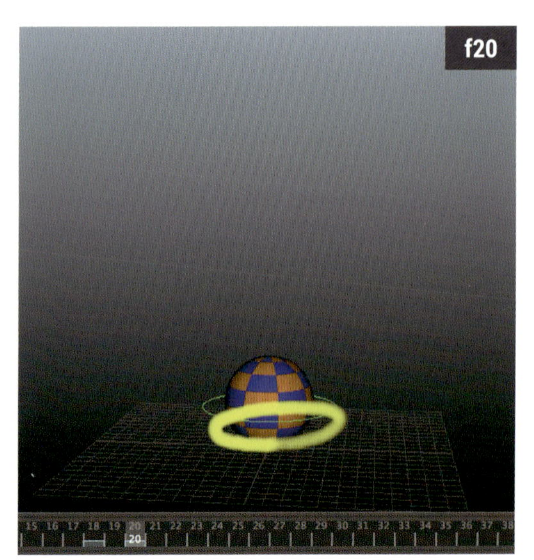

8 f20でグリースペンシルフレームを追加、地面で球を平坦に描きます。

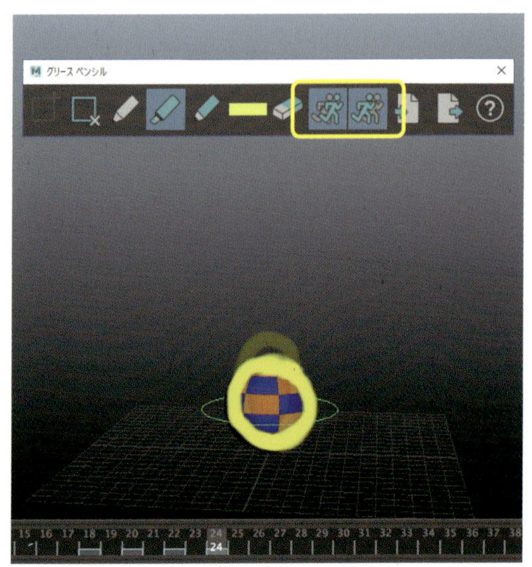

11 [ゴーストを表示]ボタンを使えば、追加した中間フレームにゴースト（残像）を表示できます。[グリース ペンシル ツール]で［プリ フレーム ゴーストの表示]と[ポスト フレーム ゴーストの表示]をクリック、オンにしましょう。

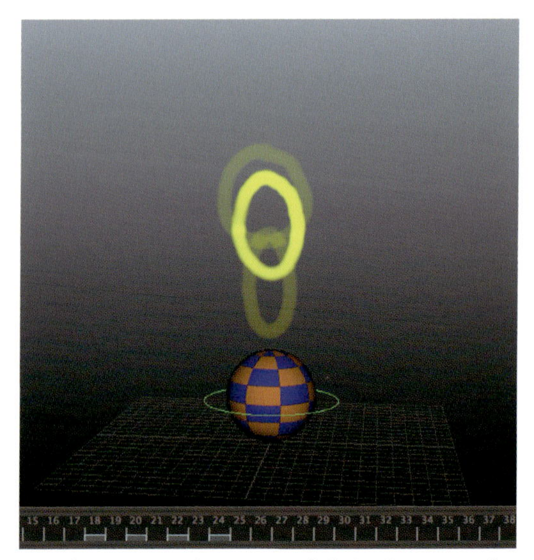

12 タイムラインを1フレーム移動すると、2つのゴーストフレームが表示されます。グリースペンシルフレームを追加し、インビトゥイーンを描画しましょう。

役立つヒント

［グリース ペンシル ツール］で描いたキャラクターのラフなポーズは、カメラと一緒に移動すると覚えておきましょう。このツールを使用する前に、シーンで最終的なカメラアニメーションを付けておくことは、とても良いアイデアです。

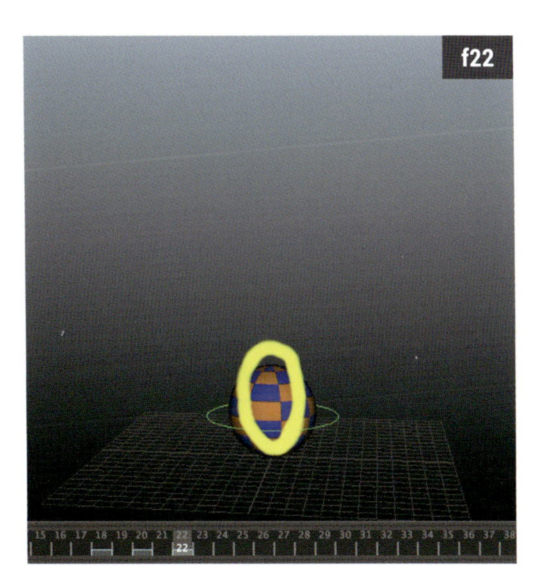

9 f22でグリースペンシルフレームを追加、球が飛び出すように、少し引き伸ばして描きます。

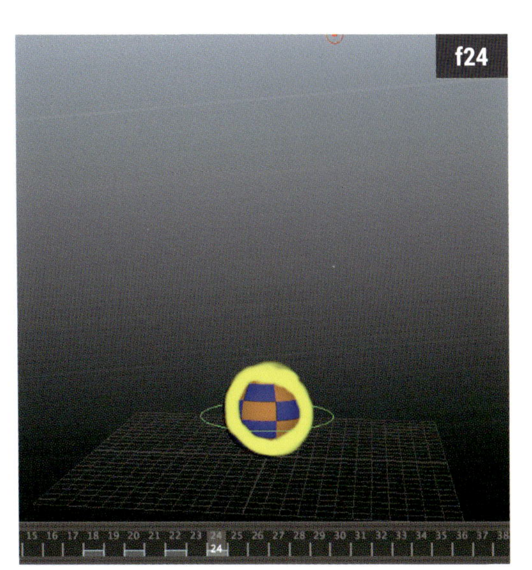

10 最後はf24でグリースペンシルフレームを追加、レスト位置に球を描きます。間違えたら、消しゴムで取り消しましょう。

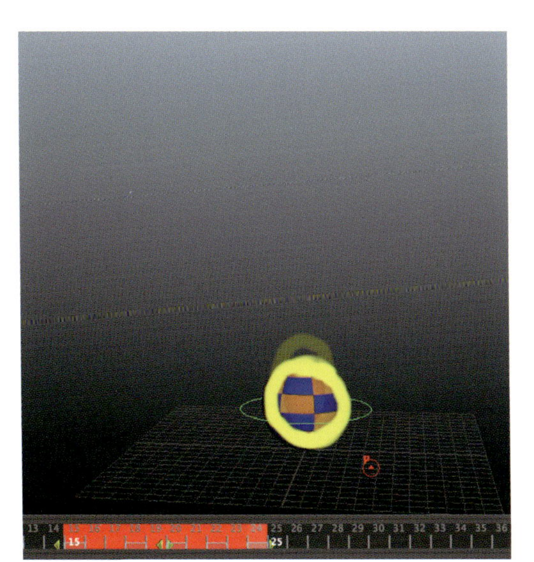

13 コツがわかったら、通常のオブジェクトキーフレームと同じ方法で、タイムライン上のグリースペンシルキーを移動し、弾むタイミングを調整します。［Shift］キー + クリックでフレーム（またはフレーム範囲）を選択し、キーを移動します。

14 作業が完了したら、球のコントローラを使い、［グリース ペンシル ツール］で描いた球に合わせます。手早くアニメーションサムネイルを描けば、キャラクターのみでポーズを付けるより、簡単だとご理解いただけたでしょうか？

11 グリースペンシルとモーション軌跡

ダウンロードデータ grease_Trail_Start.mb / grease_Trail_End.mb

前のセクションで見たように、グリースペンシルはポーズとタイミングを選定できる素晴らしいツールです。さらに、シーン内の弧（アーク / 運動曲線）を決定・洗練する場合にも使用できます。[グリース ペンシル ツール]と強力な［編集可能なモーション軌跡］を同時に使えば、完璧な弧に磨き上げることができます。

グリースペンシルと［編集可能なモーション軌跡］を組み合わせると、リアルタイムで作業のフィードバックをパネルに表示できます。これは、計画段階からシームレスにブロッキング段階へ統合する最適な手段となります。同時に、計画からアニメーションへ進む一貫したワークフローを構築できるでしょう。

私たちはアニメーションプロセスに深い意思決定を組み込むため、常に計画方法を模索しています。言い換えると、サムネイルやリファレンスなど多くの情報を集約し、これらの計画材料から最終的なアニメーションを向上させるのです。その方法がグリースペンシルと［編集可能なモーション軌跡］の組み合わせです。

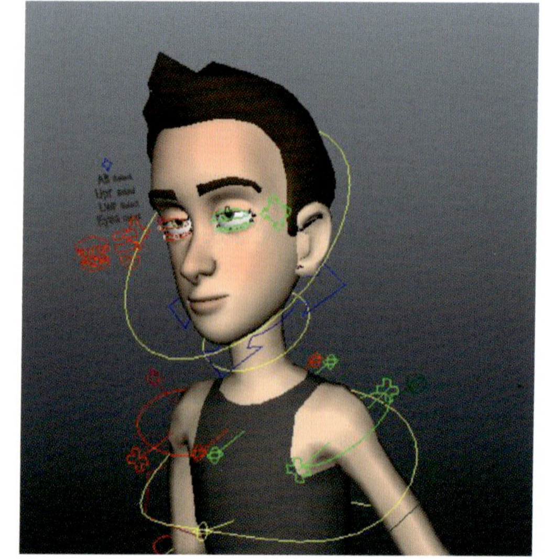

1 **grease_Trail_Start.mb**を開きます。このシーンでは、開始位置でカメラがキャラクターMorpheus（モーフィアス）にフレーミングしています。

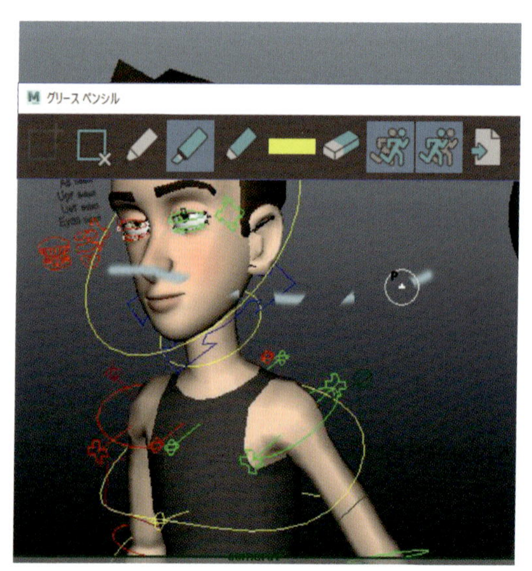

4 最初は上手くいかないので、消して再描画しましょう。[元に戻す]（[Z]キー）や［消しゴム］ツール、あるいはフレーム自体を削除し、新しいフレームを再描画してもよいでしょう。どの方法でもかまいません。

役立つヒント

［グリース ペンシル ツール］ブラシは、［B］キーを押したままパネルでドラッグしてリサイズできます。［M］キーを押したままドラッグすると［不透明度］を変更できます。つまり、Mayaの他のブラシと同じです！

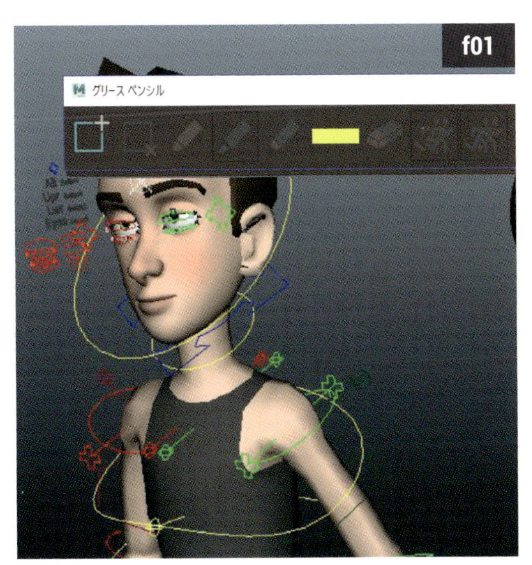

2 ［Camera1］パネルで［グリース ペンシル ツール］を選択します。続けて［+］記号の［フレームを追加］ボタンをクリック、f01にフレームを追加します。

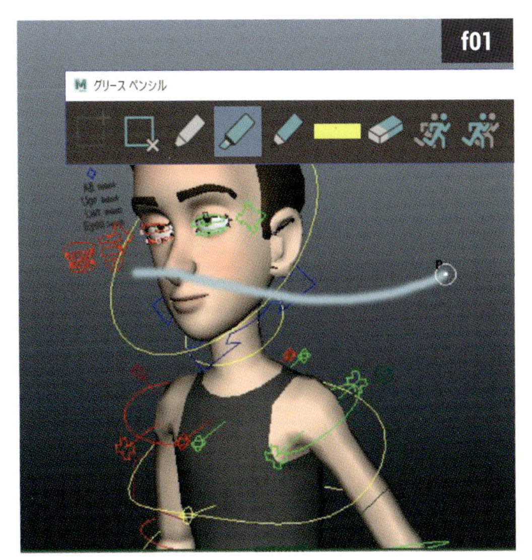

3 f01で上手く弧を描いていきます。Morpheusの鼻先から開始し、滑らかな弧を右にトレースしてください。

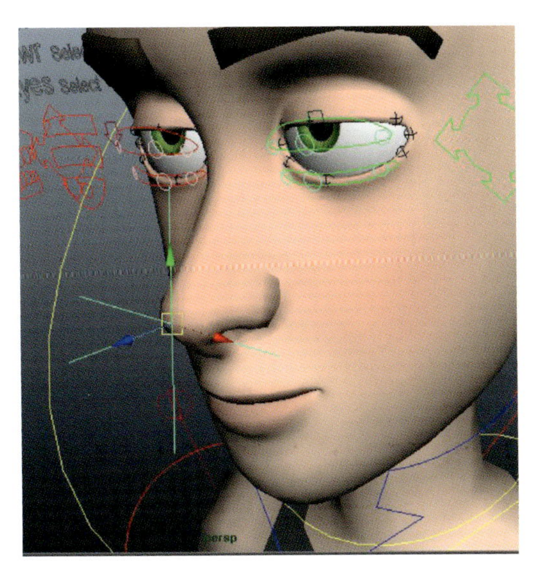

5 次はロケータを作成します。［V］キーを押したまま移動し、Morpheusの鼻先にスナップします。

6 Morpheusの首のコントロール（neck_IK）、新しいロケータの順に選択、［アニメーション］メニューセット（［F4］キー）で、［コンストレイント］>［ペアレント］（Constrain > Parent）を適用します。

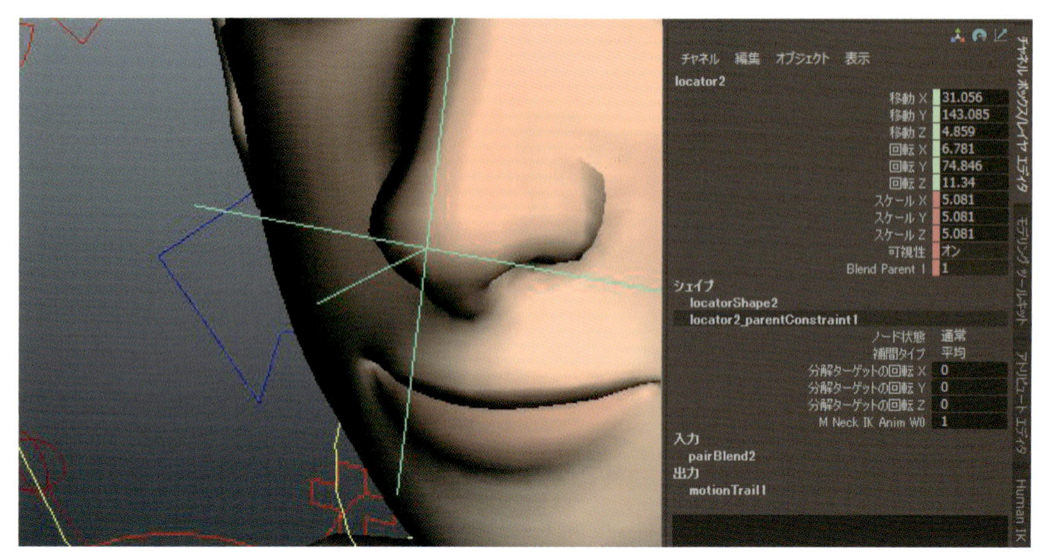

7 ロケータを選択し、[S]キーでキーをセットします。続けて［チャネル ボックス］に進み［Blend Parent 1］アトリビュートを**1**に変更します。

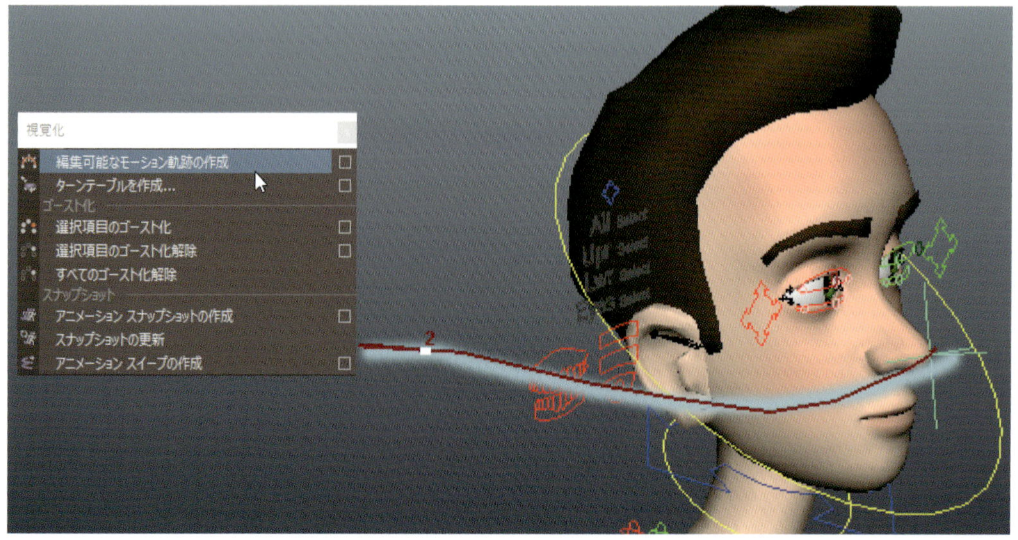

9 鼻先のロケータを選択し、[視覚化]＞［編集可能なモーション軌跡の作成］(Visualize > Create Editable Motion Trail)をクリックします（[常時描画］は既定のオン)。

役立つヒント

ここで使用する［編集可能なモーション軌跡］はただの視覚的なガイドです。このハンドルは頭の回転のみを調整するものです（位置ではありません）。

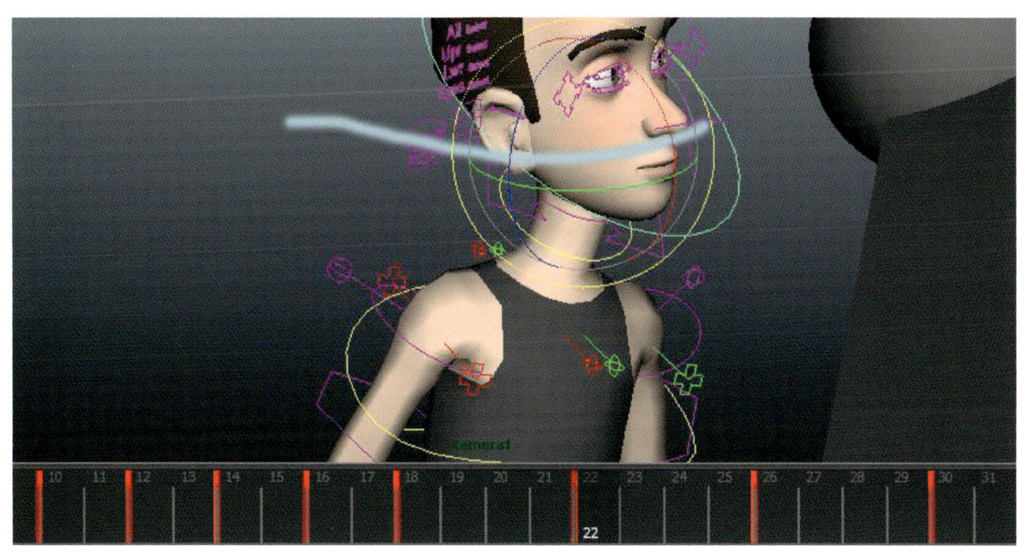

8 今度はf1～f24で、左から右に頭を回転するキーをセットしてみましょう。このとき、できるだけ描いた弧に鼻を従わせます。

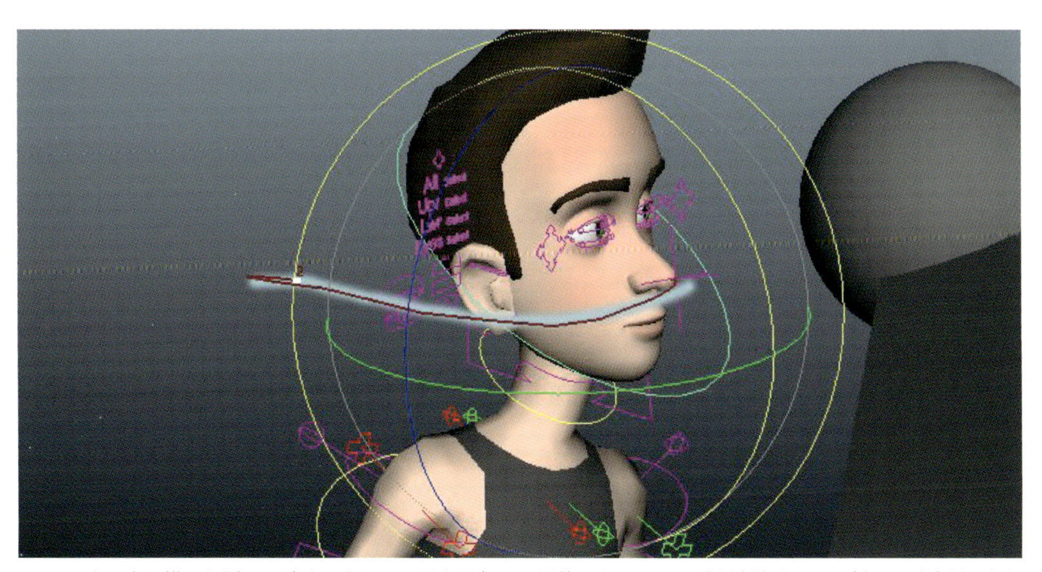

10 パネル上に描いた弧に一致するように、頭を回転して調整しましょう。弧を追跡するこの新しい手法が、あなたの計画するショットをこれから末永く助けてくれるはずです。

すべては腰に

腰は常にアクションをリードするのか？

簡単に言えば「イエス！」です。しかし、話はそれだけで終わりません。

これは私のウェブサイト（www.kennyroy.com）に学生から寄せられた質問です。私は「キャラクターの初期計画では、身体の一部を“リード”にすると面白い」と答えました。しかし、その回答は学生をさらに混乱させたのです。これは明らかに「腰がすべてのアクションをリードする」という定義に反しています。ここでこの混乱を払拭しておきましょう。

まず、各アクションをリードする腰のコンセプトを解説します。すべてのキャラクターは、常にポーズや動きでバランスをとります。つまり、立っているときに倒れないのは、重心が腰にあるからです。動いたら顔から地面に突っ込まないよう脚をのばし「**制御された転倒**」を維持します。移動時に最大重量で平衡バランスを維持しているのは、腰でその大部分が制御された胴全体です。また、直立して左脚を持ち上げるとき、私たちは無意識に両足・腰・背中・腹の筋肉を使ってすべてを安定させ、右脚に体重をシフトします。こうして体重が左脚から離れるので、持ち上げることができるのです。同様に停止状態から歩き始めると、両足と胴体の筋肉は身体を前に傾かせ、勢いをつけます。これを「腰がアクションをリードする」と言います。さらに筋肉が体重を前に移動し、脚を持ち上げると、腰は新しい重量をとるため移動します。それらはアニメーターが体重の分配を確認するときの「測定器」となります。

質問に戻りましょう。簡単に言えば答えはイエスです。ポーズや動きに合わあせてバランスの変更が必要なので、腰は常にアクションをリードします。つまり、腰は新しい重心をとるため移動するのです。

しかし、私が学生に言ったこともまた真実です。**身体の一部をアクションの「リード」として選択することは、面白いキャラクターを生み出す楽しい手段となります。**これは面白いキャラクターを即興で作り出す授業で、いつも良い演習になっています。実際に、今から試してみてはいかがでしょう。

立ち上がって深呼吸し、リラックスしてください。これからとても嫌な悪役について考えてみます。キャラクターの身体的特徴を少し考え、「リード」アクションとなる身体のあらゆる場所を選択してみましょう。

それはどこでも該当します。肘・膝・顎・頭頂、あるいは腰でもかまいません。ある身体の部位が、実際に空間内で全体を引っ張る様子を少し考えてみましょう。この部位がひもに括りつけられ、周りに引っ張られているのを想像してください。この「ボディリード」で部屋を行き来すると、具体的な悪役キャラクターを感じることができます。キャラクターがこの方法で移動している理由はあるのでしょうか？ その背景にあるストーリーは？ この人物はなぜ悪者になったのでしょう？ 悪者になりきり、強力なボディリードによって歩き続けると、足取りからその身体性をさらに深く探ることができます。

例えば、リードする身体の部位に「顎」を選んだ場合、顎をさらに押し出すため、首を伸ばしていると感じるでしょう。背中は曲がり、歩幅は大きくなります。一歩ごとに顎は突き出るでしょう。シンプルなボディリードから生み出される多くの身体特性は驚異的です。このキャラクターを探り続けると、深みのある身体的な選択も、キャラクターの強い選択（意志）を求めているとわかります。

次は歩行以外のアクションをテストしてください。鉛筆を拾って周りを見渡し、誰も見ていないことを確認して盗む動作など。そして夢中になる前に、もう1度同じアクションを実行します。今回は、重心がどこにあるかゆっくりと細心の注意を払ってください。強力な顎のボディリードがあるにもかかわらず、体重は常にバランスを求めているとわかりますね。腰はまだ脚にある体重の位置を伝えています。

さあ、少しずつ夢中になってきました。腕と脚をほぐしてリラックスできたら、異なるボディリードでこの演習を試してみましょう。いっそのこと、姿見の前で身体の体重移動を見ながら、いくつかのアクションを実行するとよいかもしれません。腰がボディアクションの「アイデア」の基点となる様子を確認します。強力なボディリードを別の場所にしてもよいでしょう。

最後にあなたが考えたこの悪役キャラクターのリファレンスを録画します。全体的に満足し、新しい身体性を探求できたら、ぜひこのキャラクターをアニメートしてください！

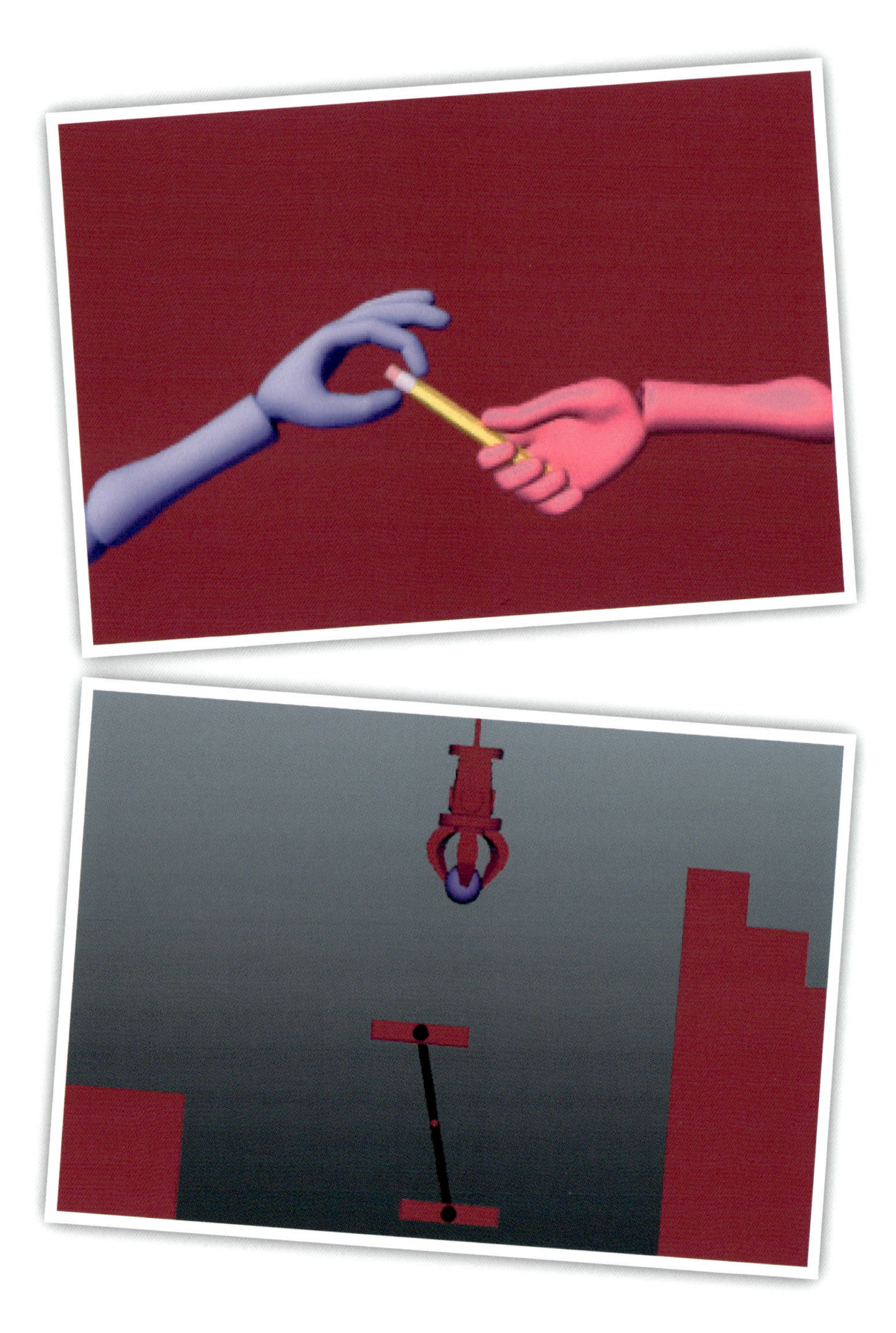

コンストレイントは不当に非難されています。しかし、使い方を実践的に理解すれば、
表現に富んだアニメーションを作成できる優れたツールになります

CHAPTER 5

コンストレイント

遅かれ早かれ、すべてのアニメーターはキャラクターをプロップと相互作用させることになります。これはコンストレイント（制約機能）で動作させます。最初は少しややこしく見えるかもしれません。しかし、その機能を理解すれば、シンプルで柔軟性のあるコンストレイントシステムをデザインできるでしょう。

これからいくつかのテクニックで、アニメーターとしてコンストレイントについて知っておくべきことを紹介し、楽々と操作できるツールをいくつか見ていきます。

01 ペアレント

ダウンロードデータ parenting.ma

新人アニメーターは、よく「ペアレント」と「コンストレイント」を混同します。これら2つのプロセスはある程度同じように動作しますが、内部処理はまったく異なります。まず、ペアレントの仕組みについて見ていきましょう。

ペアレントは基本的に「オブジェクト空間の中心を示すこと」です。既定で作成されたオブジェクトは3D空間に存在し、そのビューポート内の無限の領域、ワールド空間の中心です。

あるオブジェクトを別オブジェクトにペアレントすると（それぞれ、子、親と呼びます）、子オブジェクトの中心は、3D空間ではなく親オブジェクトになります。子は独立して移動できますが、その空間内の位置ではなく、親の位置で決まります。

例えば、あなた自身は地球にペアレントされていると想像してください。「本書を読みながらコンピュータの前に座っているなら、移動していない」「ソーダを取りに冷蔵庫に移動するなら、新しい場所に移動している」と通常考えるでしょう。

ここで、地球を越えて太陽系であなたの位置について考えます。実は動いてないと思っている状態は、宇宙では移動しているのです（毎時65,000マイルで！）。これは、あなたを乗せた地球が宇宙空間で移動しているためです。自身の視点では動いていませんが、宇宙全体では動いているのです。「あなた」「地球」「宇宙」の関係は、Mayaの3D空間でペアレントされた子と同じです。では、この事実を確認していきましょう。

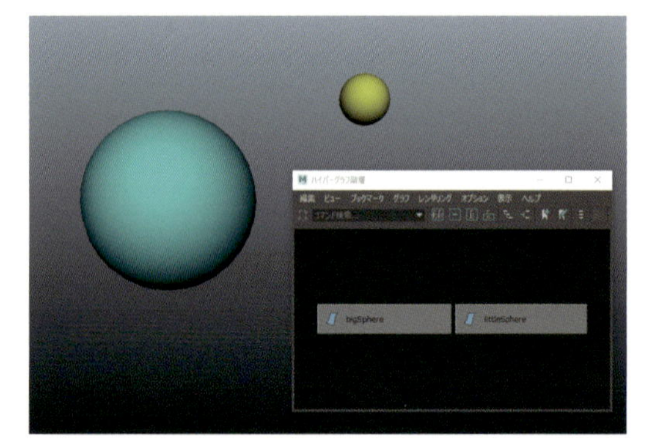

1 **parenting.ma**のシーンには2つの球があります。[ウィンドウ] > [一般エディタ] > [ハイパーグラフ:階層]（Window > General Editors > Hypergraph:Hierarchy）は、並んでいる2つの独立したオブジェクトを示しています。

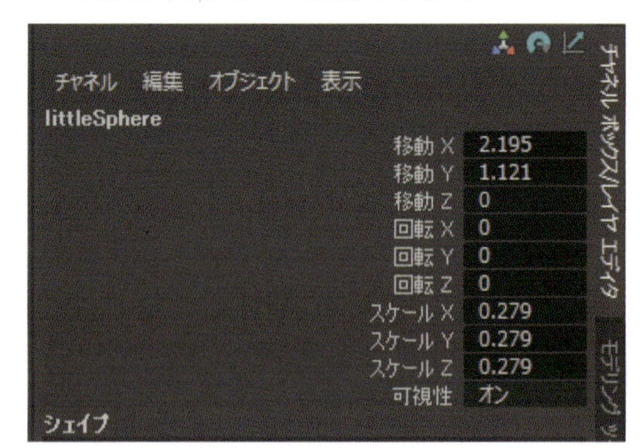

4 これは［チャネル ボックス］でも確認できます。ビューポートで変化はありませんが、小さな球の座標には新しいリレーションシップが反映されています。

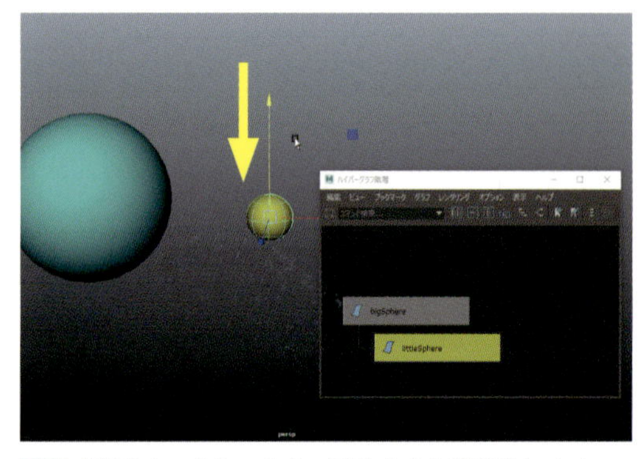

7 ［移動ツール］で小さい球をもう1度移動します。

役立つヒント

ペアレントする場合、オブジェクトを選択する順番で「親」を決定します。子を最初に選択すると覚えるには、「子どもが親に走って行く」シーンを思い浮かべるとよいでしょう。ペアレント解除は子を選択して、[Shift]＋[P]キーを押します。

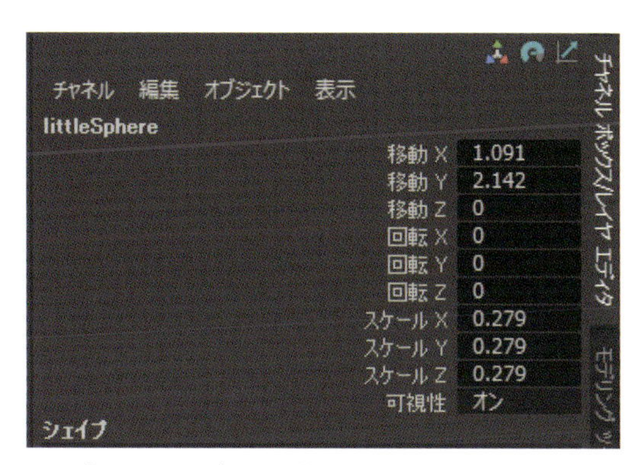

2 [チャネル ボックス]でlittleSphereの座標に注目してください。これはワールド空間の位置を示しています。球を移動すると、それに応じて座標が更新されていきます。

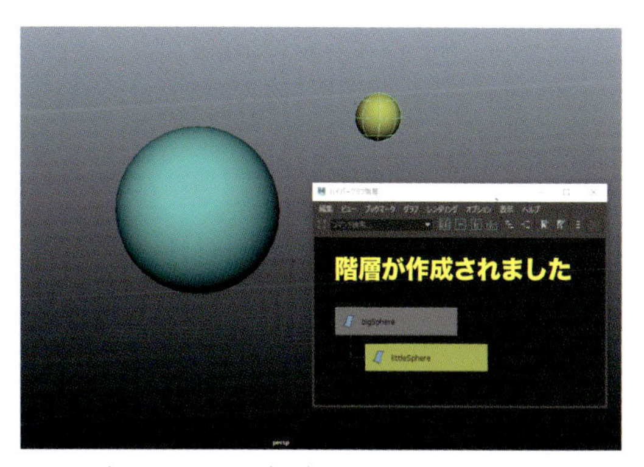

3 最初に小さい球（子）を選択、[Shift]キーを押したまま、大きい球（親）を選択、[P]キーでペアレントします。[ハイパーグラフ]でも接続されます。これで小さい球の基準点は大きい球になりました。

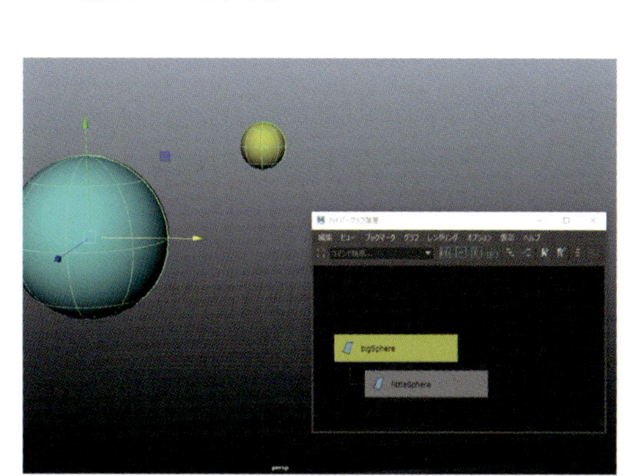

5 [移動ツール]([W]キー)で大きい球を移動すると、小さい球は位置を保ちながら一緒に移動します。

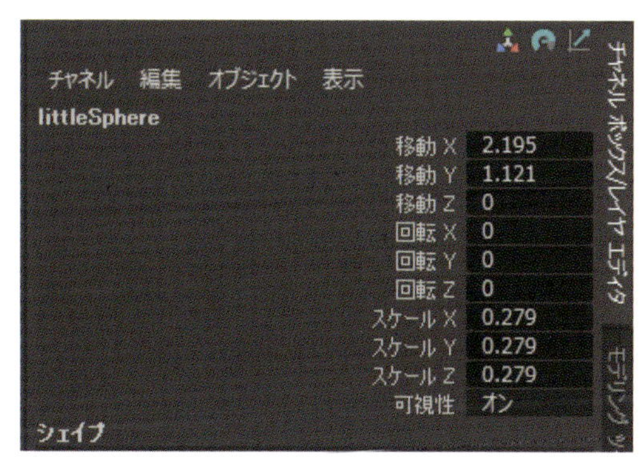

6 [チャネル ボックス]で小さい球の座標を見ると、それらはまだ同じ値です。小さい球の移動の基準点は、大きな球に関連付いています。前述のように、私たちの移動は、宇宙よりも地球に基づいています。

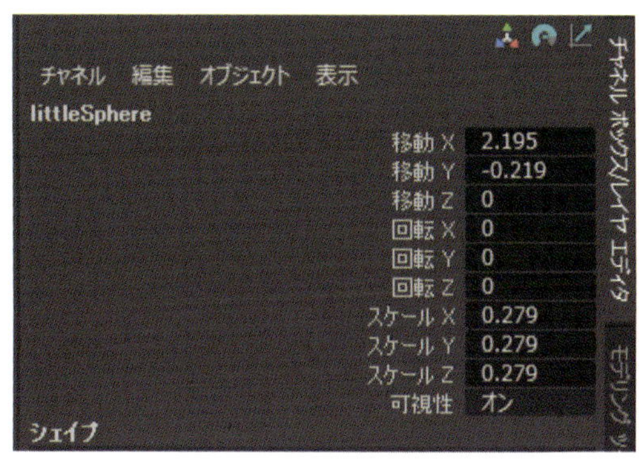

8 親に対して相対的な位置が変化したので、小さい球の移動チャネル値が変わりました。

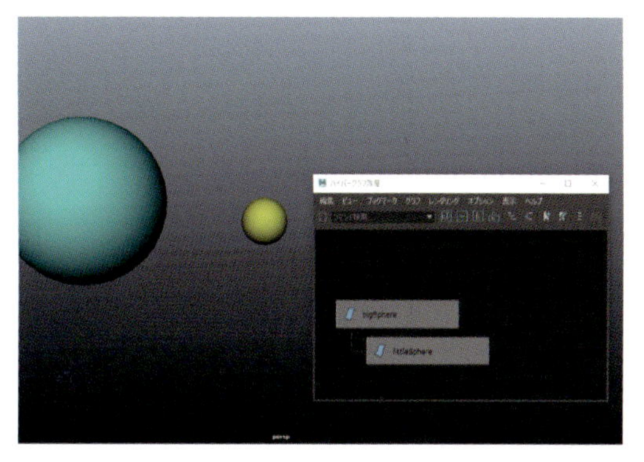

9 ペアレントとコンストレイントの違いを理解すれば、キャラクターとプロップを扱うときに、柔軟なシステムを作成できます。次はコンストレイントの動作と、2つ同時に使う方法を見ていきます。

02 ペアレント コンストレイント

ダウンロードデータ parentConstraint.ma

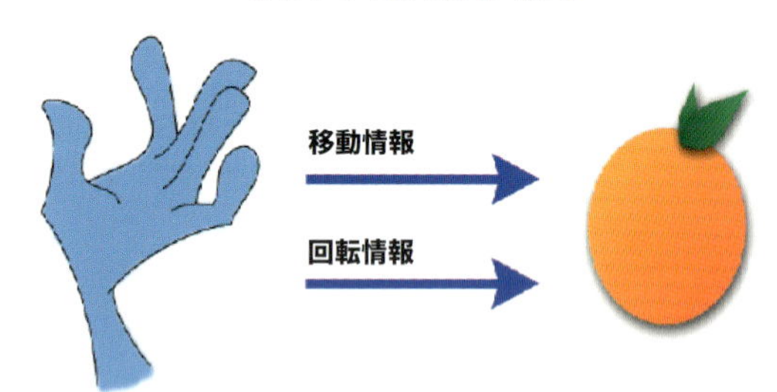

コンストレイントされたオブジェクトはペアレントと根本的に異なり、まだ原点（ワールド空間の中心）を参照します。それらは単純に移動／回転／スケール情報をマスターオブジェクトに伝えるだけです。マスターオブジェクトのコンストレイントされたアトリビュートを、ターゲットオブジェクトのアトリビュートに直接つなぐと考えてください。プロップをキャラクターの手にコンストレイントすると、その場所に固定されるわけではありません。ただ同じ位置情報を受け取り、動作に沿って追従しているだけです。

この直接の接続されたコンストレイントオブジェクトは、マスターオブジェクトに「組み込まれている」ので独立して移動できません。ウェイトを使えばコンストレイントをオフにできますが、コンストレイントが有効なアトリビュートは、マスターオブジェクトと無関係に変更できません。

「ペアレント」と「ペアレント コンストレイント」はある種の「陰と陽のバランス」と言えるでしょう。ペアレントはオン／オフの切り替えや、アニメーションの経過に沿った操作はできません。しかし、子オブジェクトを自由に移動できます。ペアレント コンストレイントは、オン/オフを切り替えられますが、オンのときはマスターオブジェクトにロックされます。効果的なコンストレイントシステムをセットアップすれば、それぞれの強みを活用して必要な結果を得られます。

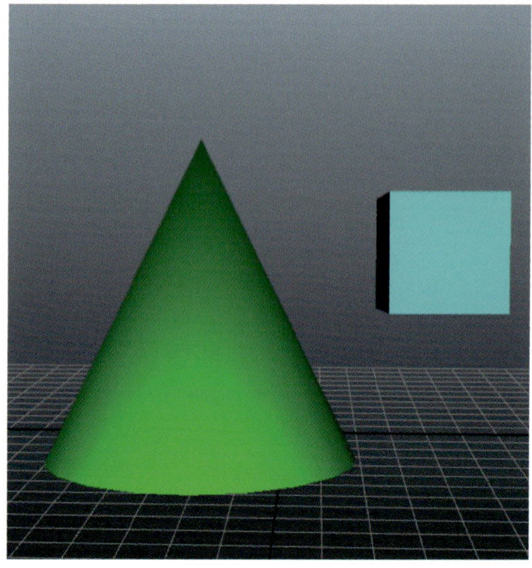

1 **parentConstraint.ma**を開きます。コンストレイントには種類がたくさんありますが、アニメーターが頻繁に使うのは、おそらく「ペアレントコンストレイント」でしょう。これは移動と回転アトリビュートをそれぞれ接続します。コンストレイントされたオブジェクトは、個別に移動できないことを除き、ペアレントのように振る舞います。

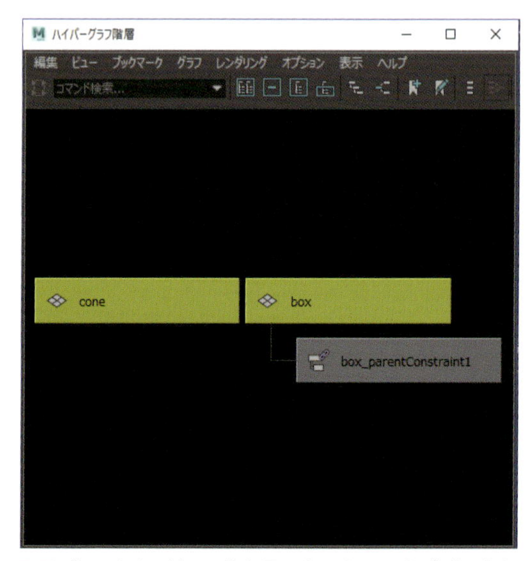

4 ［ハイパーグラフ］を見ると、2つのオブジェクトは接続されていません。代わりにコンストレイントノードが立方体に接続されています。このノードは円錐の移動および回転情報を見て、立方体に同じように動作する「命令」を出します。

役立つ
ヒント

アニメーションの異なる時点でオブジェクトを別オブジェクトにコンストレイントする場合、ウェイトを使います。例えば、あるキャラクターが別のキャラクターにボールを投げるとき、そのボールは時間でそれぞれの手に拘束されます。特定の時点でコンストレイントをどちらに使うかを、ウェイトにキーセットしてMayaに伝えます。また、複数のウェイトをオンにすることもできます（一般的ではありません）。2つのオブジェクトを100%のインフルエンスにすると、ボールはちょうど中間に位置します。

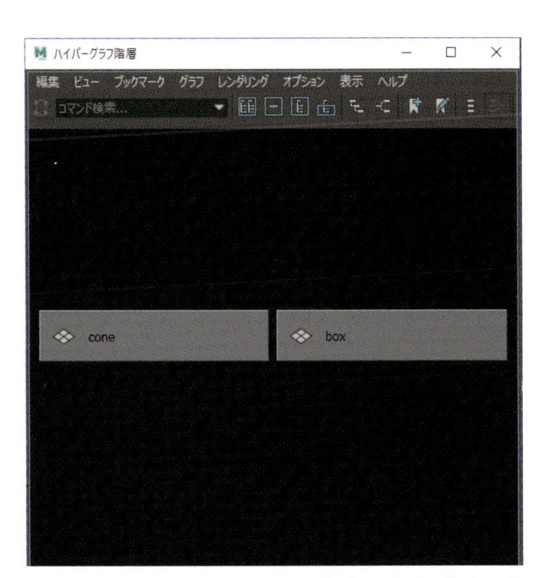

2 このシーンには、2つの独立したオブジェクト（円錐と立方体）があります。［ウィンドウ］>［ハイパーグラフ：階層］(Window > Hypergraph:Hierarchy) を選択してください。オブジェクトは、ペアレントの例のように接続されていません。

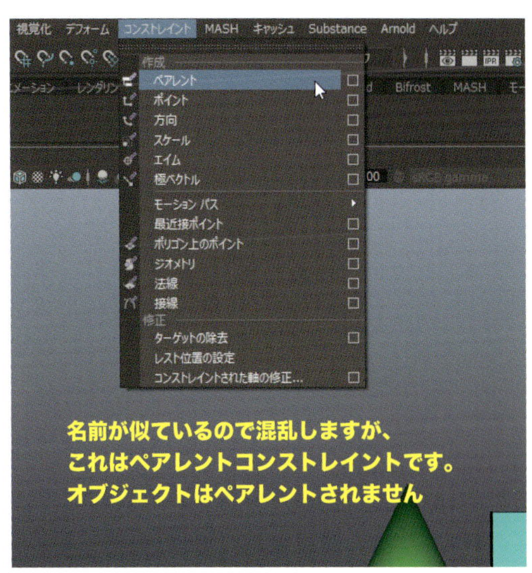

3 コンストレイントの選択順序は、ペアレントと反対です。最初に選択されたものが、マスターオブジェクトになります。まず円錐を選択、続けて［Shift］キーを押したまま立方体を選択、［アニメーション］メニューセットの［コンストレイント］>［ペアレント］(Constrain > Parent) を選択します。

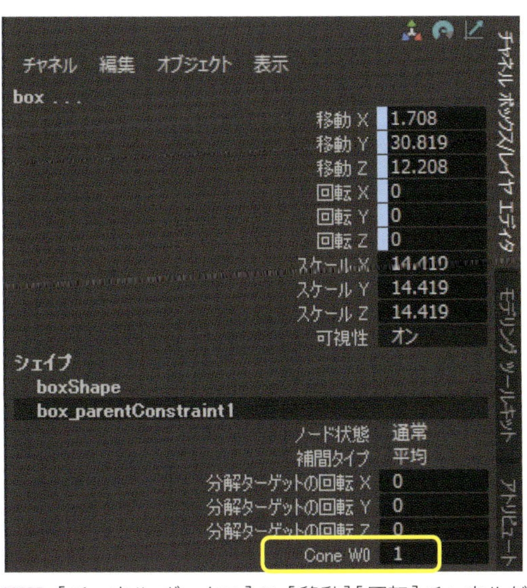

5 ［チャネル ボックス］の［移動］［回転］チャネルが**青く**なり、コンストレイントがセットされたことを示します。box_parentConstraint1ノードには［Cone W0］が表示されます。これはコンストレイントがオブジェクトに影響する量を示すウェイトで、1は100%です。

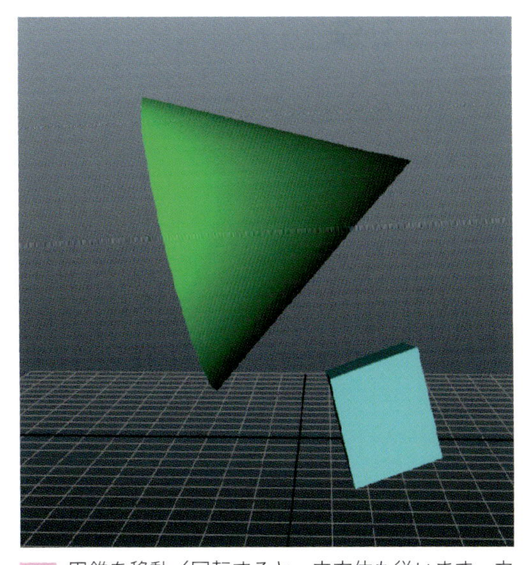

6 円錐を移動／回転すると、立方体も従います。立方体がコーンからの相対位置を維持していることに注目してください。親子関係のように、子オブジェクトはマスターオブジェクトのピボットポイントを使うので、ペアレントコンストレイントと呼ばれています。

03 プロップのコンストレイント

ダウンロードデータ prop_Constrain_Start.ma / prop_Constrain_Finish.ma

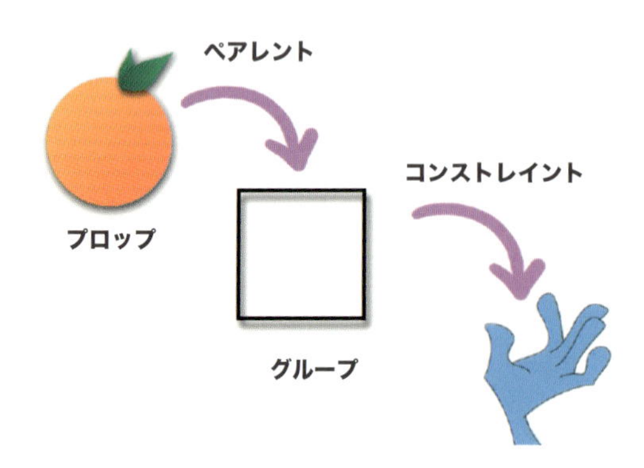

6章でシンプルなプロップリグの作成方法を紹介しますが、ここではキャラクターの手にプロップをコンストレイントする方法を見ていきましょう(将来、プロップを扱うショットで実際に行うことになります)。

プロップジオメトリをコントロールに直接コンストレイントするのは避けましょう。理由はわかりますか? ペアレントとコンストレイントの親子関係の違いを思い出してください。動き回るオブジェクトにコンストレイントをセットすると、位置がロックされます。つまり、コンストレイントをセットすると位置を調整できなくなるのです。

私が用意したシーンのプロップリグは、代わりにペアレントとペアレント コンストレイントを組み合わせてセットアップされています。具体的には、プロップをペアレントして作成したコントロールグループ(prop_Finish:lolli_Rig)を、プロップのコントロールにコンストレイントしています。そうすれば、グループ内にあるプロップジオメトリは調整可能です。

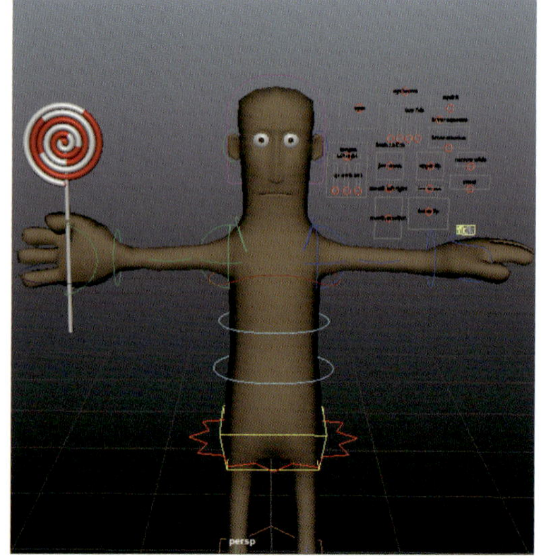

1 **prop_Constrain_Start.ma**を開きます。シーンには、キャラクターのBloke(ブローク)が立った姿勢で、手にプロップ(ロリポップキャンディ)を持っています。まだコンストレイントをセットしていないので、このプロップは手と一緒に移動しません。

4 Blokeの指のコントロールを選択し、ロリポップキャンディを握るポーズに調整します。

役立つヒント

プロップオブジェクトをすべて選択し、細かく配置するときは[ワールド]モードで移動しましょう([W]キーを押したまま、左にクリック&ドラッグ)。ローカルモードで進めるとジオメトリはおかしな動作をします。

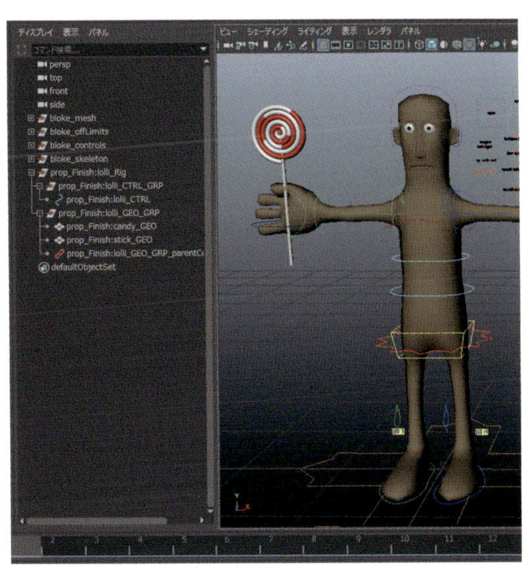

2 [F4]キーで [アニメーション]メニューセットに変更します。[アウトライナ]を開いて、ロリポップリグ(Lolli_rig)を展開。ジオメトリを含むグループがロリポップコントローラにどのようにコンストレイントされているか注目しましょう。

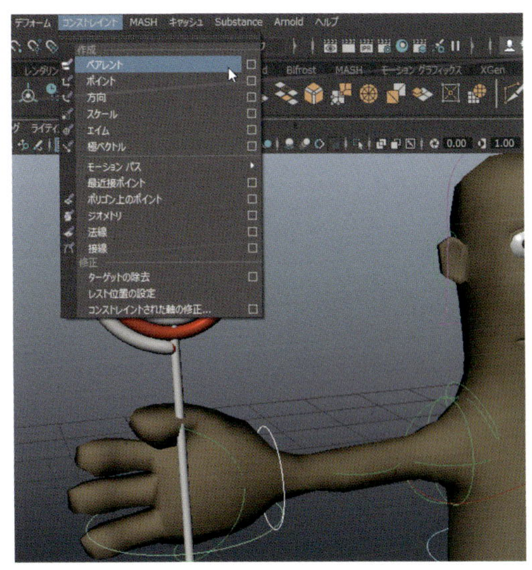

3 手のコントロールを選択、[Shift]キーを押したままロリポップコントロールを選択してください。[コンストレイント]>[ペアレント](Constraint > Parent)をクリックします。

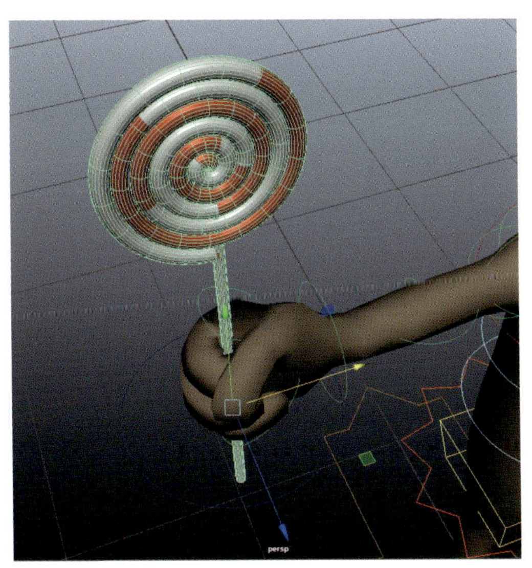

5 正確に握らなくても問題ありません。ロリポップジオメトリを選択し、Blokeの手にもっと近づけます(グループではありません)。このように、コントローラとコンストレイントされるジオメトリ間にグループを配置すると、自由度が加わります。

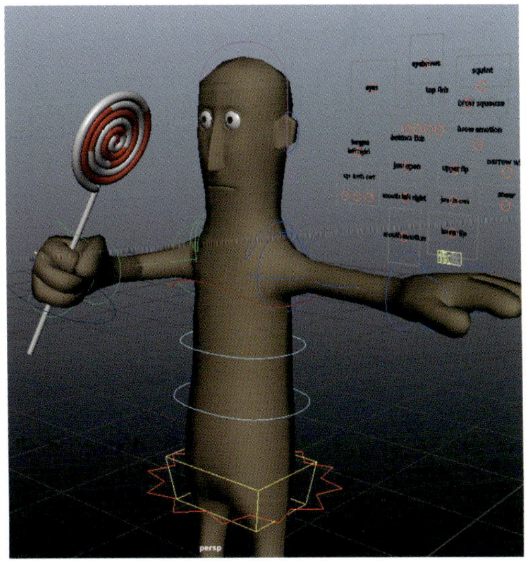

6 Blokeの手を動かして、コンストレイントが正しくセットされているかテストしましょう。6章では、このプロップリグの作成方法を紹介します。

04 コンストレイント ウェイト

ダウンロードデータ constraintWeights_start.ma / constraintWeights_end.ma

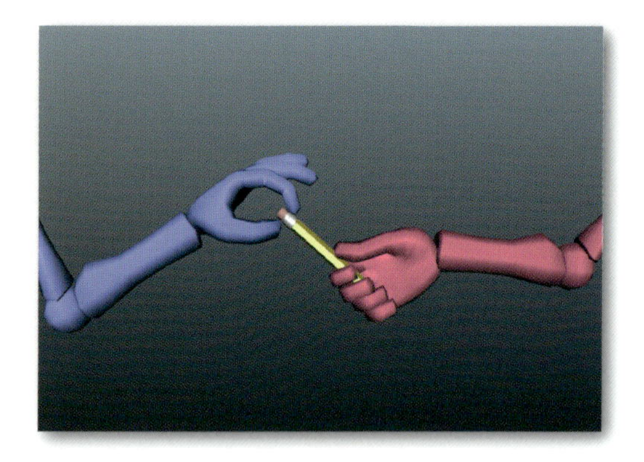

アニメーションでプロップやオブジェクトを使っていると、複数のキャラクターにコンストレイントが必要になるケースがあります（2つ以上のオブジェクト間で、プロップを移動させるアニメーションなど）。特定の時点でコンストレイントを有効にするには、コンストレイントウェイト アトリビュートを使います。

ウェイトはオン／オフのスイッチと考えてください。オブジェクトを別の要素とコンストレイントすると、自動的にオブジェクトのウェイトアトリビュートが［チャネル ボックス］のコンストレイントノードに作成されます。適切なタイミングで、シンプルに **1**（オン）と **0**（オフ）のキーをセットしていきます。

ここでは、ピンクの手がブルーの手に鉛筆を渡す単純なアニメーションで、コンストレイントウェイトの切り替え方法を見ていきましょう。1フレームでシームレスな遷移になるようにセットします。

※必要に応じて、ビューポートの［フィルム ゲート］ボタンを押して、アニメーションをより正確にフレーミングしましょう。

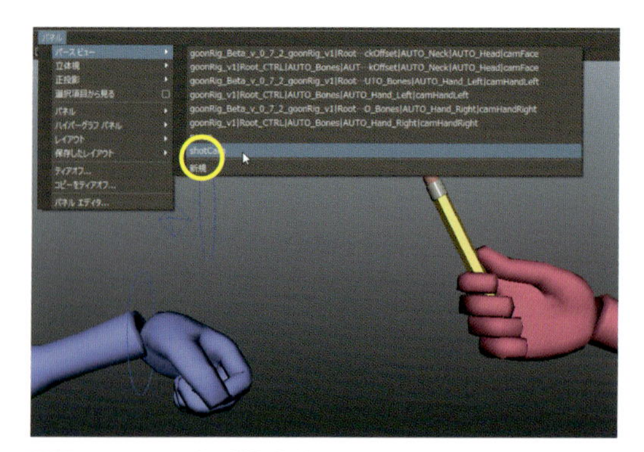

1 **constraintWeights_start.ma**を開きます。ビューポートメニューで［パネル］>［パースビュー］>［shotCam］(Panels > Perspective > shotCam) を選択し、アニメーション用のカメラにセットします。

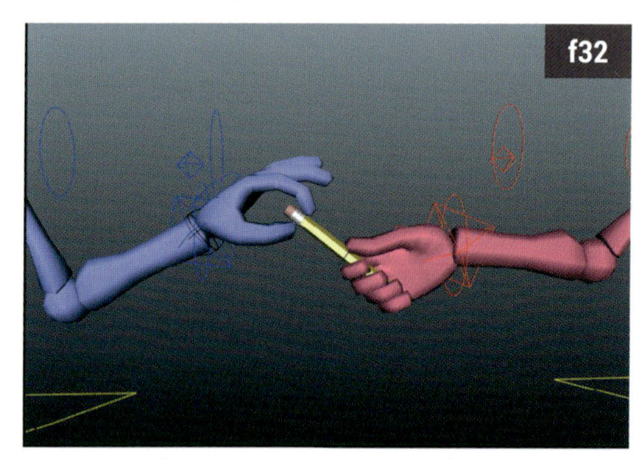

4 f32に移動します。ここからはブルーの手が鉛筆を操作できるようにします。ブルーの手のIKコントロール、鉛筆のコントロールの順に選択し、［コンストレイント］>［ペアレント］(Constrain > Parent) を適用します。

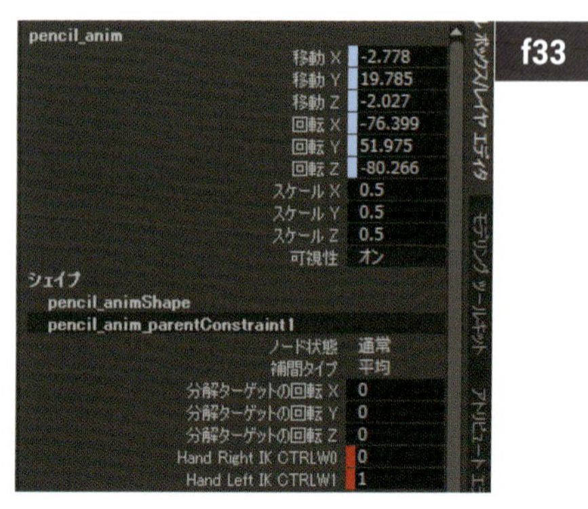

7 f33に移動し、ウェイト値を反対に切り替えて、ピンクの手のコンストレイントを **0**（オフ）、ブルーの手を **1**（オン）にします。両方のウェイトを選択し右クリック、［選択項目のキー設定］を適用します。

役立つヒント
コンストレイントウェイトは1フレームで切り替える必要はありません。ウェイトキーを離して打つだけで、必要なだけフレームをまたいでブレンドできます。そうすれば、コンストレイントは徐々に次のオブジェクトに移動します。[グラフ エディタ]でブレンドカーブを使った編集もできます。今回のようなアニメーションでは上手く機能しませんが、明確な接触の切り替えを必要としない状況では有用です。

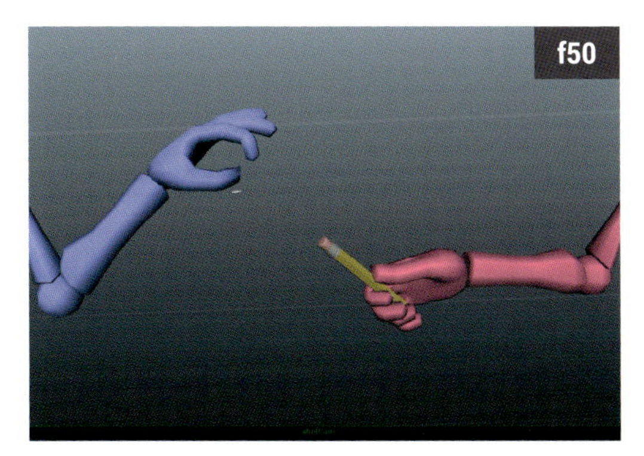

2 アニメーションをスクラブすると、ピンクの手が鉛筆を渡そうとする動作が表示されます。しかし、ブルーの手は受け取れません。現在、鉛筆とピンクの手にはペアレントコンストレイントのみセットされています。

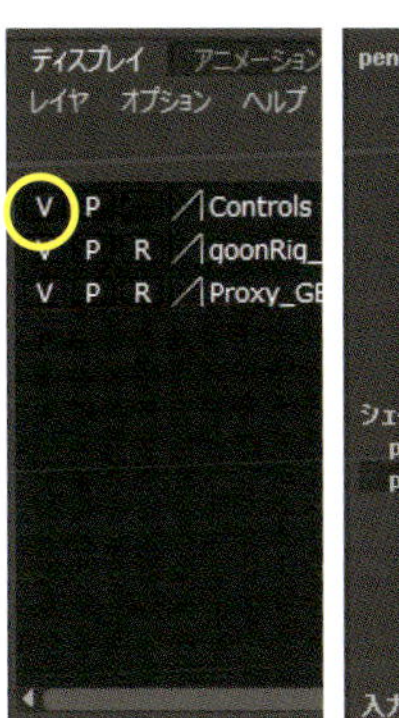

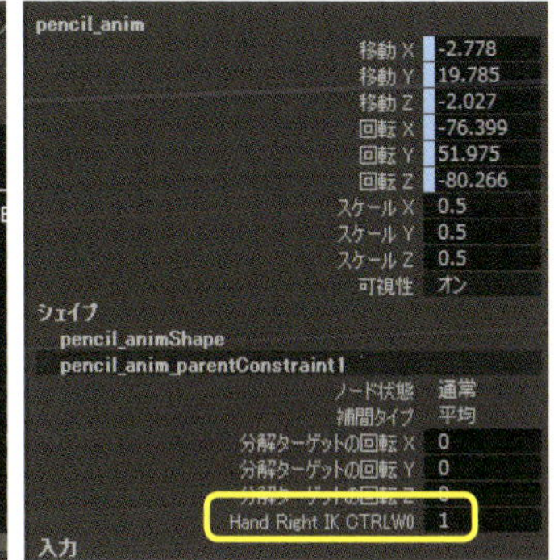

3 [レイヤ]パネルでControlsレイヤをオン、リグコントロールを表示します。鉛筆のコントロールを選択すると、[チャネル ボックス]の[pencil_anim_parentConstraint1]に、右手のコンストレイントウェイト アトリビュートを確認できます。

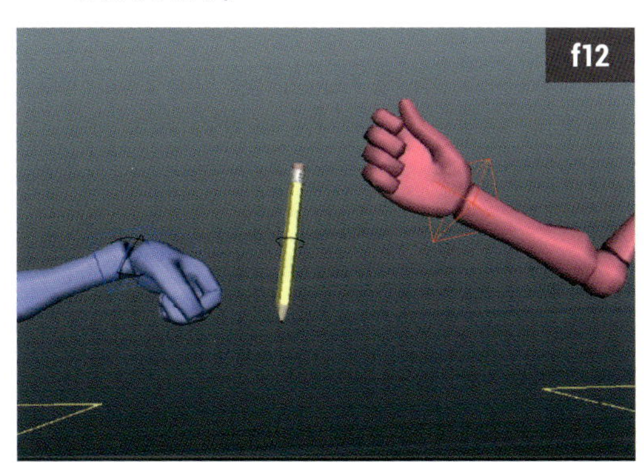

5 [チャネル ボックス]でブルーの手に新しいウェイトがセットされますが、f12で鉛筆は両手の間に浮かんだ状態です。これは両手のウェイトがオンになり、ちょうど中間地点でオブジェクトを引っ張っているためです。

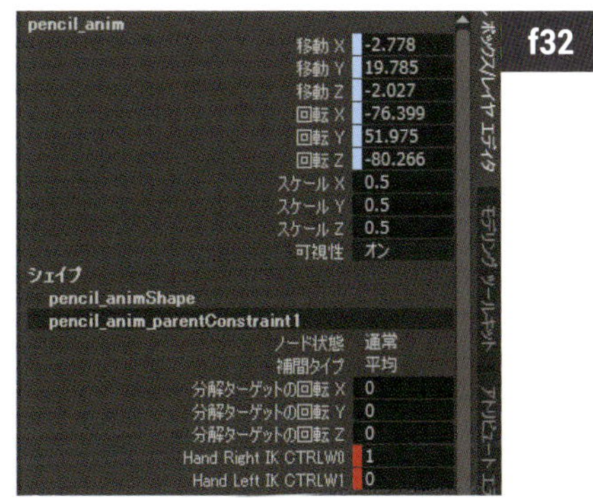

6 鉛筆コントロールを選択、f32で[Hand Left weight]を**0**(オフ)にします。続けて、両方のウェイトを選択し右クリック、[選択項目のキー設定]でキーをセット。スクラブすると、アニメーション全体を通して、鉛筆はピンクの手に留まります。

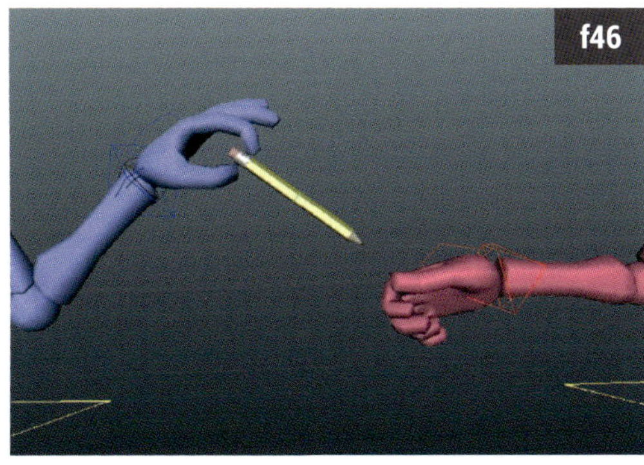

8 f33のあと、ブルーの手は鉛筆を受け取ります。プロジェクトでは正しいポーズでプロップを受け取り、切り替えが自然に行われるようにアニメーション設計を心がけてください。

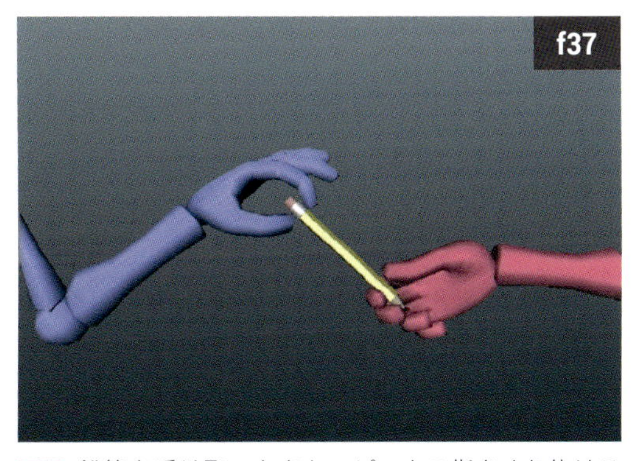

9 鉛筆を受け取ったあと、ピンクの指をすり抜けるのがわかります。コンストレイントが正常に動作すれば、鉛筆が離れながら指に従うようにアニメートするのはとても簡単です。

05 コンストレイントでアニメートする

ダウンロードデータ ballCourse_constraints1.ma

ある場所ではキーフレーム、別の場所ではコンストレイントで簡単にアニメートしましょう。Mayaには状況に応じて、キーのオン／オフを切り替えられる［Blend Parent（ブレンドペアレント）］というアトリビュートがあります。

［Blend Parent］をオフ（**0**）にすると、オブジェクト上のコンストレイントが無視され、キーフレームに従います。［Blend Parent］をオン（**1**）にすると、キーフレームを無視して、現在の有効なコンストレイントに従います。

［Blend Parent］の優れている点は、コンストレイントオブジェクトにキーを設定すると自動で作成され、すでにキーフレームがあるものをコンストレイントすることです。これらの状況で、MayaはpairBlendノードを作成し、2つのモードを切り替えます（名前のとおり、それぞれの間でブレンドします）。

ストレートアヘッド方式で進める場合、このアプローチを用いたアニメートが最も簡単です。それは決して無計画なアニメーションではなく、ほぼ確実な方法と言えるでしょう。ブロッキングプロセスでコンストレイントを適用すると、簡単に追跡・予測できます。

その方法を以下の手順で見ていきましょう。

①ボールオブジェクトをキーフレームでアニメートする（アニメーションの基礎である弾むボール）

②ボールをプラットフォームにコンストレイント

③再びキーフレームに戻る

④ボールをかぎ爪（claw）にコンストレイント

⑤最後は終了フレームまでキーフレームに戻る

理論的にはややこしく聞こえますが、弾むボールを使ったこの演習で簡単に行えることを証明しましょう。

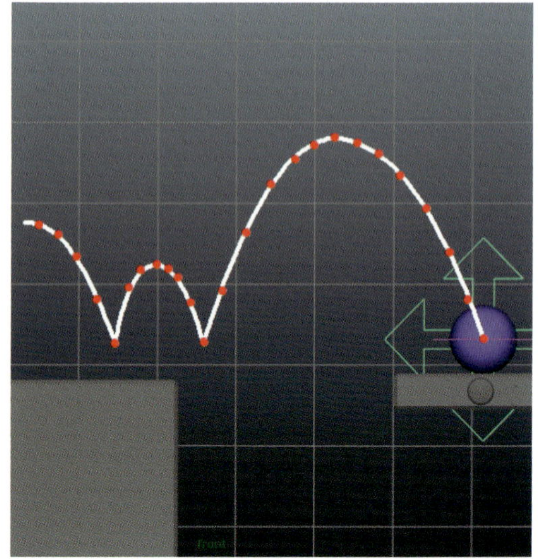

1 **ballCourse_constraints1.ma**を開いて、前面ビューに切り替えます。このボールにはプラットフォームに跳ねるときの予備動作が設定されています。スクラブすると、f41のあとでボールはプラットフォームに従わないことがわかります。

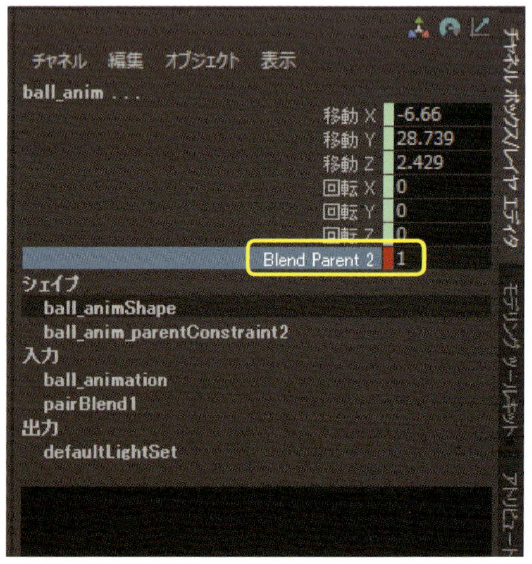

4 f41で［Blend Parent 2］アトリビュートを右クリック、［選択項目のキー設定］でキーをセットします。この操作によって、プラットフォームにボールを従わせたいフレームで**1**（オン）になります。キーをセットすると、チャネルは赤に変わります。

役立つヒント

「オール・オア・ナッシング（1か0か）」のアプローチはコンストレイントを機能させる最適な方法です。複雑なキャラクターアニメーションの場合、アニメーションを洗練させる段階までコンストレイントを無視するほうが簡単です。そうすれば、予期しないフレームの移動や、動作に大きな変化を起こすことなく、プロップにコンストレイントをセットできます。

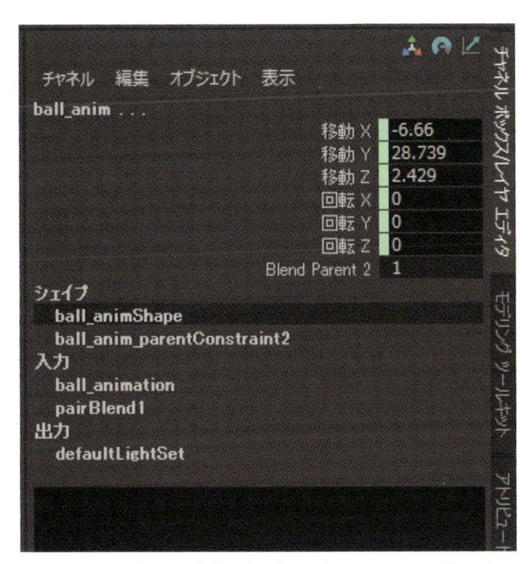

2 f41でボールが乗ったプラットフォーム、ボールの移動コントロールを順に選択、[アニメーション]メニューセットで［コンストレイント］>［ペアレント］(Constrain > Parent)を適用します。キーフレームとコンストレイントがあることを示す緑になり、[Blend Parent 2]アトリビュートも表示されます。

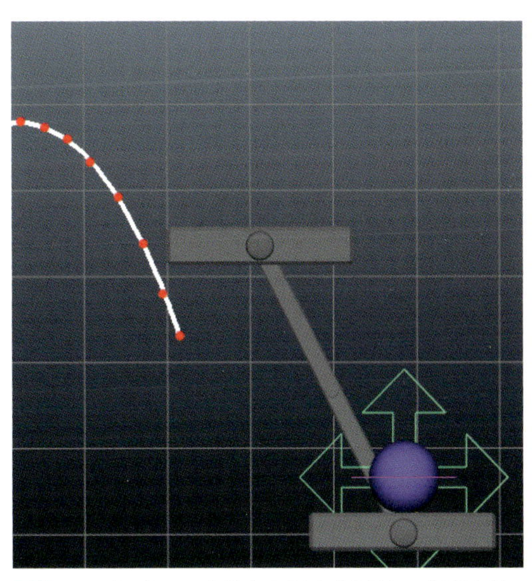

3 アニメーション全体をスクラブすると、今度はボールがプラットフォームに従い、ずっと離れません。これは［Blend Parent 2］が1なので、キーが無視され、コンストレイントに従っているためです。つまり、途中までアニメーションを実行し、f41でコンストレイントに切り替わるキーが必要です。

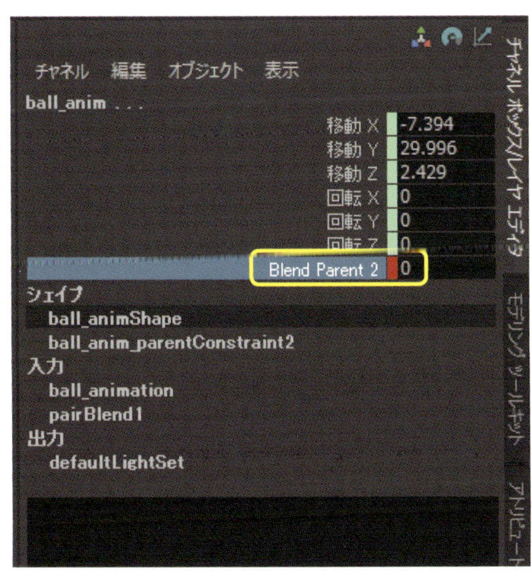

5 f40に戻り、[Blend Parent 2]を**0**（オフ）にセットしましょう。アトリビュート上で右クリック、[選択項目のキー設定]を再びセットします。これが［Blend Parent 2］の最初のキーとなり、f40まですべてのフレームでコンストレイントがオフになります。

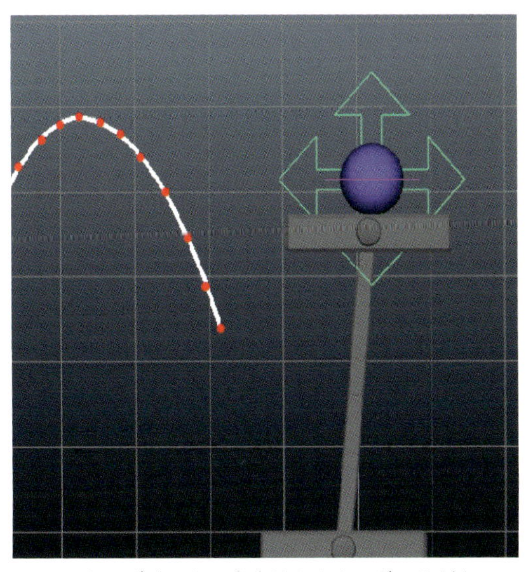

6 スクラブすると、今度はf41までボールがキーフレームでアニメートされ、その後はプラットフォームに完全に従います。

ダウンロードデータ ballCourse_constraints2.ma

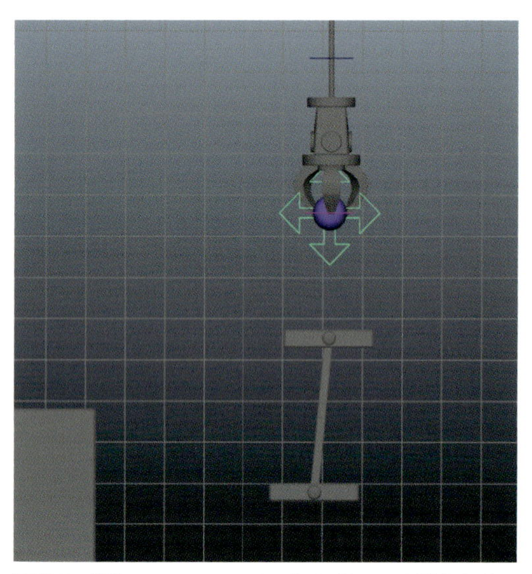

7 **ballCourse_constraints2.ma**を開きます。このファイルは、かぎ爪がボールをつかむまでのブロッキングアニメーションを保持しています。f88までスクラブしてください。

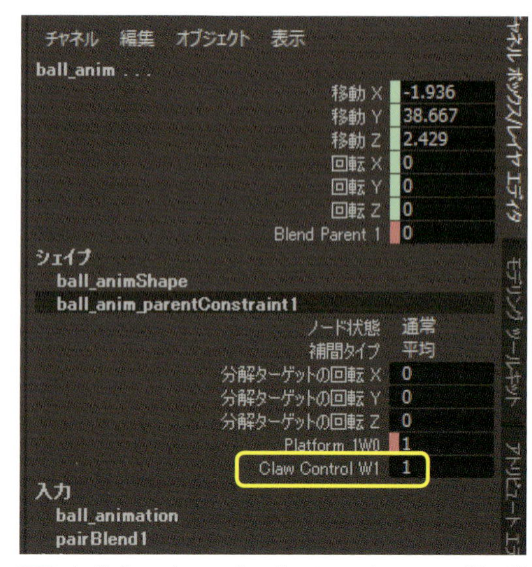

8 かぎ爪コントロール、ボールコントロールの順に選択、[コンストレイント] > [ペアレント](Constrain > Parent)を適用します。[チャネル ボックス]に[Claw Control W1]アトリビュートが表示されます。これらのウェイトアトリビュートで、現在アクティブなコンストレイントがわかります。

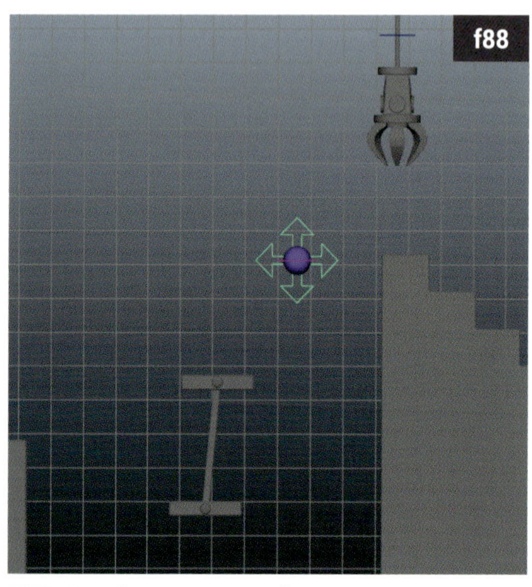

11 f88で[Blend Parent 1]に**1**をセットしましょう。これで1フレームかけて切り替わり、遷移がシームレスになります。ただし、このボールはまだコンストレイントに正しく従っていません。ウェイトにキーをセットして、アクティブにしたいコンストレイントをMayaに伝えます。

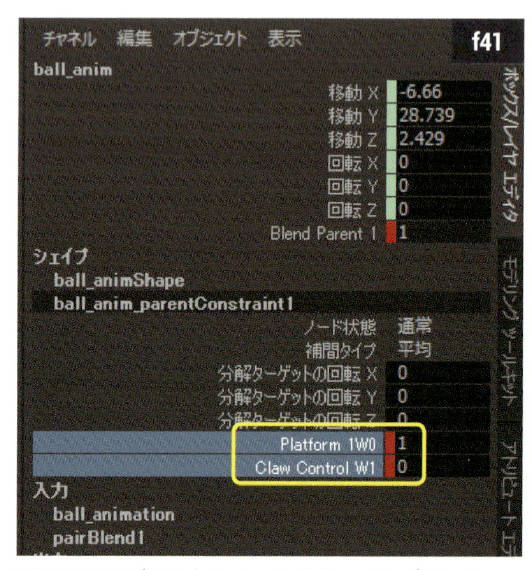

12 f41でプラットフォームのウェイト(Platform 1W0)を**1**、かぎ爪のウェイト(Claw Control W1)を**0**にして右クリック、キーセットします。これでボールはプラットフォームにスナップして戻ります。次はf88からボールがかぎ爪に従うように、ウェイトを変更しましょう。

コンストレイントのオン／オフに0／1を使う理由は、バイナリ（0＝オフ、1＝オン）に関連しています。あるいは、1が100%、0が0%と考えることもできます。あなたにとって明確になれば何でもかまいません。

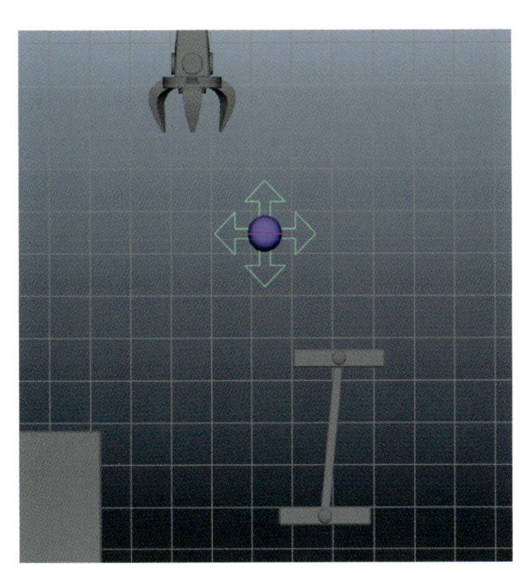

9 スクラブすると、アニメーションのコンストレイントパートで、ボールが奇妙な動きをします。これは2つのコンストレイントウェイトがオンになり、ボールが均等に引っ張られているためです。

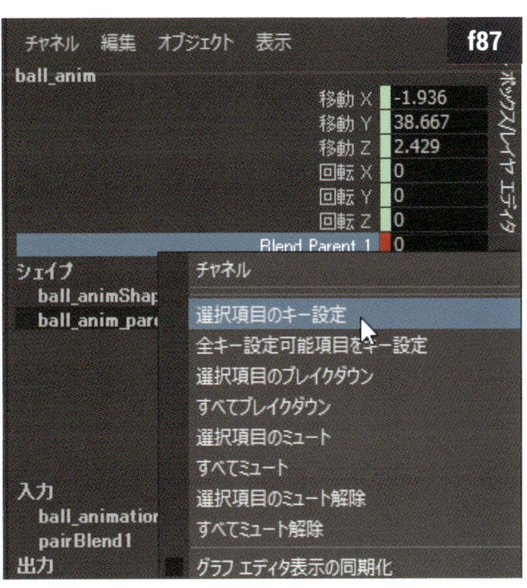

10 f88からは、ボールをかぎ爪に従わせましょう。まずf87で［Blend Parent 1］アトリビュートに**0**を入力、右クリックで［選択項目のキー設定］を適用します。同様にf75で［Blend Parent 1］に**0**をセットします。これでボールは、f75～f87でキーフレームアニメーションに従うようになります。

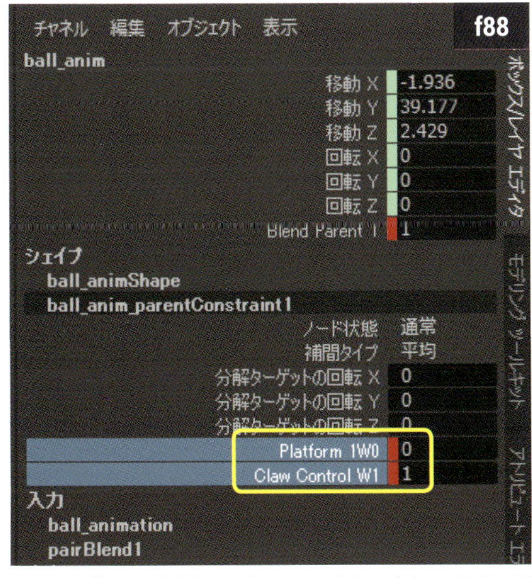

13 まずf87で両ウェイトにキーをセットし、f41と同じ値を保持します。次にf88で反対のウェイト値にキーをセットします（Platform 1W0 = **0**、Claw Control W1 = **1**）。［Blend Parent 1］のキーも1に戻り、コンストレイントに従うように切り替わります。

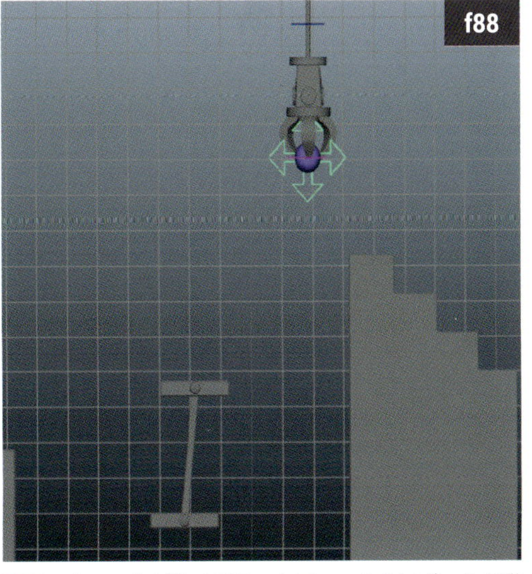

14 これで、しばらくプラットフォーム上にボールが滞在した後、f75～f87でジャンプし、f88以降はかぎ爪に従います。

ダウンロードデータ ballCourse_constraints3.ma

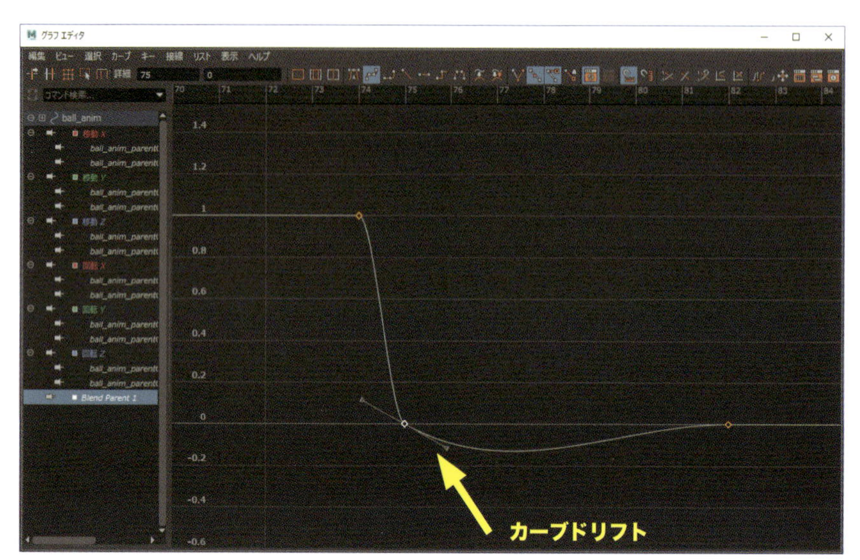

15 コンストレイントした位置でボールの動きがおかしくなったら、[グラフ エディタ]でチェックしてください。[Blend Parent 1]やウェイトのカーブにドリフト(膨らみ)があると、コンストレイントが台無しになります。ズームインし、カーブを近くで見て、平坦になっていることを確認しましょう。

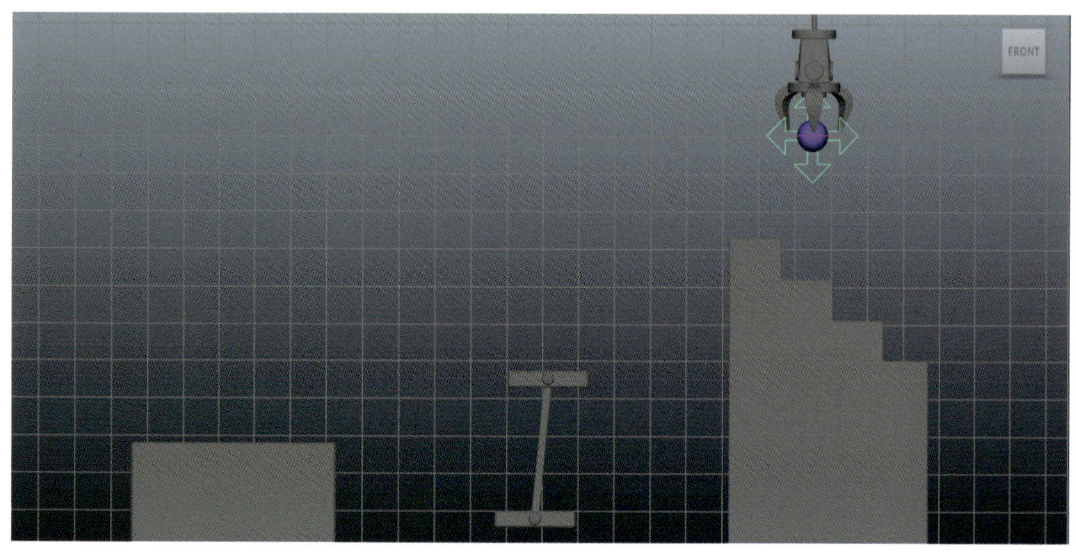

17 **ballCourse_constraints3.ma**を開いてください。これは最終的なブロッキングアニメーション(ボールが離れて弾みながら階段を降りる)が施されています。しかし、このままではそれを確認できません。[Blend Parent 1]をオフにして、再びキーフレームでボールを動かす必要があります。

役立つヒント

ペアレント コンストレイントのオプションは、[コンストレイント] > [ペアレント](Constrain > Parent)オプション□で設定します。アニメーションでは必要に応じて、特定の軸にのみコンストレイントをセットできます。

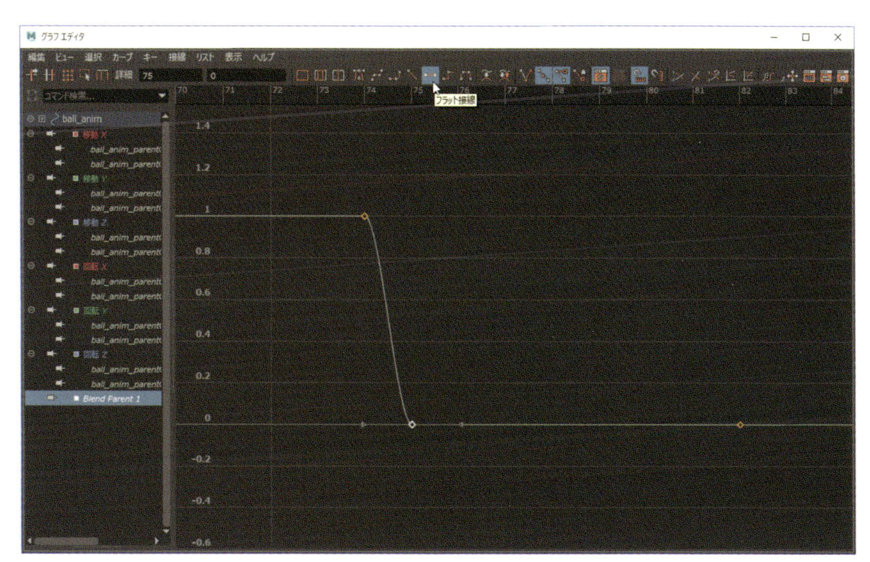

16 ドリフトを見つけたら単にカーブを選択し、[グラフ エディタ]の上部にあるボタンで[フラット][リニア][ステップ]接線をセットしてみましょう。これらの接線タイプは、今回の目的に適しています。「2章 スプライン」では、異なる接線タイプの機能について詳しく紹介しています。

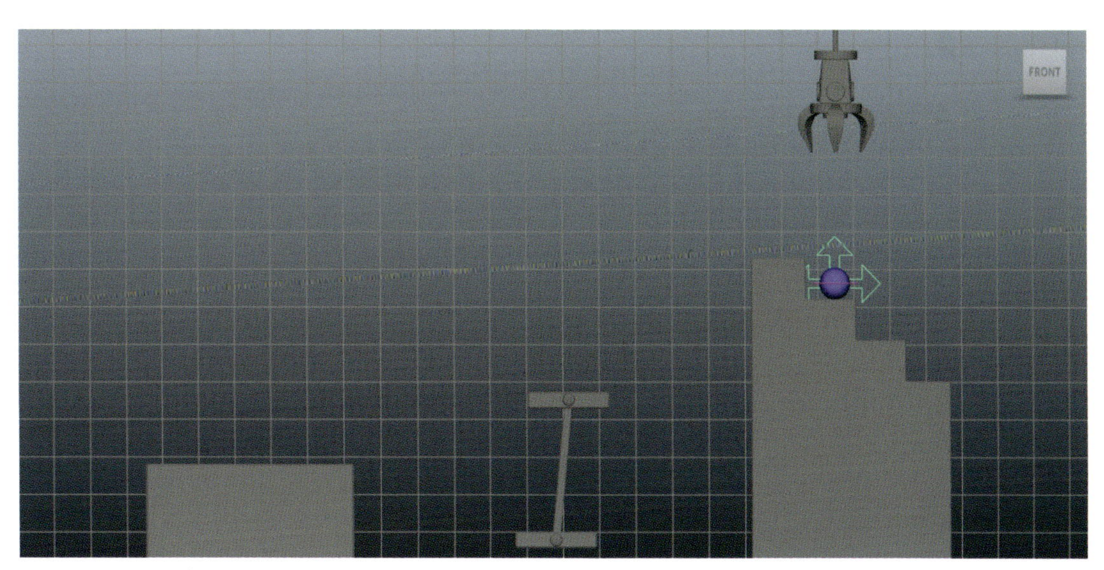

18 f112まではボールをつかむため[Blend Parent 1]を**1**に、f113で**0**にセットします。スクラブすると、完了したブロッキングアニメーションを確認できます。これでコンストレイントを含むアニメーションをセットできました。アニメーションにもっとコンストレイントを追加したいなら、該当のウェイトキーを**1**に、その他を**0**にセットします。ウェイトと[Blend Parent 1]を変更する前に、いつも変更フレームで重複するキーをセットし、その時点までの状態を保持してください。コンストレイントの数にかかわらず、この2つの手順を忘れないようにしましょう。

Column:コラム

バランスのとれたアプローチ

先日、長編映画制作の現場で上司だった人物と話をする機会がありました。そのときの会話で私が採用に繋がった経緯を知り、デモリール・履歴書（レジュメ）・態度を含む全体的なスタンスを再考してみました。

2章でアニメーションに貢献する趣味（絵画・スケッチ・芝居・彫刻など）が、美観を開発するのに役立つと説明しました。しかし、まだ触れてないことがあります。それは「**バランスのとれたアーティストであることは、作品に身を捧げる以上に大切である**」という事実です。あなたのアニメーションスキルはアニメーションを常に吸収する上でとても有益です。しかし、長期的なキャリアで正しいバランスは失われ、有害になることさえあります。

2005年のお話をしましょう。私は当時、映画『キング・コング』の制作に参加し、輝く目とふさふさした尻尾のアニメーターとして準備していました。もちろん、花形のアニメーターではありません。実際に仕事ではとても苦労し、スーパーバイザーや同僚の指導およびサポートに大きく依存していました。幸いにも比較的無傷で、長く難しいプロジェクトの一端を完了することができましたが、「ワールドクラスのスタジオの一流チームで私が貢献できること」について疑問を持っていました。

再び現代に話を戻します。アニメーションディレクターのエリック・レイトンと昼食をとっているとき、彼は私を採用した裏話を打ち明けてくれました。たった1つの理由、それは「履歴書」でした。想像してたものと違うかもしれませんが、素晴らしいクレジットや受賞歴の長いリストではありません。

私は履歴書に「自分の演技と興味を引く即興演劇のデモリール」を含めていたのです。そしてリールの最後に、私が一部を演じたコメディ番組の録画を含めました。正直に言うと、それを履歴書に含めた理由はよく覚えていません。おそらく「採用担当者がその番組を面白いと思ったら、採用を決めるときに思い出してくれるかも」と誰かが教えてくれたからでしょう。エリックはこう言いました。「似たようなオタクたちでアニメーションチームの最後のピースを埋めるのではなく、もっとエネルギーや情熱、独特の活発性を求めていたのさ」と。私は高校生の頃からやっている演劇経験を活かし、優れたアニメーターたちより優位に立てたのです。

現在、事業主となった私は、エリックが話してくれた心理をよく理解できます。私もアーティストたちが退社後に興奮しているものを見てみたいです。とりわけ、アニメーションとは無関係なものを。仕事以外の事に少しでも興奮するアーティストは、他の世界観をスタジオ内にもたらしてくれます。実際に一緒に仕事をしている最高のアーティストは、地域のコミュニティグループに参加するため、水曜日の午後は休みを取っています。彼女の「早退したい」という要求を断ったことは1度もありません。むしろ、完全にアニメーションを忘れ、自身にとって重要なイベントに参加するという彼女の考え方に賛同しています。

あなたも仕事と家庭のバランスを確立する必要があるでしょう。しかし、家庭生活をアニメーションの延長にすることはできません。私の話はとてもユニークですが、これに反してアニメーター志望者はアニメーションにどっぷりつかる傾向があり、それ以外のプライベートな生活にあまり深みがありません。技術に夢中になっている若いアニメーターをよく見かけますが、私たちは「これが達人になる方法なのか？」と自問しなければなりません。そして答えは明らかに「ノー」です。**最高のアーティストとは、いつも多才でさまざまなものに関心を持つ変わった人です**。ちょうど業界のトップに立つ人々を見て、アニメーションの分野以外で夢中になっているエピソードを探してみましょう（例えば、ジョン・ラセターは鉄道模型フェチです）。

特定の仕事における最適な候補者になりましょう。そうすれば、主要なスタジオでハイレベルのプロジェクトに携わることができます。それは必ずしもすべてを止めて、アニメーションにのみ集中することではありません。おそらく私の話は突飛で、エリックが率いるアニメーションチームの目標も、多くのアニメーション監督とは異なるものです。しかし、アーティストを雇う立場としての意見は「多くのライバルと自分を区別できれば、安全策になる」ということです。終業のチャイムが鳴ったあとに、情熱を注げるものを持てるとなおよいでしょう。

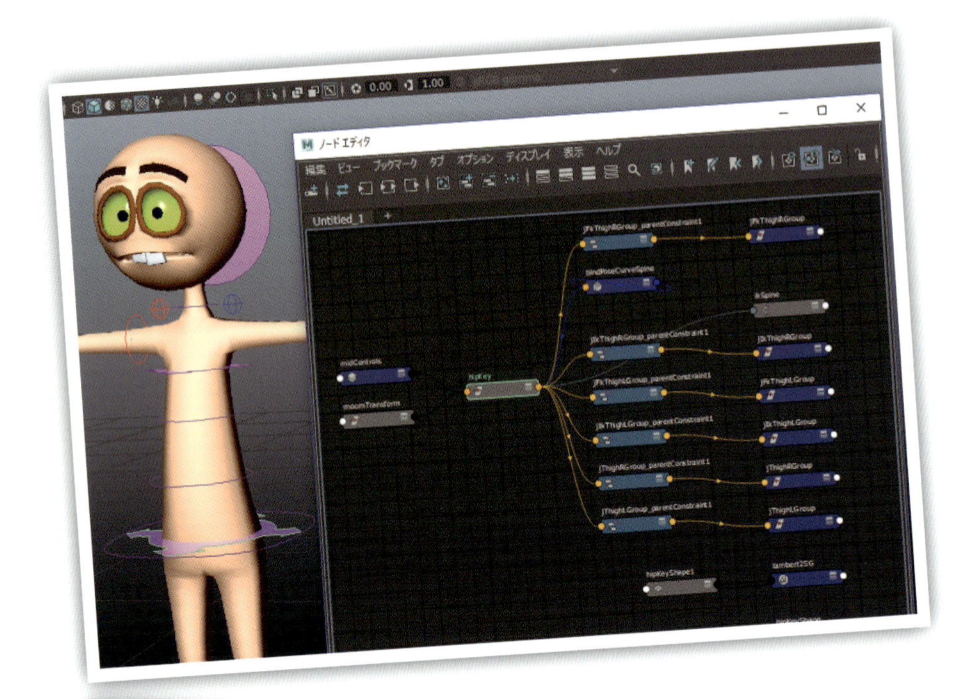

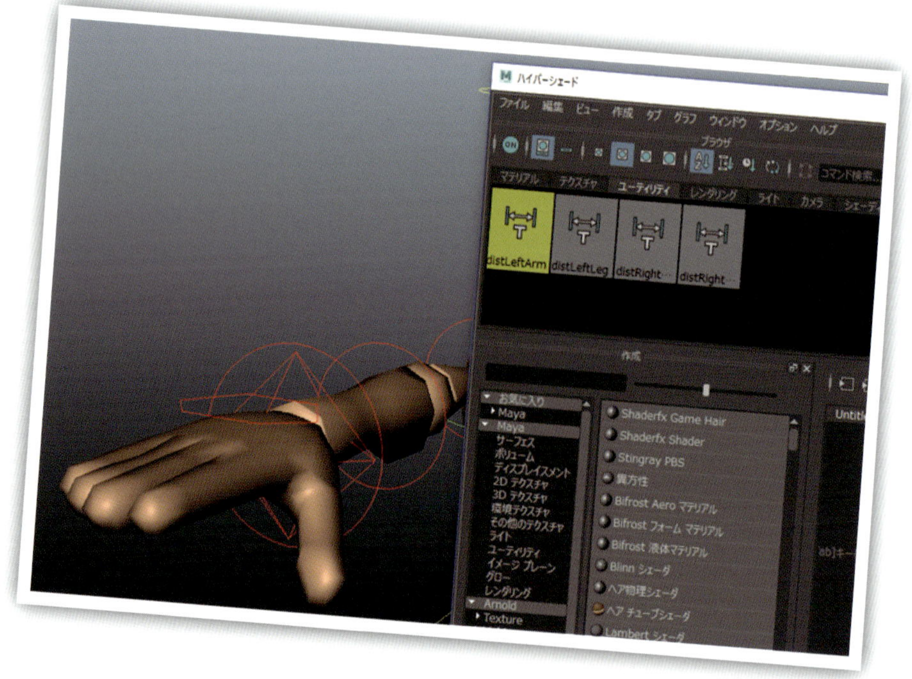

アニメーターに最もよく求められるアニメーション以外のスキルは、リギングの知識です。アニメーターがコントロールの背後にあるテクニックを少しでも知っていると、制作で起こる問題をすぐに解決できるでしょう

CHAPTER 6

リギングの知識

アニメーターの仕事をしていれば、リグの問題に直面したことがあるでしょう。非表示のコントローラにしろ、間違ったウェイト付けにしろ、リグの不具合であっという間に1日が台無しになる可能性があります。そこで、リグに関する裏ワザを知っておくと便利です。

ここで紹介するリギングテクニックは最近のMayaで非常に安定しており、時間の節約につながります。正しく動かないスケルトンによる作業の中断は、(おそらく)2度と起こらないでしょう。我々はウェブ上を探しまわり、本書『Maya キャラクターアニメーション』に入れる新しいリグをいくつか見つけました。では、これらのリグを見てみましょう。

01 リグテスト その1

ダウンロードデータ Groggy_Test.ma

リグの作業を始める前に、まずいくつかの確認事項を見ておきましょう。

理想的な制作環境では、ショットのアニメートに取り掛かる前にリグをテストする時間が十分にあります。ところが、制作のほとんどは理想どおりではありません！ 初日からアニメートしなければならないようなスケジュールもあります。締切が厳しいときにリグの動作を確認する簡単なチェックリストがあると便利です。

このリストでリグの性質が明らかになりますが、それらは必ずしもリグの破損や低品質を示すわけではありません。例えば「ある範囲を超えると伸びてスケールするリグ」「ポージングでよく使うコントロールのIK／FK切り替えチャネル」「非表示のプロキシメッシュ」などがあります。新しいリグのみでショットを作成後、アトリビュートやパラメータの設定が間違っていると残念に思うでしょう。

すべてのリグは完全に同じではないので、以下の演習に出てくるコントロールの位置・名前・ジオメトリタイプは、あなたのリグと異なるかもしれません。しかし、リギングはある程度標準化されたプロセスなので、どんなキャラクターであっても、必ず「手のIKコントローラ」や「頭のFKコントローラ」がみつかります。これに慣れるため、本章のリグの説明では準拠した名前を使います。

1 **Groggy_Test.ma**を開きます。ここでは、コントローラのシンメトリとコントローラのオブジェクト空間の2点をテストします。

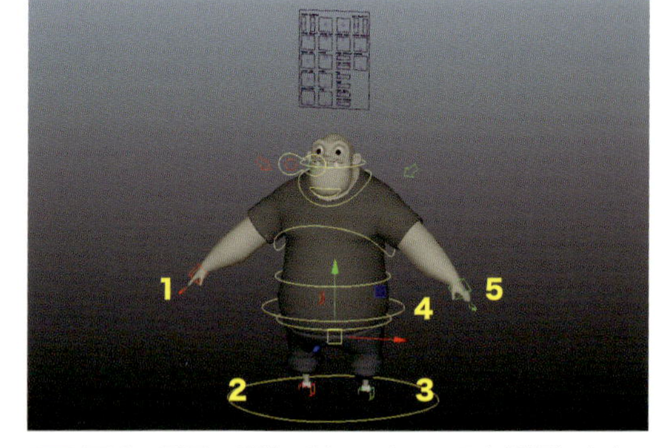

2 両手、両足、骨盤のIKコントローラを選択します。最初に、すべてのコントローラが同じワールド空間で動き、左右対称であることを確認しましょう（IK／FKスイッチは肩のコントロールにあります）。

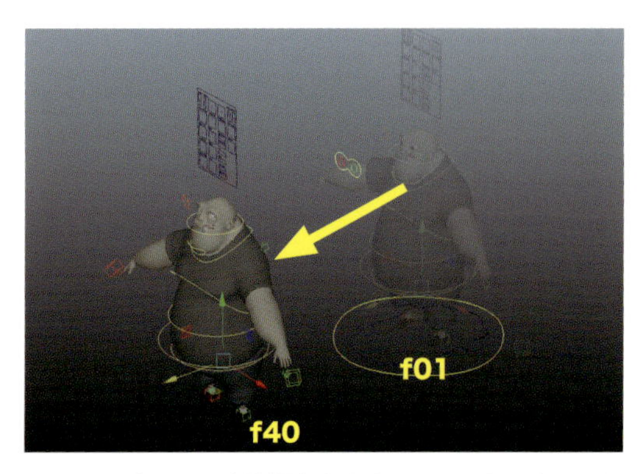

3 コントローラを選択したまま、f01にキーをセットします。f40では、図のようにコントローラをワールド空間で前方に移動すると、図のようにマスターコントローラからに離れていきます。

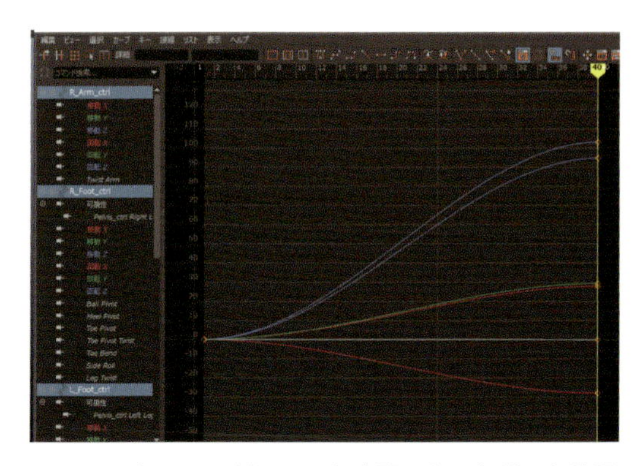

4 コントローラがワールド空間にあるかどうか確認しましょう。コントローラを選択して［グラフ エディタ］を開きます。あぁ、大変です、各コントローラの移動にさまざまな値のキーがあります！

役立つヒント

まずすべてのコントローラを移動し、ワールド空間で動いていることを[チャネル ボックス]で確かめます。続けて各コントローラを1つずつ選択し、それぞれの値の変化を見てみましょう。

よく見ると、「腕」のオブジェクト空間は足や骨盤と整列していません。つまり、このリグは［移動 Z］チャネルのみで前進するようにセットアップされていなかったのです。サイクルでこのキャラクターをポージングするときは、特に注意が必要です。

以下の図でわかるように、Zチャネルのみでコントローラを動かすと、結果は予測不能です。歩行サイクルでIKアームを使う場合、このリグはとても扱いにくいでしょう。このキャラクターをIKアームでポージングする最も簡単な方法は、[W]キーを押しながら表示されるマーキングメニューを左にドラッグ、[ワールド]モードに切り替えます。また、このようなキャラクターの［インフィニティタイプ］は、通常のようにZ軸だけでなく3つすべての移動チャネルで［オフセット付きサイクル］になります。詳しくは「9章 サイクル」をご覧ください。

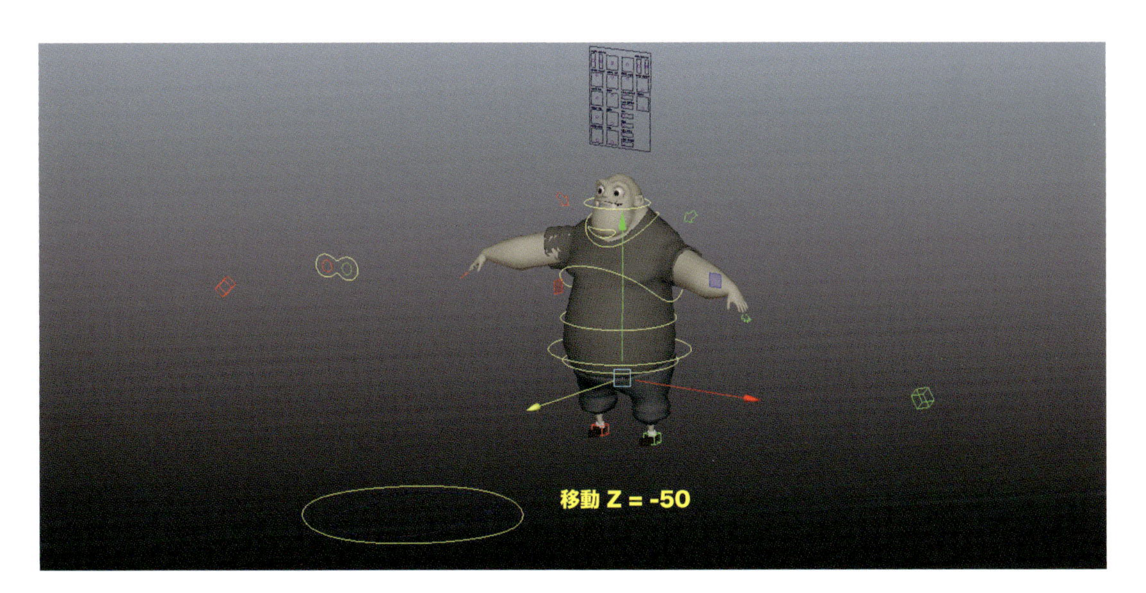

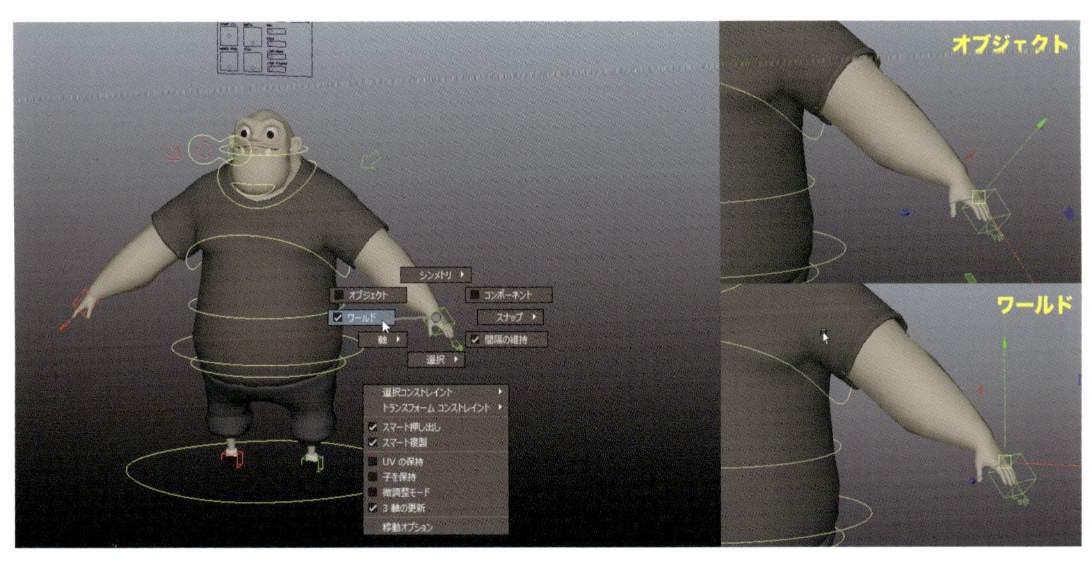

02 リグテスト その2

ダウンロードデータ Groggy_Zero.ma

時間をかけて学んでいくと、特異性を持つリグもあることがわかります。前項ではGroggyのリグを見て、完璧なサイクルを作るにはIKアームで余分な手順を踏む必要があるとわかりました（詳しくは「9章 ストライド」の項をご参照ください）。しかし、リグの性質が異なる理由はいくつもあります。プロポーションの違い、リギングで必要なポーズ、リグの一般的な用途など（例えば、モーションキャプチャのデータを堅牢なコントロールシステムにブレンドできるようにデザインされたリグもあります）。とはいえ、多くのリグでは、いくつかの押さえておくべきポイントがあります。

1つめは、**コントローラのアトリビュートがすべて0になると、初期ポーズに戻るように設定する**です。これは、アニメーション中のジンバルロックの回避、シーンに磨きをかけるときのアニメーションカーブ調整、ストライドを固定したサイクルの作成において極めて重要です。

2つめは**アニメーションをリグにコピー&ペーストする**です。コピー&ペーストはほとんどのリグで有効ですが、たまに接続やネストされたコンストレイントでいっぱいの複雑な階層を持つリグがあります。この場合、アニメーションが正確にコピーされません。そのような問題を解決するため[animExport]とおなじみの[キーのコピー]の両方を試していきます。

リグのおかしな癖（Groggyのオブジェクト空間が異なるIKの手など）は大体対応できますが、中には前述のように致命的な問題になるものもあります。Groggyリグで、2つの重要な方法を見てみましょう。

1 **Groggy_Zero.ma**を開くとGroggyがポーズをとっています。彼の設定をゼロにしてみましょう。リグ全体を選択マーキーで囲み、すべてのコントロールを選択します。

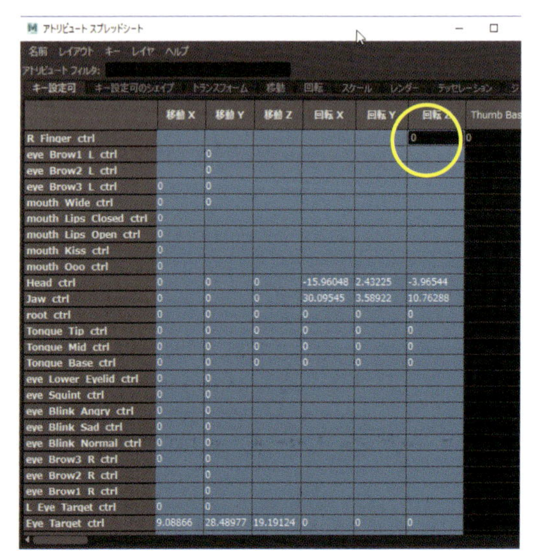

	移動 X	移動 Y	移動 Z	回転 X	回転 Y	回転 Z	Thumb Bas
R Finger ctrl						0	0
eye Brow1 L ctrl		0					
eye Brow2 L ctrl		0					
eye Brow3 L ctrl	0	0					
mouth Wide ctrl	0	0					
mouth Lips Closed ctrl	0						
mouth Lips Open ctrl	0						
mouth Kiss ctrl	0						
mouth Ooo ctrl	0						
Head ctrl	0	0	0	-15.96048	2.43225	-3.96544	
Jaw ctrl	0	0	0	30.09545	3.58922	10.76288	
root ctrl	0	0	0	0	0	0	
Tonque Tip ctrl	0	0	0	0	0	0	
Tonque Mid ctrl	0	0	0	0	0	0	
Tonque Base ctrl	0	0	0	0	0	0	
eye Lower Eyelid ctrl	0	0					
eye Squint ctrl	0	0					
eye Blink Angry ctrl	0	0					
eye Blink Sad ctrl	0	0					
eye Blink Normal ctrl	0	0					
eye Brow3 R ctrl	0	0					
eye Brow2 R ctrl		0					
eye Brow1 R ctrl		0					
L Eye Target ctrl	0	0					
Eye Target ctrl	9.08866	28.48977	19.19124	0	0	0	

4 **0**を入力してください。まだ［Enter］キーは押しません。複数のセル、行、列を選択すると、右上のセルに自動的に入力されます。

役立つヒント

[アトリビュート スプレッドシート] は十分に活用されていません。[Shift]キーを押したままセルを選択(あるいは領域をドラッグ)して値を入力し、複数のセルを変更してみましょう。

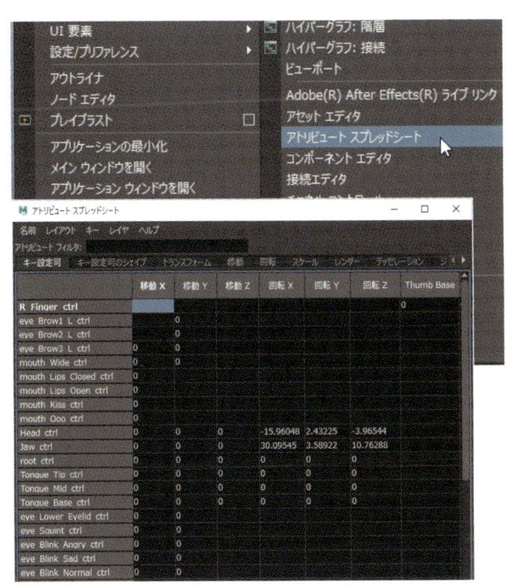

2 [ウィンドウ] > [一般エディタ] > [アトリビュート スプレッドシート](Window > General Editors > Attribute Spreadsheet)を開きます。これは十分に活用されていないパネルです。ここには、選択したオブジェクトのすべてのアトリビュートがスプレッドシート形式で表示されます。

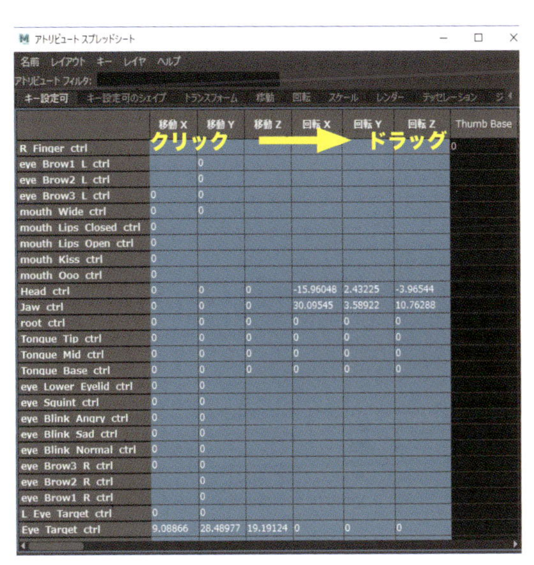

3 すべてのコントロールを初期ポーズに戻すには、[移動]と[回転]のすべての列を選択します。[アトリビュート スプレッドシート]の1番上を横切るようにクリック&ドラッグし、6列すべてを選択します。

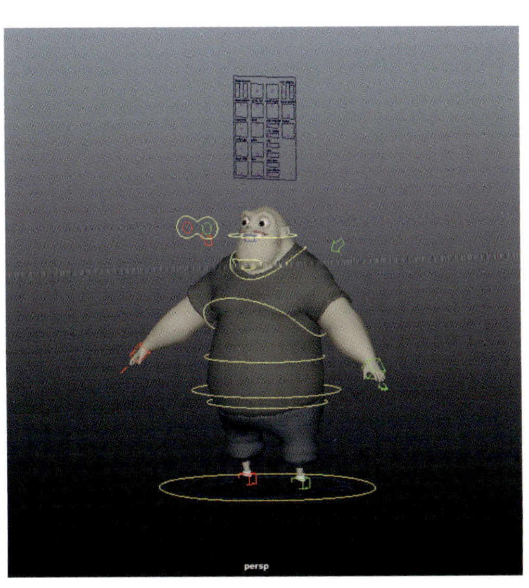

5 [Enter]キーを押します。Groggyはテストに合格しました! 彼は瞬時に初期ポーズに戻ります。とても簡単です。

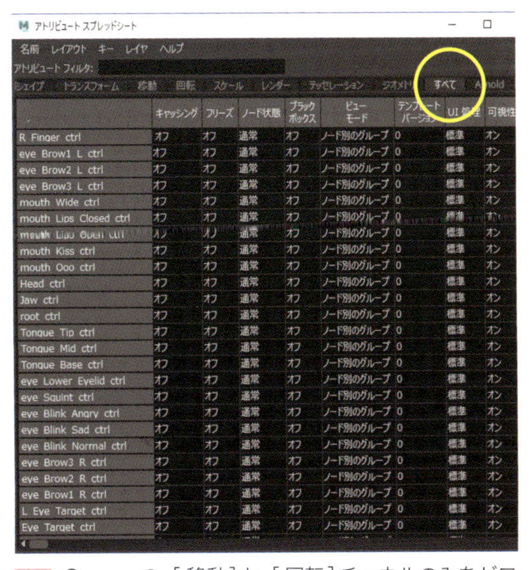

6 Groggyの[移動]と[回転]チャネルのみをゼロに設定しました。他にもチャネルがある場合(IKスイッチやフットロールなど)は、[アトリビュート スプレッドシート]の[すべて]タブで探してください。

ダウンロードデータ Groggy_Copy.ma

7 **Groggy_Copy.ma**を開きます。これは完成したアニメーションシーンですが、このアニメーションを別のリグにコピーしたい場合はどうしますか？ ここでは［animExport］を使った通常の方法と、［キーのコピー］を使った素早い裏ワザをお見せします。

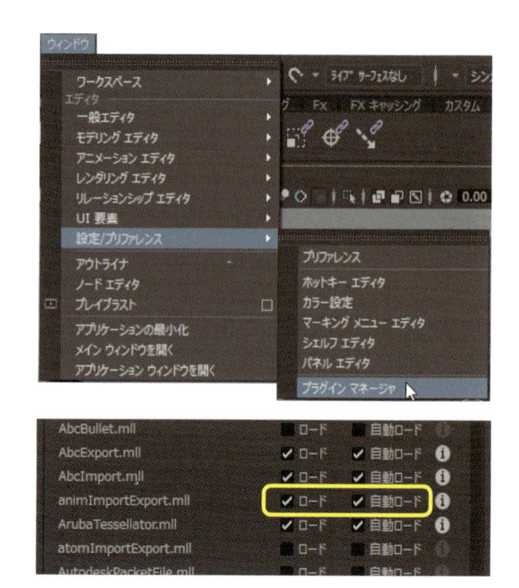

8 最初に［animExport］のプラグインを有効にします。［ウィンドウ］>［設定/プリファレンス］>［プラグイン マネージャ］（Window > Settings/Preferences > Plugin Manager）から「animImportExport.mll」を探し、［ロード］と［自動ロード］の両方のボックスをチェックします。

11 次はクリップボードで同じ操作を行いましょう。アニメーションを保存する必要がなく、素早くコピーしたいだけなら、こちらの方が断然速くて便利です（制作でリグに更新があったときなど）。再び**Groggy_Copy.ma**を開き、［アウトライナ］でgroggy:root_Groupを選択します。

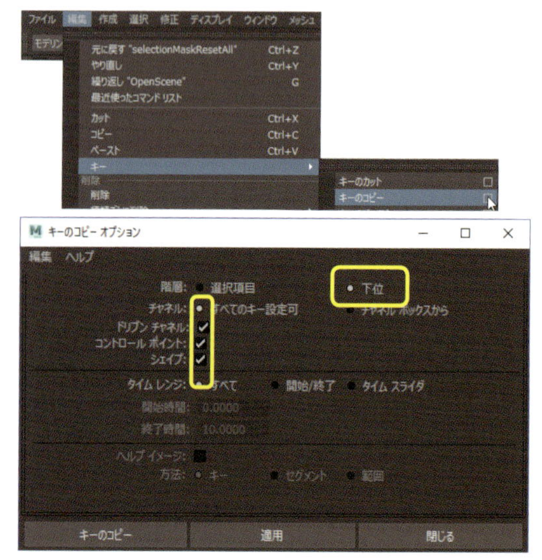

12 ［編集］>［キー］>［キーのコピー］（Edit > Keys > Copy Keys）オプション□を選択します。同じ操作なので、このダイアログは［animExport］のダイアログと同じです。ただし、キーをクリップボードにコピーしているだけであって、保存はしません。上記の設定でコピーしてください。

役立つヒント

Mayaは基本的に［animExport］と［キーのコピー］を同じように処理します。一方は情報をファイルに書き込み、もう一方はクリップボードに保存します。［キーのコピー］の良いところは、保存したファイルを探す手間が省けることです。またクリップボードにカーブが保存されるため、1つのシーンでキーをコピーし、別のシーンを開いてペーストすることもできます。

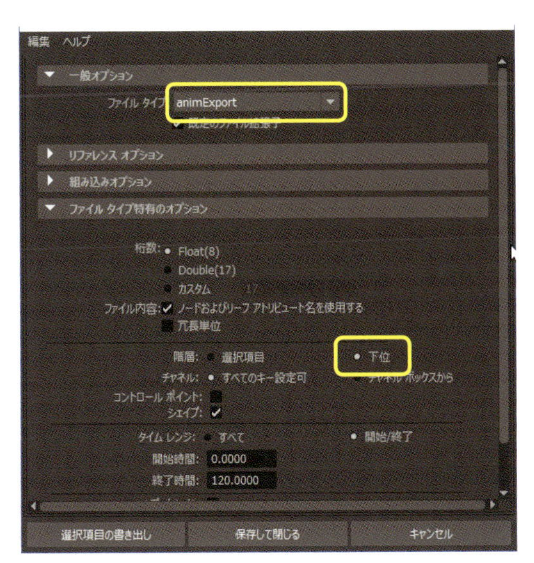

9 ［アウトライナ］でアニメートされたGroggyリグのグループノード（Groggy:root_group）を選択します。［ファイル］>［選択項目の書き出し］(File > Export Selected) オプション□で［ファイル タイプ］:［animExport］、［階層］:［下位］に変更、それ以外はすべて既定のままです。ファイル名は「groggy_Anim」にします。

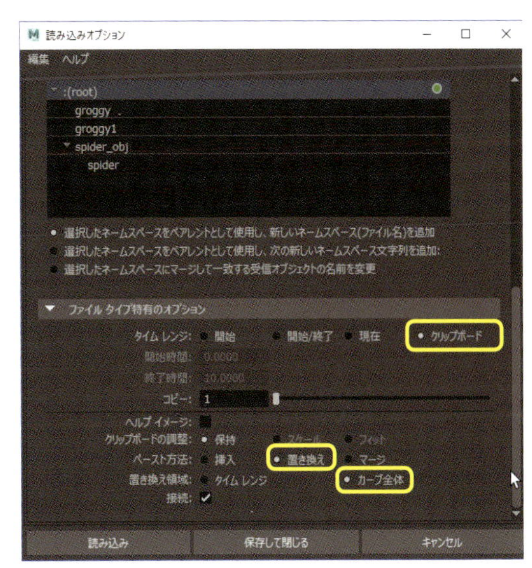

10 アニメーションを静止したGroggyリグにインポートしましょう。リググループ（groggy1:root_Group）をクリック、［ファイル］>［読み込み］(File > Import) オプション□を選択します。［ファイル タイプ］:［animImport］になっていることを確認し、上図の設定を適用します。すると、アニメーションは完璧にコピーされます。

13 ［キーのコピー］ボタンを押すと、［スクリプト エディタ］はコマンドラインに// Result: 281を返します。これは、281個のカーブがクリップボードにコピーされたことを意味します。では、静止したGroggyのリググループ（groggy1:root_Group）を選択しましょう。

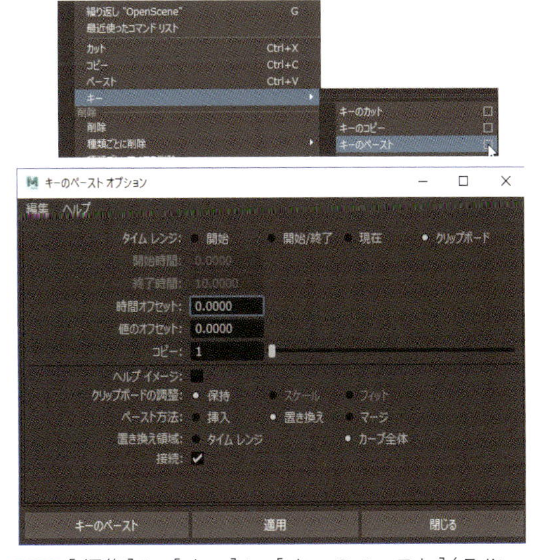

14 ［編集］>［キー］>［キーのペースト］(Edit > Keys > Paste Keys) オプション□を選択します。上図の設定で［キーのペースト］ボタンを押せば完了です。カーブがペーストされたGroggyは、想定どおりに動きます。これは、［リファレンスの置き換え］が上手くいかないアニメーションを、新しいリグにコピーしたい場合に便利です！

03 きびきびと動かす

ダウンロードデータ moom_Dynamics_Start.ma / moom_Dynamics_Finish.ma

アニメーションで使える最も効果的な裏ワザは、「**Mayaのモーション補間を利用する**」です。例えば、テレビ向けのセルアニメーションではフレームが「2コマずつ（2's）」作成されます。すなわち1フレームおきに（2フレーム分）ホールドするので、1秒間に作成するフレーム数は通常の24ではなく12になります。プロが見れば粗く感じられるでしょう。しかし、3Dではすべてのフレームに必ず動きがあります（ステップモードを除く）。Mayaで言う「2コマずつ（2's）」は2フレームごとにキーポーズを設定することですが、その場合でもすべてのフレームに動きがあるのです。

この3Dの特性を活用し、ダイナミックオブジェクトでリグを「きびきびと」動かしていきましょう。ダイナミックオブジェクトは常に移動しているので、ポーズや移動の手間を減らすことができます。これで粗い感じがなくなり、キャラクター自体の動きが途切れ途切れでも、キャラクターの「世界」は滑らかで連続的に見えるようになります。

Moom（ムーム）の粗雑なアニメーションのシーンを例に、2つのまったく異なるダイナミックな手法でポニーテールとイヤリングにそれぞれ動きを加えてみましょう。あとでアニメーションを再生すると、シーンがダイナミックになることがわかります。ダイナミックオブジェクトの追加とそれによって生じる副次的な動きだけでも効果的です。締め切りが非常に厳しく、1つのショット内であまりキーポーズを設定する時間がない場合、この裏ワザが役立つでしょう。

1 **moom_Dynamics_Start.ma**を開きます。Moomにはイヤリングとポニーテールのジオメトリがセットアップしてあります。まず、ダイナミックオブジェクトの作成プロセスに取り掛かりましょう。

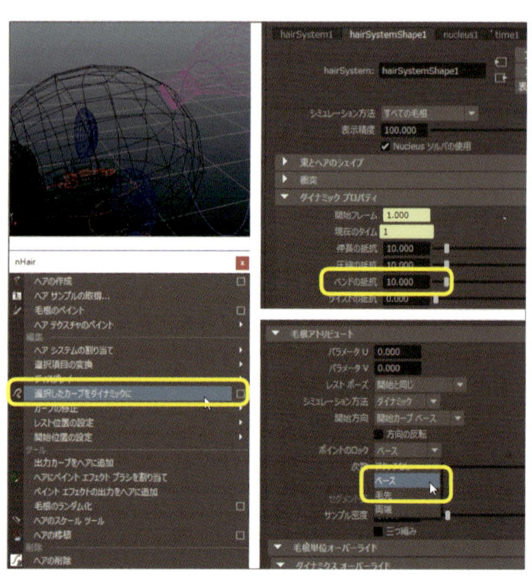

4 カーブを選択、［nHair］>［選択したカーブをダイナミックに］（nHair > Make Selected Curves Dynamic）を適用。続けて、HairSystemShape1で［ダイナミック プロパティ］>［ベンドの抵抗］を**10**に変更します。［アウトライナ］でhairSystem1Folliclesグループ>FollicleShape1で［ポイントのロック］:［ベース］に変更します。

役立つヒント

コンピュータの性能によっては、ダイナミクスを高速で表示できない場合があります。Mayaはそれらをリアルタイム処理するので、通常はすべてのフレームが再生されなければいけません。複雑なダイナミクスを再生したり、遅いマシンで確認する場合は、タイムスライダのプリファレンスで再生を［フレームごと］に変更します。

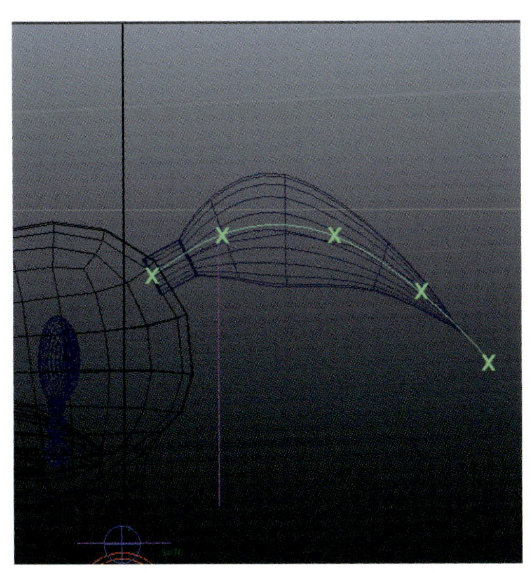

2 最初にポニーテールのダイナミクスを作ります。シンプルなヘアカーブを使い、その周りをジオメトリが取り囲むようにします。側面ビューに切り替え、［EPカーブツール］でポニーテールの中を通るようにNURBSカーブを描いてください。

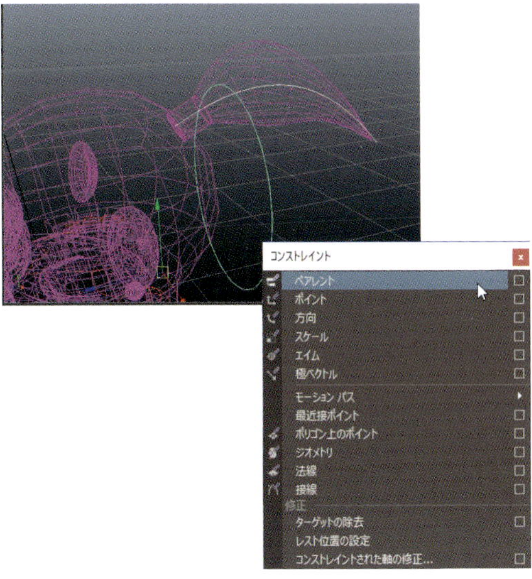

3 頭のコントロールを選択し、［Shift］キーを押したまま新しく作成したカーブを選択します。［F4］キーで［アニメーション］メニューセットに切り替え、［コンストレイント］>［ペアレント］(Constrain > Parent）を適用します。さあ［F5］キーで［Fx］メニューセットに切り替えましょう。

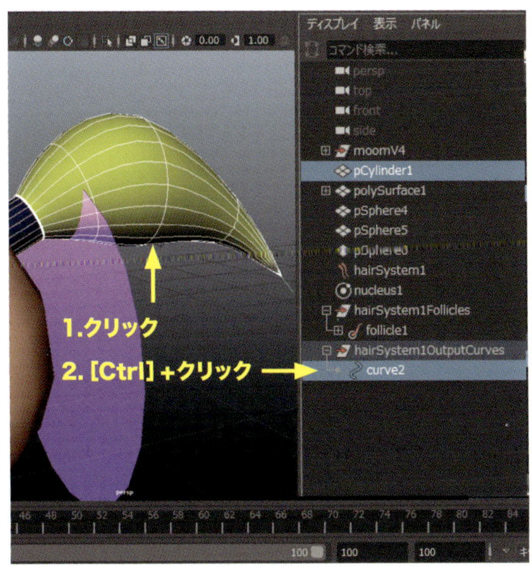

5 f01に進み、ポニーテールのメッシュを選択します。次に［アウトライナ］で新しく作成したhairSystem1OutputCurvesグループ>curve2を［Ctrl］キー+クリックします（curve2は作成したcurve1に適用されたダイナミクスの結果です）。

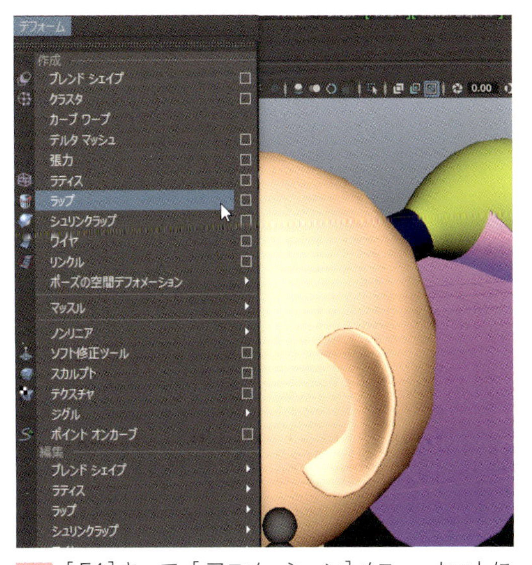

6 ［F4］キーで［アニメーション］メニューセットに切り替え、［デフォーム］>（作成）>［ラップ］（Deform > Create > Wrap）を選択します。再生ボタンを押して、ポニーテールが前後に揺れるのを確認しましょう。かなり粗いアニメーションですが、シーンに滑らかさが加わったのがわかりますか？ とてもお手軽です。

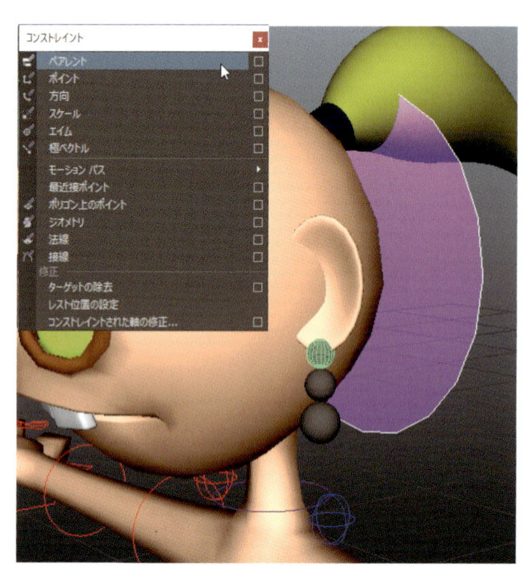

7 ヘアカーブは一時しのぎの解決策にはなりますが、変形したくないメッシュには適していません。ではリジッドボディでイヤリングをダイナミックにしましょう。まず、f01で頭のコントロールを選択し、[Shift]キーを押したまま1つめイヤリングを選択、[コンストレイント]>[ペアレント](Constrain > Parent)を実行します。

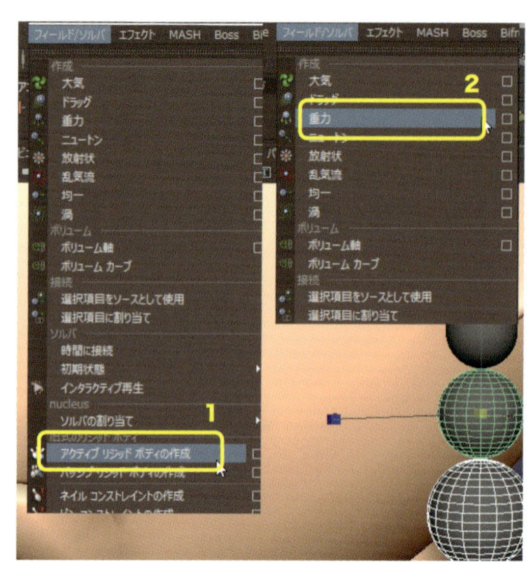

8 次は下の2つの球をリジッドボディにします。両方の球を選択し、[F5]キーで[Fx]メニューセットに切り替え、[フィールド/ソルバ]>[アクティブ リジッド ボディの作成](Fields/Solvers > Create Active Rigid Body)を適用。球を選択したまま、[フィールド/ソルバ]>[重力](Fields/Solvers > Gravity)をクリックします。

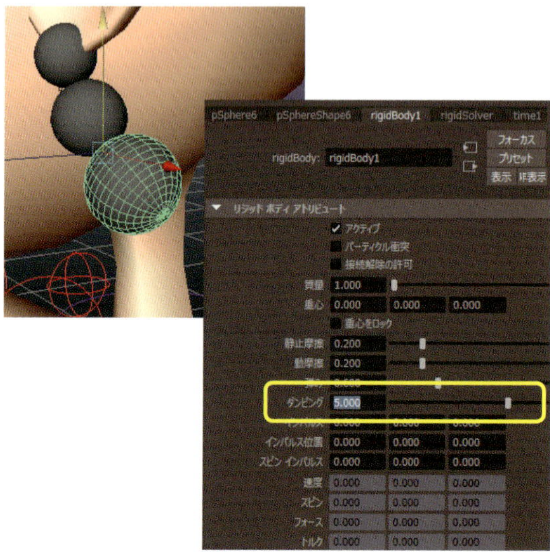

11 イヤリングを正確に動かすには、いくつかの設定の変更が必要です。まず下の球を選択した状態で、rigidBody1タブの[リジッド ボディ アトリビュート]セクション>[ダンピング]を**5**に変更します。

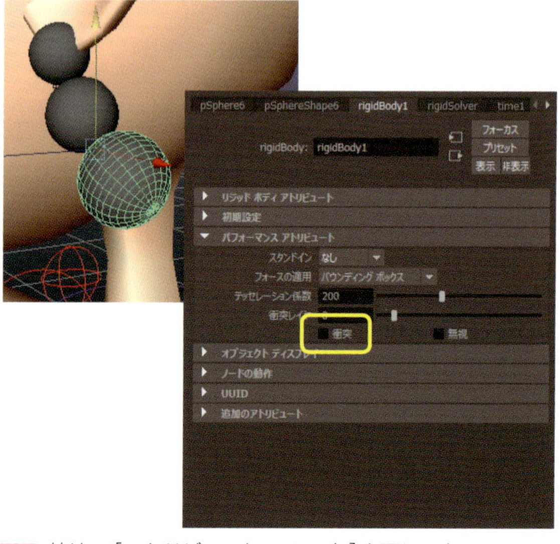

12 続けて[アトリビュート エディタ]を下にスクロールし、[パフォーマンス アトリビュート]セクション>[衝突]をオフにします。真ん中の球を選択したら、rigidBody2タブに移動し、同じ手順を繰り返します。

役立つヒント

ネイル コンストレイントは、イヤリングのように揺れるオブジェクトに最適です。他にもさまざまな種類のダイナミック コンストレイントがあるので、すべてを試してください。ヒンジ コンストレイントはネイル コンストレイントと似ていますが、1本の軸の周りしか回転しません。スプリング コンストレイントもネイル コンストレイントと似ていますが、それらはストレッチします！

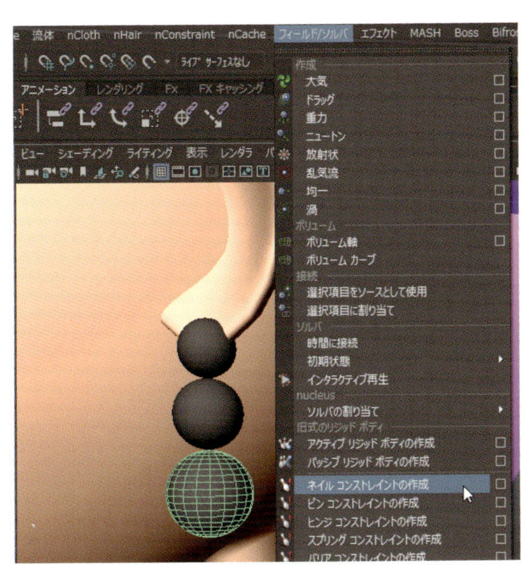

9 球が互いに相関しながら動くようにセットアップする必要があります。これにはネイル コンストレイントが最適です。下の球を選択、[フィールド/ソルバ] > [ネイル コンストレイントの作成] (Fields/Solvers > Create Nail Constraint) を実行します。

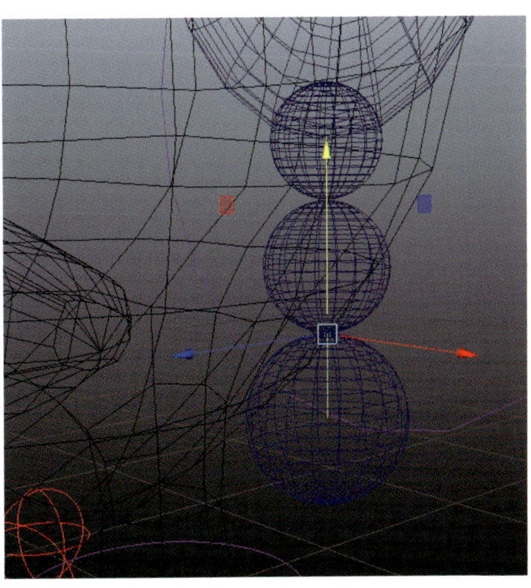

10 新しいネイル コンストレイントを真ん中の球の下部に移動し、[Shift] キーを押したまま真ん中の球を選択、[P] キーを押してペアレントします。真ん中の球でも繰り返しましょう。ネイルコンストレイントを作成、上の球の下部に移動してペアレントします。

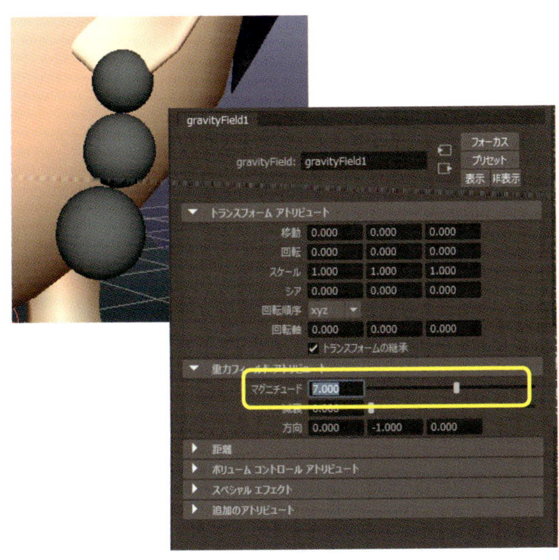

13 [アウトライナ] でgravityField1を選択し、[マグニチュード] アトリビュートを**7**に変更します。

14 再生ボタンを押してみましょう！ ポニーテールは頭部の動きに合わせて揺れ動き、イヤリングはMoomの耳できれいに揺れます。このシーンのアニメーションは粗いものの、滑らかでダイナミックな動きは見ていて心地よいものです。

04 プロップのリギング

ダウンロードデータ prop_Start.ma / prop_Finish.ma

どんなタイプのアニメーションであっても、キャラクターとプロップが関連することはよくあります。違うオブジェクトをアニメートしないよう、大部分のプロップをリギングしておきましょう。プロップのリギングはアートでありサイエンスです。すぐにアニメーション作業に戻れるように、ここではプロップのリギングの簡単な裏ワザをご紹介します。

リファレンスパイプラインで作業している場合、プロップのリギングを実行すれば、プロップファイルを標準化したフォーマットにできます（複数のシーンで扱えます）。これにより、ただジオメトリが存在しているだけのショットではなく、一緒に作業するすべてのアニメーターが活用できるアセットを作成できます。

まず、プロップ用のすべてのジオメトリが入るグループの作成から始めましょう。どんなものをプロップに追加しても、リファレンスされているすべてのシーンでリグが機能します。次に、プロップを動かすためのシンプルなコントローラを作成。最後に、すべてのコントロール、ジオメトリ、その他のノードを1つにグループ化し、リグに名前を付けます。

プロダクションで働くアニメーターは、プロップのリギング方法を理解しなければなりません。そうすれば、急にリギングが必要になったとき、キャラクターリガーの貴重な時間を無駄せずにすみます。自分でシーンの問題を解決・処理するたびに、会社にとってどれほどあなたが重要な存在かを証明できるでしょう。裏ワザを使えば、職の安定にもつながるのです！

※本書はアニメーションに焦点を当てているため、リギングの解説はこれで終わりですが、『Maya リギング 改訂版』（ボーンデジタル刊）ではより詳しく解説されています。

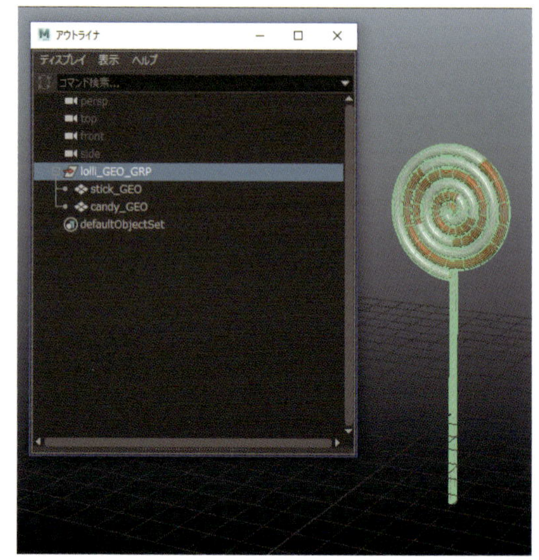

1 **prop_Start.ma**を開きます。シーンにはロリポップキャンディがぽつんとあります。最初にすべてのジオメトリを選択し、[Ctrl]＋[G]キーでグループ化します。この新しいグループ名は「lolli_GEO_GRP」にしましょう。

4 NURBS円でジオメトリを操作するため、ジオメトリグループをコンストレイントしましょう。[F4]キーで［アニメーション］メニューセットに切り替え、[アウトライナ]でlolli_CTRLを選択、[Ctrl]＋クリックでlolli_GEO_GRPを選択します。続けて、[コンストレイント] > [ペアレント]（Constrain > Parent）を適用します。

役立つヒント

一般的に、コントローラの［スケール］アトリビュートはアニメートにのみ使用します。プロップの全体的なスケール調整（シーンに対するプロップサイズの変更）は、コントローラではなくリググループで行います。

2 原点にNURBS円を作成します。円の名前を「lolli_CTRL」に変更し、適切なサイズにスケールしたら、［修正］>［トランスフォームのフリーズ］(Modify > Freeze Transformations）を適用します。

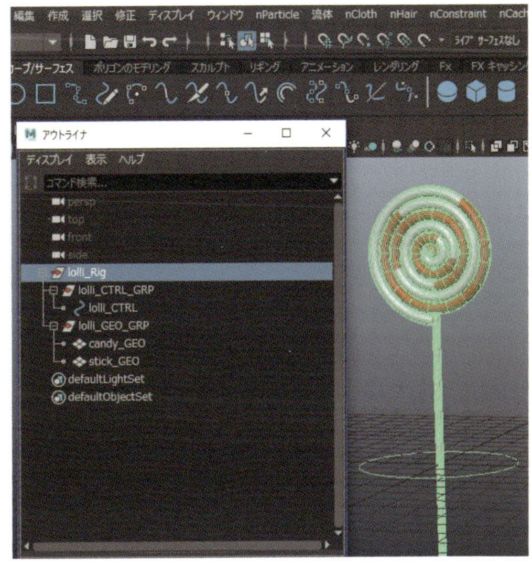

3 NURBS円もグループ化して、名前を「lolli_CTRL_GRP」にします。新しく作ったグループとlolli_GEO_GRPを選択、さらにグループ化します。グループ名は「lolli_Rig」にします。

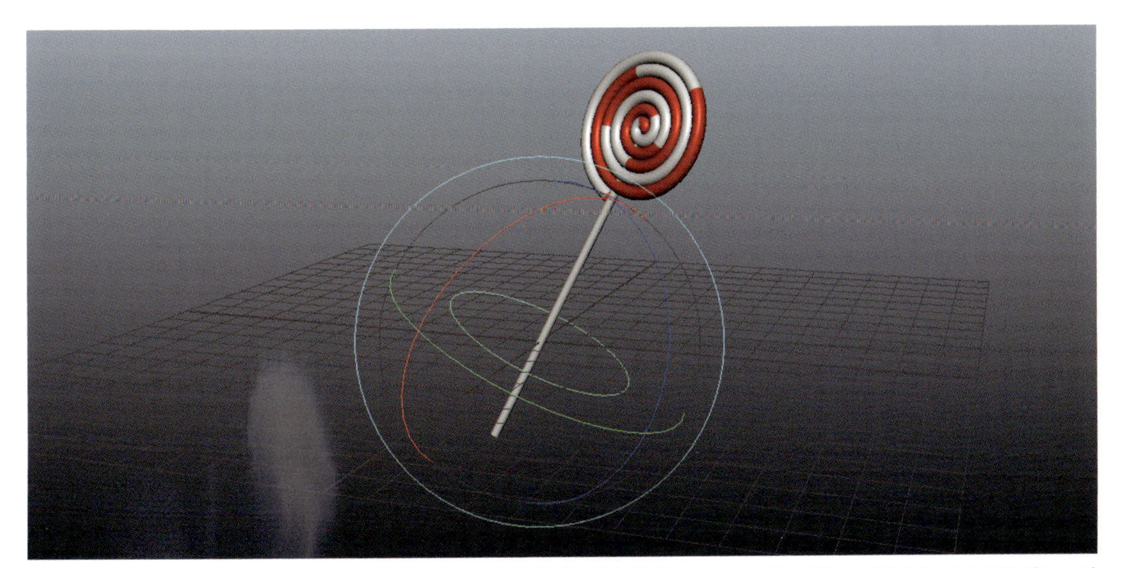

5 完成です！ コントロールを選択して、キャンディを移動・回転させてみましょう。試しに別のジオメトリをグループに入れて、コントローラで中のオブジェクトを動かし、ジオメトリグループの機能をテストしてもよいでしょう。この裏技は、複数のシーンにリファレンスされているプロップジオメトリを更新・変更したいときにうってつけです。

しっかりと聞く

台詞を分析する真の方法

1つの台詞から必要な情報すべてを得るためには、しっかり聴かなければいけません。とても注意深くです。あなたはおそらくオーディオファイルの音声をすでに分析し、抑揚やイントネーションに関するメモを取っていることでしょう。しかし、音の中に隠れた多くの秘密にまだ気づいていません…

アニメーションの中には、台詞にぴったり合っているものがありますね？ それは、新人アニメーターが気づかないようなサウンドファイル内の無数の事象をそのアニメーターが聴き取っているからです。それらを抽出するのは不可能に近いですが、小さなニュアンスの積み重ねが、観客をシーンに引き込んでいるのです。では、その探し方を紹介しましょう。

まず、**アンカー**を聞き取ります。これは言うなれば「キャラクターが発しているすべての非言語的な音」です。例えば、息遣い・間（ま）・言葉のつっかえ・つぶやき・舌鼓・呼吸音・息を吐く音・歯のカチカチ音・舌打ち・言葉の途切れ・繰り返し・フンという発声・うなり声・とげとげしい言い方や言葉の中の妙な強調・しゃがれ声・息切れや声の中断など、その他にもたくさんあります。これらの非言語的な音を正確にアニメートすると、キャラクターがシーンに文字どおり「アンカー（固定）」されます。キャラクターがそのシーンで本当に空気を吸い、身体から音を発しているように見せることで、そのキャラクターが確固たるものになるのです。もしアンカーがなければ、キャラクターが口を開いても、お腹の中で再生されているラジオ音が聞こえているのと変わりません。

私たちが無意識に聞き取っているすべての音を、キャラクターが実際に発していると観客に思わせることができれば、注意をもっと引き付けられます。そして、観客はさらにシーンに没頭するでしょう。アンカーにはその力があります。コツは、**実際の音よりも大げさにアニメートしてトーンダウンさせる**ことです。最初からさりげなくではいけません。1つのアンカーに対して大げさな動作を作り、それを適切なサイズに戻します。

次に、台詞の**エネルギー**に耳を傾けましょう。これは「ショット内でのさりげない動作」と「大きなジェスチャーの使い分け」を教えてくれます。必ずしも音のボリュームで表されるわけではなく、アンカーの中に隠れている場合もあります。例えば、キャラクターが怒り出すと、声に起伏が生じ、身体が震え始めます。キャラクターの声が突然途切れるときは、話し続けるエネルギーがなくなり、怒って急に黙り込んだ結果ではないでしょうか。また、10代の変声期を迎えた少年の声はクスクス笑われるかもしれません。しかし、その後の彼のエネルギーを想像してみてください。気まずさを感じた少年は、そのシーンに面白い出来事を引き起こすかもしれません。「エネルギーの変化を表す手掛かり」にきちんと耳を澄ませ、それをアンカーと照らし合わせれば、興味深い結果を得られるでしょう。

最後に身体の動きに注目しましょう。布きれや足が動く一つひとつの音すべてを「説明」する必要はありませんが、足音などを聞き逃してしまうと、途端に観客の注意がそのシーンからそれてしまいます。キャラクターの動きによく耳を傾けると、必要なポーズの手掛かりが得られます。例えば、座り姿勢では不可能な行動があります。逆に、立ち姿勢のキャラクターがとると不自然な行動もあります。人間は音声からキャラクターの姿勢を推測するのが非常に得意です。

私たちのDNAは、とても微妙なヒントを識別できるように組成されています。声が鼻腔から出ているのか、喉の奥から出ているのか。その聞こえ具合によって、キャラクターが立っているのか、それとも地面に丸まっているのかを結論づけることができます。オーディオの中の少しくぐもった声は、キャラクターが頭を抱えていると説明できるし、手のひらで口を覆うと声が変化するでしょう。問題なのは、これらのヒントを考慮するアニメーターがほとんどいないため、でき上がったアニメーションに欠落があることです。

そこで次の手順を試しましょう。

- **キャラクターが意図的または偶発的に発している音をすべて探す**

  この最初の手順を踏むだけも（最低限の労力で）、シーンの質が高まるでしょう。

- **オーディオの中でシーンのエネルギーを探す**

  そこから動きの大きさやポーズの強さなど、アニメーションに関する判断を下します。

- **さらによく耳を澄まし、身体の位置や姿勢に関するとても小さなヒント聞き分ける**

  演技を維持できる範囲を超えてキャラクターが不自然に動くと、観客にはわかります。

オーディオのワークフローでこれらの3つの新しい手順を実行し、素晴らしいシーンに含まれている特定困難なヒントを識別できるか、ぜひ試してみましょう。

お馴染みのリグに見えますが、キャラクターをユニークに見せるためのちょっとしたカスタマイズが施されています

CHAPTER 7

特徴を加えて引き立たせる

アニメーションは今後も勢いが留まる兆候はありません。この成長分野で、ライバルたちと差をつけるためにできることはすべて行なってください。自分らしさを表現するには、アニメーションを整えるためのコツを知っておく必要があります。本章では、そうした裏ワザのいくつかを紹介していきます。

ヘアやファーの追加、独自の装飾を加えたモデルのカスタマイズなど、デモリールをユニークすることが、アニメーターの仕事を得る手段になるかもしれません。

01 ブレンドシェイプの追加

ダウンロードデータ custom_Start.ma / custom_Finish.ma

あなたはきっとデモリール制作で、オンライン上にある数多くのリグを試していることでしょう。それで何の問題もありません。実際に、さまざまなコントロールセットやリグスタイルに触れてみるのはとても良いことで、適切に制作を準備できるでしょう。

一方で、ダウンロードしたリグを使えば、採用担当者はあなたのリールを以前見たことがあると感じるかもしれません。そうなると、担当者はその作品に親しみを持てず、採用のチャンスが失われてしまいます。

このような問題を解決するため、完成リグにカスタムブレンドシェイプを追加して対処しましょう。この手法をしっかりと練習すれば、どんなリグでもカスタマイズして、あなたの仕事を引き立たせることができます。

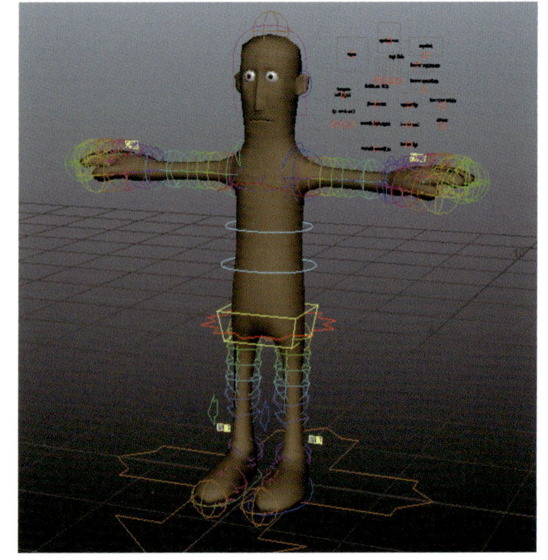

1 **custom_Start.ma**には古き良きBloke（ブローク）が、グリッド上でTポーズをとっています。何度かブロックを押し出しただけなので、もう少し形を整えていきましょう。

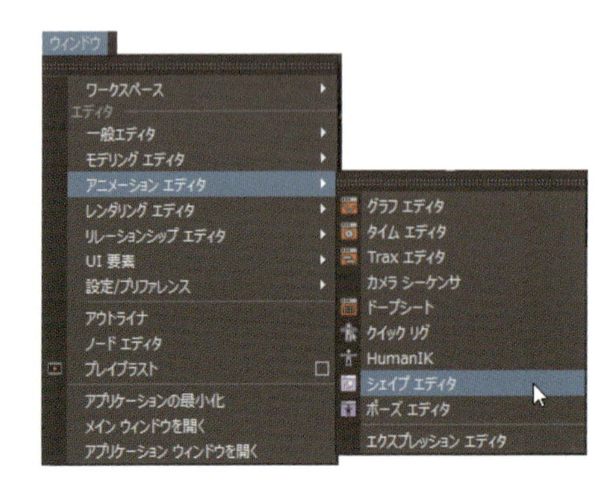

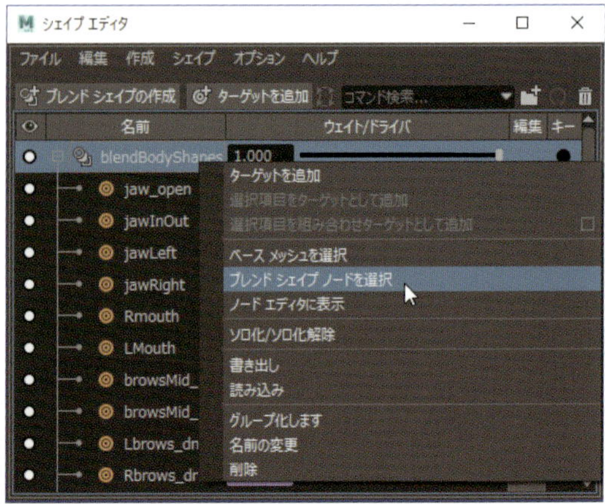

4 シーン内でブレンドシェイプノードを見つける方法は他にもあります。[ウィンドウ] > [アニメーション エディタ] > [シェイプ エディタ]（Window > Animation Editors > Shape Editor）を開き、blendBodyShapesを選択します。

役立つヒント

独自のリグを作成するときは、変形前のボディメッシュを複製しましょう。そうすれば、後でブレンドシェイプを追加できます。

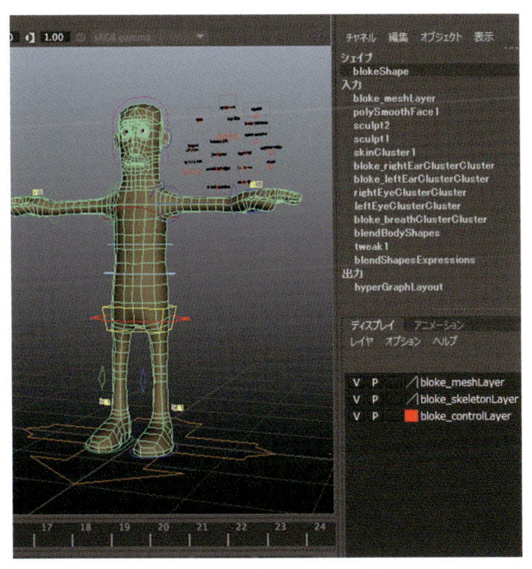

2 最初にリグの診断が必要です。ブレンドシェイプを適用する場所を判断しましょう。Blokeメッシュを選択し、[チャネル ボックス]を開きます。

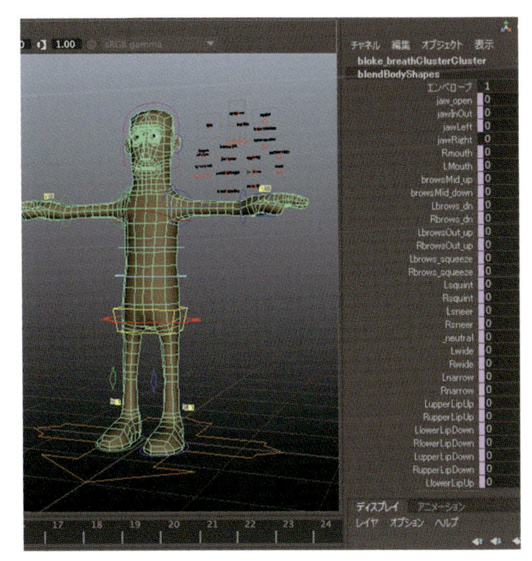

3 [入力]の下の方に[blendBodyShapes]チャネルがあります。クリックして、顔のブレンドタイプをすべて確認しましょう。

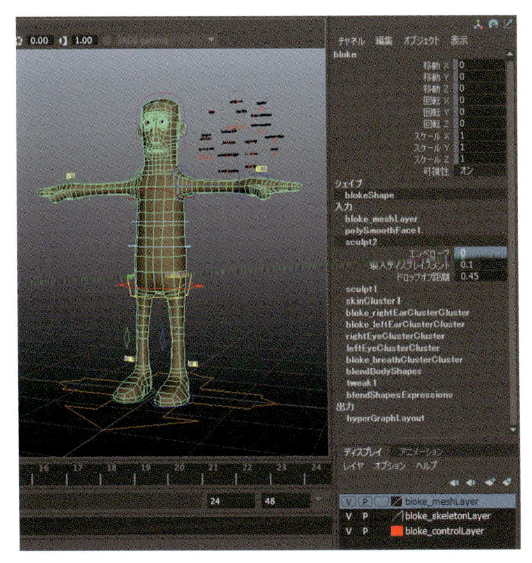

5 これから作業を進めるモデルをクリーンなベースメッシュにしましょう。まず、ブレンドシェイプノードより上にあるすべてのデフォーマの[エンベロープ]チャネルを1つずつ**0**に変更します。

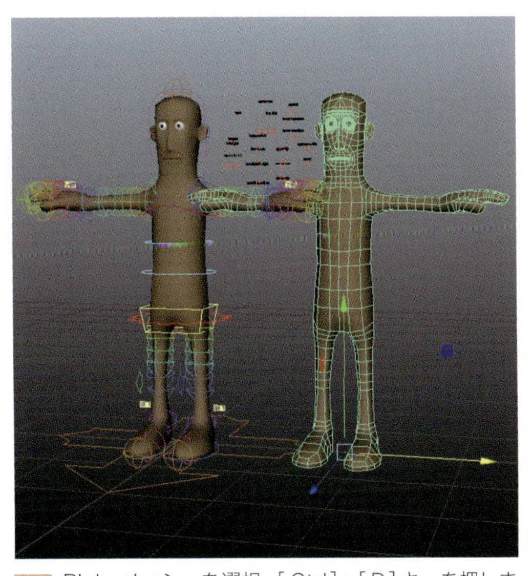

6 Blokeメッシュを選択、[Ctrl]+[D]キーを押します。次に[チャネル ボックス]ですべてのトランスフォームチャネルを選択、右クリックして[選択項目のロック解除]を適用します。この新しいコピーの名前を「custom_Blend」に変更し、隣に移動します。

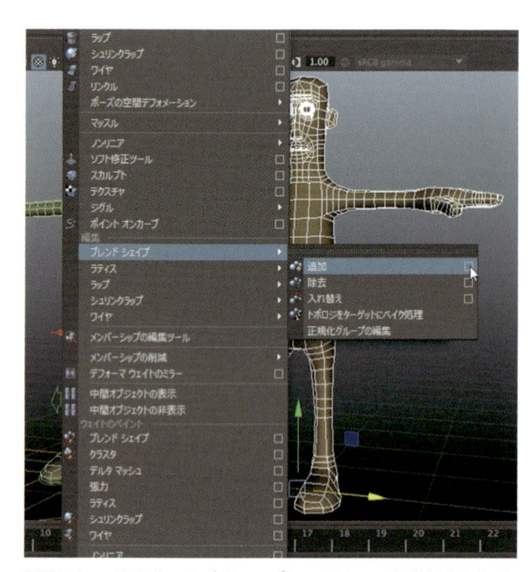

7 キャラクターに新しいブレンドシェイプを追加しましょう。custom_Blendを選択し、[Shift]キーを押したまま、元のボディメッシュを選択します。続けて［アニメーション］メニューセットの［デフォーム］>（編集）>［ブレンドシェイプ］>［追加］（Deform > Edit > Blendshape > Add）オプション□をクリックします。

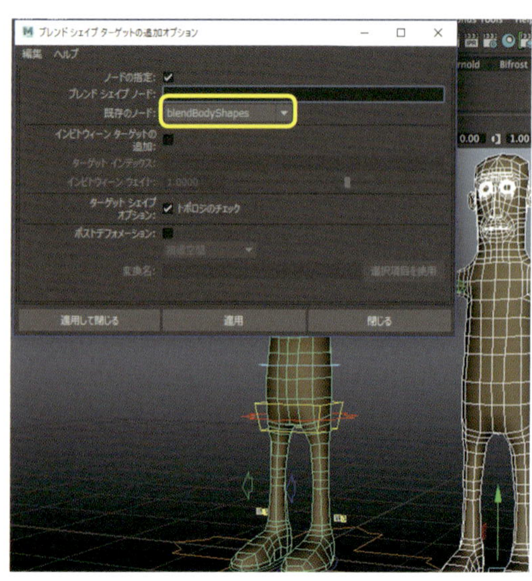

8 ［ノードの指定］オプションをチェックし、［既存のノード］で［blendBodyShapes］を選択、［適用して閉じる］を押します。［チャネル ボックス］でBlokeのボディメッシュでデフォーマに進み、［エンベロープ］設定を**1**に戻します。

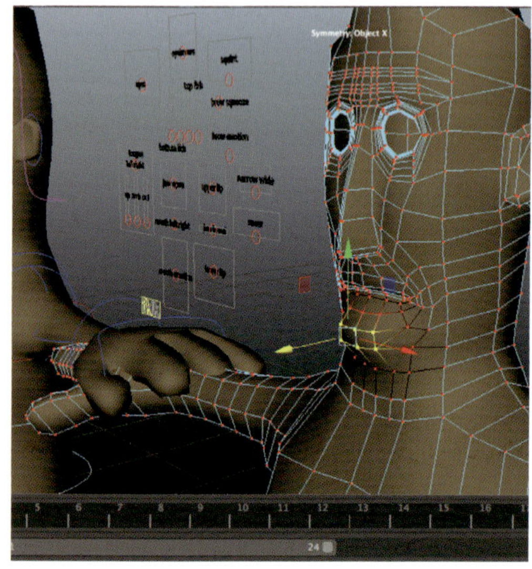

11 顎を少し押し出してみましょう。[B]キーを押して、［ソフト選択］をオンにします。これで、メッシュを滑らかに調整できます。

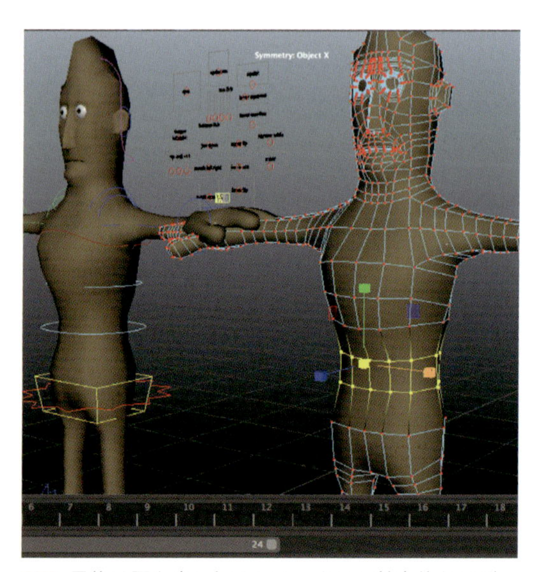

12 最後は腰を少し細くして、さらに魅力的なデザインにしてみてください。

役立つヒント

Blokeには［Smooth］チャネルがあることを忘れずに。キャラクターに［Smooth］チャネルがある場合、［オン］にしてカスタムブレンドをテストし、最終結果を確認しましょう。

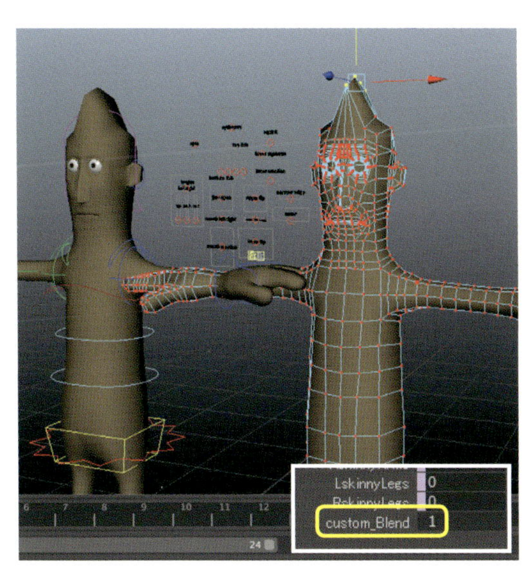

9 Blokeメッシュを選択、［チャネル ボックス］の［入力］でblendBodyShapesを選択します。下にスクロールし、［custom_Blend］チャネルに**1**をセットします。［F8］キーを押して［コンポーネント］モードに切り替えます。custom_Blendの頭部にある頂点を移動し、モヒカンにしましょう。

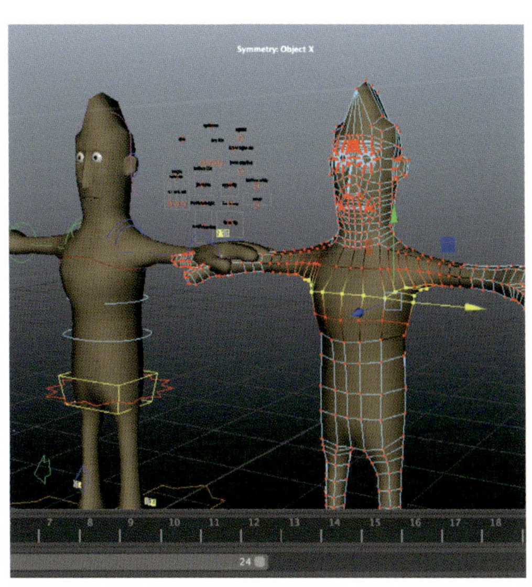

10 Blokeに筋肉を追加してみましょう。胸と腕の頂点を移動し、筋肉質で大柄な体格に変形していきます。

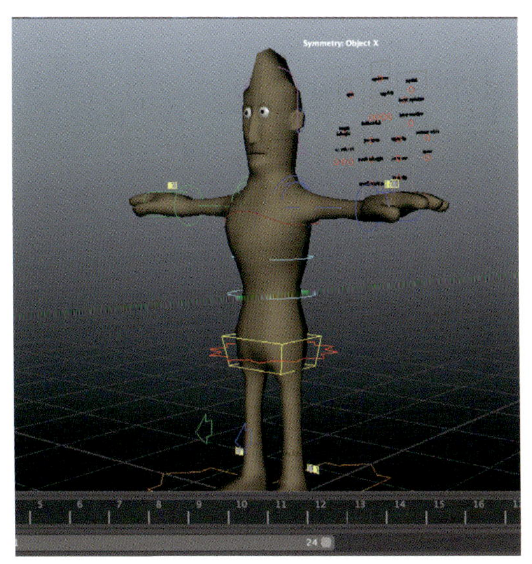

13 ［Ctrl］+［H］キーでcustom_Blendを非表示にし、シーンをクリーンに保ちます。

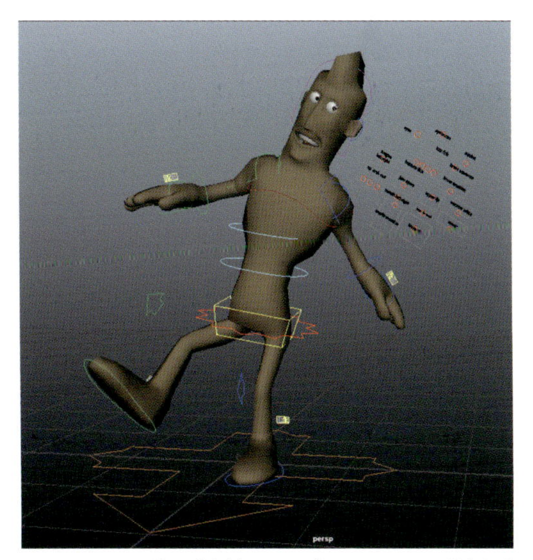

14 Blokeにポーズを付けて、ブレンドシェイプが上手く機能していることと、頂点がおかしな動作をしていないかテストします。さあ、このカスタムモデルをお楽しみください！

02 クラスタの追加

ダウンロードデータ cluster_Start.ma / cluster_Finish.ma

ダウンロードしたリグをカスタマイズするとき、ブレンドシェイプは素晴らしい開始点になります。しかし、カスタムジオメトリだけでは上手くいきません（静的で退屈にならないように、追加のコントロールが必要ですが、リギング後にボーンやコントロールをさらに追加すると壊れてしまうでしょう）。そんなときは［クラスタ］がうってつけです。

クラスタは実際のシーンに追加されるため、オブジェクト空間では細心の注意が必要です。しかし、完全なリグを作る場合、便利なコントロールになります。ここでは、セットアップの適切なワークフローを示すため、Blokeにセットしたモヒカンヘアに、震えるクラスタを追加してみましょう。

まずクラスタの位置とウェイトを決めます。次にメッシュの変形順序を並べ替え、クラスタがブレンドシェイプやスキンクラスタノードと干渉しないようにします。最後にコントロールをセットし、クラスタと頭部のリグをリンクします。

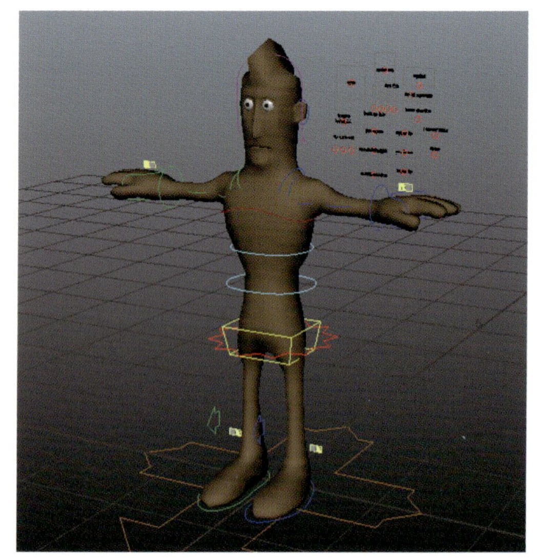

1 **cluster_Start.ma**を開きます。これはカスタマイズを終えたBlokeです。前に追加したブレンドシェイプを持っています。

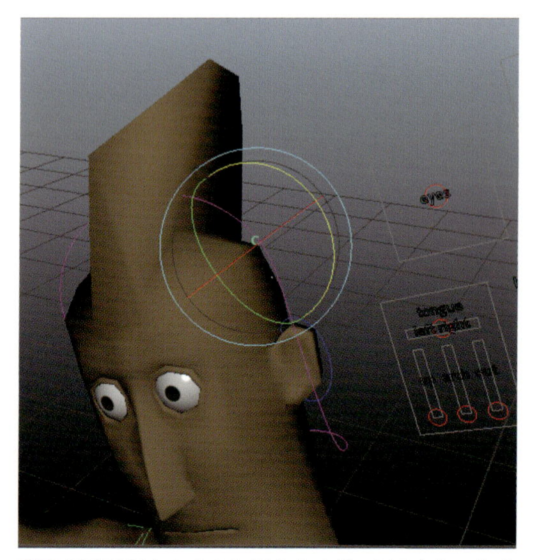

4 設定完了したように見えますが、テストしてみましょう。まず好きな向きに頭部を回転し、続けて残されたクラスタを回転します。おや、この結果は意図したものとは違いますね。

役立つヒント

クラスタは、作成時に選択したコンポーネント間の中央に作成されます。クラスタを別の位置に移動するときは、[アトリビュート エディタ]で[原点]アトリビュートを変更してください。

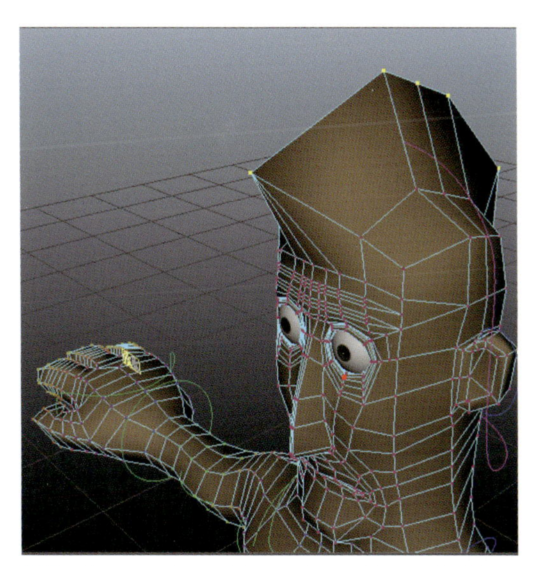

2 新しいモヒカンの上にコントロールを作成しましょう。[F8]キーを押して、[コンポーネント]モードに切り替え、モヒカンの頂点を選択します。

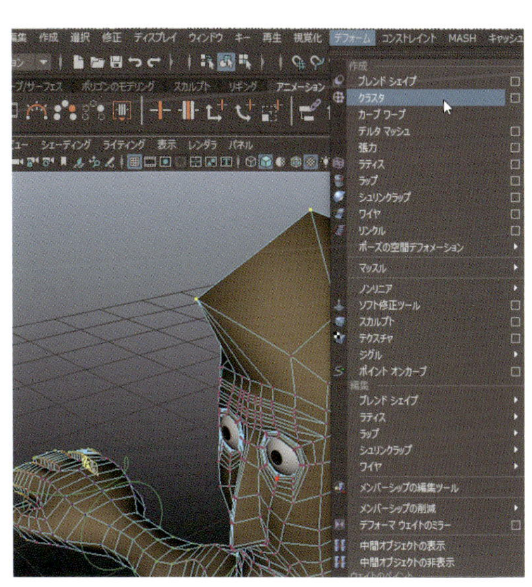

3 [F4]キーで[アニメーション]メニューセットに変更し、[デフォーム]>(作成)>[クラスタ](Deform > Create > Cluster)をクリックします。

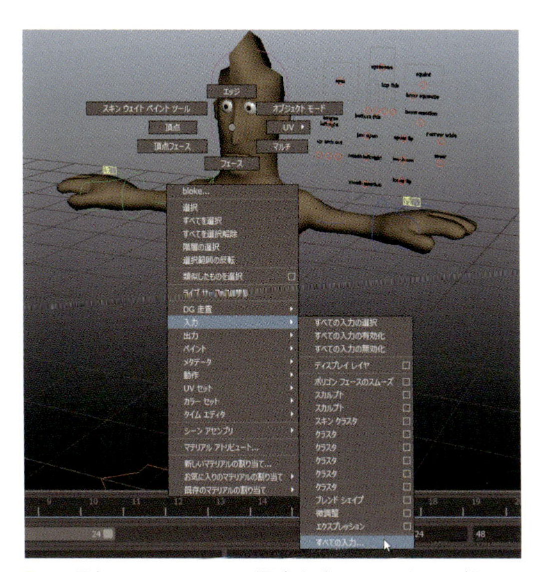

5 最初にデフォーマの順序を変更します。頭部の回転を元に戻し、Blokeのボディメッシュを右クリック、[入力]>[すべての入力](Choose Inputs > All Inputs)を選択します。

6 リストの先頭にあるクラスタを見てください。これは最後に計算されることを意味しています。スキンクラスタの前に計算させたいので、cluster6ノードを中ボタンドラッグし、skinCluster1ノードの下に移動します。

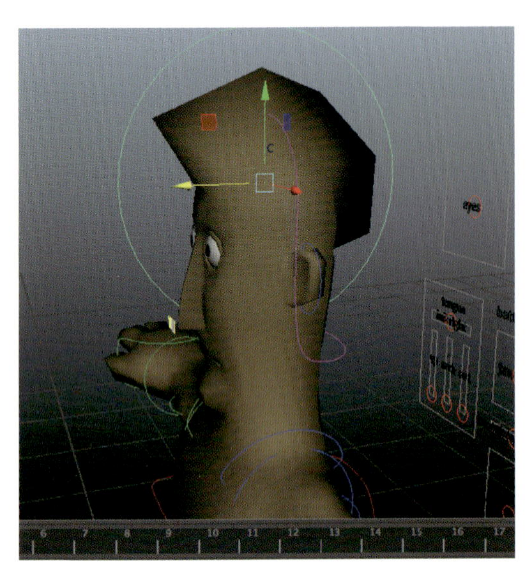

7 次はクラスタをコントローラに接続します。まず、NURBS円を原点に作成しましょう。続けて、Blokeの頭部に移動、Z軸で90度回転し、モヒカンのサイズに合うようにスケールします。

8 [F8]キーを押して、[コンポーネント]モードに切り替え、円のCVを動かしてモヒカンの向きに合わせます。コントローラを移動する部位に似せるのは、良いアイデアです。再び[F8]キーを押して、[コンポーネント]モードを終了します。

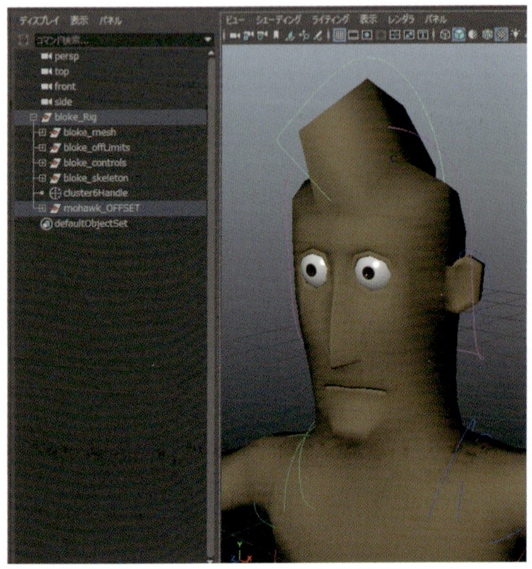

11 このグループの名前をMohawk_OFFSETに変更し、Blokeリグ(bloke_Rig)に中ボタンドラッグ。これで管理しやすくなります。

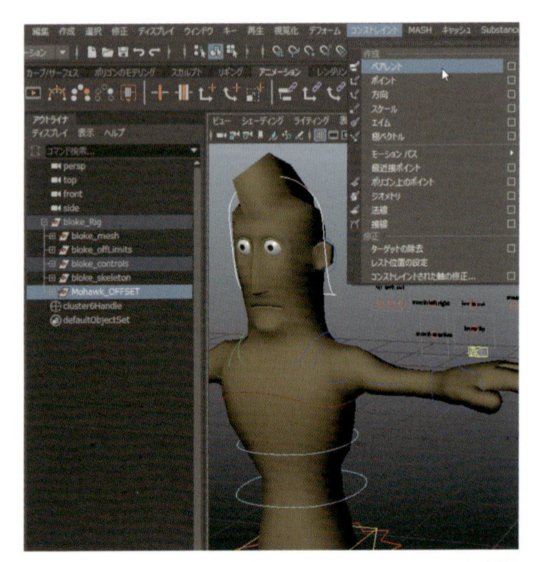

12 頭部コントローラ(bloke_headControl)を選択、続けて[Ctrl]キーを押したまま[アウトライナ]のMohawk_OFFSETグループを選択します。[アニメーション]メニューセットに切り替え([F4]キー)、[コンストレイント]>[ペアレント](Constraint > Parent)をクリックします。

役立つヒント

クラスタのピボットポイントは、「C」アイコンの少し上にあります。このわずかなピボット位置のズレがMohawk_Controlのピボットに正しくスナップできない原因となります。

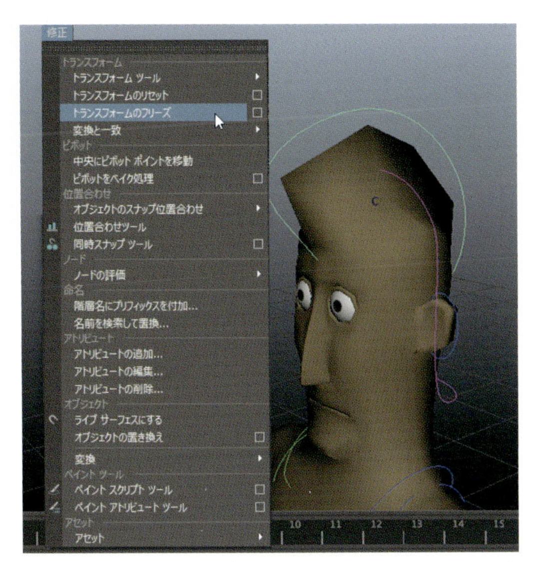

9 この新しいカーブを選択、Mohawk_CTRLに名前を変えます。ヒストリを削除し、[修正]>[トランスフォームのフリーズ](modify > Freeze Transformations)をクリック、トランスフォーム情報を**ゼロ**にします。

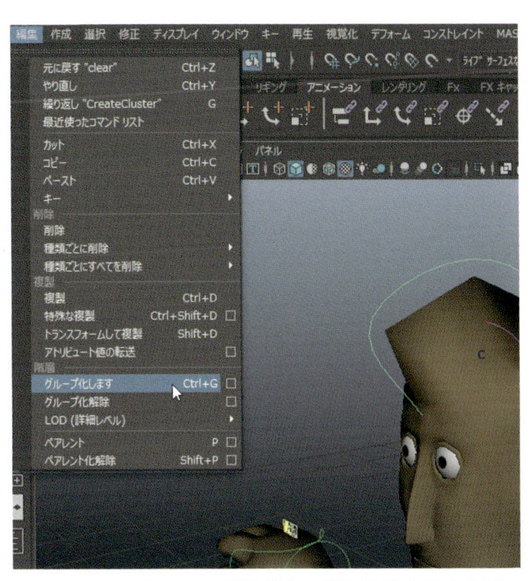

10 このコントローラは頭部と一緒に動作させますが、チャネルに値を持つことができません(理由はわかりますね)。つまり、コンストレイントやペアレントが上手く機能しません。Mohawk_CTRLをクリックし、[Ctrl]+[G]キーでグループ化しましょう。

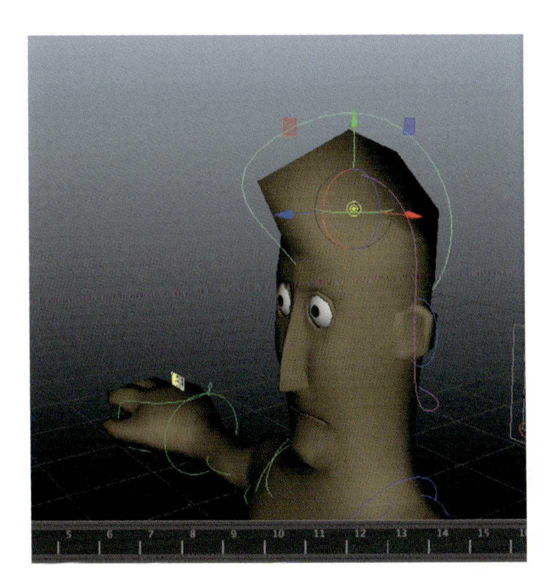

13 Mohawk_CTRLを選択、[W]キーを押して[移動ツール]に切り替えます。次に[D]キーを押してピボットポイントを[マニピュレーションモード]に切り替え、[V]キーで頂点にスナップしましょう。[D]キーと[V]キーを押したまま、中ボタンドラッグして、コントローラのピボットをクラスタにスナップします。

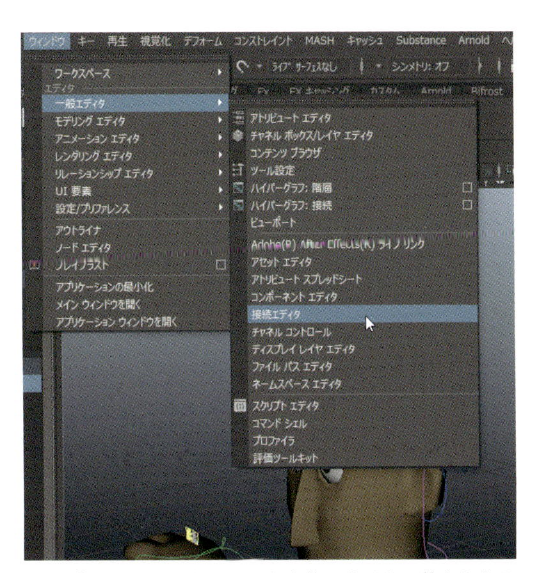

14 今回はコンストレイントを使いません。使うとクラスタの二重変形が起きてしまいます。代わりに、コントローラとクラスタの各トランスフォームに単純な接続をセットします。Mohawk_Controlを選択し、[ウィンドウ]>[一般エディタ]>[接続エディタ](Window > General Editors > Connection Editor)をクリックします。

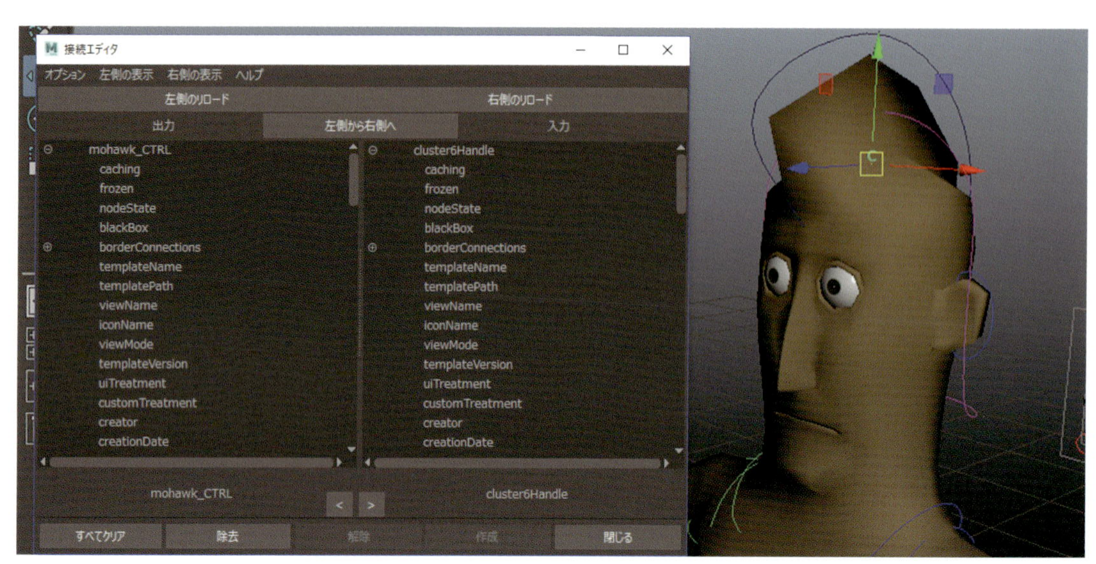

15 ［接続エディタ］の左側に、Mohawk_CTRLのアトリビュートが自動ロードされます。パースパネルでクラスタを選択、［接続エディタ］の右上にある［右側のリロード］をクリックしましょう。クラスタのアトリビュートが、右側のカラムにロードされます。

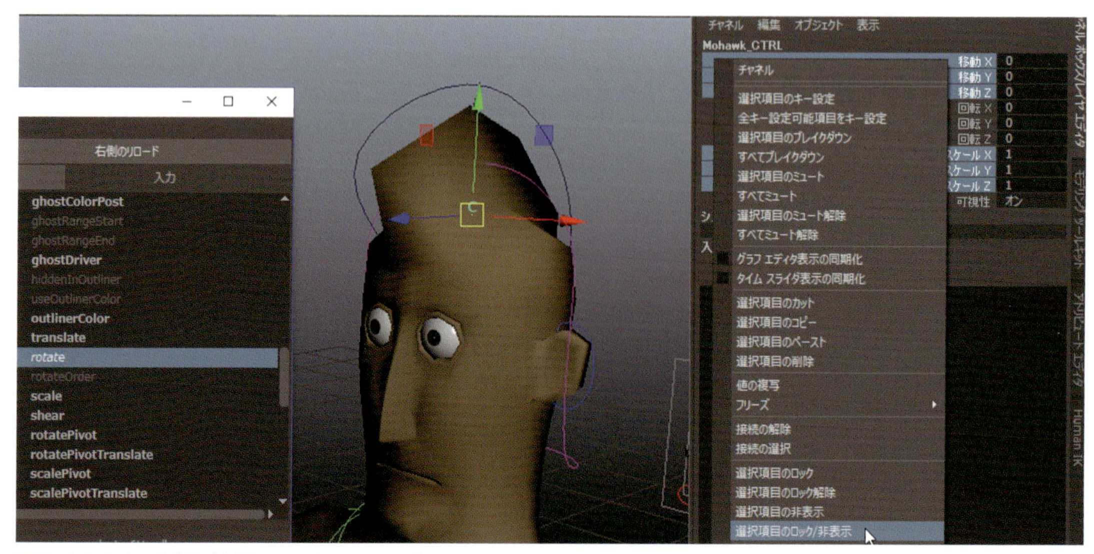

17 もう1度、簡単に整頓していきます。まず、Mohawk_CTRLを選択し、続けて［チャネル ボックス］の［移動］［スケール］チャネルを選択します。右クリックから［選択項目のロック/非表示］を適用します。

役立つヒント

クラスタウェイトをペイントすると、クラスタのインフルエンスを滑らかにできます。Blokeのボディメッシュを選択、[アニメーション]メニューセット([F4]キー)に切り替えて、[デフォーム]>[ウェイトのペイント]>[クラスタ](Deform > Paint Weights > Cluster)を選択します。

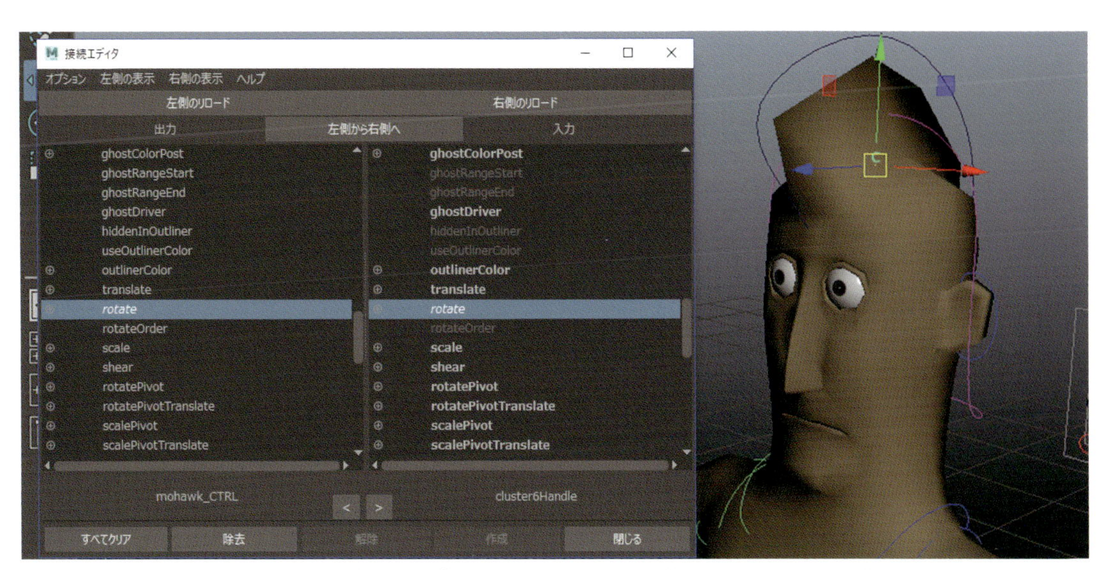

16 Mohawk_CTRLの回転(rotate)アトリビュートが見つかるまで、左側のカラムを下にスクロールします。見つけたらクリックしましょう。同様に、右側のカラムでも回転(rotate)アトリビュートを見つけて、クリックします。両方のアトリビュートが選択されると接続されます。

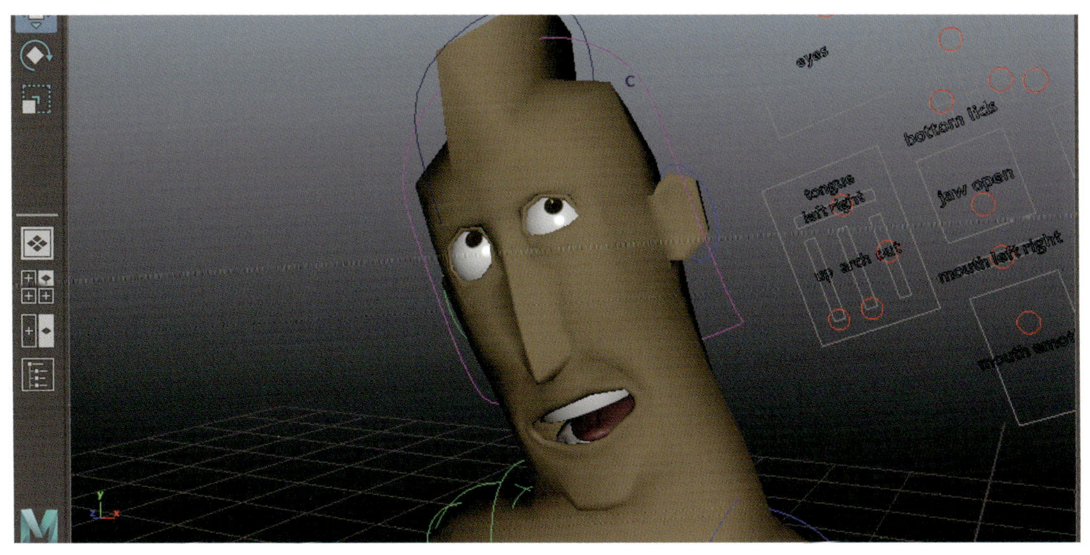

18 確認してみましょう！ Blokeにポーズをとらせて、新しいコントローラで回転させます。このモヒカンにはオーバーラップアニメーションをセットできます。これで、他のアニメーターに差を付けるカスタムアニメーションを追加してください。

03 ラップ デフォーマ

ダウンロードデータ wrap_Start.ma / wrap_Finish.ma

キャラクターをさらにカスタマイズするため、新しいジオメトリをリグに追加しましょう。ただし、変形領域に新しいジオメトリをアタッチすると、コンストレイントが上手く動作しないことがあります。ペアレントも同じ問題を抱えており、新しいジオメトリをスキンデフォーマに追加するのは、一般的な選択肢ではありません。ではリグにカスタマイズを加えるにはどうすればよいでしょう？ [ラップ]デフォーマを使えば解決します。使用にあたり、特定の条件を満たす必要があり少し面倒です。以下の点に留意してください。

① 1つのジオメトリを別の1つのジオメトリにのみラップしてください。つまり、キャラクターのジオメトリが分割されている場合（たとえば頭部と首)、オブジェクトの継ぎ目を隠すため、スカーフを巻くことになるでしょう。

② ジオメトリの各パーツが近すぎる場合、ラップされたジオメトリは上手く動作しません。例えば、閉じたまぶたでまつ毛をラップすることは、おそらくできません。これは上下のまぶたにあるまつ毛の頂点が、互いに干渉しあうためです。目を開けた状態なら上手くいくでしょう。

③ [ラップ]デフォーマはソースとターゲットが近いときに最も上手く機能します。ただし、ソース上でジオメトリが近い場合や（ラップされたジオメトリが変形します)、ラップジオメトリがメッシュから遠すぎると問題が起こるでしょう。例えば、前項で作成したモヒカンヘアで考えてみます。モヒカンが独立したジオメトリの場合、その先端が頭皮から離れすぎているため、適切にラップできません。上部は奇妙なルックになり、下部は上手く変形するでしょう。通常、このデフォーマはキャラクターの肌や衣服に追加するジオメトリに使用します。

④ [ラップ]デフォーマはシーンを重くするので、ショット制作の後半で追加しましょう。シーンファイルではなく、リファレンスリグファイルに追加するとなお良いでしょう。
※リファレンスは10章で詳しく説明します。

1 **wrap_Start.ma**を開きます。シーンには、標準のGroggy（グロッギー）が立っています。将来の作業に備えて、彼を悪のGroggyにしてみましょう。

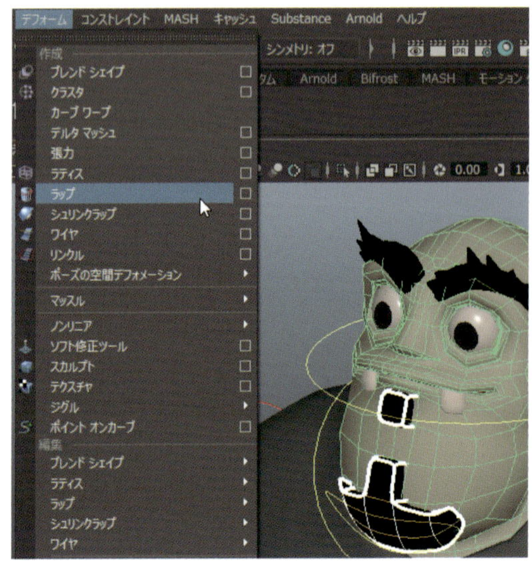

4 悪そうな顎ひげを追加していきましょう。顎ひげのジオメトリ、頭部を順に選択、[デフォーム]>(作成)>[ラップ](Deform > Create > Wrap)をクリックします。

役立つヒント

この手袋は腕のジオメトリを複製後、袖口の頂点を移動して膨らまし、スキンと少し離れるようにスカルプトして作成しました。複製したボディパーツは、[ラップ]デフォーマの一般的な開始点となります。

2 [ファイル]>[読み込み](File > Import)で**wrap_Objects.ma**を選択。シーンには悪のGroggyにするためのオブジェクトが読み込まれました。

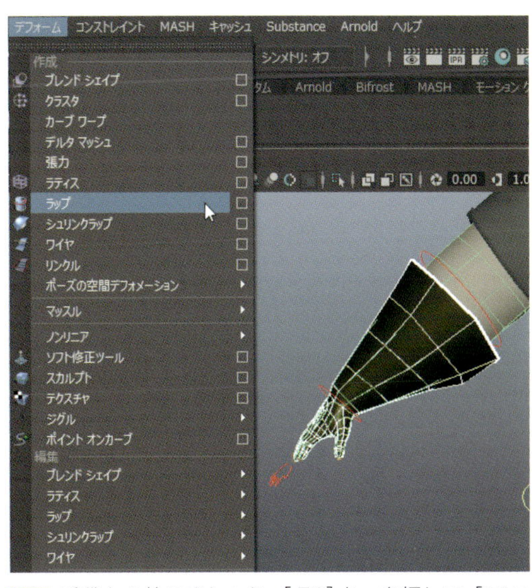

3 手袋から始めましょう。[F4]キーを押して[アニメーション]メニューセットに切り替えます。右の手袋、右腕を順に選択、[デフォーム]>(作成)>[ラップ](Deform > Create > Wrap)を適用します。今回は既定の設定で十分です。この手順を左側でも繰り返します。

5 ラップが正しく機能しているか、テストしてください。Groggyの頭部上にあるフェイシャルコントロールで顔のポーズを作成し、顎ひげがきちんとラップされているか確認します。

6 次は眉毛に進みます。右の眉毛、頭部を順に選択、[デフォーム]>(作成)>[ラップ](Deform > Create > Wrap)をクリックします。左側でも同じ操作を繰り返します。

7 Groggyのフェイシャルコントロールで眉毛をテストしましょう。とても上手く動作しています。

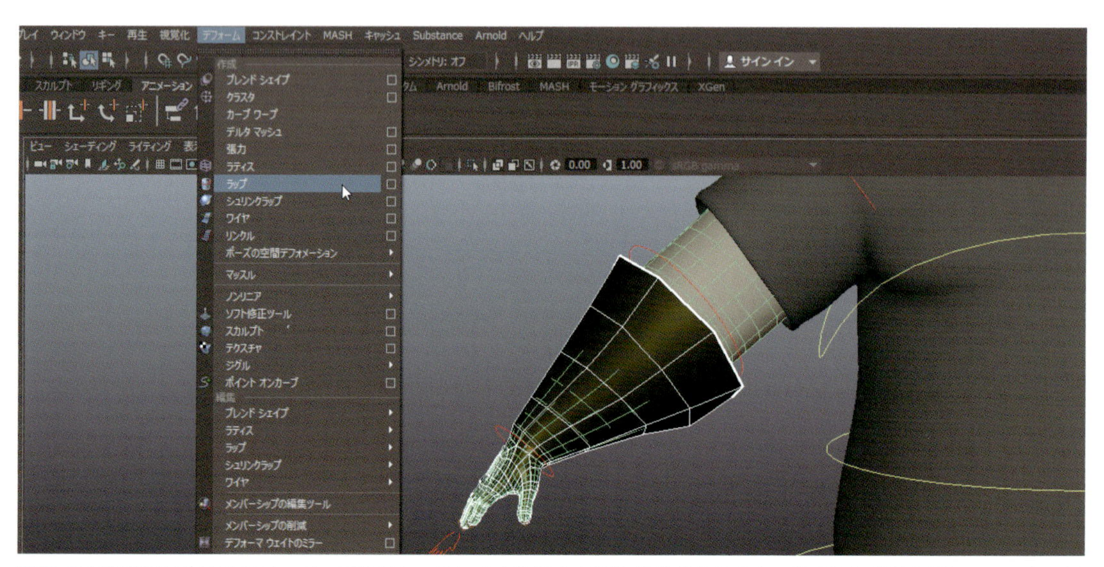

9 この問題に対応するには、ラップのスムースレベルを引き上げる必要があります。腕の動作を取り消して、スムースレベルを上げたGroggyとジオメトリをもう1度ラップしましょう。

役立つヒント

別オブジェクトにラップされたジオメトリは非破壊で滑らかにできます。セットした顎ひげを選択し、［3］キーを押して［スムース メッシュ プレビュー］に切り替えましょう。

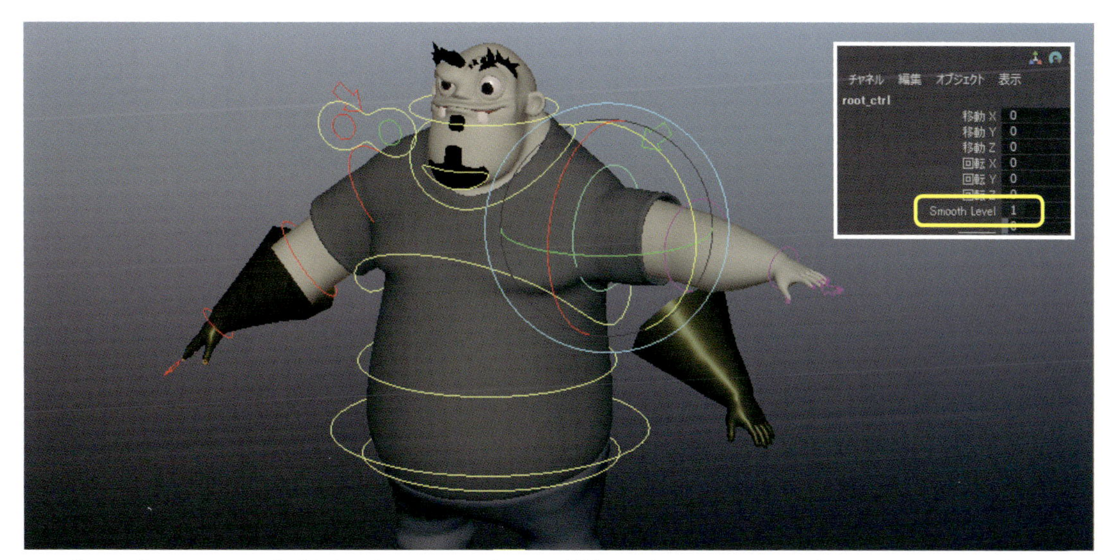

8 ［ラップ］デフォーマは作成したスムースレベル上でのみ機能します。Groggyのマスターコントロールを選択、スムースレベル（［Smooth Level］）：**1**にセットして、腕を動かしてください。ご覧のとおり、ラップは動作しません。

10 さらにスムースレベルを引き上げてラップしたいときは、レベルを上げて新しいラップを作成するだけです。Groggyを邪悪なポーズにして、ラップジオメトリをテストしてください。ほら、簡単に悪役ができ上がりました！

04 ヘアとクロスの追加

ダウンロードデータ hair_Cloth_Start.ma / hair_Cloth_Finish.ma

以前のヘアとクロスは技術的にも計算負荷の高い処理だったため、シーンに追加するのは困難でした。しかし、今日では数クリックで追加できるようになりました。ヘアやクロスをキャラクターに追加する方法を学べば、仕事に役立つでしょう。そして、実際にアニメーションの質はより際立つものになります。

無料サイトからダウンロードできるキャラクターには、ヘアやクロスのようなアニメーターを混乱させるものは付属していません。これは追加が難しいからではありません。

実際に留意すべき点がいくつかあります。例えば、ヘアやクロスを扱う場合、一般的にアニメーションをf101から開始します。シミュレーションを開始してエフェクトを安定させるには、シーンの始めに十分なフレーム数が必要です。また、ダイナミクスの評価をオフにする方法を学べば、エフェクトを表示するまで、24fpsでアニメートできるでしょう。

「6章 リギングの知識」でシーンにダイナミックな動きを加えたときと同じように、ヘアとクロスはアニメーションに厚みを加えます。これはアニメーションの視覚的なギャップを「埋めていく」方法になるのです。ちょっとした裏ワザですが、重宝することでしょう。

1 **hair_Cloth_Start.ma**を開いてください。キャラクターのMoom(ムーム)はショートパンツを身につけ、その頭部からNURBSカーブが突き出ています。これらのオブジェクトにヘアとクロスを適用していきましょう。

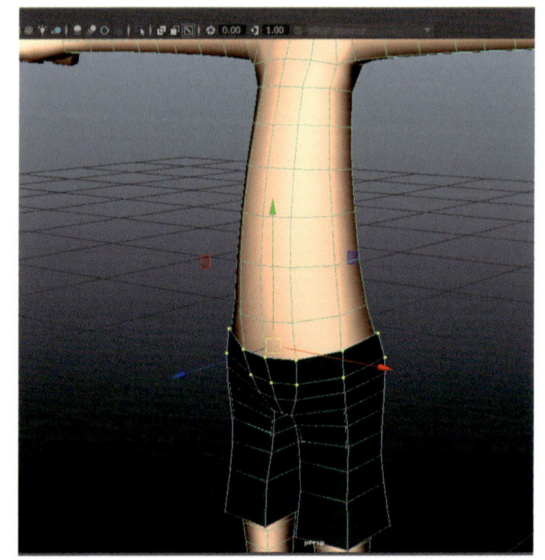

4 f01でショートパンツを選択、[F8]キーを押して、[コンポーネント]モードに切り替えます。ベルトのループ(上部の2つのエッジループ)の頂点を選択、[Shift]キーを押したまま、ボディジオメトリを選択します。

役立つヒント

nClothの衝突設定で［厚み］の調整が必要かもしれません。アニメートして、パンツと脚が交差しないか確認しましょう。また、nClothシェイプのプリセットを探って、このクロスに別の効果を追加してみましょう。

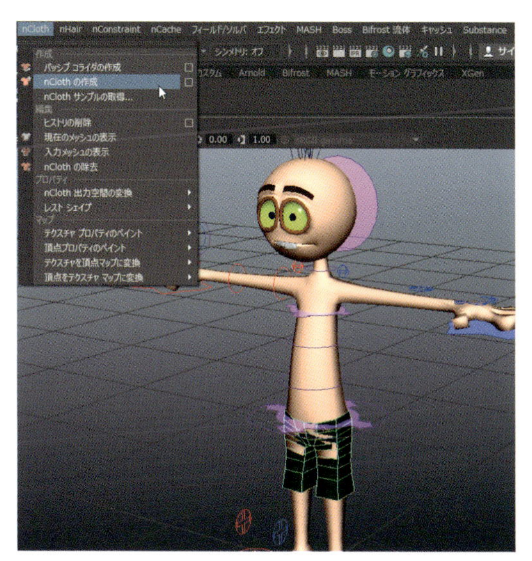

2 クロスの設定からはじめます。ショートパンツのジオメトリを選択、［F5］キーで［Fx］メニューセットに切り替え、［nCloth］>［nClothの作成］(nCloth > Create nCloth）を選択します。

3 Moomのボディジオメトリを選択し、［nCloth］>［パッシブコライダの作成］(nCloth > Create Passive collider）をクリックします。再生すると、Moomのショートパンツが固定されたのがわかります。まだ落ちようとするので、次はnConstraintを追加していきましょう。

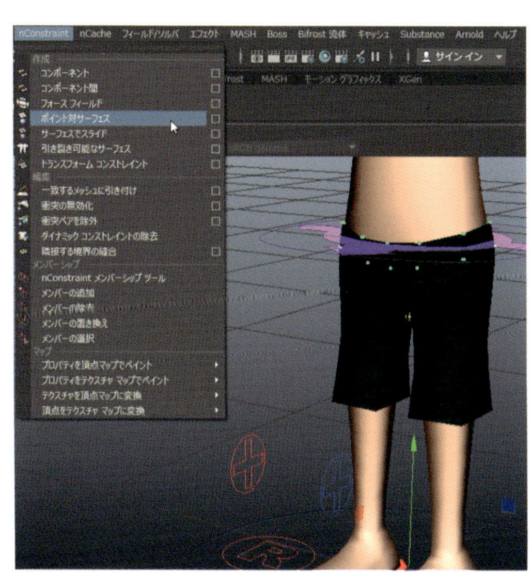

5 ［nConstraint］>［ポイント対サーフェス］(nConstraint > Point to Surface)をクリックしましょう。こうして、［ラップ］デフォーマのように機能するコンストレイントを作成します。選択した頂点はサーフェスの近くにしっかりと固定され、Moomのパンツは落ちなくなりました。

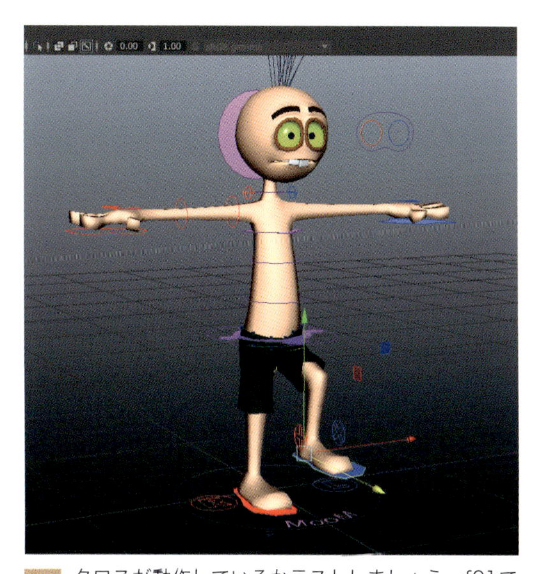

6 クロスが動作しているかテストしましょう。f01で足を床においてキーセット、f48で足を少し上げてセットします。まだ調整が必要ですが上手くいきました！

7 Moomの頭から突き出たすべてのカーブを選択し、[nHair] > [ヘア システムの割り当て] > [新しいヘア システム](nHair > Assign Hair System > New Hair System)をクリックします。

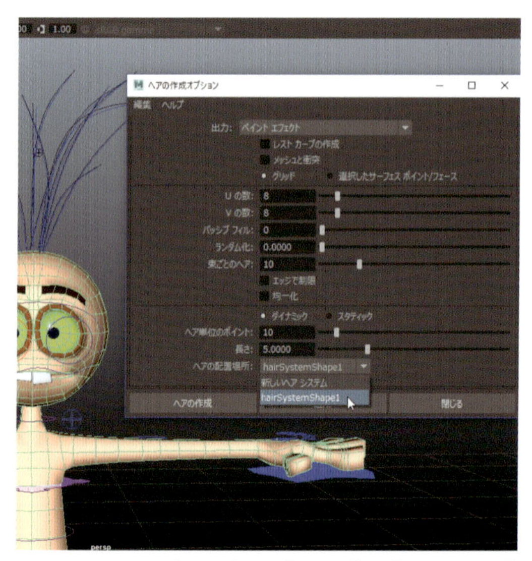

8 Moomの頭部を選択し、[nHair] > [ヘアの作成](nHair > Create Hair)オプション□をクリックしましょう。ダイアログボックスが開いたら、下部にある [ヘアの配置場所] でhairSystemShape1を選択し、[ヘアの作成] ボタンをクリックします。

11 削除すると、キャラクターの頭部から突き出たヘアは、想定どおりのクレイジーなカーブを描きます。

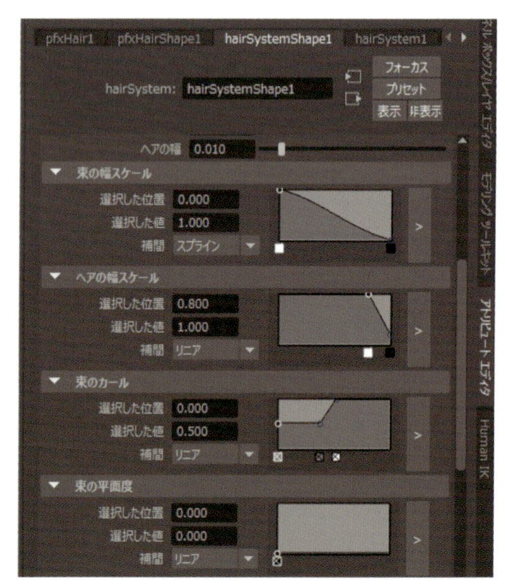

12 もう少しカスタマイズしていきます。ヘアを選択し、[アトリビュート エディタ]([Ctrl] + [A] キー)で [hairSystemShape1] タブの [束とヘアのシェイプ] に進みます。[束の幅スケール] と [束のカール] アトリビュートを図のように調整しましょう。

役立つヒント

ダイナミックオブジェクトを作成するとき、通常はf01に巻き戻してエフェクトを確認します。しかし、このカスタムキャラクターの場合、f101からアニメーションを始めたいと思うでしょう。f01でTポーズのキャラクターをアニメートし、f101で開始ポーズにセットする必要があります。

9 結果は少し奇抜ですが、これはすぐに修正できるので問題ありません。

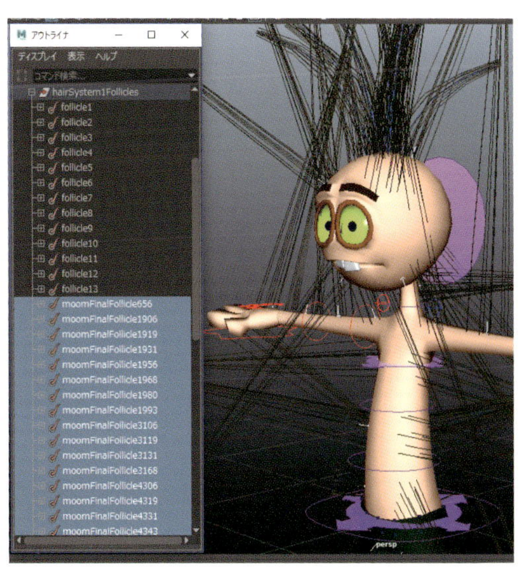

10 ［アウトライナ］でcurvesグループを展開します。「moomFinal」というプリフィックスが付いた毛根（Follicle）グループをすべて選択し、削除します。

13 調整を終えたMoomをチェックしましょう！ 彼はオシャレなショートパンツとロックな髪型になりました。これでキャラクターのカスタマイズは完成です。ダイナミックオブジェクトによって、きびきびと動かすだけでシーンに視覚的な連続性が加わります。

正しい撮影方法

ビデオリファレンスを最大限に活用する

ビデオリファレンスは、多くのアニメーターにとって計画プロセスの柱になります。また、シーンの中で予期しない「幸せな偶然」を引き起こすこともあります。ワークフローに組み込むビデオリファレンスの量に関わらず、ワークフロー自体に「ビデオリファレンスの撮影工程」を含めてください。そうです、ワークフローはすべてにまたがっているのです！

ビデオリファレンスを撮影するときに、新人アニメーターのやることを説明しましょう。例えば会話のショットを撮る場合、多くのアニメーターはカメラの電源を入れ、バックグラウンドで会話を再生し、リップシンクを試しながら、正確に同じ時間でシーンを演じます。しかし、このアプローチには多くの問題があります。以下のワークフローに従ってください。

１つめのワークフローでは、**カメラの電源を入れる前に、会話の内容を暗記します。**マイズナー・テクニック（演技の有名なアプローチ）によって、自分の感情を言葉で表現し、対話を繰り返しながら暗記します。この手順を何度も繰り返し、しばらくすると、考えなくても暗唱できるようになります。これは、会話を繰り返し行えば、以前発した言葉が自然に出るようになり、キャラクターそのものに集中できるというトリックです。イントネーションや抑揚を付けず、感情の手がかりを探りながら会話を練習し、スピードと正確性を保つ方法を観察してください。そうすれば、あなたの脳は、ポーズや動作を自由に制御できるようになります。正しく行えば、手品のように上手くいきます。

嫌になるほど会話を暗記できたら、あとはカメラの前で演じるだけです。ここで２つめのワークフローとして、**しばらくの間、コンピュータのオーディオをオフにします。**そうです。シーンの妨げになるオーディオは必要ありません。言葉を聞きながら、完璧にタイミングを合わせようとすると、何度も中断することになります。完全に暗記して獲得した自由度を失うと意味がありません。そこで、まず、暗記した会話が新鮮なうちにテイクをいくつか撮ります。邪魔になるオーディオを切り、手がかりをなくして、最高の演技をするだけです。

あとで、これらのテイクから参考にするのは、ちょっとした仕草や、音声を合わせようとすると演じるのが難しい動作です。高い目標を越えられるようなテイクを作成しましょう！ ポーズ、弧（アーク / 運動曲線）、顔の表情など、ショットで誇張するためのキュー（手がかり）となる要素が見つかるかもしれません。キャラクターがしないようなテイクも撮影してみてください。役に立ちそうもないテイクでさえ、価値ある仕草が含まれているかもしれません。

ワークフローの３つめは、**オーディオを再生していくつかのテイクを撮ります。しかし、声を完璧に合わせようとするより、むしろ話さずに演技してください。**腕と脚でジェスチャーをしたり、シーンを動きまわりましょう。繰り返しますが、心を解放し、偶発的な動作によって、完成アニメーションを向上させてください。複数のテイクを撮り、会話に強弱を入れてみましょう。また、会話を聞いているときに、キャラクターのボディランゲージをまったく行わないテイクと、誇張したテイクを試します。この誇張パフォーマンスの大きな利点は、タイミングのとても強固なキューとなることです。

オーディオをオフにしたキューなしで話すビデオは、ポーズが自由で、タイミングにも制限はありません。このタイプのビデオは「タイミングのコツ」を抽出するときに有効です。ウェイトの移動と大きな動作につながる流れを近くで見て、視線・頭の向き・僅かな指のジェスチャーのタイミングまで、じっくり観察しましょう。とはいえ、これらの小さな仕草すべてで、ショットに合うタイミングを推測するのは悪夢です。このような時間を節約するため、数分の時間を割いて、オーディオをオンにしたビデオを撮っておくわけです。

では、おさらいしましょう。準備ができてない状態でカメラの電源を入れ、撮影を始めてはいけません。撮影するビデオリファレンスを最大限活用できるように、まず3段階のワークフローを実行します。

1. 感情を込めずに会話を記憶して、脳にその言葉を刷り込みます。
2. カメラの電源を入れます。ただし、コンピュータのオーディオはオフにしてください！ 映画俳優のように会話を演じて、たくさんのテイクを撮ります。
3. オーディオをオンにします。リップシンクは気にしません。素晴らしいポーズを得ることに焦点を当て、鋭い目で映像を見返してください。きっと触発されるでしょう。

ビデオリファレンスは「裏ワザ」ではありませんが、手軽で賢い手段になります。

繰り返し行うプロセスでは非効率なフローをすぐに改善しましょう。ショットはここで描かれているような１枚の絵の「集まり」です

CHAPTER 8

ワークフロー

コラムを読んだ方はすでにご存知でしょう。簡単に言えば「ワークフロー」はアニメーションを作成するときにいつも従うステップ・バイ・ステップの手順、ガイドマップです。また、物事が上手くいかないときの救世主であり、進化と改良を続ける便利な成功への題目です。

「ワークフローは売ってないのか」ですって？ わかりました。本章で理解していただきましょう。これからあるショットを通じて、繰り返しプロのワークフローに登場する素晴らしいテクニックをお見せします。

最後まで進めても、まだ納得できないときは、次のことを思い出してください。このショットはワークフローの改善に取り組む前に、私が一週間以上かけて完成させたものです。ワークフローを導入後、どうなったと思いますか？ 手間を掛けずに3日間で終わったのです！

01 計画とリファレンス

ダウンロードデータ 01 - Cartoony_Start.ma

最高のワークフローは強力な基盤になります。これは、シーンを徹底的に計画することに他なりません。計画方法はさまざまですが、最も一般的で有益な計画ツールは間違いなく「**サムネイル**」と「**ビデオリファレンス**」です。

サムネイルではとても強く描くことが重要なワークフローです。主に身体の位置とポーズに焦点を当てます。ステージングやカメラはあまり気にしません。これらのスケッチを全ショットのガイドにします。サムネイル段階で、ステージングやショットの向きを絞りすぎると妨げになります。キャラクターの身体とポーズに注目するとき、これらのサムネイルがショットの全体を通して参考になります。

ビデオリファレンスはYouTubeで簡単に見つかります。時間を掛けて、できるだけ多くの関連クリップを見つけてください。多ければ多いほどよいでしょう。場合によっては、独自のリファレンスフッテージを作成しなければなりません。今回のショットのアニメーションは、とてもカートゥン調です。漫画っぽいアクションのビデオリファレンスをつくる最適な方法は、手を「人形」のように動かして、自分の声で「効果音」を作ることです。自分のデスクで叫んだり、指を脚のようにして歩かせる行為は、少しばかげていると感じるかもしれません。しかし、私のビデオリファレンス（**shot_ref.mov**）のように、作成したアニメーションを見れば、恥ずかしさに勝るメリットがあるとわかるでしょう。

これからスケッチや指人形のビデオリファレンスを確認できるようにする素晴らしい裏ワザを紹介します。あなた自身のビデオリファレンスも読み込めるよう、手元に準備しておきましょう。

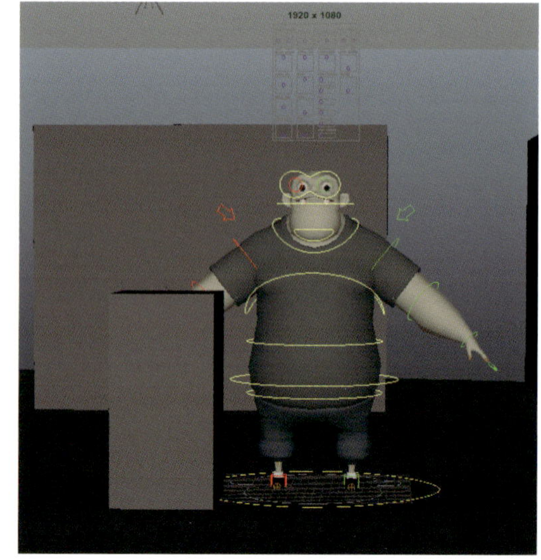

1 **01 - Cartoony_Start.ma**を開きます。このシーンは、キャラクターと環境セットでレイアウトされています。素晴らしい計画のため、指人形を使ったビデオを読み込む準備が整っています。

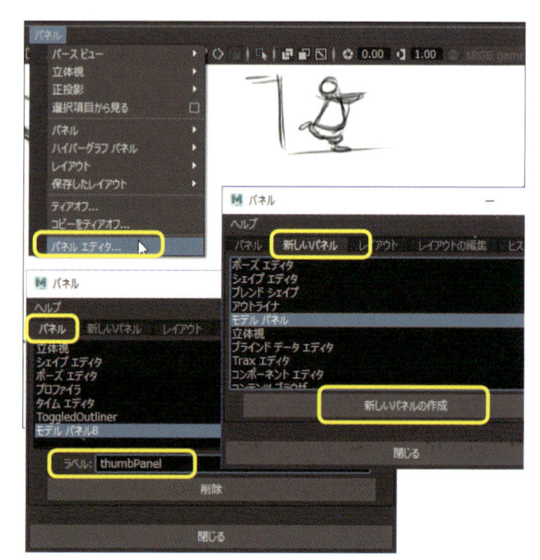

4 このビューを保存しましょう。[パネル] > [パネル エディタ]（Panels > Panel Editor）に進みます。[新しいパネル] タブのリストで [モデル パネル] を選択、[新しいパネルの作成] ボタンを押します。[パネル] タブに戻り、作成した新しいモデルパネルを選択します（リストの下）。名前を「thumbPanel」に変更し、[Enter] キーを押します。

役立つ
ヒント

誤ってパネルを閉じてしまったら、いずれかのパネルに進み、作成したthumbPanelに切り替えましょう。パネルは切り離すと便利です。サムネイルが無くなることはありません。

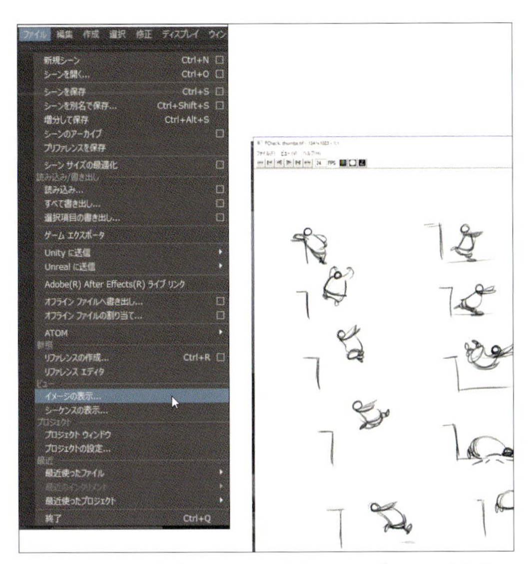

2 ファイルを表示してみましょう。[ファイル]>[イメージの表示](File > View Image)に進み、**Thumbs.tif**を選択します。Mayaでは既定の[FCheck]でイメージが開きます。この方法の長所は、誤ってイメージを閉じてもファイルパスを記憶していることです。ここではさらに効率的な方法を試していきます。

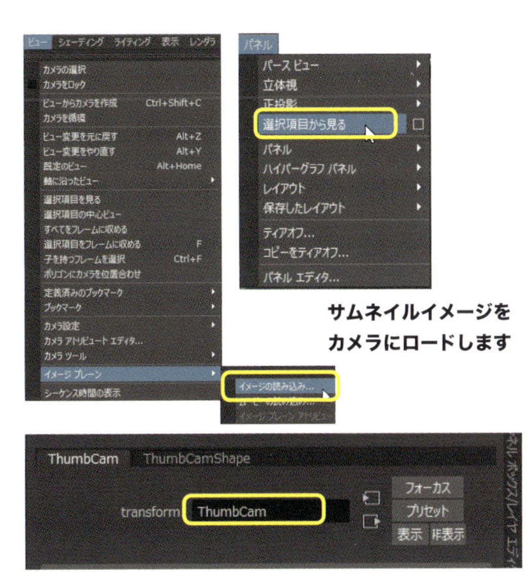

3 [作成]>[カメラ]>[カメラ](Create > Cameras > Camera)を選択、新しいカメラ名を「ThumbCam」にします。[パネル]>[選択項目から見る](Panels > Look Through Selected)を選択、[ビュー]>[イメージ プレーン]>[イメージの読み込み](View > Image plane > Import Image)で**Thumbs.tif**を選択します。

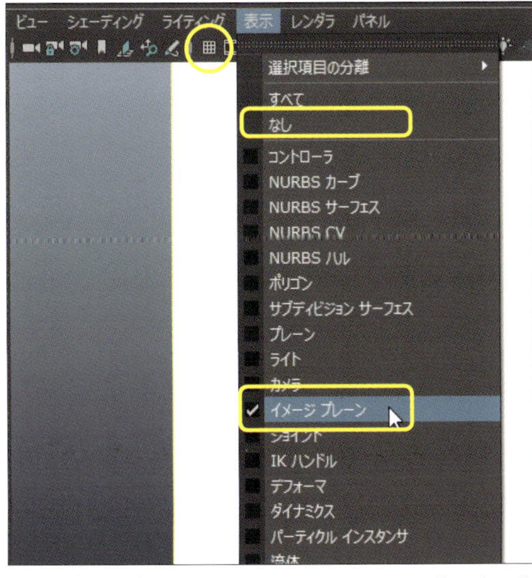

5 ビューポートをThumbCamにします。[パネル]>[パネル]>[thumbPanel](Panels > Panel > thumbPanel)に進みます。パネルメニューで[表示]>[なし](Show > None)を選択、続けて[イメージプレーン]を選択します。最後にパネルの上部にある[グリッド]ボタンを押して、グリッドをオフにします。

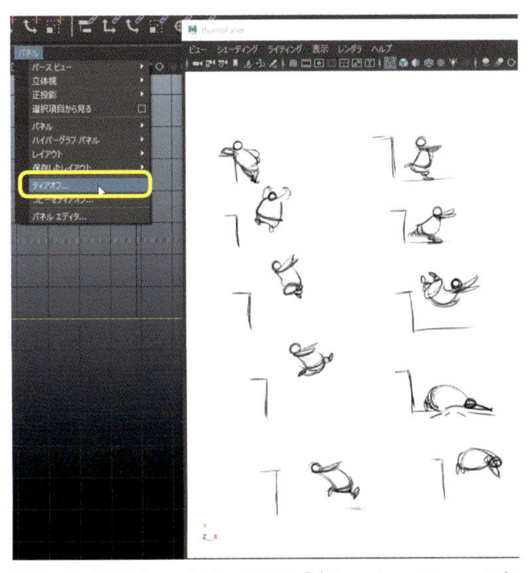

6 [パネル]>[ティアオフ](Panels > Tear off)をクリックしましょう。切り離されたパネルは、移動/最小化/最大化できます。これはサムネイルを正しく操作できる素晴らしい方法です。

ダウンロードデータ 02 - Cartoony_Timing_Start.ma

計画における最大のコツは、**シーンのタイミングをとること**です。かつてアニメーターはストップウォッチでアニメーションのタイミングをとっていました。頭の中で何度もアクションを繰り返し、ストップウォッチでタイミングをとり、特定のフレーム番号を書き留めます。そして常にこのタイミングリファレンスを手元に置いていたのです。デジタル時代に移行してからも、このテクニックが更新されていないことに憂慮しています！ ここでは、強力なタイミングを得るため、特別に作成したビデオリファレンスを使っていきます。

Mayaではあらゆるの種類のムービーファイルをインポートできます。さまざまなビデオリファレンスにアクセスし、ショット制作を深く掘り下げてみましょう。複数のコーデックやフォーマットをサポートしているため、いつでも指のビデオリファレンスを確認できます。

読み込まれたこのムービーファイルは、演じることの難しいタイミングの具体的な指標になります。つまり、手と効果音（口笛や悲鳴）を使い、勢いの感触をつかむのです。このようにしてシーンを「演じて」ください。とくにカートゥン調のショットでリファレンスは貴重な要素です。恥ずかしがらず、強く演じてこの「タイミングリファレンス」を作成すれば、ショットは抜群によくなります！

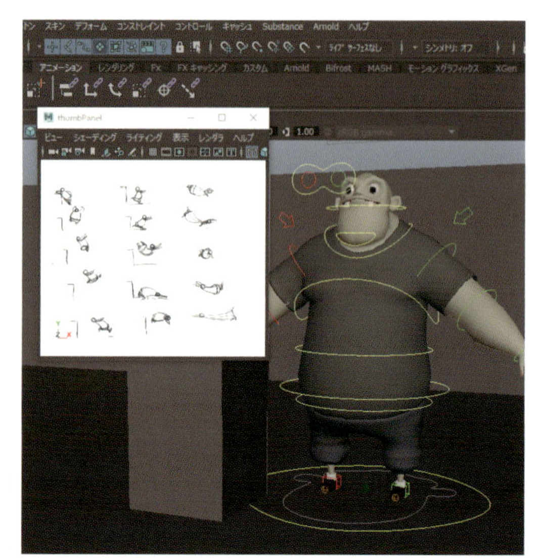

1 **02 - Cartoony_Timing_Start.ma**を開きます。これは前のテクニックで作成したシーンで、サムネイルが読み込まれています。それでは、タイミングと動きを参照できる、ビデオリファレンスを読み込みましょう。

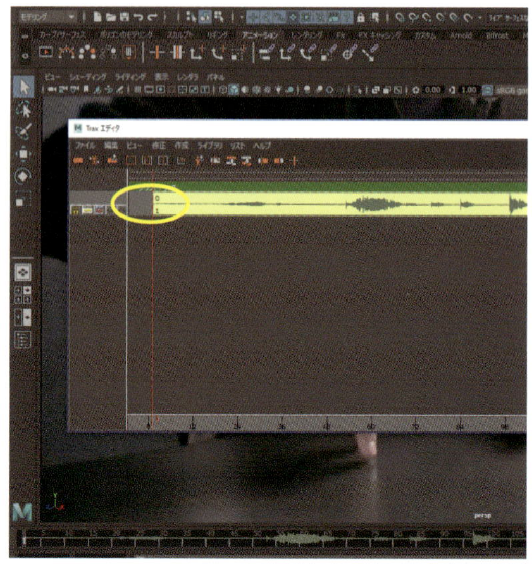

4 ［Traxエディタ］で音声をスライドし、f01から開始します。新しい［モデル パネル］を作成するには、前頁の手順を繰り返してください。refVideoCamは、常にそばに置いておきましょう。

役立つヒント

［パネル］＞［保存したレイアウト］＞［レイアウトの編集］（Panels > Saved Layouts > Edit Layouts）で、このパネルレイアウトを保存し、さらに時間を節約できるカスタマイズを実行しましょう。

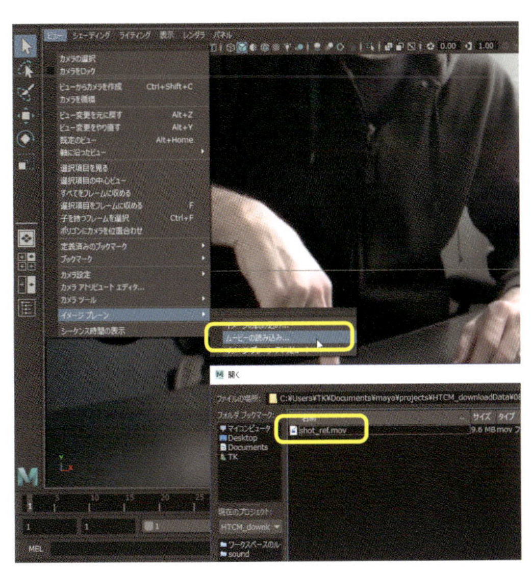

2 新規カメラを作成、名前を「refVideoCam」に変更したら、このカメラを通して見てください。パネルで［ビュー］＞［イメージ プレーン］＞［ムービーの読み込み］（View > Image plane > Import Movie）を選択、本章の演習ファイルの「scenes」ディレクトリから**shot_ref.mov**を選択します。

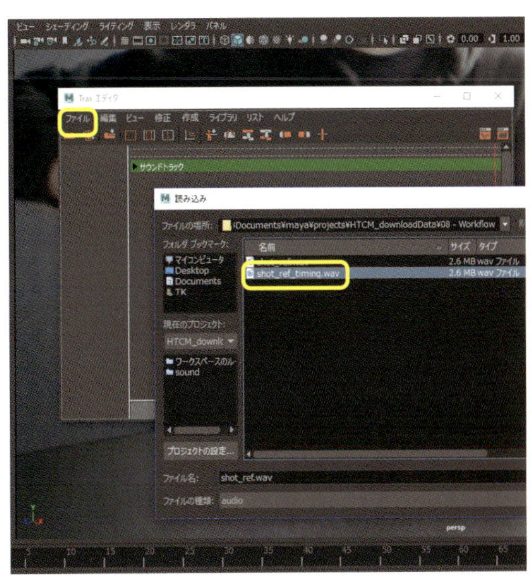

3 ［ウィンドウ］＞［アニメーション エディタ］＞［Trax エディタ］（Window > Animation Editors > Trax Editor）を開きます。カメラでフッテージを見ながら［Trax エディタ］のオーディオでタイミングをとりましょう。［ファイル］＞［オーディオの読み込み］（File > Import Audio）で**shot_ref_timing.wav**を選択します。

5 「thumbCam」と「refVideoCam」を、パースビューとカメラビューに並べて配置すれば、素晴らしいセットアップになります。さあ、これで準備完了です！

02 サイクルの変換

ダウンロードデータ convert_Cycle_Start.ma / convert_Cycle_Finish.ma

歩行サイクルを作るとき「キャラクターをワールド空間で歩行させるか」「同じ位置でサイクルさせるか」を決定します。一般的にワールド空間のサイクルは、映画やテレビで使われています。一方、ゲームエンジンでは同じ位置のサイクルが使われています。

この理由はとてもシンプルです。映画ではキャラクターと環境が複雑に相互作用するので、足音と接地が正確に起こる必要があります。ワールド空間サイクルを使えば、キャラクターが実際にシーンで前進するときに違和感がありません。歩行サイクルをプレビューし、その動作の流動性を評価するため、IKコントローラ（両手・両足・ルート）のZ軸の動きに対して、マスターコントロールをアニメートします。

一方ゲームでは、キャラクターの頻繁に行われる動作をプレイヤーがコントロールします。つまり、キャラクターをきびきびと反応させる代わりに、細かい接地やフロアとの相互作用を犠牲にしなければなりません。歩行サイクルを同じ場所で行い、キャラクターの足はマスターコントローラのオブジェクト空間内でスライドします（プレイ中は実際に動き回って見えます）。

ここでは、ワールド空間の歩行サイクルをマスターコントロールのオブジェクト空間内に切り替える方法を紹介します。ではさっそく、一つひとつ手順を見ていきましょう。

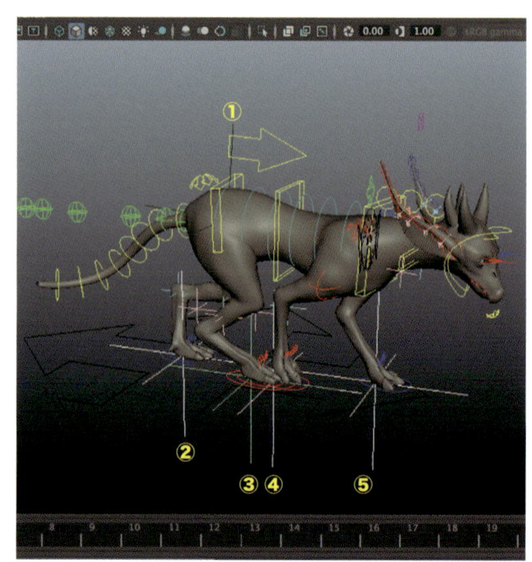

1 **convert_Cycle_Start.ma**を開きます。これから、Nico（ニコ）に設定された映画形式のサイクルをゲーム形式のサイクルに変換します。まず、自由度を上げましょう。ロケータ1～5をそれぞれのIKコントロールにペアレントコンストレイントしてください（IKコントロール、ロケータの順に選択、［オフセットの保持］はオフ）。

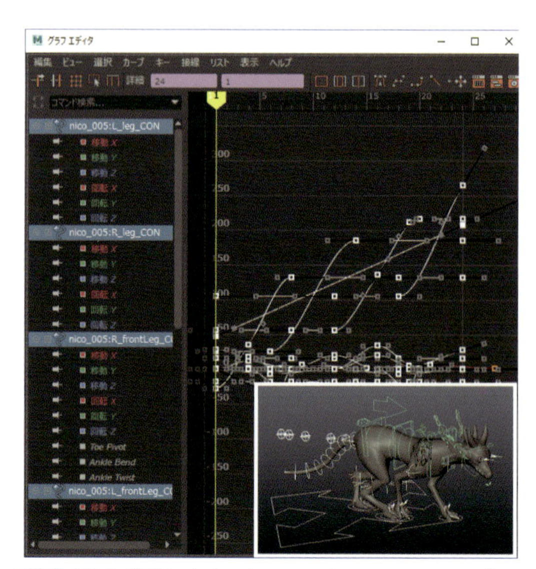

4 f01に移動します。各IKコントロール、フロア上にあるマスターコントロールを選択しましょう（前脚・後脚・cog_CON・world_CON）。［グラフ エディタ］でそれらのアニメーションカーブを選択し、削除します。

役立つヒント

IKコントロールでアニメーションを削除したら、フレーム数を変更せずに、すべての手順を終えなければいけません。フレームを変更すると、アニメーションは正しくベイクされません。

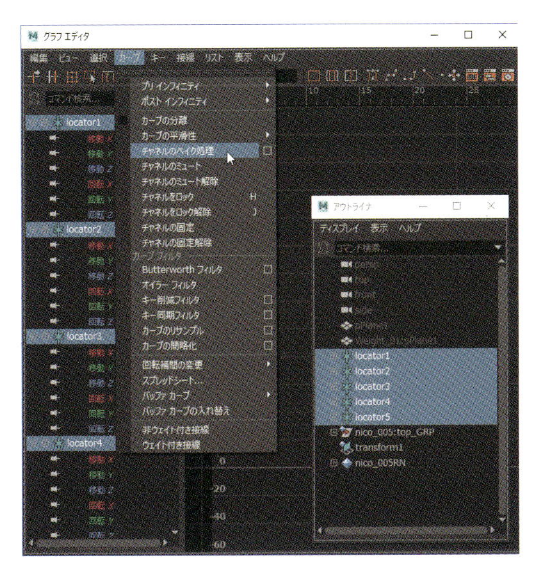

2 ロケータ1からロケータ5まで選択し、[グラフ エディタ] を開きます。[カーブ] > [チャネルのベイク処理](Curves > Bake Channel) をクリックしましょう。既定の設定で十分です。これでロケータに、各IKのワールド位置に基いたアニメーション情報がセットされました。

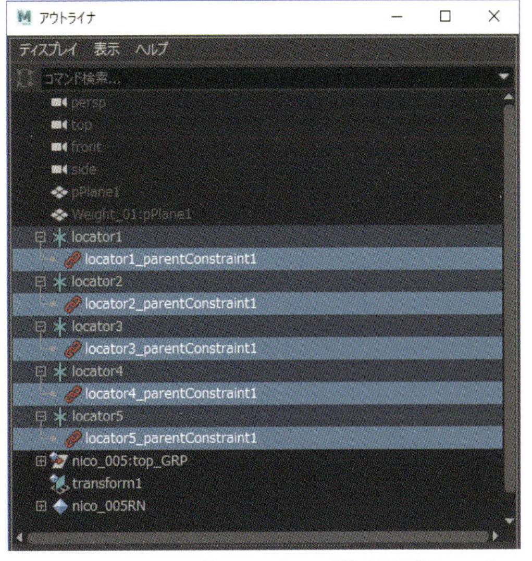

3 [アウトライナ] で図のように階層を展開し、ロケータにあるすべてのペアレントコンストレイントを削除してください。

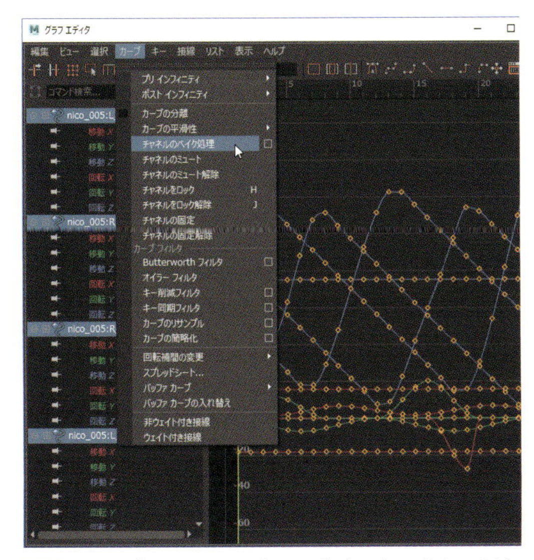

5 一つひとつのIKコントロールをロケータにペアレントコンストレイントします (ロケータ、IKコントロールの順に選択、[オフセットの保持] はオフ)。IKコントロールをすべて選択し、[グラフ エディタ] を開きます。[カーブ] > [チャネルのベイク処理](Curves > Bake Channel) をクリックしましょう。

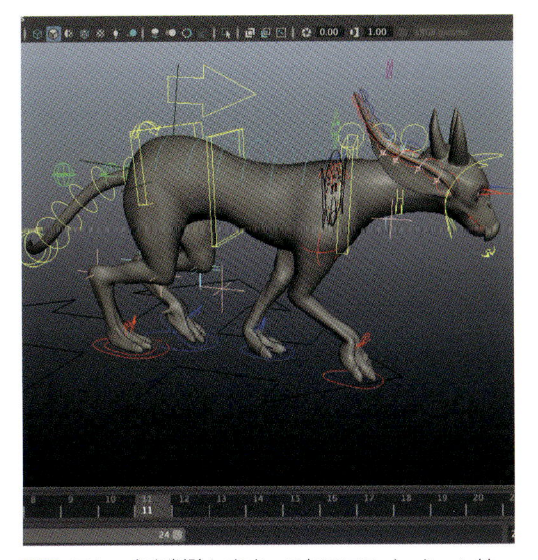

6 ロケータを削除します。これでアニメーションは、オブジェクト空間に変換されました。Nicoは同じ位置でサイクルしています。素晴らしい結果です。

03 ステップ キー

ダウンロードデータ 03 - cartoony_Blocking_Start.ma / 03 - cartoony_Blocking_Finish.ma

「3章 グラフ エディタ」では、ステップキーによってキーフレーム間の瞬間的な遷移を作成できると学習しました。[ステップ] モードですべてのボディコントロールにキーセットすれば、キーフレームの結果は「静止画の連続」のようになり、意のままにリタイムできるでしょう。

ワークフロー面でこのリタイム手法を使える最も効果的な段階は「**ブロッキング**」です。Mayaにはキーのリタイム用の素晴らしいツールが搭載されています。これから [グラフ エディタ] の [リタイムツール] と [ドープシート] を使って実践していきましょう。[リタイム ツール] を使う目的は、セクション全体をリタイムして、ビートの活力を動きに上手く合わせることです。これは直感的で手堅いツールなので、作業は簡単に行えます。

[ドープシート] は十分に活用されていないツールの1つですが、シーン内のキーフレームの分布を簡単に把握できます。ブロッキング段階でビートを正しく刻んでいるか確認することは重要です。[ドープシート] を使えば、足の接地と足音が同じフレームで正しく一致しているか確認できるでしょう。また、身体と地面の接触もオーディオに合わせられます。

初心者は、ベテランアニメーターが最初から完璧なタイミングでキーセットしていると考えます。しかし、実際には真逆です。**最高のアニメーターは、一般的にリタイムと調整を素早くアニメーションに施すのが得意です。**他のアニメーターが1つのバージョンにかける時間で数十回の反復を繰り返せば、ライバルと差がつくでしょう。「それはインチキだ！」と言われるかもしれませんね...

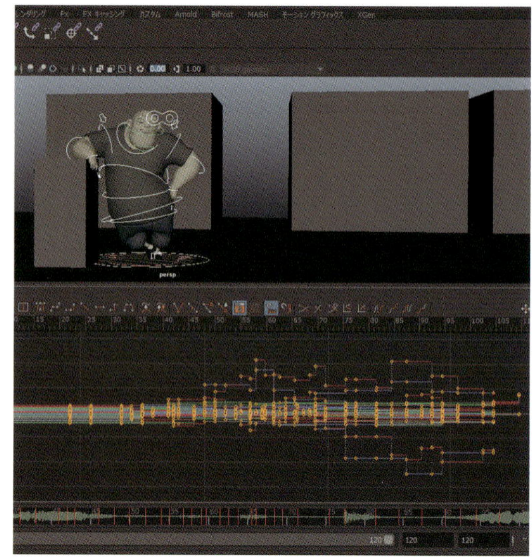

1 **03 - cartoony_blocking_start.ma**を開きます。これはステップキー ブロッキングです。再生して確認しましょう。キーポーズはありますが、タイミングはセットされていません。[グラフ エディタ] でコントロールをすべて選択し、ステップキーが整然としている様子を確認します。

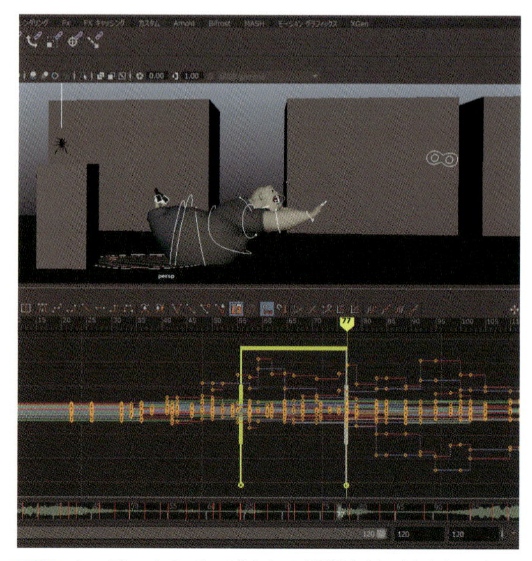

4 オーディオのインパクトの瞬間を見つけましょう。f80あたりになります。リタイムハンドルの中央をドラッグし、f80あたりまで移動します。

役立つヒント

リタイムハンドルを右クリックすると、選択したオブジェクトのすべてのチャネルにキーを挿入できます。これは、「間」を作成できる、手軽で便利な方法です。

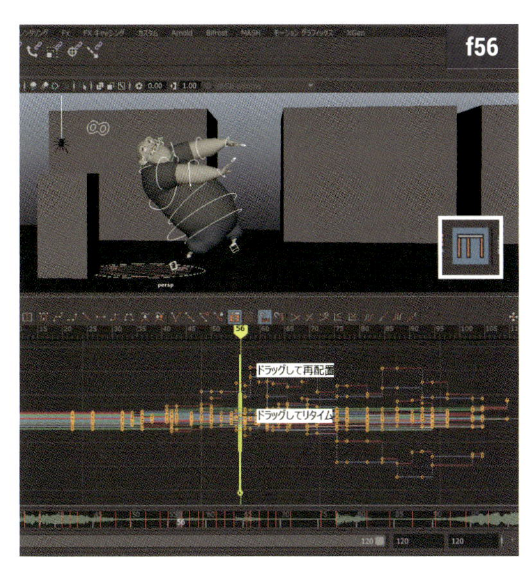

2 Groggyが走って転ぶ位置で時間を速くしましょう。[リタイム ツール]は、キーのリタイムと他の部分を保持するのに完璧に機能します。[グラフ エディタ]で[リタイム ツール]を選択、f56でダブルクリックします。

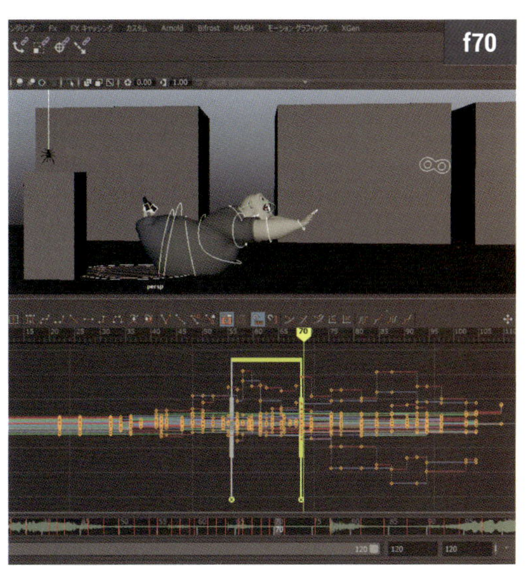

3 オーディオファイルから選び出すときに、簡単な瞬間を選択してください。転んで地面にインパクトする瞬間は良いチョイスです。f70でGroggyはちょうど転びます。f70をダブルクリックして、別のリタイムハンドルを作成しましょう。

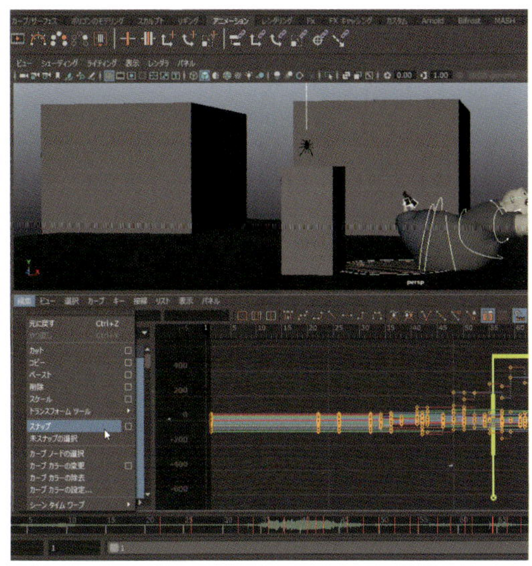

5 キーをフレームにスナップするのは良いアイデアです。では[編集]>[スナップ](Edit > Snap)を適用しましょう。アニメーションを再生し、タイミングがどれくらい向上したか確かめてください。

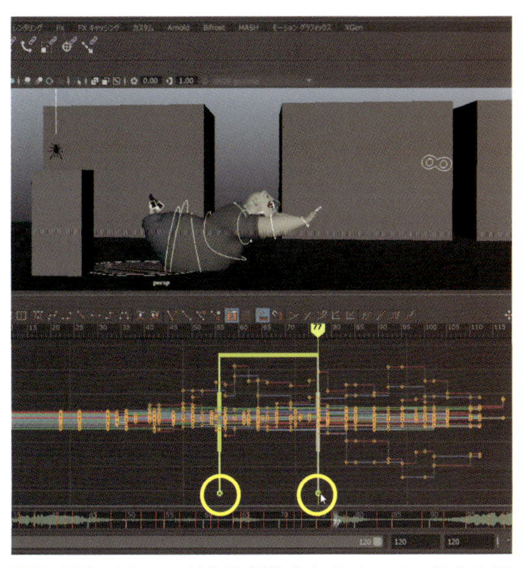

6 リタイムハンドルは保持されます。ハンドルの下部にある小さな「×」をクリック、削除しましょう。さあ、ここからさらにリタイムしていく場合、整数フレームにハンドルを置いていきます。

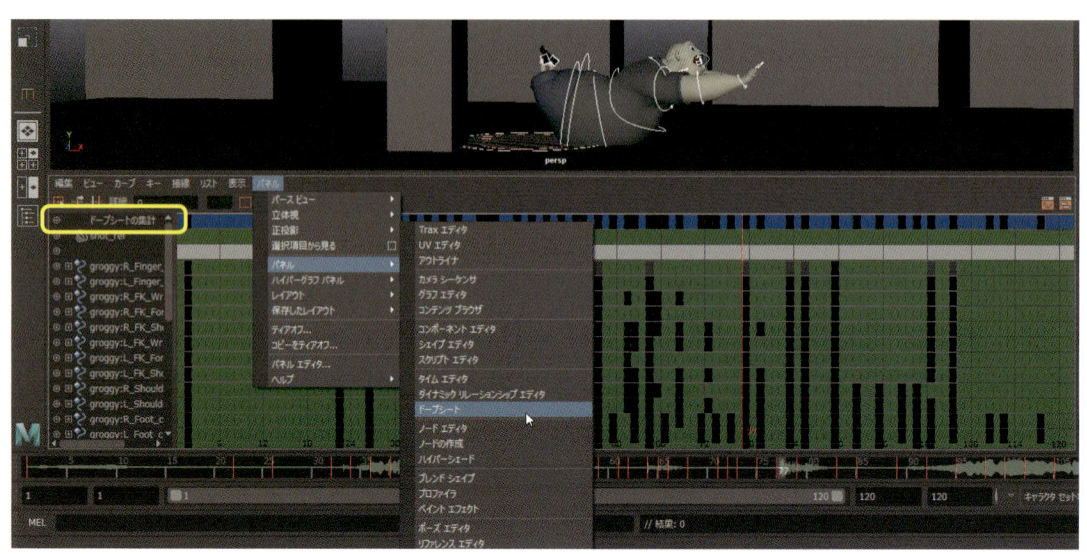

7 ［ドープシート］に切り替えます。ここではシーンのキーが俯瞰的に表示されます。ショット制作を進めるにつれてキーが煩雑になっていきますが、［ドープシート］にはとても素早いキーフレーム編集機能があります。［ドープシートの集計］は1ブロックを選択するだけで、すべてのキーを周囲にスライドできる機能です。これは［グラフ エディタ］で複数のキーを選択する最適な方法です（少し手間が掛かりますが、タイムラインでキー範囲を［Shift］キー＋クリックして選択もできます）。また［ドープシート］でキーを周囲に動かせば、整数フレームにスナップできます。これも1つの裏ワザですね。

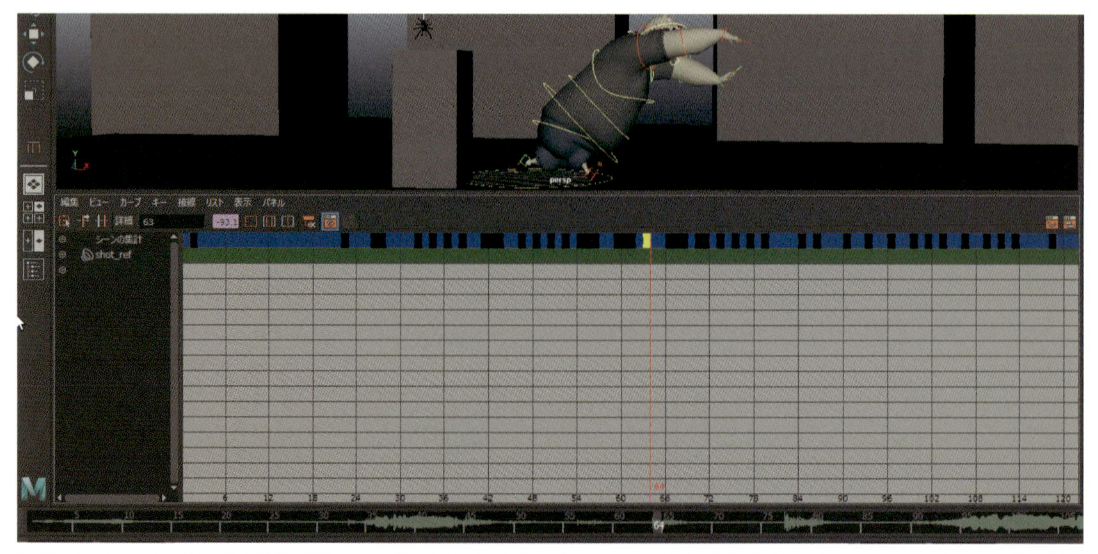

10 オーディオで3つめの接触音はf64で起こりますが、私のキーフレームはf65にあります。そのキーフレームを選択し、1フレーム左に移動します。

役立つ
ヒント

［ドープシート］の右上には［グラフ エディタ］と［Trax エディタ］ボタンがあります。Mayaでは、これらの共通エディタを簡単に切り替えられます。クイックボタンを頻繁に使い、時間を節約しましょう！

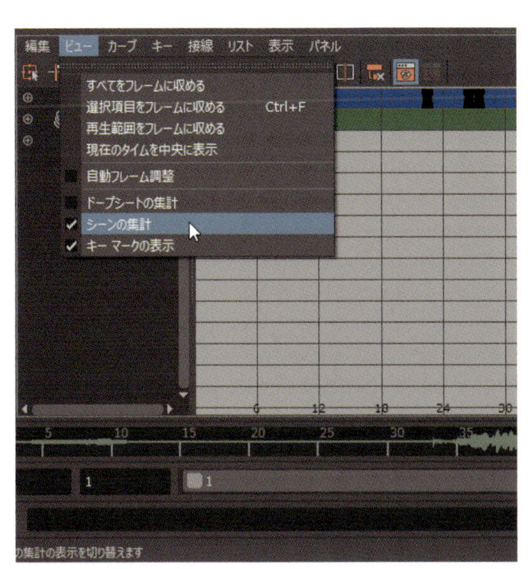

8 ワークスペースを整理しましょう。すべてを選択解除します。［ドープシート］で［ビュー］＞［ドープシートの集計］（View > Dope Sheet Summary）のチェックを外し、［シーンの集計］（Scene Summary）をチェックします。これで、シーンのキーがすべて表示されます。

9 上部のビューを使って、タイミングの精度を上げていきましょう。［Shift］キーを押したまま、f46、f48、f50でキーを選択、［W］キーを押して、［移動ツール］に切り替えます。シーンでこれらのキーによる接触は遅いです。中ボタンドラッグで、1フレームの左に移動してください。

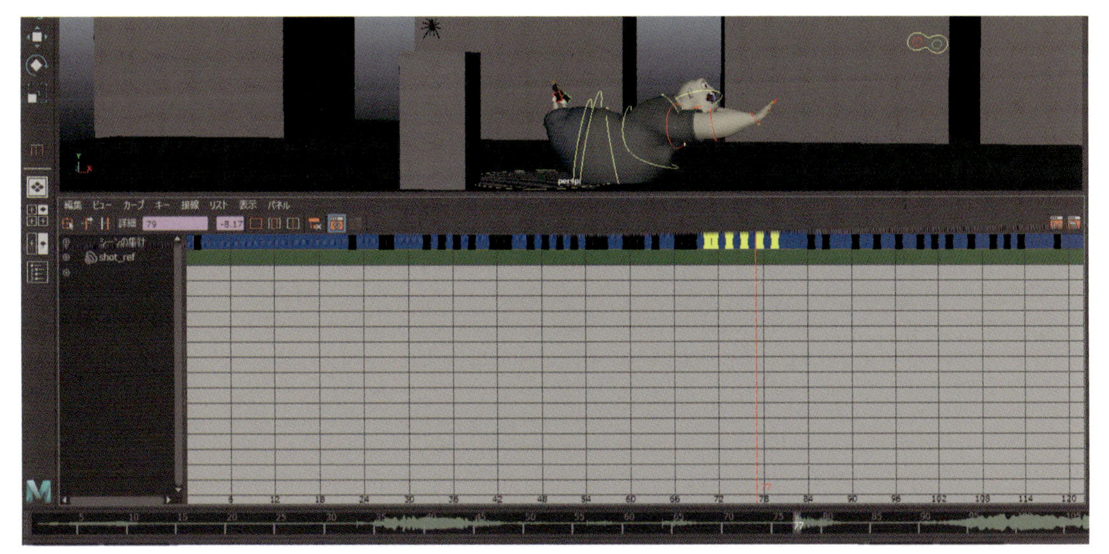

11 最後の瞬間、地面で大きな音が鳴ります。このタイミングも修正していきましょう。f71からf81の範囲にあるすべてのキーを選択、1フレーム左に移動します。再生して、これらの小さな変更が全体に変化を生んでいることを確認してください。

04 ステップ プレビュー

ダウンロードデータ stepped_Preview_Start.ma / stepped_Preview_Finish.ma

ステップキーによって、アニメーターはデジタルメディアでも「ポーズトゥポーズ」ワークフローの利便性を得られます。そして、これは前のテクニックで学習したように「ブロッキング」「ポーズのリタイム」「良好なキーフレームの維持」にも役立ちます。

Mayaの機能に［ステップ プレビュー］があります。これはステップとスプラインの中間のハイブリッドモードで作業できる素晴らしいツールです。ステップとスプライン間を行き来しつつ、すべてのキーフレームが台無しになるのを防ぎます。通常のワークフローでは、ステップアニメーションのスプラインバージョンを確認するときや、スプラインに戻してもっと「ブレイクダウン」を追加したいときに、カーブの変換が必要でした。しかし、そのような作業はもう不要です。

これはキャラクターアニメーターにとって、大きなワークフローの改善となります。なぜでしょう？［ステップ プレビューの有効化］をオンにすれば、［イン接線］と［アウト接線］を［自動］にしたまま、ステップモードで作業できるからです。スプラインカーブに移動する準備が整ったら［ステップ プレビューの有効化］をオフにして、ブレイクダウンとインビトゥイーンが十分あることを確認します。そうでないなら再びオンに戻して、少し調整します。これはとてもシンプルな作業です。

ステップで作成したアニメーションで「ドキドキしながらスプラインボタンをクリック、完全に変更したあとに出来映えを確認する」というワークフローは今日で卒業です。

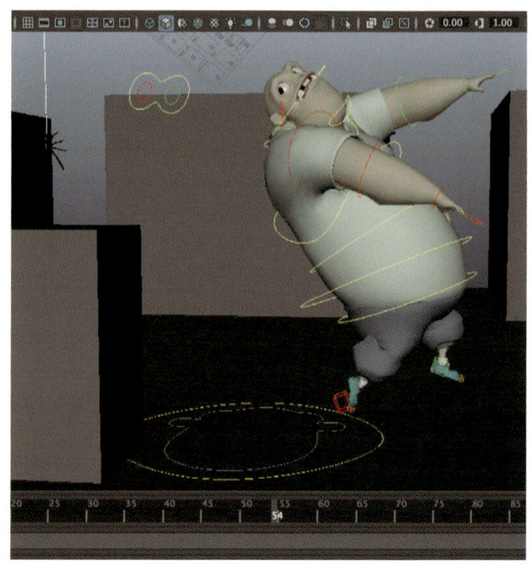

1 **stepped_Preview_Start.ma**を開きます。Groggyのコミカルな逃げる動作のブロッキングは、ほぼ完了しています。［ステップ プレビュー］で新しいワークフローを練習してみましょう。

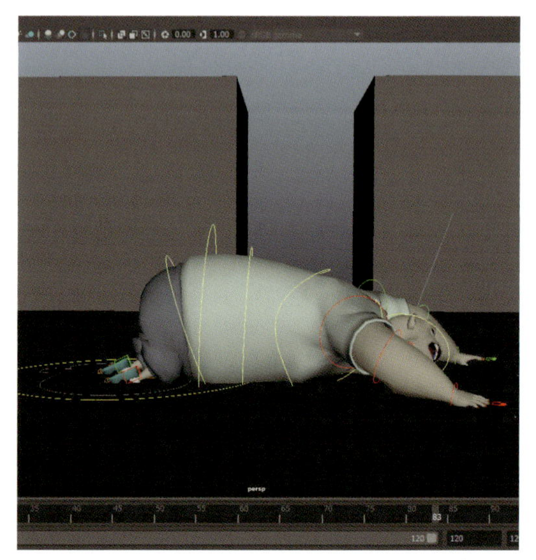

4 Groggyが地面で平らになるように、f83で新しいポーズを作成しましょう。

役立つヒント

[ステップ プレビュー] モードでは、選択した接線タイプがバックグラウンドでまだ存在しています。このモードはアニメーションの「表示」を変更しているだけで、カーブは新しく作成されません。私の場合、動作のホールドを作るのに上手く機能するクランプ接線を好んで使います。

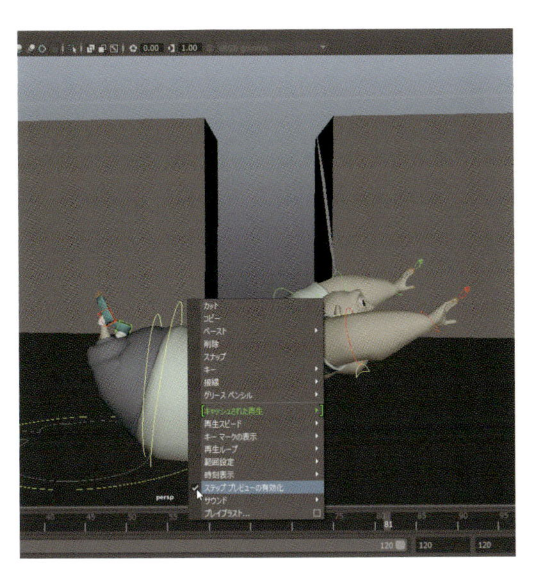

2 タイムラインを右クリック、[ステップ プレビューの有効化] を選択します。アニメーションを再生すると、すべてのキーがまるでステップキーのように表示されます。

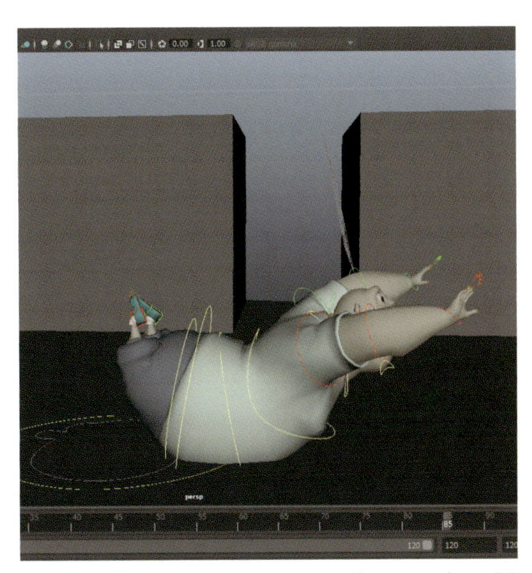

3 どこに問題があるのでしょう？ 彼は、f80からf85の長い時間、地面にいます。

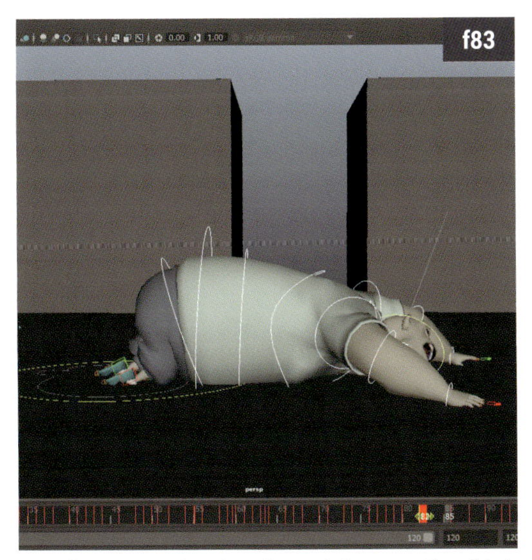

5 [ステップ プレビュー] モードなので、ポーズを少し速めるのは簡単です。Groggyのコントロールをすべて選択し、キーフレームを [Shift] クリック、f83からf82に移動します。これで少し良くなりました。

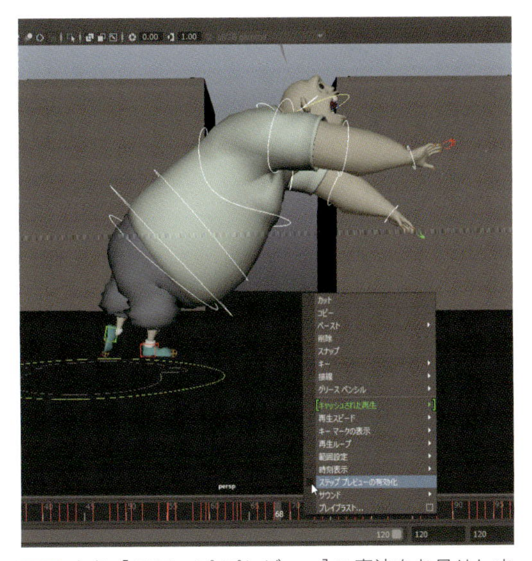

6 さあ [ステップ プレビュー] の魔法をお見せしましょう。タイムラインを右クリック、[ステップ プレビューの有効化] をオフにします。アニメーションを再生しましょう。ステップに変換しても、スプラインが無くならずに、アニメーションが保持されています！

05 スプライン化とムービング ホールド

ダウンロードデータ 05 - cartoony_Moving_Holds_start.ma / 05 - cartoony_Moving_Holds_finish.ma

スプライン化は厄介で、結果を予測するのは難しいでしょう。[ステップ]モードで重要なブレイクダウンを追加したら、ほとんどのアニメーターは息を止めて目を閉じ、ステップバージョンのアピールが失われないことを祈りつつ、[グラフ エディタ]の [スプライン]ボタンをクリックします。残念ながら、遷移はゆっくりフワッと見え、キャラクターはポーズを取り続け、[ステップ]モードで想定したスナップになりません。こうして、全体的に素晴らしかったタイミングが変更されてしまいます。

これは正常な方法に違いありませんが、制作には適していません。基本的にプロがワークフローを進めるとき、ショットの成功を偶然に任せたりしません。そして、**ステップアニメーションと新しくスプライン化されたキーの最大の違いは「ムービング ホールド(止まっているようで動いている状態)」の有無です。**

本書の旧版では、キーをコピーする方法を紹介しました。今回はそのアイデアを拡張します。まず、[ステップ]モードでキーをコピーします。続けて、凝ったテクニックでキャラクターのムービング ホールドが適切な量になるように一工夫します。これは最高の裏ワザです。ワークフローで繰り返し使える便利な機能ですが、より重要なのはショットの難しい局面を予測できることです。

1 **05 - cartoony_Moving_Holds_start.ma** を開きます。このシーンには、アニメーションの始まりを表す2つのポーズのみ含まれています。Groggyのコントロールをすべて選択し、[グラフ エディタ]を見ると、キーがステップモードになっているのがわかります。

3 [ステップ接線]を再びクリック、ステップキーに戻します。これから、適切なムービング ホールドをポーズに作成していきます。

役立つヒント

「2章 スプライン」を思い出してください。[クランプ]は値があまり変化しないときはフラットになり、大きく変化したときはスプラインになります。この知識があれば、[ステップ]からスプラインになったときの結果を予測できます。

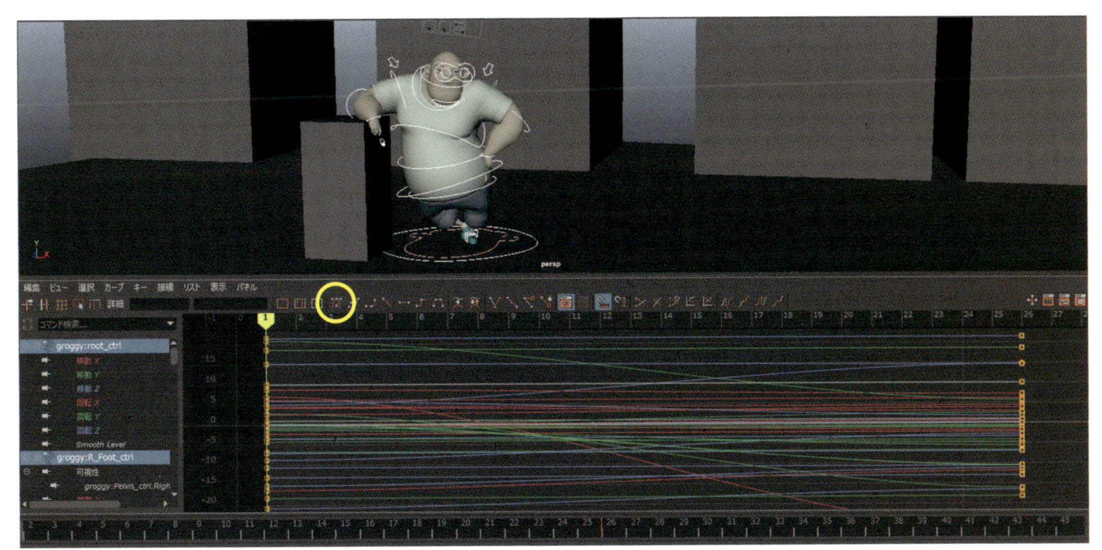

2 それではアニメーションをスプラインにして、[グラフ エディタ]で何が起こるかじっくり見ていきましょう。[Alt]+[Shift]+右ボタンドラッグで、縦方向に拡大します。すべてのコントロールがまだ選択された状態で[自動接線]ボタンを押し、カーブを確認してください。これは想定どおりの動作です。Mayaではこれらのキーにイーズインを適用するため、[フラット]接線が選択されます。

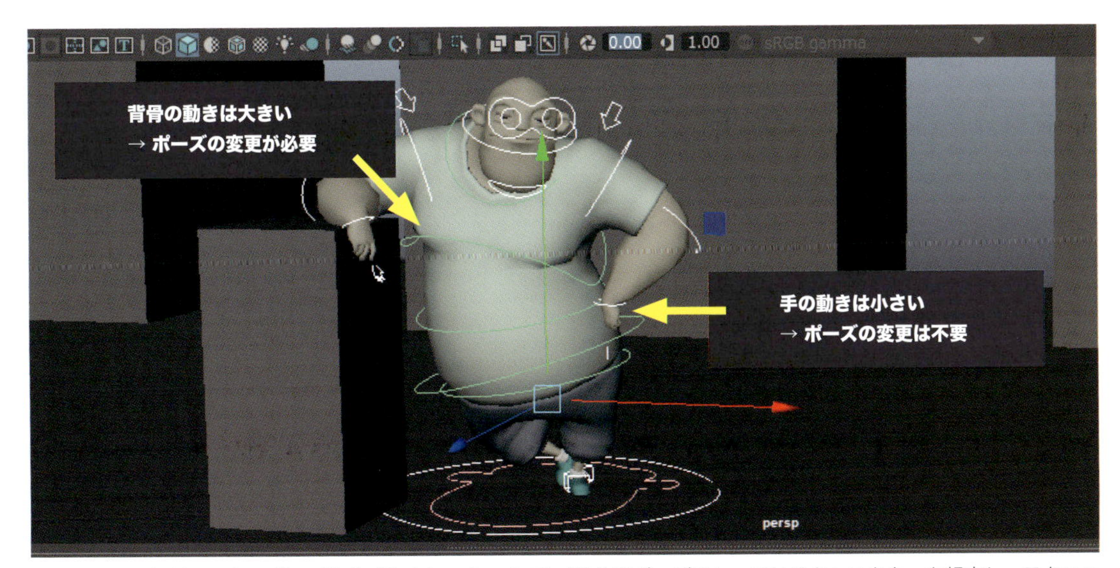

4 Gloggyにリラックスポーズを作成しましょう。すでに10分間ポーズをとっているキャラクターを想定し、テクニックを試していきます。これを実行するには「最もリラックスする脚や肩の大きな筋肉」と「少しリラックスする首や指の小さな筋肉」を想像します。

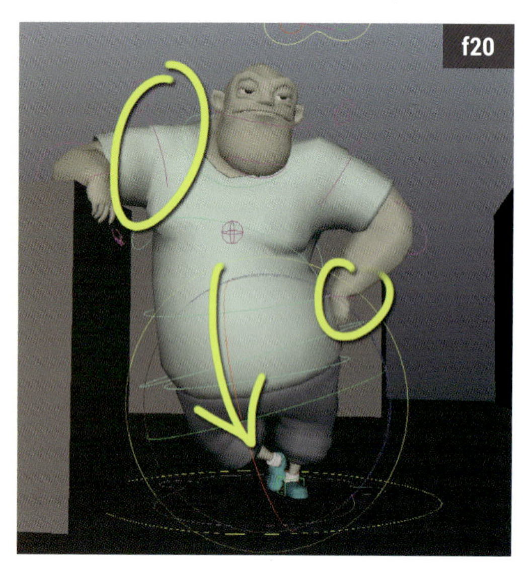

5 f20で骨盤をわずかに回転します。ただし、脚が少しまっすぐになるように、骨盤をY方向に持ち上げます。残りの背骨も回転し、同様にまっすぐにしましょう。両腕を調整し、レストポジションに戻します。

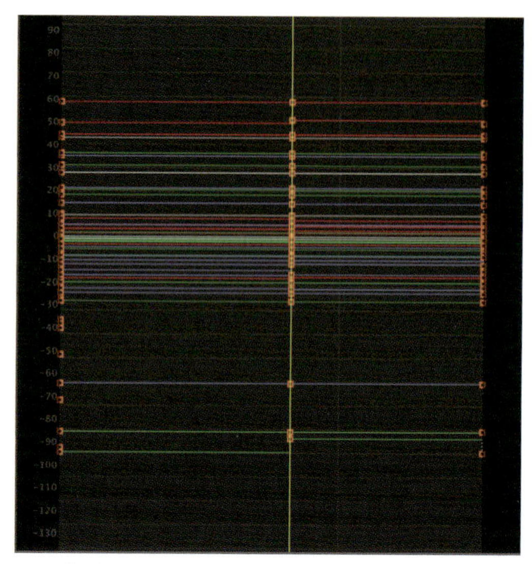

6 ［グラフ エディタ］に切り替えて、すべてのコントロールを選択、［S］キーを押します。すべてのカーブにキーがセットされたことを確認します。

9 ムービング ホールド部分に起こる動きの量を調整するため、ちょっとした裏ワザを使ってみましょう。図のように［パネル構成］を［パース ビュー］［グラフ エディタ］に切り替えて、アニメーションを再生します。彼は動き過ぎです！

役立つヒント

2つのキーの中間にしたいなら、およそ50%の位置で変更します。ただし、微調整するため、作成した最後のフレームの前にもう1〜2フレームコピーして、5%調整しましょう。50%コピーと小さいコピーで微調整する方法が一般的です。

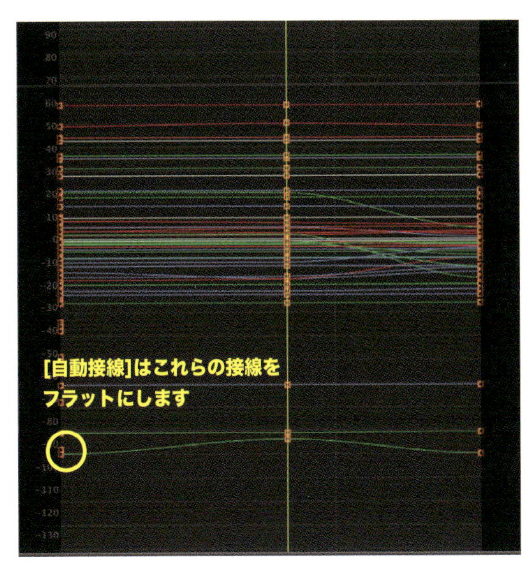

7 [自動接線] ボタンを押して、結果を確認してみましょう。すべての接線は [フラット] になります。Mayaではすべてのキーにイーズイン／アウトが必要だと判断されますが、f01で完全停止状態から開始させたくありません。

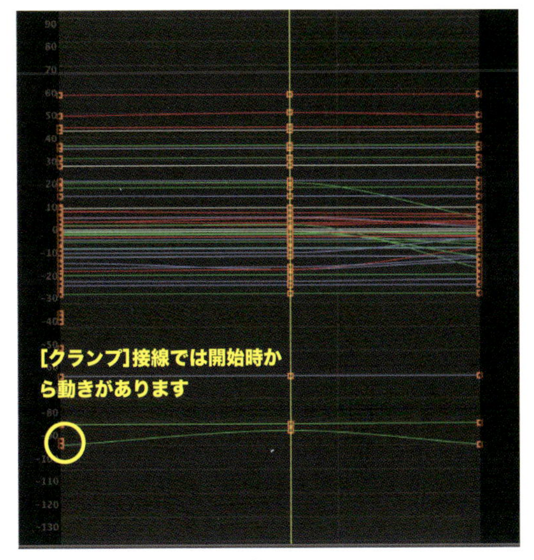

8 代わりに [クランプ] 接線を試してみましょう。ステップモードで「 ムービング ホールド 」を作りたいとき、クランプを使えば予測可能な結果になります。ワークフローの一部として、ステップからクランプに変換することをお勧めします。

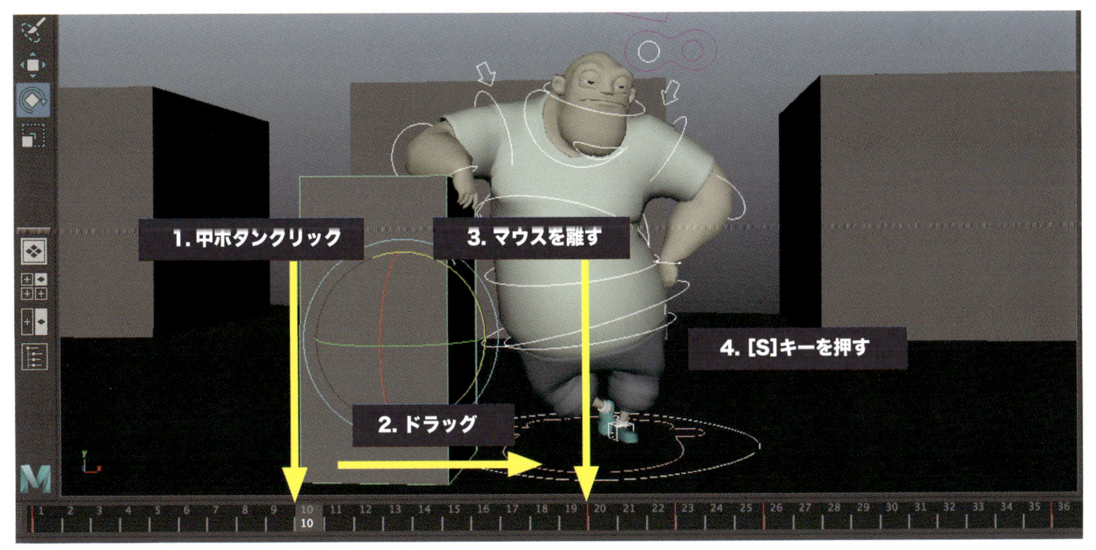

10 動きを減らすため、実証済みのテクニック (タイムラインでコピーするキーを中ボタンドラッグ) を使いましょう。タイムラインのf10で中ボタンクリック、f20までドラッグします。ボタンを放して [S] キーを押します。

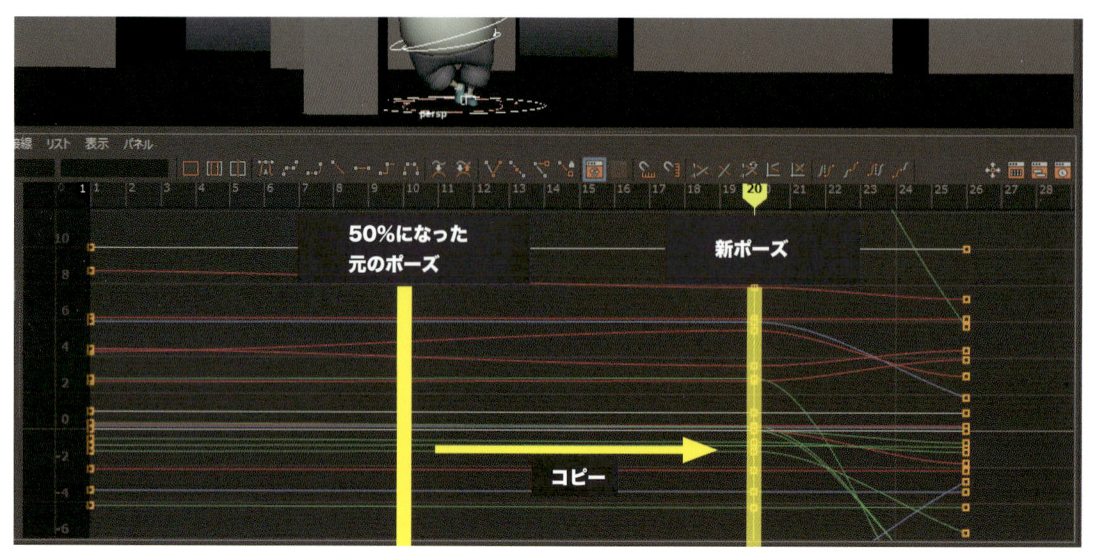

11 何が起こりましたか？ f20にキーをペーストすると、2つのスプラインキーの中間くらいで、設定した動きの50%になります（元のf10で動きが半減しています）。

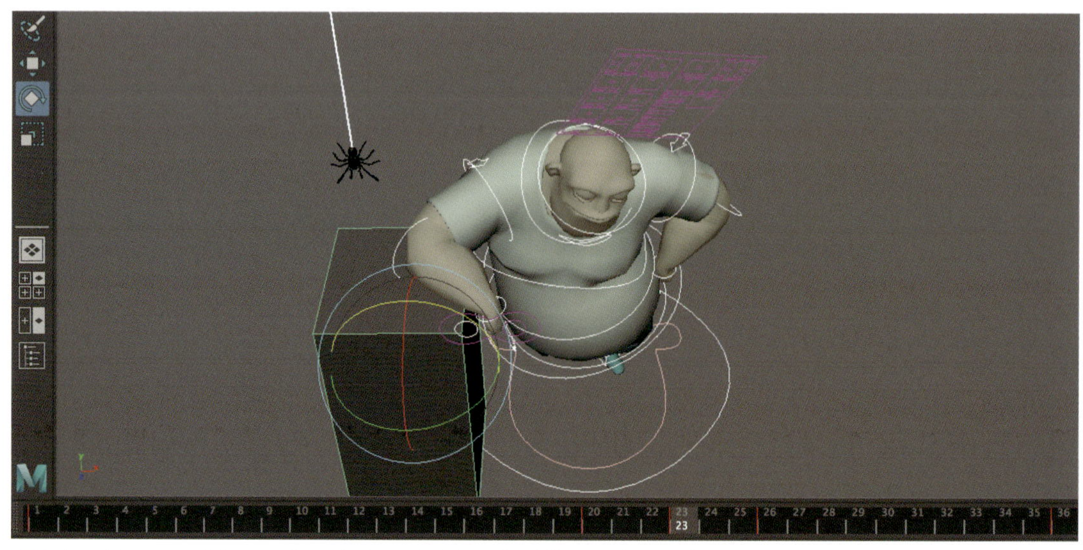

13 腕も忘れないでください。f23で肩と肘を回転しても、右腕はまだ通常の位置にあることを確認します。カンマ [,] キーとピリオド [.] キーを使い、3つのキー（f20、f23、f26）の間で右から左へ振り返る動作を追加します。

役立つヒント

この手法でホールドを作成し、スプラインが最も予測できる結果になったら［ステップ］キーを［クランプ］に変換してください。すべてを［クランプ］に変換したあとに接線を［自動接線］に変更すると、最も適切な計算が行われます。

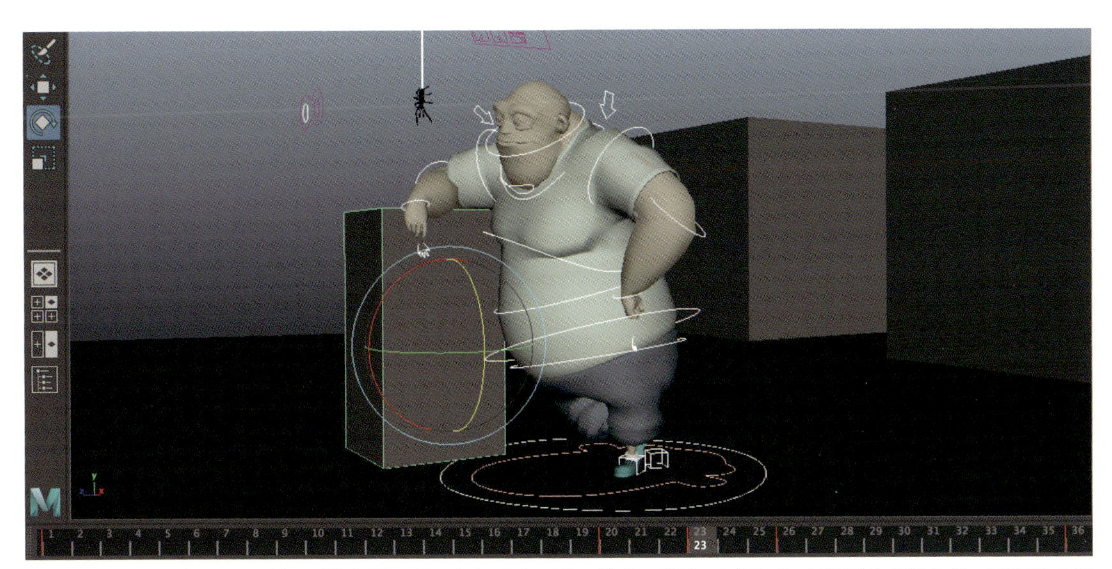

12 まだ動きすぎるので、前の手順を繰り返します。「ムービング ホールド」の終わり（f20）と最後のポーズ(f36)の間にブレイクダウンを追加していきましょう。f23で頭部と背骨を少し回転します。

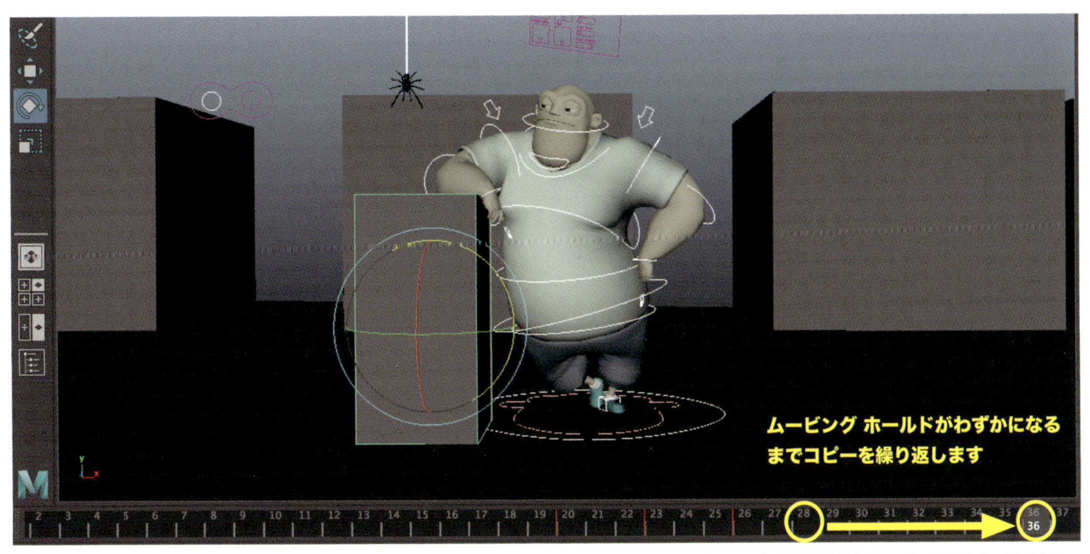

14 仕上げとしてf28のキーをコピーし、f36にペーストしましょう。このテクニックは1度習得してしまえば、繰り返し使えます。

06 リタイムツールとムービング ホールド

ダウンロードデータ 06 - cartoony_retime_Holds_start.ma / 06 - cartoony_retime_Holds_finish.ma

リタイムツールは［グラフ エディタ］でキーの作成・操作を別の仕組みで行えます。広範囲のタイミング調整や、すでに紹介したコピー&ペースト方式で「ムービング ホールド（止まっているようで動いている状態）」を調整して、スナップすることもできます。

ほとんどのプロはチートして、素早く効果的な方法を見つけ、丸一日かけて繰り返し行うようなタスクを効率化します。Mayaにはとても強力なスクリプトが搭載されていますが、ムービング ホールドを作るような場合、ほとんど役立ちません。

代わりに、すべてのツールを駆使して調整を施し、ワークフローを完璧に仕上げます。追加された機能を、ワークフローで最大限に活かしてください。これらの素晴らしいツールを無視すれば、あなた自身のショットに使える裏ワザを見逃してしまうでしょう。

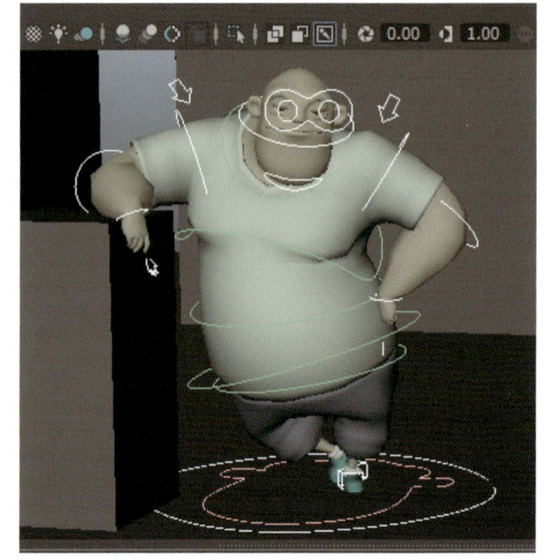

1 **06 - cartoony_retime_Holds_start.ma**を開きます。これは前と同じシーンです。今回はリタイムツールでムービング ホールドを調整しましょう。［グラフ エディタ］を開いて、再びキーに慣れていきます。

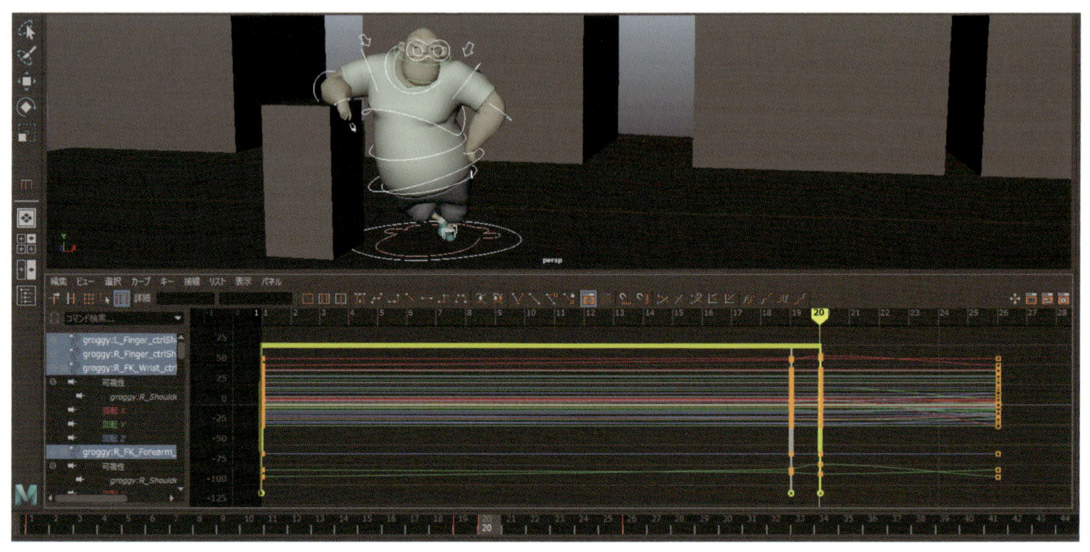

3 f20でダブルクリック、別のリタイムハンドルを追加したら、f10からf19までリタイムハンドルをドラッグしてください。［Q］キーを押して［選択ツール］に切り替え、f20のキーを選択、［Del］キーを押して削除します。

役立つヒント

リタイムハンドルはシーンに保存されないと覚えておきましょう。ファイルを閉じる前にタイミング調整を行う必要があります。そうしないと、作成したハンドルは失われてしまいます。

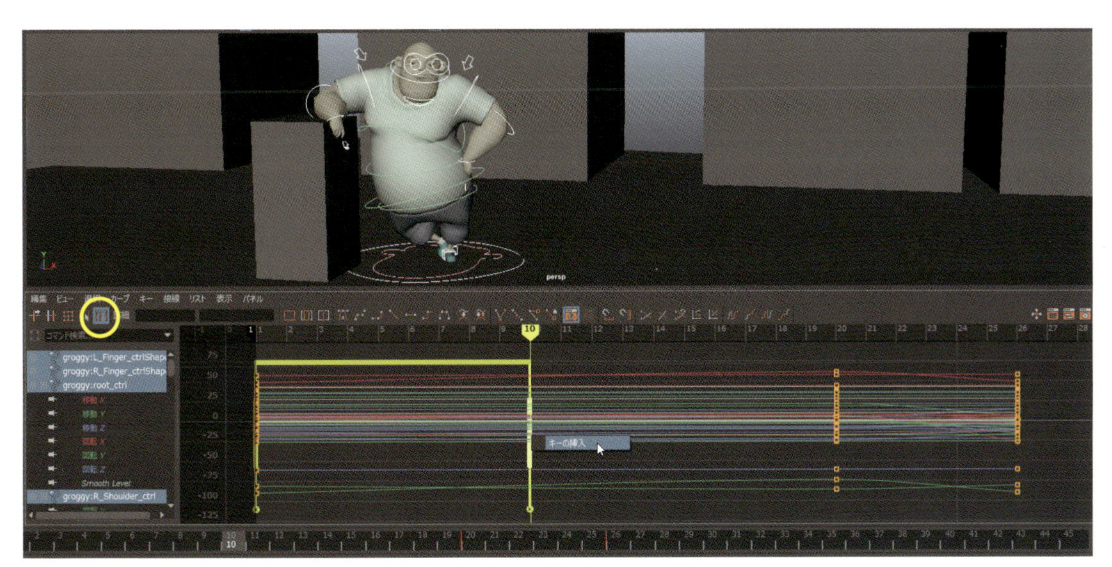

2 ［グラフ エディタ］の左上にある［リタイムツール］ボタンをクリック、f1とf10をダブルクリックします。これらのキーにリタイムハンドルが作成されます。f10のリタイムハンドルで右クリック、［キーの挿入］を選択しましょう。これで、アニメーションに50%の位置を表すキーをセットできました。

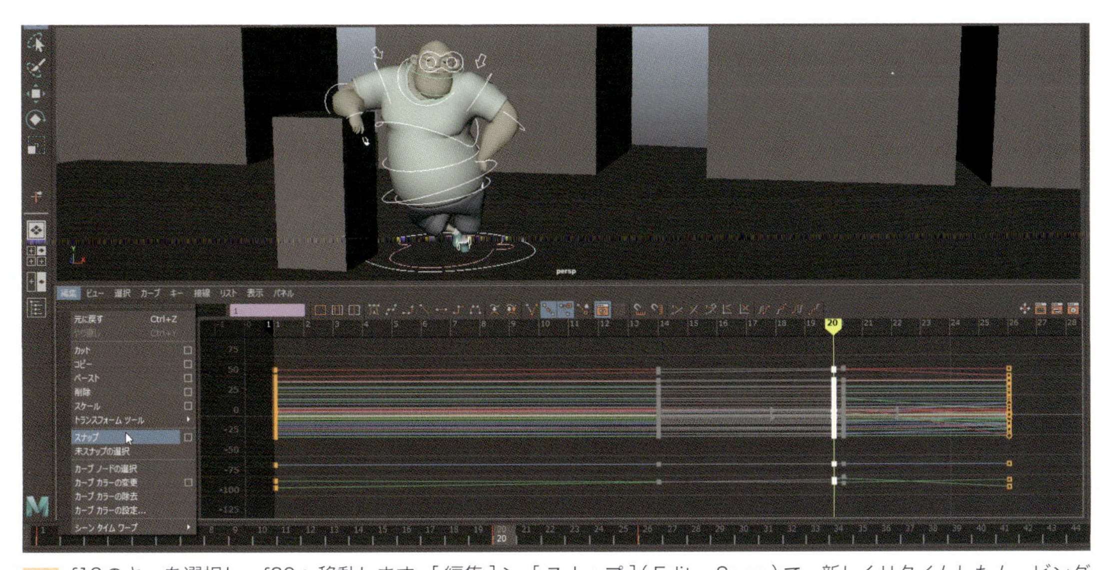

4 f19のキーを選択し、f20へ移動します。［編集］>［スナップ］（Edit > Snap）で、新しくリタイムしたムービングホールドのキーが、正しく整数フレーム上にあることを確認しましょう。これで調整は完了です！

07 弧を調整し、磨きをかける

ダウンロードデータ 07 - cartoony_Arcs_start.ma / 07 - cartoony_Arcs_finish.ma

次は磨きをかける段階です。いま扱っているキーフレームの量は膨大で、このままだとわずかな調整を行うだけでも、削除・やり直し・微調整に時間が掛かり、ストレスが溜まります。弧（アーク / 運動曲線）は基礎となる重要な要素です。この時点で確認し、弧が素晴らしく見えていることをダブルチェックしましょう。ただし前に述べたように、磨きをかける段階で弧を完成させるには［グラフエディタ］でネズミの巣のようなカーブを移動しなければなりません。

幸いにも、Mayaには［編集可能なモーション軌跡］ツールがあります。これは動作を作成・定義するだけではありません。今回のように、高密度のキーがセットされていても、管理しやすい弧を維持できます。「1章 アニメーションの12原則」「4章 テクニック」で使い方を紹介しました。本章ではさらに慣れていきましょう。滑らかな動きを作る操作は、これまでの章と異なります。ここでは、高密度のキーを最終的な弧に変更していきます。［編集可能なモーション軌跡］はとても堅実で安定したツールです。

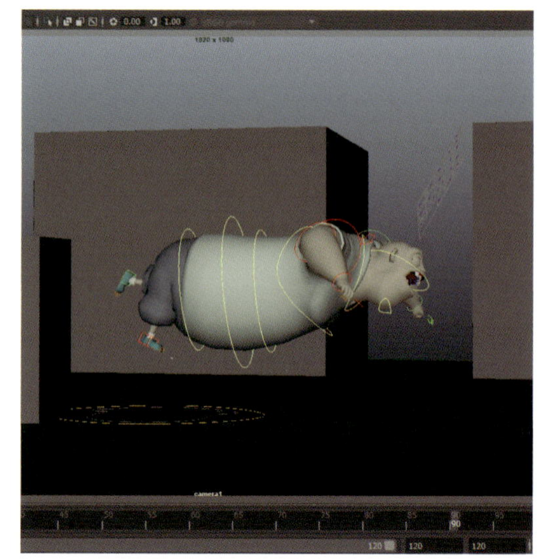

1 **07 - cartoony_Arcs_start.ma**を開きます。このシーンはブロッキングの最後で、弧を微調整する準備ができています。数フレーム再生し、問題ないか確認しましょう。

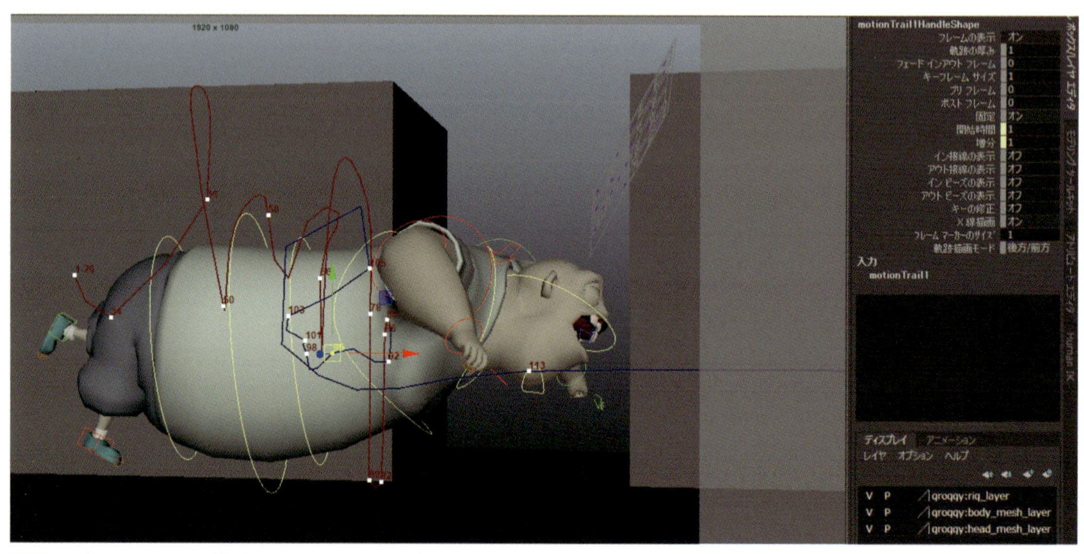

3 既定のモーション軌跡には、キー上に接線やインフルエンスが表示されません。あとで調整するときに表示します。パネルでキーの1つを選択、移動してテストしましょう。

役立つヒント

［編集可能なモーション軌跡］は、移動キーを持つコントローラで最も便利なツールです。回転で制御するFKチェーンのコントローラにモーション軌跡を追加しても、その結果を予測するのは困難です。

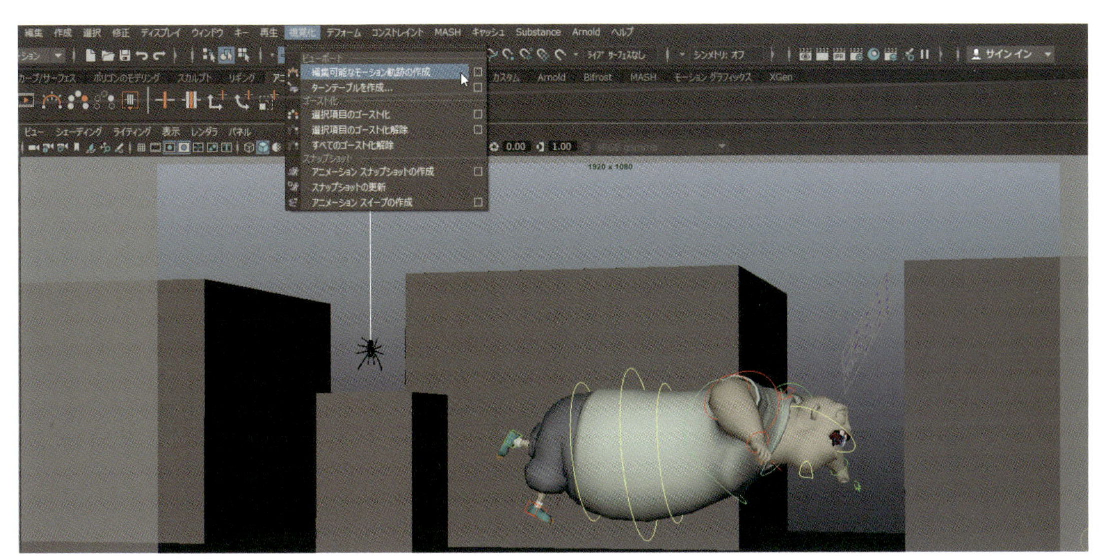

2 f90からf102の範囲で、胸に注目します。これらの12フレームには、たくさんの飛び出しや動きがあります。胸のコントロール（groggy:Chest_ctrl）を選択、［アニメーション］メニューセット（［F4］キー）に切り替え、［視覚化］>［編集可能なモーション軌跡］（Visualize > Create Editable Motion Trail）を適用します。

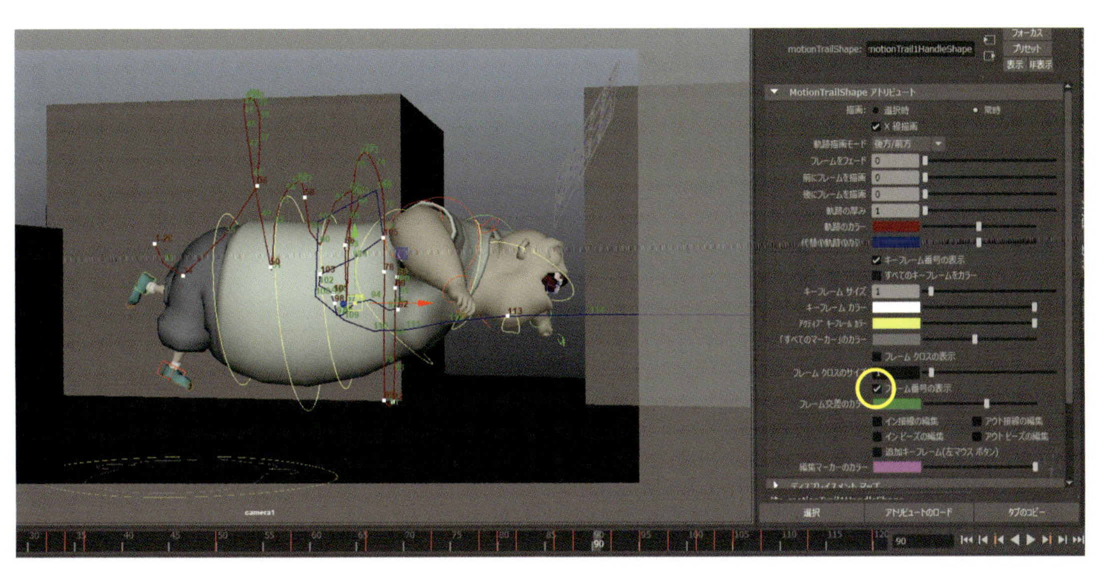

4 フレームマーカーを見て、キーセットされていないフレームを簡単に確認したいときは、モーション軌跡を選択、［アトリビュート エディタ］の［フレーム番号の表示］をチェックして有効にします。

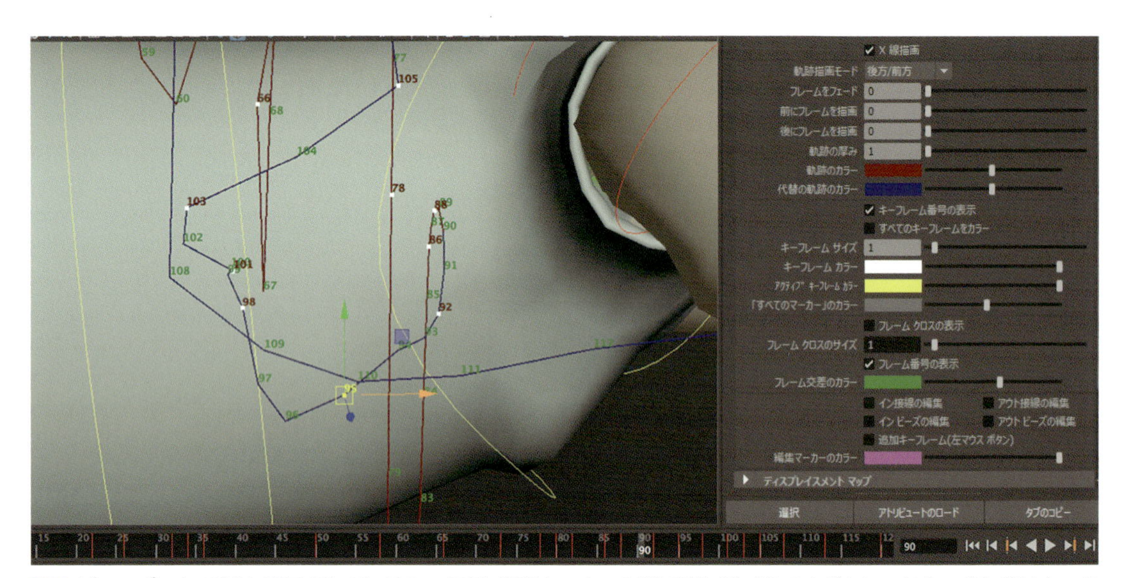

5 ビューポートで95と表示されているキーを下に移動し、もっと弧の形に近づけてください。おや、どれだけキーを移動しても、[編集可能なモーション軌跡] は不規則なままですね。さあ、接線を扱う時間です。

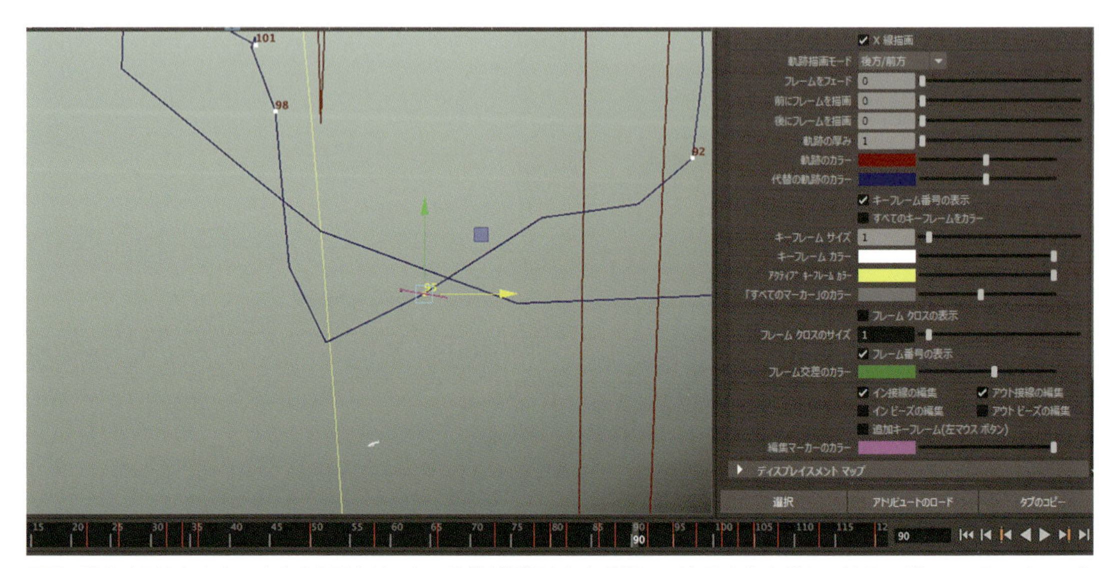

7 95と表示されたキーをもう1度クリック、接線が選択された状態でパネル内を中ボタンドラッグして、そのインフルエンスを確認しましょう。弧が滑らかに見えるまで、キーフレームの位置と接線を調整します。

役立つヒント

弧の最終チェックではメインカメラから見てください。パースビューで弧が素晴らしく見えても、メインカメラでどう見えるか確認するまで、調整は終わりません。

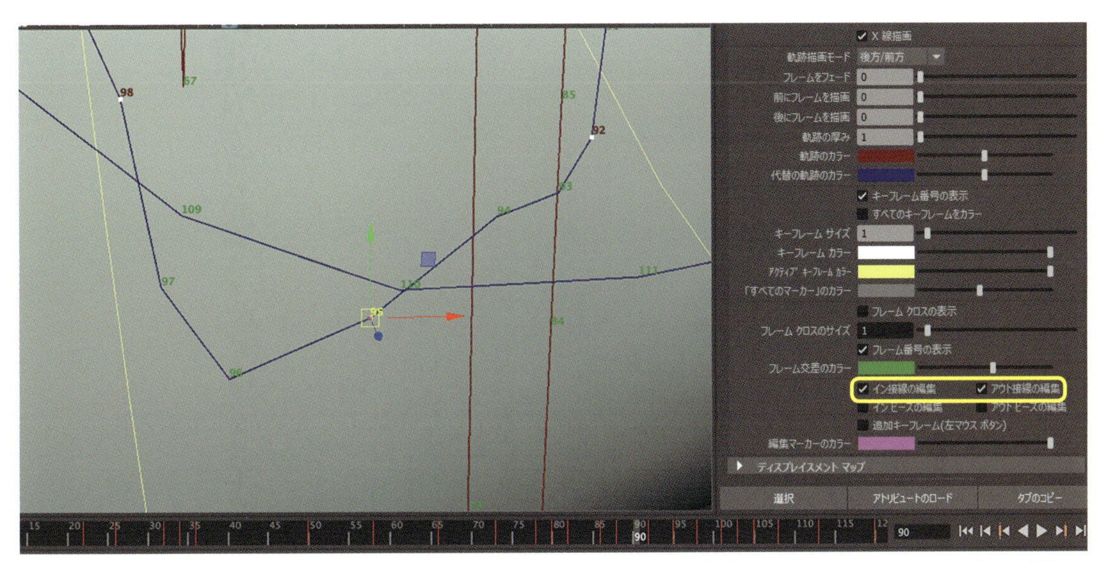

6 ［アトリビュート エディタ］で［イン接線の編集］と［アウト接線の編集］をチェックしましょう。パネルで選択したキーだけでなく、モーション軌跡全体のインフルエンスを編集できます。

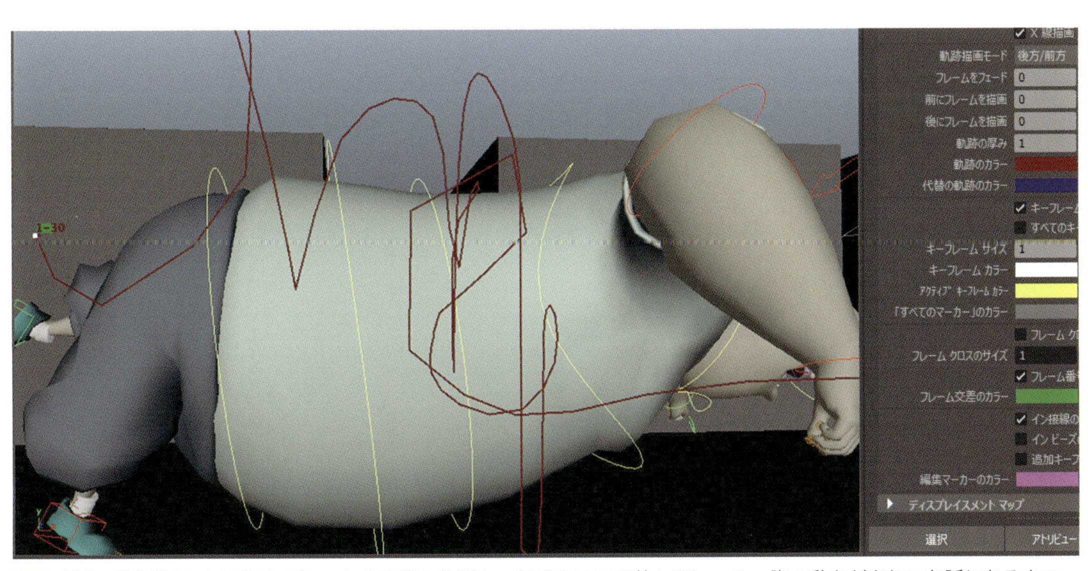

8 f90〜f102間にある他のフレームの接線と位置も、同じように調整しましょう。胸の動きがきれいな弧になるまで、作業を続けてください。

08 動作の仕上げ

ダウンロードデータ　08 - cartoony_Texture_start.ma / 08 - cartoony_Texture_finish.ma

ワークフローで重要な最後の要素は、真実味を与える最終ディテールをシーンに追加することです。これは「ノンパフォーマンス テクスチャ」と呼ばれています。このような小さなディテールは、作成したパフォーマンス（演技）そのものにはあまり貢献しません。その代わりシーンにディテールを感じさせ、リアルに見せます。

Mayaの「アニメーションレイヤ」でこうしたディテールを加え、シーンに磨きをかければ、非破壊的にアイデアを試せるでしょう。ここがワークフローの重要性を理解できる重要な局面です（アニメーションレイヤは慎重に計画してください）。

ショットで作業している途中に、1つのディスプレイレイヤで急にアニメーションを追加・作成すると、厄介なことになりかねません。代わりにアニメーションレイヤにアニメーションを作成する計画を練りましょう（例えば、脚を使った歩行サイクルに、新しいレイヤで腰の動きを追加する）。とても繊細なディテールの追加は最終段階で行います。

厳格なワークフローを守れば、予期せぬ問題に対してシーンを保護できるでしょう。アニメーションレイヤには、シーンに磨きをかけるためのさまざまなコントロールがあります。これらは設定済みのキーに破壊的な影響を与えません。

1　**08 - cartoony_Texture_start.ma**を開きます。シーンの開始で小さな呼吸を追加しましょう。まず［表示］>［NURBSカーブ］を選択。カーブを除くすべての選択マスクをオフにし、Groggyの周囲を選択ボックスで囲みます。これで、すべてのコントロールを選択できます。

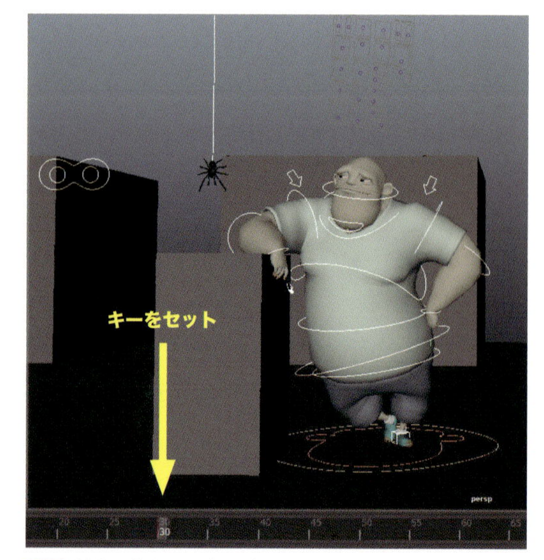

4　f30でもう1つキーをセットします。

役立つヒント

別々のアニメーションレイヤに真実味のある「タイミング」を作成しておけば、個別にウェイトを調整できます。

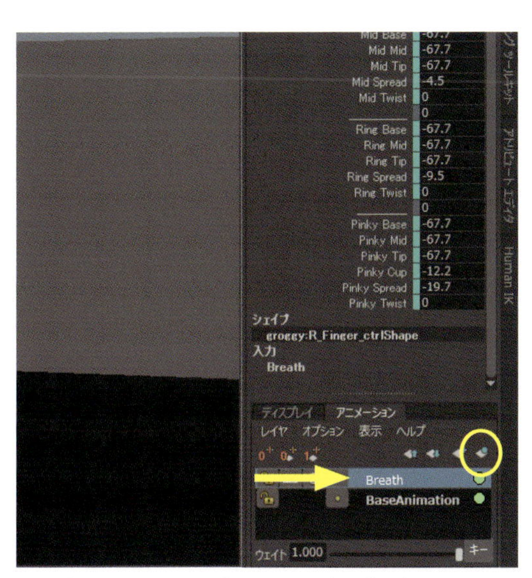

2 [アニメーション]レイヤタブで[選択項目からレイヤを作成]ボタンをクリックします。新しいレイヤ名を「Breath」に変更しましょう

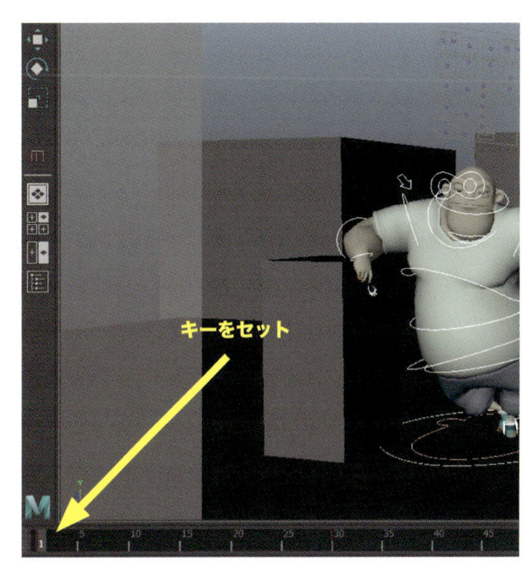

3 Breathアニメーションレイヤをクリックし、アクティブにします。まだ何もしていないので、[BaseAnimation]レイヤのキーに影響はありません。Groggyのすべてのコントロールを選択、f01で[S]キーを押して、呼吸の開始時にキーをセットします。

5 f15でGroggyの背骨を曲げて、わずかに呼吸をしているポーズを作ります。腕を調整して元の位置に戻すことを忘れないでください。このボーズを作るには、骨盤(pelvis)・腹(belly)・胸(chest)・頭部(head)のコントロールを調整します。

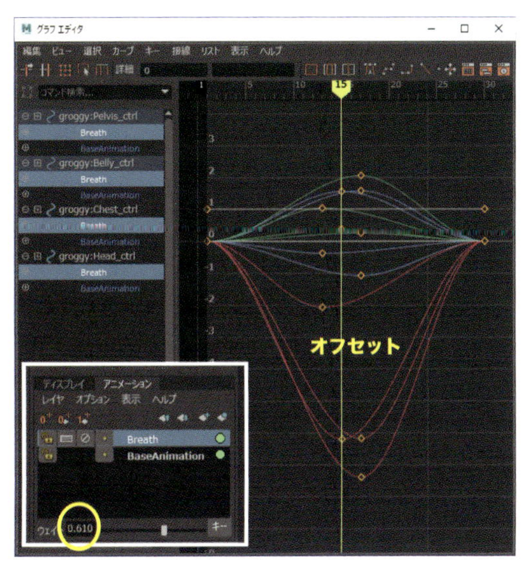

6 これで呼吸のアニメーションをセットできました。[BaseAnimation]レイヤに加えるこのアニメーションの量は、アニメーションレイヤパネルの[ウェイト]スライダで調整します。背骨のキーをオフセットしたいなら、最初に骨盤、最後に頭部を動かしましょう。

効率的なサイクルを作成するスキルは、プロアニメーターにとって必須要件です

CHAPTER 9

サイクル

サイクル（またはループ／繰り返し）アニメーションは、アニメーション業界の屋台骨と言えるでしょう。ゲーム・映画・テレビ番組までさまざまな分野のアニメーションにおいて、最も確実なキャリアの一部となります。

経験豊富なアニメーターの最大の特徴は、リアルでアピールのあるサイクルを素早く作成する能力です。これを行うには、Mayaに備わっているすべてのツールに精通している必要があります。通常は、制作に関わるアニメーションチーム全体がサイクルを共有します。そして、プロジェクトを左右する細かい技術的な問題を避けるため、そのコツを共有しています。

これから［プリ／ポスト インフィニティ］カーブの技術的な側面を見ながら、歩行サイクルを操作し、次にゼロから飛行サイクルを作成していきます。サイクルには簡単に最高の結果を生み出す方法があります。そのテクニックは、サイクルの「オフセット」と呼ばれています。

01 サイクルの基礎

ダウンロードデータ cycle_basics_start.ma / cycle_basics_finish.ma

サイクルアニメーションでは、注目すべきいくつかの用語と技術的なルールがあります。本章でそれらを実践していきましょう。

1つめは、サイクルするキャラクターにとって、「前」となる方向です。通常、前方移動に使われるのは**Z軸**です。

2つめは、広範囲にわたって使うことになる**［プリ/ポスト インフィニティ］カーブタイプ**です。Mayaはこれらの設定で「最初のキーフレームの前」「最後のキーフレームの後ろ」のサイクルアニメーションを定義します。ここでは異なるカーブタイプをすべて試していきます。

3つめは「**最初と最後のフレームですべてのアニメーションコントロールを同じ継続時間にする**」です。ただし、同一フレームである必要はありません。例えば、アニメーションが正しくサイクルしていれば、頭部をf01～f24でアニメートし、腕をf18～f41でアニメートできます。また、マスターコントロールの［移動 Z］をカウンターアニメートすれば、ランニングマシーンのようにワールド原点を中心にしたまま、サイクルアニメーションを継続できます。走行アニメーションのように、長距離をカバーする動作でとても便利です。

ランニングマシーン風のアニメーション制作は、キャラクターサイクルと同じ「**ストライド**」および「フレーム範囲」で、マスターコントロールを後ろに移動すれば、簡単に作成できます（ストライドは次のセクションで説明します）。

最終的に［グラフ エディタ］でキーフレームの「オフセット」操作に慣れてくれば、もっと扱いやすくなります。オフセットの基本アイデアは「フレーム範囲内（例えば1～24）でコントローラにアニメーションを作成し、そのキーフレームを前後に移動する」というものです。これらの新しいオフセットキーは、サイクルの継続時間が同じです。ベースアニメーションと同じサイクルカーブの作成という難しい操作は必要ありません。例えば、バタバタ動くアンテナを持つキャラクターの場合、f01のアンテナの位置は正確に把握できません。しかし、バタバタする動き全体をキーセットし、オフセットすれば簡単です。

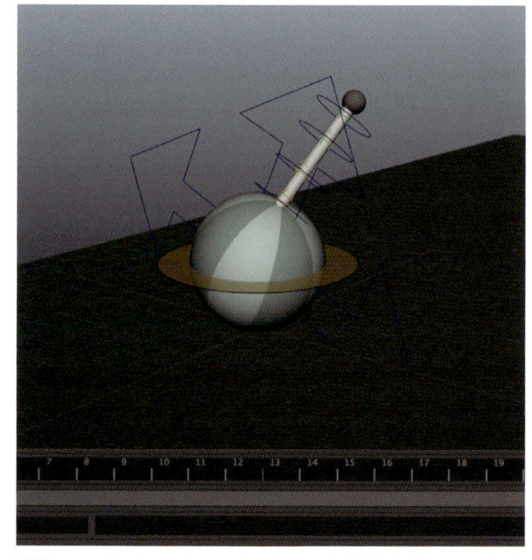

1 **cycle_basics_start.ma**を開きます。これからボールを上下に移動し、左右に傾けます。このボールには、すでに2つのキーが作成されています。サイクルの長さは24フレームで、f01とf12にキーがあります。では、2つのサイクルタイプを見てみましょう。

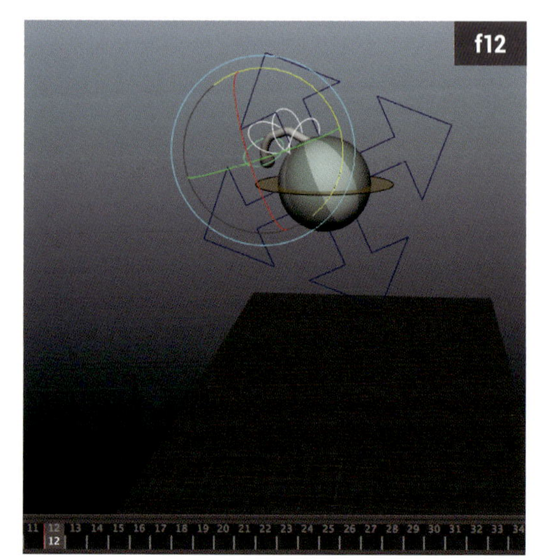

4 タイムラインを48フレームまで伸ばし、アニメーションのループが上手くいっているか確認してください。次はアンテナを左右にバタバタさせるキーをセットしてみましょう。f01でアンテナを右に曲げてキー、f12で左に曲げてキーをセットします。

役立つヒント

サイクルの作業では、カーブの長さを誤って編集・変更してしまいがちです。カーブを選択すると［グラフ エディタ］のフレーム領域にカーブのフレーム数が表示されます。フレームの過不足で起こるサイクルの不具合は、ここを調べると簡単に見つかります。特にカーブの多くがオフセットされているときに重宝するでしょう。

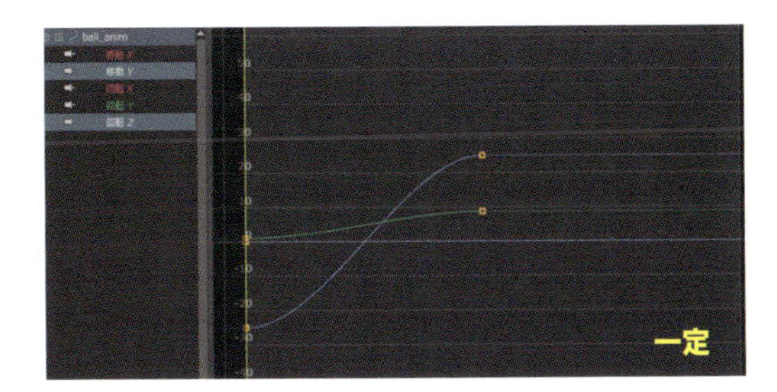

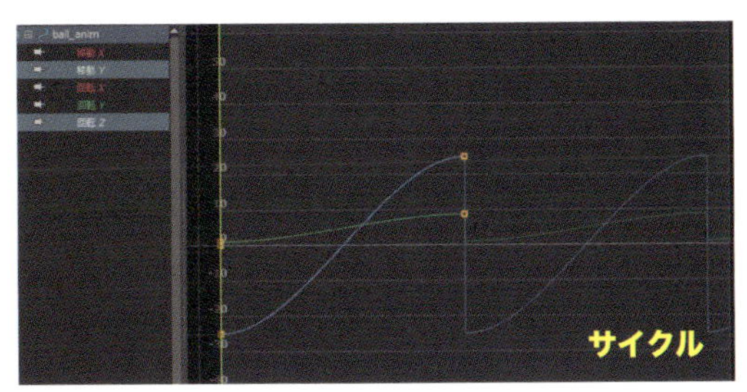

2 ball_animコントロールを選択、［グラフ エディタ］で［ビュー］>［インフィニティ］(View > Infinity)をオンにします。既定は［一定］です（最初のキーフレームの前、最後のキーフレームの後ろが直線）。［移動 Y］と［回転 Z］カーブを選択、［カーブ］>［ポスト インフィニティ］>［サイクル］(Curves > Post Infinity > Cycle)を適用します。

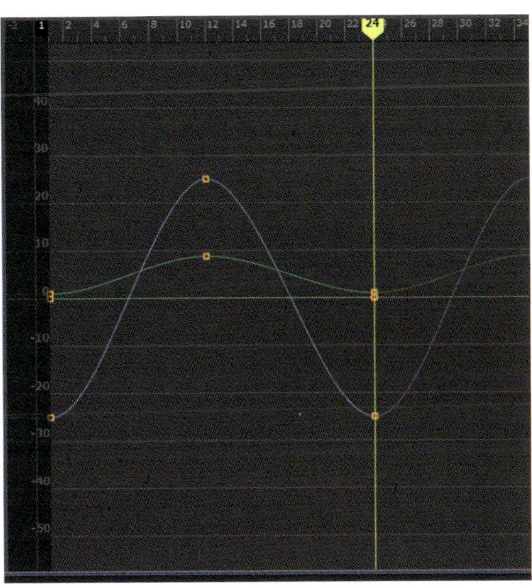

3 ［サイクル］は最後のキーフレームまで進んだら、最初のキーフレームに戻り、アニメーションをループします。［サイクル］を機能させるには、最初と最後のキーフレームが同一でなければなりません。タイムラインで、f01からf24まで中ボタンドラッグし、アニメーションの最後に最初のキーをセット。接線はすべて［フラット］にします。

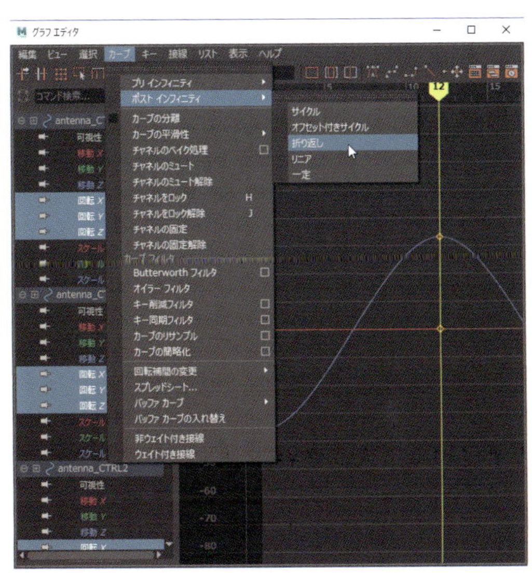

5 ［グラフ エディタ］でアンテナコントロールの［回転］チャネルを選択します。［カーブ］>［ポスト インフィニティ］>［折り返し］(Curves > Post Infinity > Oscillate)と［カーブ］>［プリ インフィニティ］>［折り返し］(Curves > Pre Infinity > Oscillate)を適用します。アニメーションの最初と最後のキー間で、ボールは前後に「跳ね」続けます。

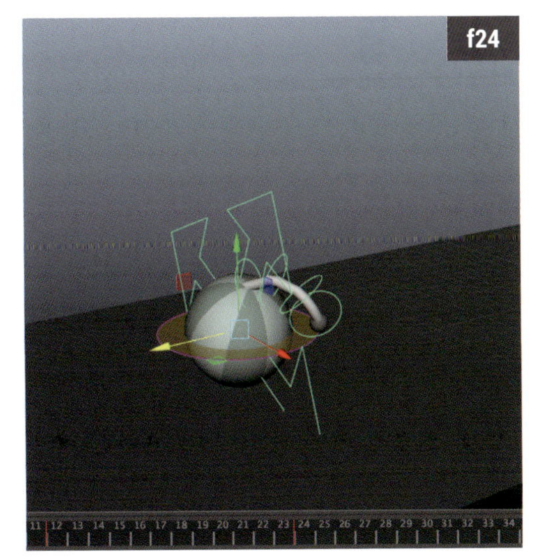

6 ボールを前進させてみましょう。f01でball_animコントロールを選択、［移動 Z］にキーをセットします。f24に進み、Z方向に**10**ユニット前進させます。

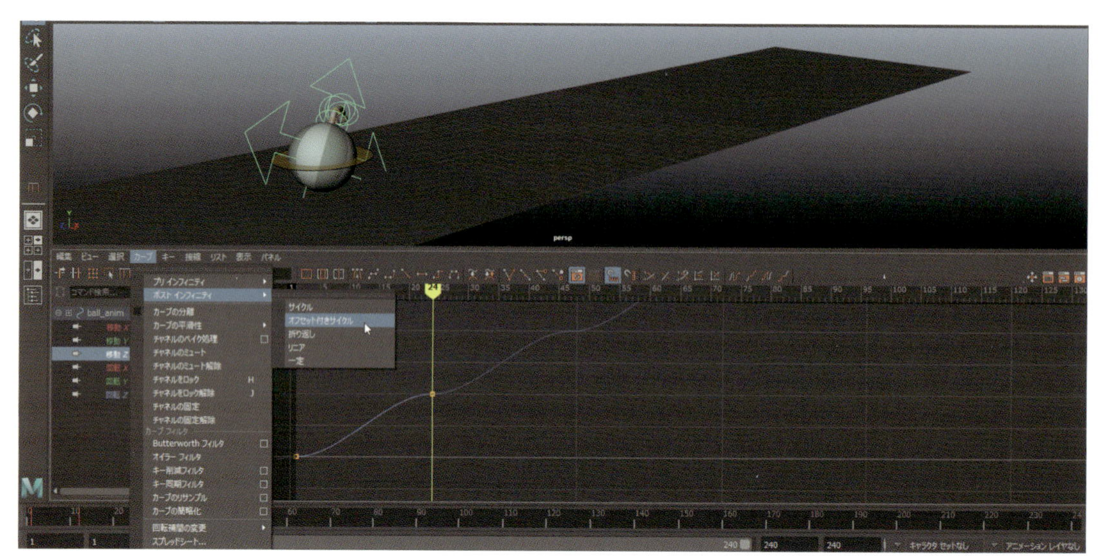

7 私の経験則では、メインキャラクターのコントロール（身体・足など）の［移動 Z］チャネルを［オフセット付きサイクル］にします。では［グラフ エディタ］で［移動 Z］カーブにセットしてみましょう。［移動 Z］チャネルの接線を［フラット］にすると、Mayaでは最後のフレームが新しい開始フレームとなります（タメができます）。

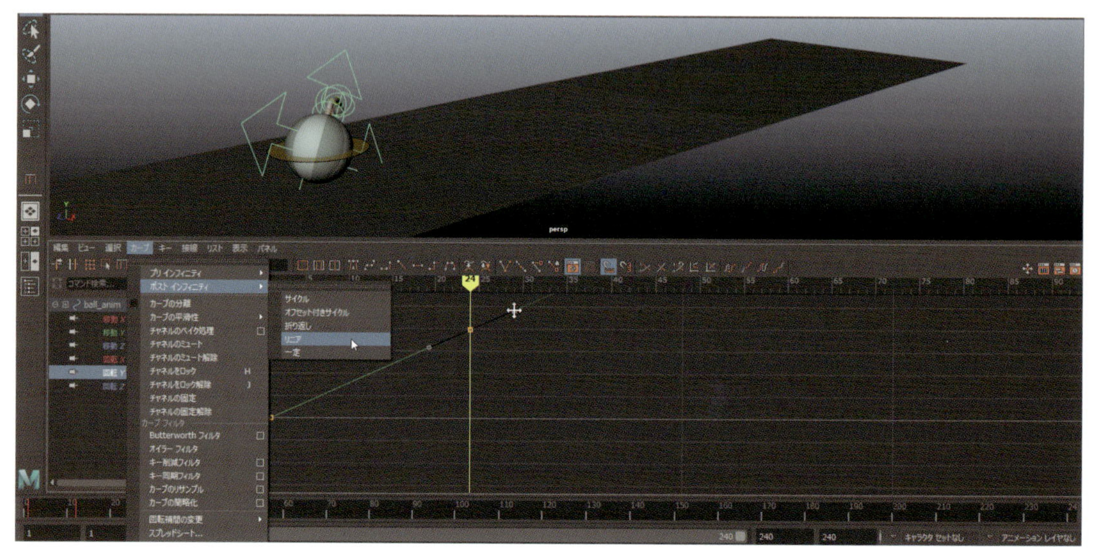

9 ［回転 Y］カーブの［プリ/ポスト インフィニティ］タイプを［リニア］にして、結果を見てください。接線を調整した結果、ボールは回転を続けながら、直線的にずっと進んでいきます。次はオフセットを設定してみましょう。アニメーションのオフセットは、サイクルに重複を構築する素晴らしい方法です。

役立つヒント

すべてのサイクルタイプを理解すれば、必要な動きを実現する上で最適な方法がわかります。プロはいつもオフセットアニメーションを使い、複雑で難しい動きを設定したフレーム範囲内で作成します。

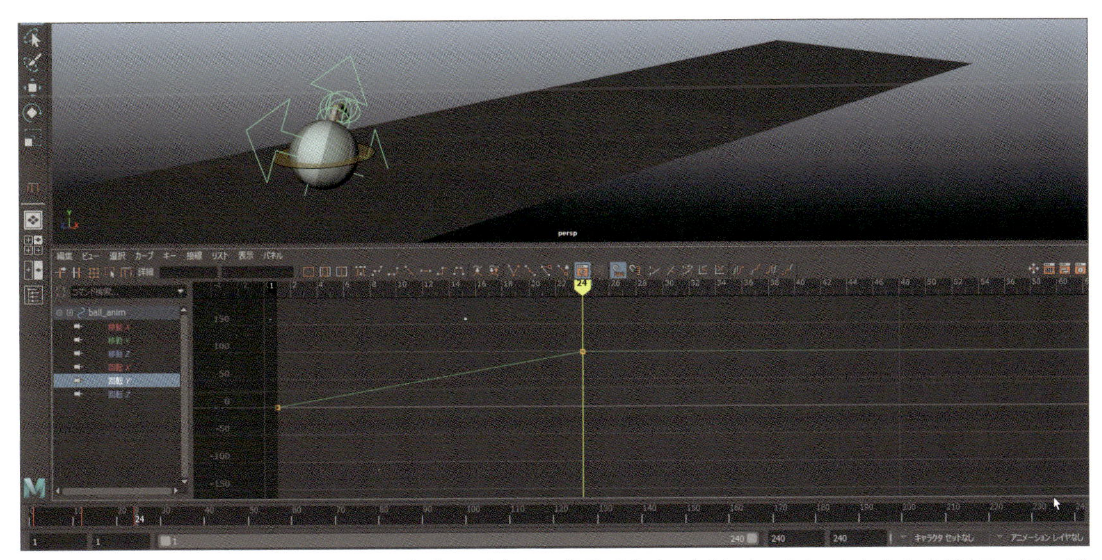

8 ball_animコントロールを選択、f24で[S]キーを押して[回転 Y]チャネルにキーをセットします。[グラフ エディタ]でf24の[回転 Y]カーブのキーを選択、**100**まで移動します。次に説明する[リニア]インフィニティタイプは、キーに[リニア]接線が適用されたようにアニメーションを拡張します。

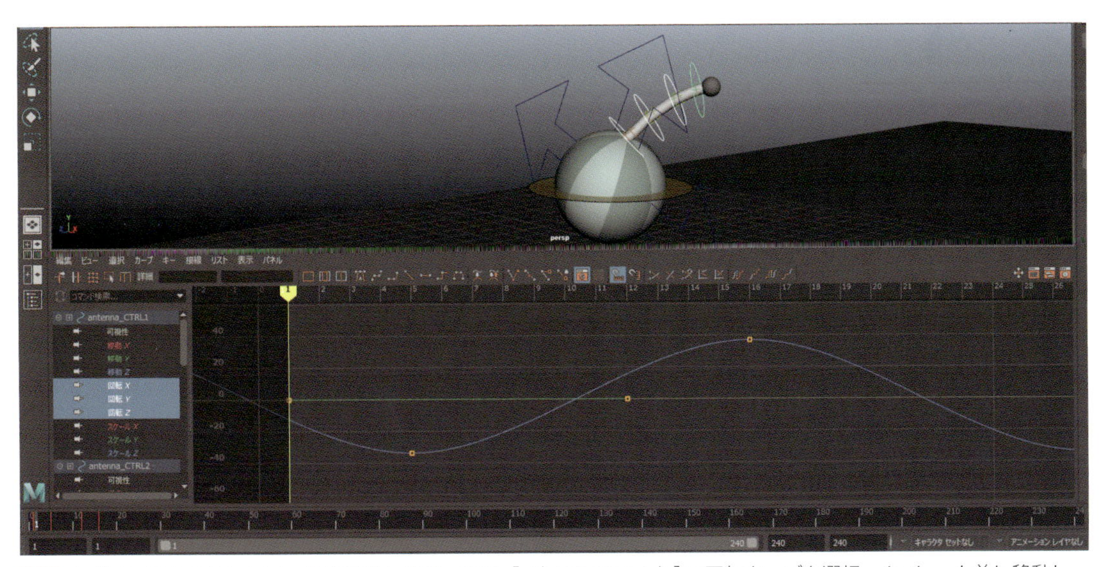

10 まずアンテナのコントロールを選択します。次に [グラフ エディタ]で回転カーブを選択、4フレーム前に移動し、動きをオーバーラップさせます。カーブの形が保持されていることに注目しましょう。f01〜f24の間に存在するカーブをゼロから作成する手間が省けます。

02 ストライド

ダウンロードデータ stride_start.ma / stride_finish.ma

サイクルアニメーションを作成するとき、最初にいくつかの決め事があります。サイクルレングス（フレーム数）とストライドレングス（1つのサイクルで空間を移動する距離、以下ストライド）です。これら2つの決定は、歩行サイクルに適用するタイミングとスペーシングの基本原理となります。ただし、目見当で変更した数値を含むパフォーマンスショットではなく、一般的な数値をセットして作業を進めましょう。そうすれば、結果は予測可能で管理しやすくなり、とても便利です。

「ストライド」とは何を意味するのでしょう？ 簡単に言えば「**キャラクターが1サイクルで移動する距離**」のことです。二足歩行をアニメートする場合、1ストライドは2歩になります。犬や猫のような四足歩行アニメーションのストライドは、キャラクターの4つすべての足が一歩進んだ距離です。別の方法で考えるなら、キャラクターの脚が1サイクルを終える間に移動する距離です（接地している状態から脚を上げて前に移動し、再び接地するまで）。つまり、1サイクルで足が移動する距離だと仮定するなら、キャラクターの足の数は関係ありません。

なぜストライドの計算が重要なのでしょう？ あなたが参加しているプロジェクトでアニメーターとサイクルを共有している場合、完璧な無限ループのサイクルを作ることが重要になります。しかし、**正確なストライドを知っておかなければ、完璧なサイクルの作成は不可能です**。これはサイクルの作成で最も見落とされる側面の1つです。今回紹介する裏ワザを通して、「目見当」のサイクルが実際に引き起こす問題が浮き彫りになるでしょう。

歩行サイクルでストライドを計算する最も簡単な方法は、まずルートコントロールと片足を使い、一歩踏み出したキャラクターポーズをセットします。快適なステップになるよう、伸ばし過ぎないようにしましょう。そして、単純に足の［移動 Z］チャネルの値を測り、2倍した数がストライドになります。

これからこの数字で複数の計算を行います。自信を持ってストライドを使い、サイクルを完全な無限ループにしていきましょう。

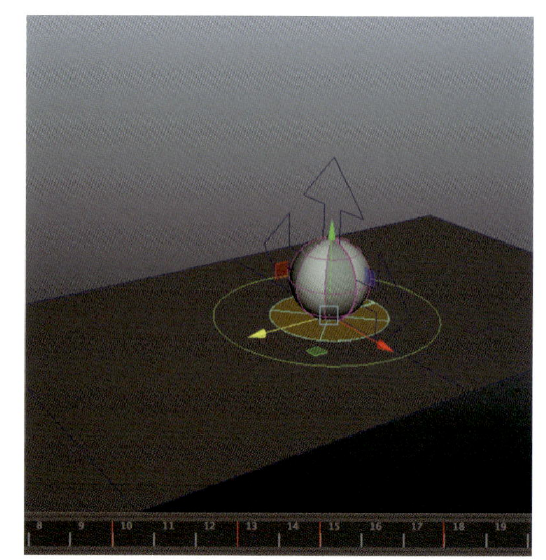

1 **stride_start.ma**を開きます。これは前に弾んでいくボールのアニメーションです。ストライドを決める良い方法は、「ボール」を1本足のキャラクター、つまり、このキャラクター全体を足そのものと考えます（エッジ表示は［シェーディング］>［ワイヤフレーム付きシェード］(Shading > Wireframe on Shaded)をクリック）。

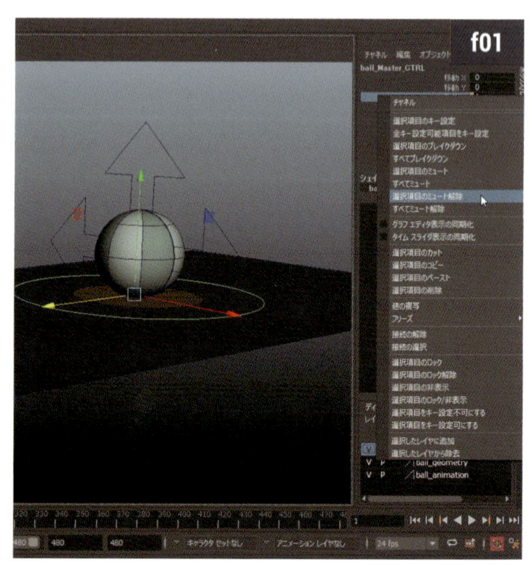

4 アニメーションを再生します。素晴らしいルックですね？ タイムラインを480フレームに拡張して、もう1度再生してみましょう。まだ良好ですか？何か問題はありませんか？ f01に移動しましょう。ball_Master_CTRLを選択し、［移動 Z］チャネルを右クリック、［選択項目のミュート解除］を選択します。

役立つヒント

ここで紹介するのは最も簡単なストライド方式です。ストライドは反転してアニメートすることもできます。ルートコントロールを前に移動し、同じ位置でアニメートしているサイクルを反転してみましょう。

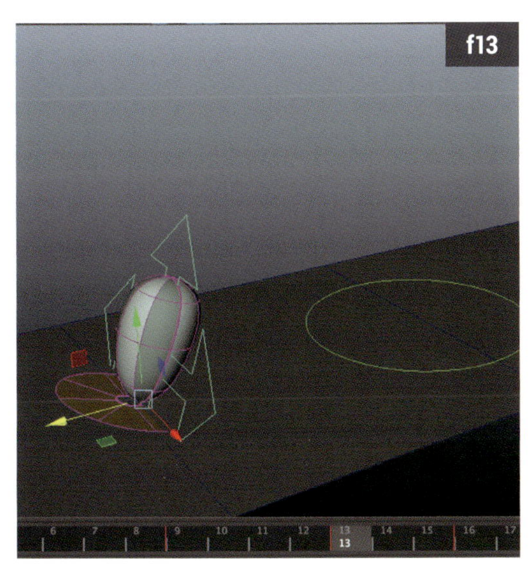

2 ボールは24フレームごとに、跳躍&着地します。残るは［移動 Z］チャネルをアニメートし、前進運動を追加するだけです。f13に進み、ball_animコントロールを選択、次のエッジがある場所までコントロールを前に移動します。

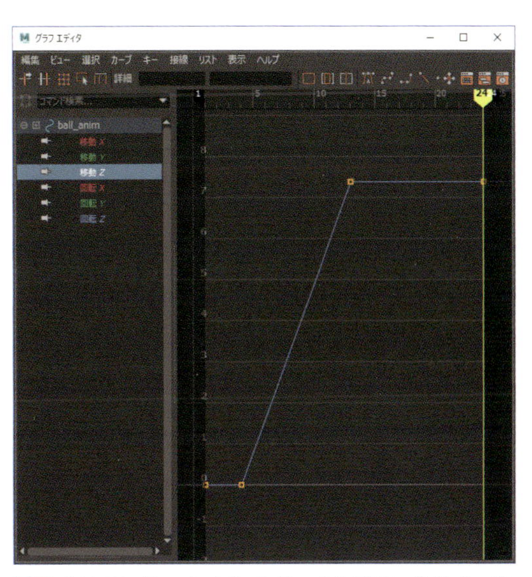

3 f24でball_animコントロールを選択、［S］キーを押してキーをセットします。［グラフ エディタ］を開いて、［移動 Z］が図のようなリニア補間になるように変更します。次にカーブを選択、［ポスト インフィニティ］>［オフセット付きサイクル］(Post Infinity > Cycle With Offset）にします。

5 ボールが前進する間、マスターコントロールは、ball_animコントロールに対してカウンターアニメートされ、ボールをその場所に留めています。通常はセットしたストライドに従い、後ろに移動します。しかし、ボールのZ移動を目見当でセットしたので、サイクルする度にホームポジションから離れていきます（少しずつ前進します)。

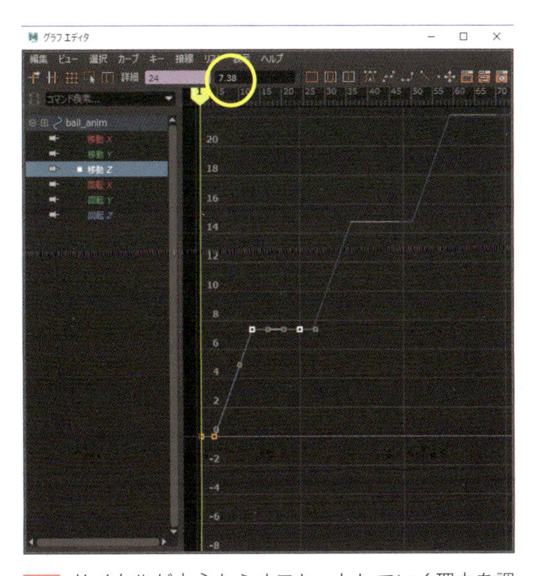

6 サイクルが中心からオフセットしていく理由を調べましょう。ball_animコントロールを選択し、［グラフ エディタ］を開きます。「移動 Z］チャネルにある2つのキーフレーム（f13とf24）を選択、値ボックスを見て、これらのフレームの値を確認しましょう。私の値は「7.38」です。

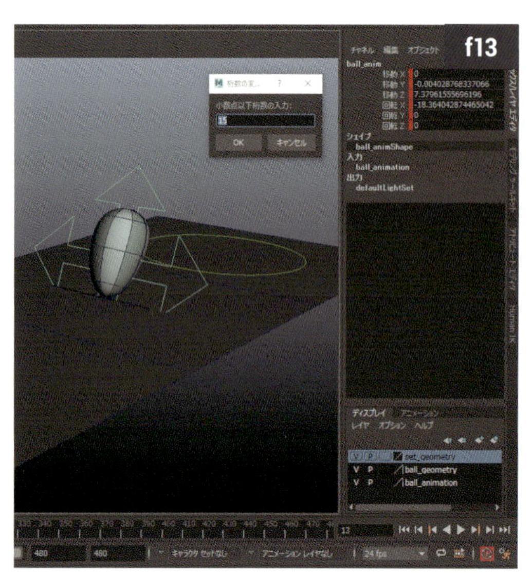

7 本当に7.38ですか？ タイムスライダでf13に進み、[チャネル ボックス]の[編集]メニューで[設定] > [桁数の変更](Settings > Change Precision)をクリックします。ボックスに**15**(最大数)と入力し、[Enter]キーを押します。[移動 Z]の値を見ると「7.37961555696196」になりました。

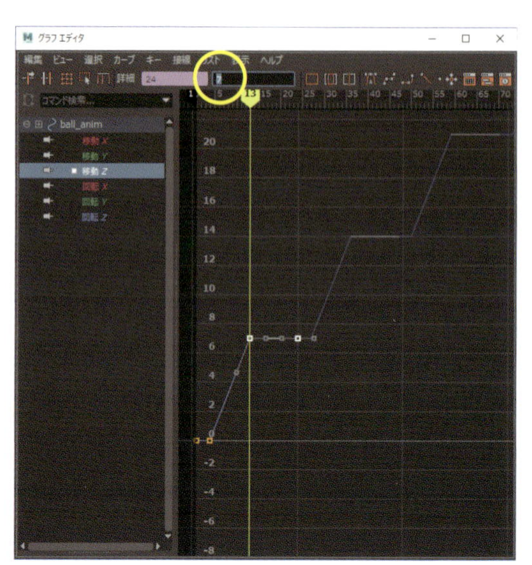

8 ビューパネルで大まかにポーズをつけても、Mayaでは正確なキーフレーム値が表示されます。しかし、わかりやすい整数値ではありません。ストライドは7ユニットだと想定できたので、[グラフ エディタ]に移動します。f13とf24の[移動 Z]キーを選択、[値]ボックスに**7**を入力し [Enter]キーを押します。

11 では、いくつかのキーをセットしていきましょう。ball_animコントロールの [移動 Z]チャネルを選択、f01で**0**を入力します。続けて [移動 Z]チャネルを右クリック、[選択項目のキー設定]を選択します。必要ないチャネルには、キーを追加しないように気を付けましょう。

12 f04に進み、[移動 Z]チャネルで右クリック、[選択項目のキー設定]を選択します。f13に進み、[移動ツール]のZ軸で前方に進めます。地面のエッジ(開始地点より前にあるもの)に整列するように繰り返します。

役立つヒント

ストライドを整数に近づけると、すべてのコントロール上で同じストライドを簡単に維持できます。しかし、ちょっとした計算が必要かもしれません。ストライドが8ユニット、[移動 Z] = 0で開始するなら、8ユニット移動するのは明らかです。しかし、右足の [移動 Z] が-3、左足が6で始まる場合は、それぞれが移動する距離は5と14になります。

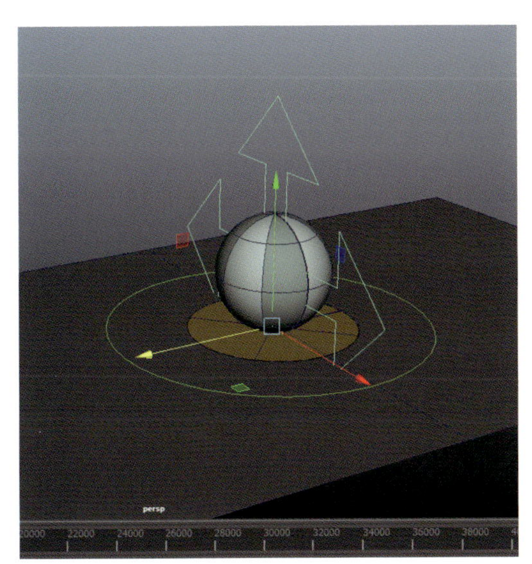

9 ストライドは完璧です。キャラクターの場合もストライドを知っておけば、脚を正しくサイクルできるでしょう。では、タイムラインを50,000フレームまで広げてください。ボールがまだ所定の位置で完全にサイクルしていることに注目しましょう。

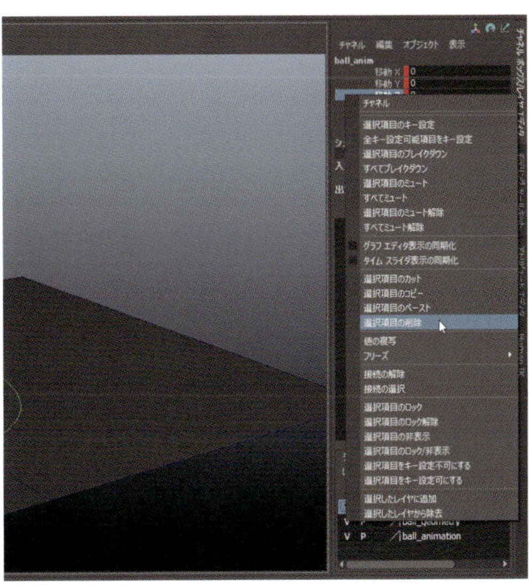

10 一般的なワークフローでは、パネル内のストライドを目見当でセットし、あとで修正します。ball_animコントロールを選択、[チャネル ボックス] で [移動 Z] チャネルを右クリックし、[選択項目の削除] を選択します。f01でball_Master_CTRLを選択、[移動 Z] チャネルを右クリックし、[選択項目のミュート] を適用します。

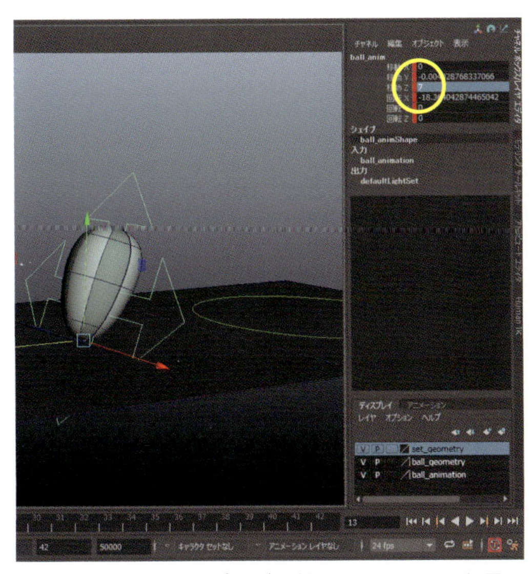

13 プロは目見当でポーズを付けて、ストライド用に最適な丸め数を選択します。コントローラの位置をセットしたら、[チャネル ボックス] で値を入力します。小数点以下の値が15桁ありますが、その数値を「整数」で入力してください。[移動 Z] チャネルに**7**を入力し、右クリック、[選択項目のキー設定] を選択します。

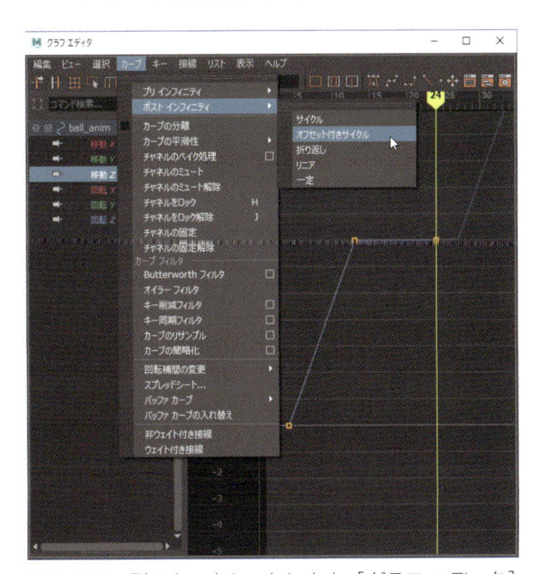

14 f24で別のキーをセットします。[グラフ エディタ] で [移動 Z] カーブを [リニア接線] に、[ポスト インフィニティ] を [オフセット付きサイクル] にします。目見当し修正すれば、手早く正確なストライドを追加できます。ball_Master_CTRLの [移動 Z] チャネルをミュート解除し、50,000フレームでアニメーションを確認してください！

03 歩行サイクル

ダウンロードデータ walk_start.ma / walk_finish.ma

歩行サイクルのストライドを素早く見つける方法を学習していきましょう。これはワークフローで重要です。良いアニメーターになるには、正確な歩行サイクルのループをあっという間にセットする必要があります。Z方向に移動するループアニメーションを始める場合、ここで紹介する裏ワザを使いましょう。所定の位置で行う歩行サイクルでは（ゲームのようにワールドIKコントロールに対して、マスターコントロールをカウンターアニメートする方法は除く）、おかしな動作がないかチェックするだけです。

ストライドは「キャラクターが1サイクルで移動する距離」ということを思い出しましょう。二足歩行は2歩です。20フレームの歩行サイクルを仮定すると、1歩は10フレームになります。また、最初と最後のフレームは同じでなければいけないので、キーのコピーを繰り返し、[グラフ エディタ]の［値］ボックスに数式を入力していきます（数式に関する詳細な情報は、「2章 グラフエディタ」をご覧ください）。歩行サイクルはストライドがわかれば簡単です。すぐにワークフローに不可欠となるでしょう。

最初から完全なサイクルをアニメートするのではなく、ストライドを見つけて、足を正確にアニメートしましょう。Z方向へ移動していない残りの身体部分をサイクルさせるのはとても簡単です。サイクルの最初のフレームを最後のフレームにコピーし、[ポスト インフィニティ]が［サイクル］になっていることを確認します。では、ショットに追加してみましょう。

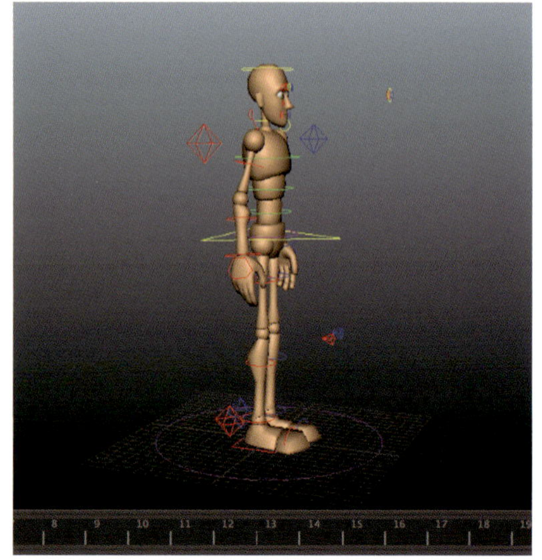

1 **walk_start.ma**を開きます。シーンにはGoonが静止しており、アニメートする準備万端です。[グラフ エディタ]で数学演算子を使っていきます。では、エディタを開いて準備していきましょう。

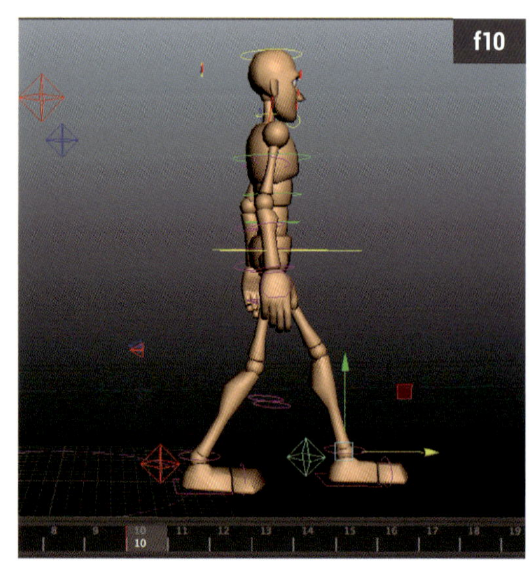

4 f10でGoonに新しいポーズをセットしましょう。左足を前に進め、センタールートも一緒に前に移動します。すべてを正確に行う必要はありません。あとでストライドを調べて、Z値に入力します。

役立つ
ヒント

数式を活用する代わりに、それぞれの［移動 Z］値を整数に変更すれば、正確なサイクルを作成できます。私たちの1歩は10.976でした。つまり、最初の値を11にすれば、ストライドは22だとすぐにわかったはずです。次の機会では、歩行サイクルを完全なループにして時間を節約してください。

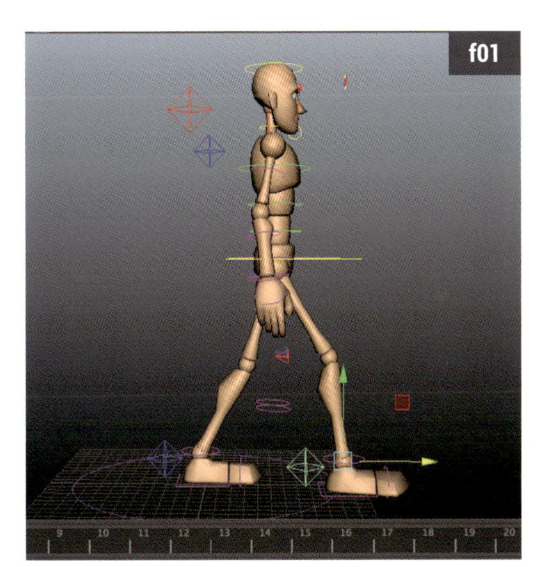

2 Goonにポーズを付けます。右足のIKを前に出し、腰のセンタールート（Center_Root_FK_CTRL）を両足の間に置いて、Y方向に少し下げます。通常はここで行なったように、f01をサイクルの指標にします。

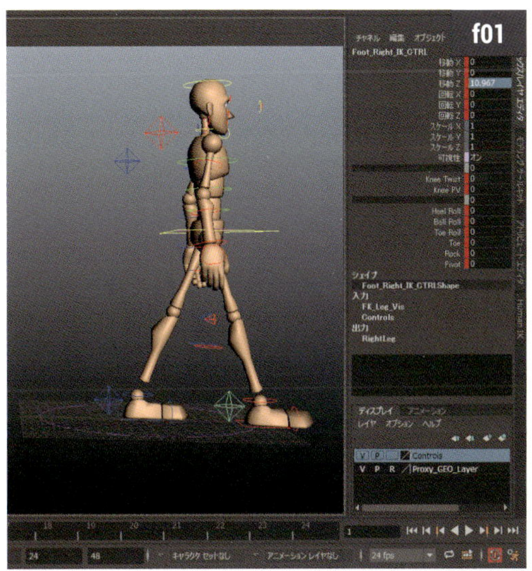

3 f01で、これからZ方向に移動するすべてのワールドコントローラにキーをセットします。つまり、左右の足のIKとセンタールートになります。ここでGoonの右足の値をメモしてください。私の値は10.967です。

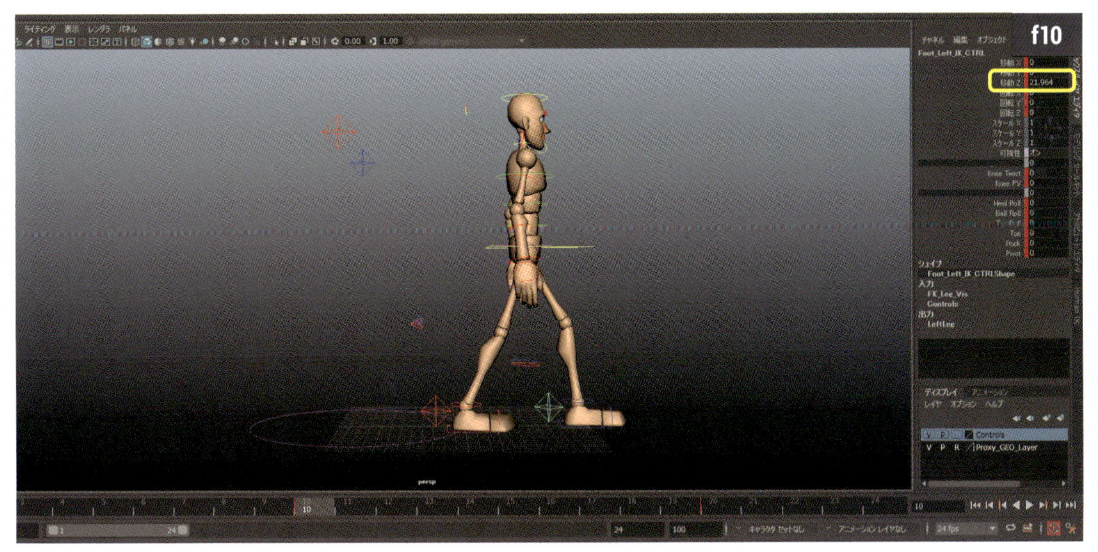

5 左足の［移動 Z］を見てください。私の値は21.964です。最初の値の約2倍になっています。それではストライドを整数に近づけましょう。最も近い整数値は**22**です。さあ、これで正しいストライドを取得できました。左右の足のIKとセンタールートにキーをセットしましょう。

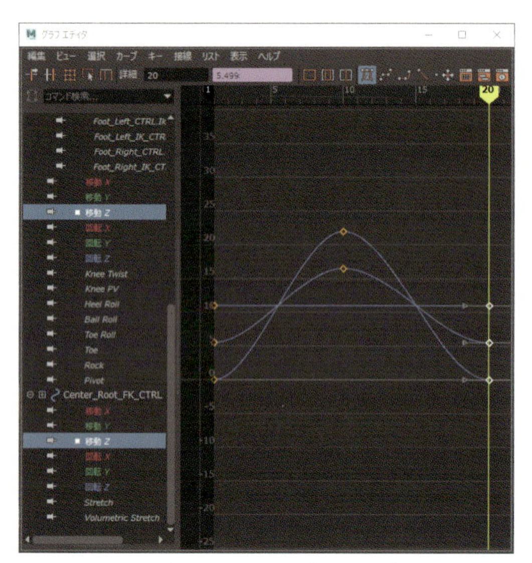

6 両足とセンタールートを選択した状態で、タイムラインのf01からf20まで中ボタンドラッグ、[S]キーを押してキーセットします。

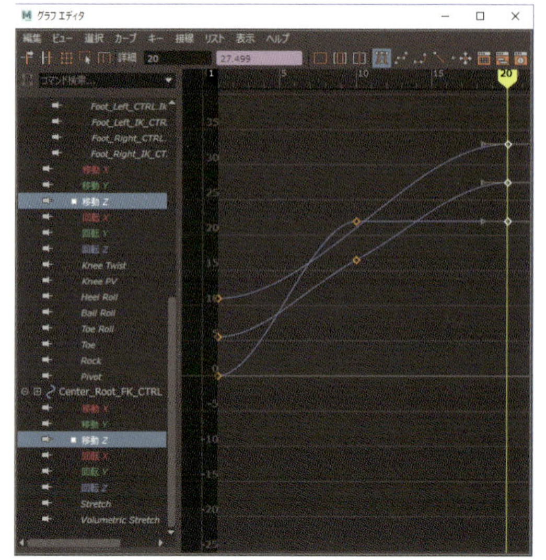

7 [グラフ エディタ]でf20にセットした3つすべてのコントローラ（両足とセンタールート）の［移動Z］チャネルを選択。[値]ボックスに **+=22** と入力してください。これで最後のキーは調整され、ストライドが反映されます。このように数学演算子を使うと値が正しいことがわかります。

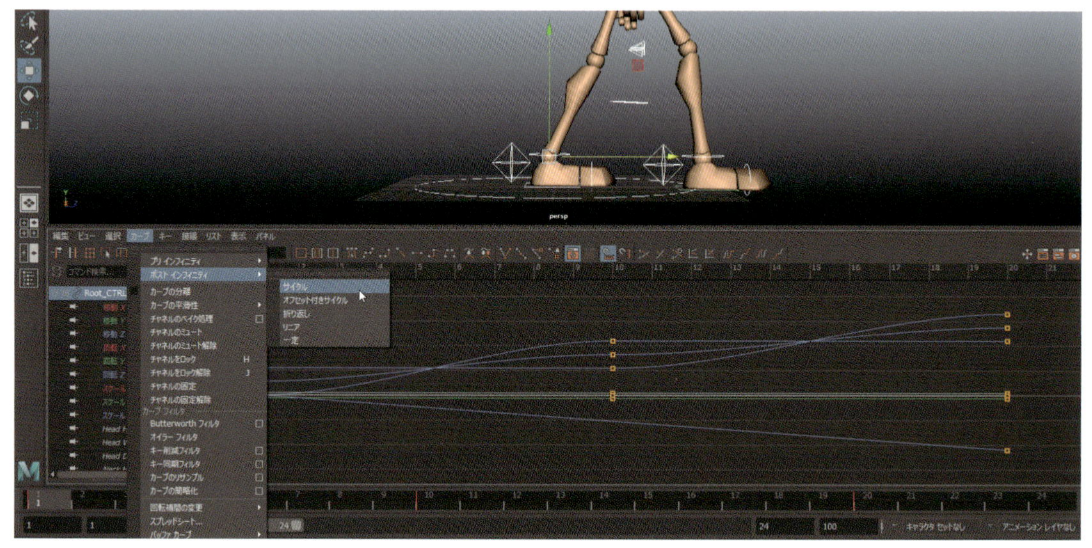

9 これらのキーが正しいサイクル方式になっているか確認しましょう。[グラフ エディタ]でGoonのコントロールをすべて選択、[カーブ] > [ポスト インフィニティ] > [サイクル]（Curves > Post Infinity > Cycle）を適用します。

役立つヒント

［グラフ エディタ］で複数のコントロールから特定のカーブを分離するときは、［チャネル ボックス］で［移動 Z］のようなチャネルを選択、［カーブを分離して表示］ボタンをクリックします（クラシックツールバーのときは、ディスプレイメニューに表示されません）。特定のカーブを選択するとき、アトリビュートパネルをスクロールする手間が省けます。

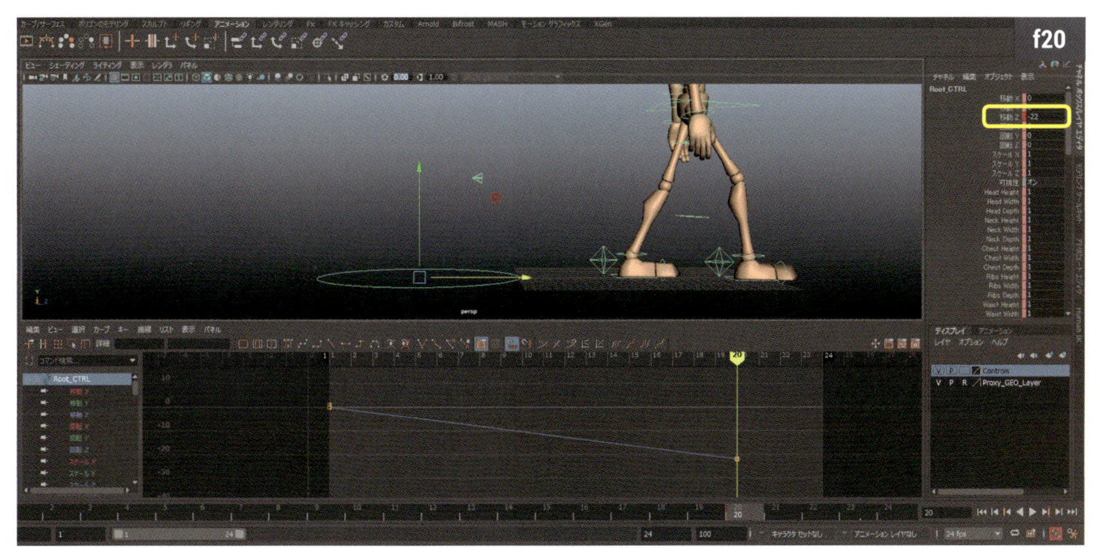

8 ［グラフ エディタ］ですべての接線を［フラット］にしましょう。次はGoonの足元にあるルート（Root_CTRL）を選択します。f01でキーをセットしたら、f20に進み［移動 Z］に**-22**にしてキーをセットします（ルートは［フラット］にしません）。

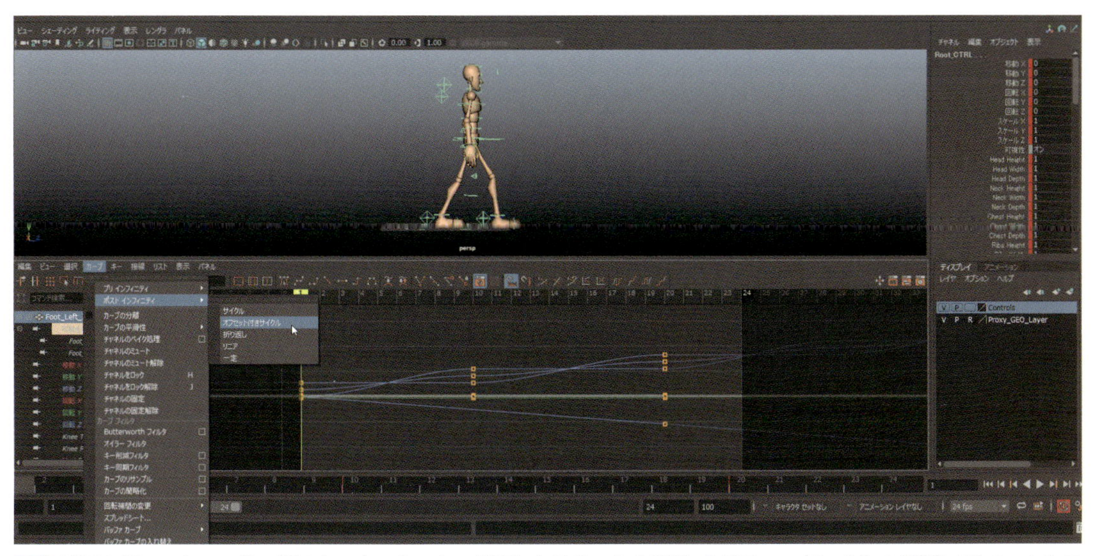

10 両足のIKコントロール、腰のセンタールート、地面にあるルートも選択。［グラフ エディタ］で［移動 Z］チャネルのみ選択、［カーブ］>［ポスト インフィニティ］>［オフセット付きサイクル］（Curves > Post Infinity > Cycle with Offset）を適用します。タイムラインを拡張し、所定の位置でGoonの完璧なサイクルを確認してください！ サイクルの残りの部分も簡単に付いてきます。

04 飛行サイクル

ダウンロードデータ flyCycle_start.ma / flyCycle_finish.ma

空飛ぶクリーチャーはゲームで人気があり、アニメーション業界でも主要な要素の1つです。空飛ぶキャラクターも、人気の長編映画・テレビ番組・CMでよく登場します。カートゥン調のキャラクターからフォトリアルなものまで、飛行サイクルはオフセット技術を試せる面白い動作です。ここでは、空飛ぶクリーチャーのサイクルを設定するため、Mayaの素晴らしいツール（4章で学習した[グラフ エディタ]）を活用しましょう。これで微調整を行えば、パネルですぐに結果をチェックできます。

飛行サイクルでは、下向きの翼の動き（推力）が身体に上向きの動きを生み出しています。アニメーターにとって重要なのは、この事実を知っておくことです。これは常識に思えますが、翼と身体の動きを同時に作成してみて、飛行サイクルのコンセプトが自身のプロセスに浸透していることを確認します。そのあと、オフセットを実践しましょう。

このセクションでは、角とコウモリの翼が追加された悪魔のGoonに飛行サイクルを設定していきます。これから作成するホバリング飛行サイクルは、チョウからドラゴンまでさまざまな状況で利用できるので重宝します。ただし、全身運動で翼の揚力を生み出す鳥の飛行原理とは、ずいぶん異なるとすぐわかります。リアルな飛行サイクルを正しく設定するには、広範囲な研究とリファレンスの収集が必要です。とはいえ、ここで紹介するワークフローテクニックは、すべての飛行アニメーションにおいて役立つでしょう。

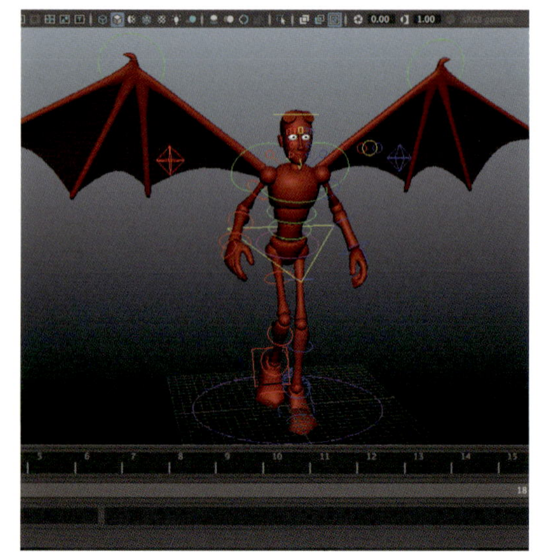

1 **flyCycle_start.ma**を開きます。飛行サイクルでは極端なキーイングとオフセットによって、希望する動きを手早く簡単に設定します。翼の位置を上げ下げしたポーズ作成し、それぞれのコントロールでキーをオフセットします。そうすれば、より自然に翼を曲げることができます。

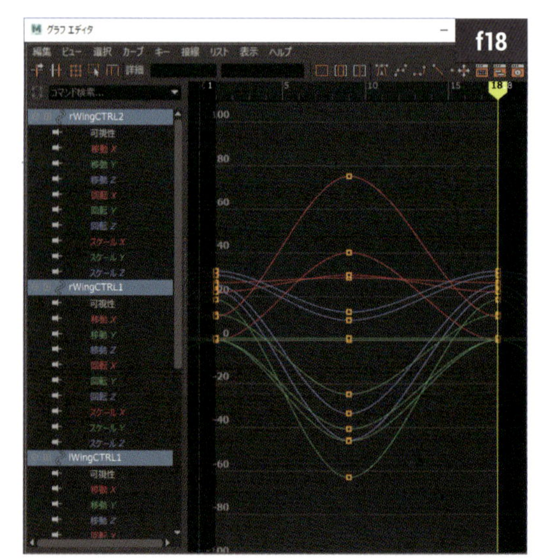

4 サイクルでは最初と最後のフレームが同じになることを思い出してください。翼のコントロールをすべて選択、タイムラインでf01からf18までキーを中ボタンドラッグ、コピーしたら、ボタンを放して[S]キーを押します。[グラフ エディタ]を開いて、フレームがコピーされたことを確認し、すべての接線を[フラット]にします。

役立つヒント

ゲーム用サイクルを制作している場合、ゲームエンジンが要求するサイクルフレーム範囲にキーフレームを収めるのが一般的です。これはゲームエンジンにカーブの［プリ/ポスト インフィニティ］補間のような機能がないためです。でも、問題ありません！［グラフ エディタ］で［カーブ］>［チャネルのベイク］(Curves > Bake Channel)をクリックし、範囲外のキーを削除します。この操作で、補間フレームを実際のキーフレームに変換できます。

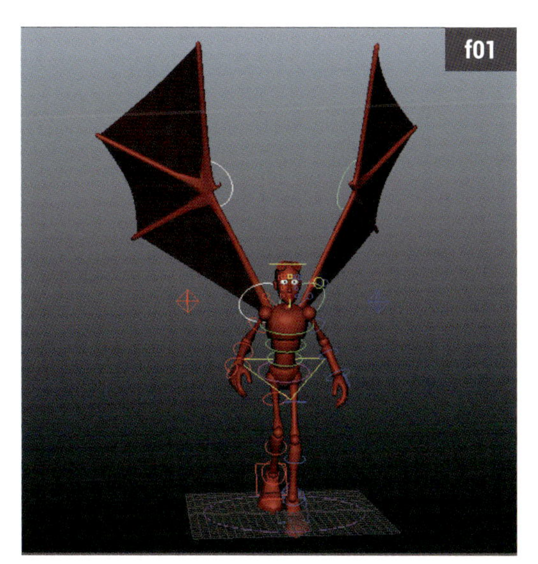

2 最初に翼を上げたポーズを作成します。これはビューポート内で完結できます。両翼の回転コントロールを使い、f01で翼を上向きにしてにキーをセットします。図のようなポーズで良いでしょう。

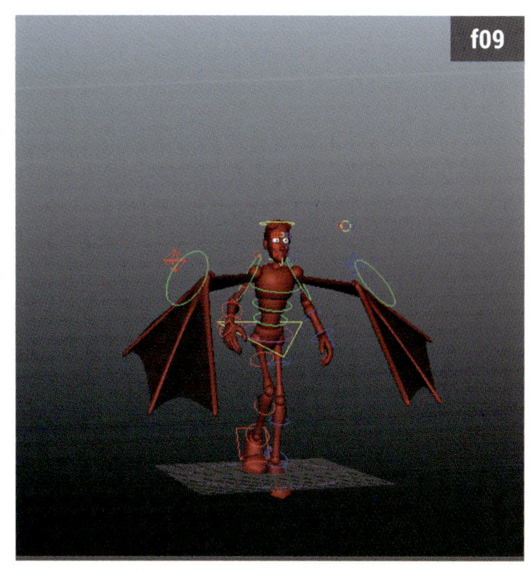

3 次は下向きにポーズをセットします。大きなクリーチャーの場合、身体の下に翼がカールさせると、とてもクールに見えます。f09で翼を下向きにしてキーをセットします（18フレームの飛行サイクルを作成します）。

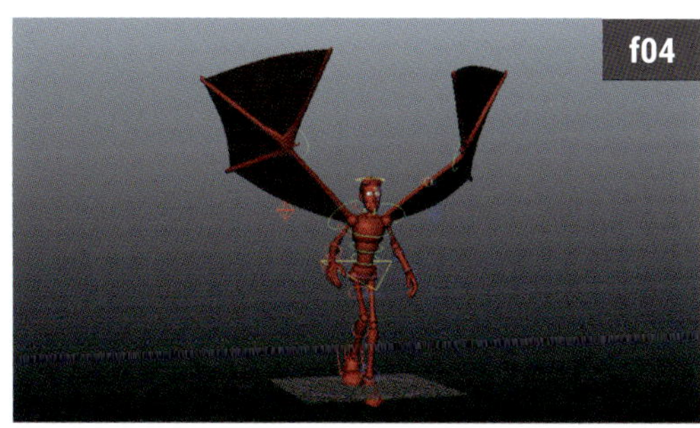

5 翼の羽ばたきにブレイクダウンポーズを作成しましょう。翼は真空で羽ばたいているのではなく、空気を押し出していることを思い出してください。f04で押し出すように翼の先端を上向きに曲げてキー、f13で先端を下げてキーをセットします。

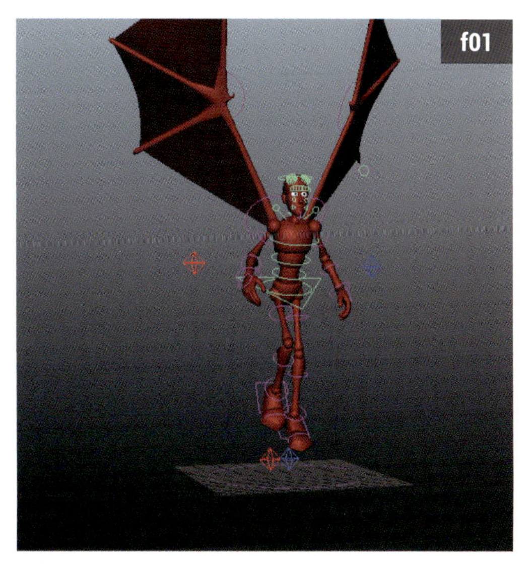

6 キャラクターの上下移動にもキーをセットしましょう。これはオフセットを練習できる良い機会になります。f01に戻り、センタールートコントロール(Center_Root_FK_CTRL)の［移動 Y］を**5**にしてキーを打ちます（これから、f01とf09でポーズをセットして、オフセットします）。

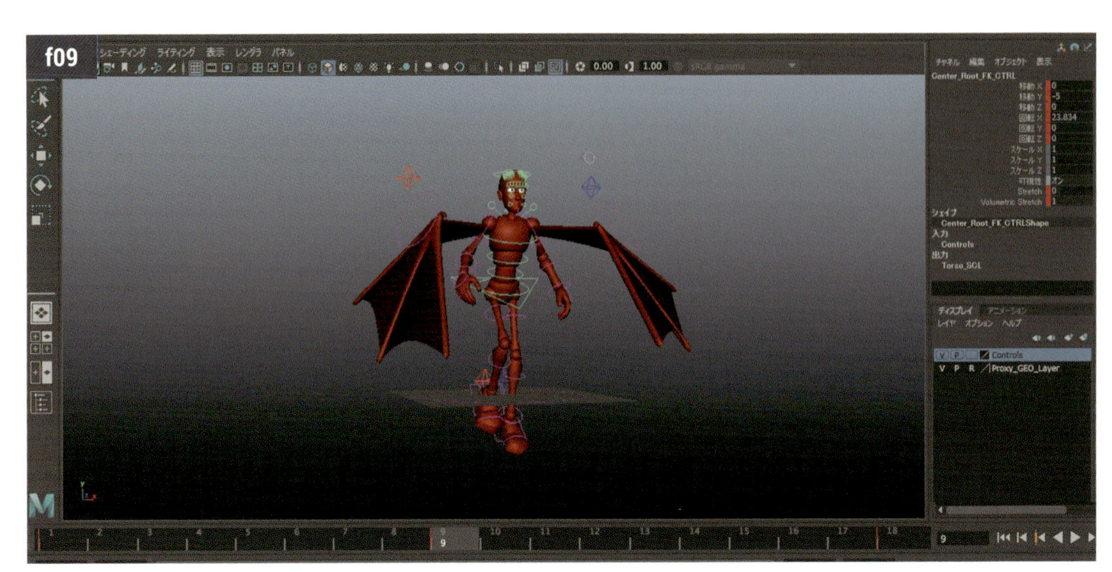

7 身体のコントロールをすべて選択、f09にもう1つキーをセットします。続けて、ルートコントロールの［移動 Y］を**-5**程度まで下げます。

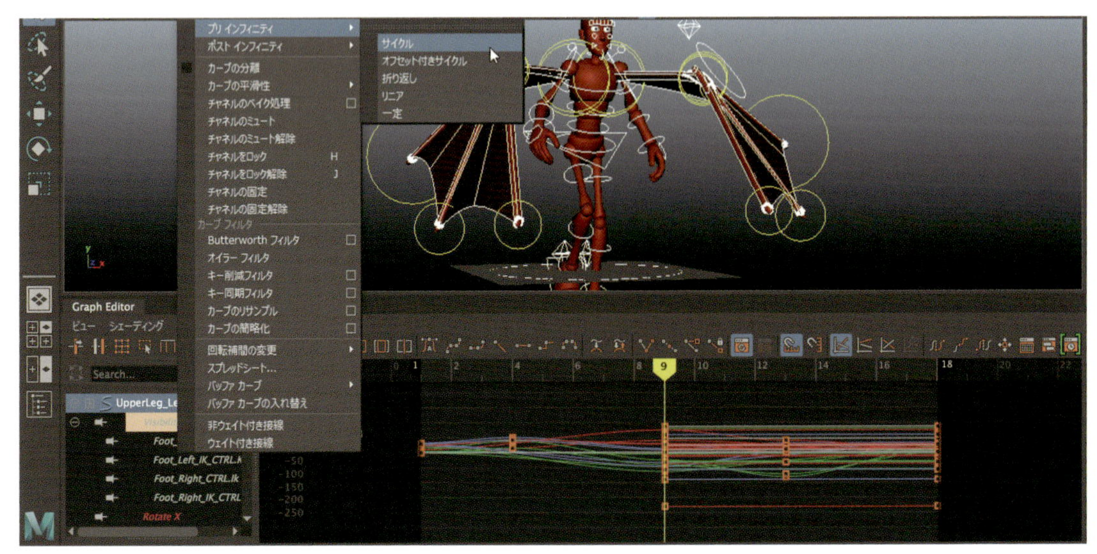

9 Goonのすべてのコントロールを選択、［グラフ エディタ］で［カーブ］>［ポスト インフィニティ］>［サイクル］（Curves > Post Infinity > Cycle）を適用します。続けて［カーブ］>［プリ インフィニティ］>［サイクル］（Curves > Pre Infinity > Cycle）を適用します。この設定によって、フレームの前後でアニメーションがサイクルします。これらのカーブを表示するには、［ビュー］>［インフィニティ］（View > Infinity）をクリックしてください。

役立つヒント

サイクルを作成するときはその範囲をわずかに違う長さにして、もっと有機的な感じを試してみましょう。たとえば、右足のステップを9フレーム、左足のステップを10フレームで作成します。ほとんど気づかない、あるいは目に見えないような小さな違いが、アニメーションに真実味を与えます。

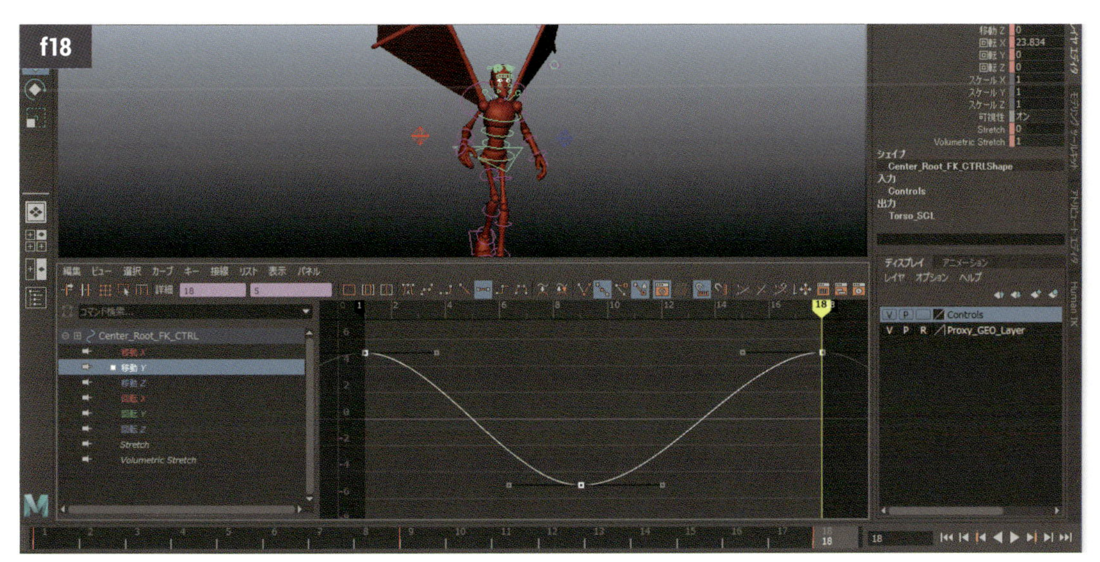

8 タイムスライダでf01を中ボタンドラッグ、f18にコピーし、[グラフ エディタ]ですべての接線を［フラット］にします。ワークフローのパターンがわかってきましたか？

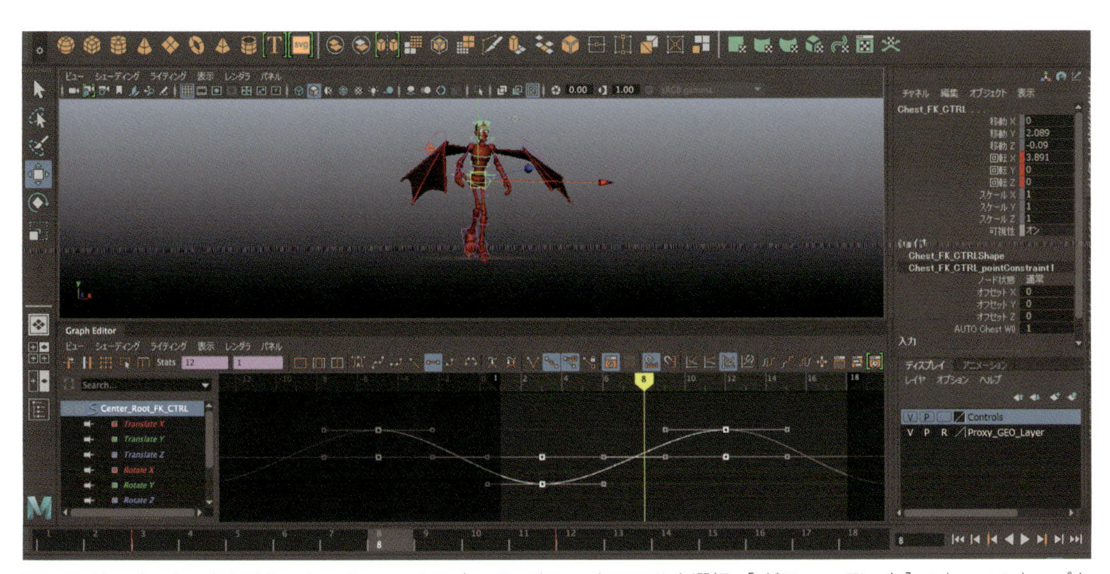

10 では、オフセットしましょう。Goonのセンタールートコントロールを選択、[グラフ エディタ]ですべてのカーブを選択します。Mayaの素晴らしい点は、アニメーションを再生して結果をチェックしながら［グラフ エディタ］で変更できることです。タイムラインで再生ボタンをクリック、[グラフ エディタ]で選択したカーブを**6**フレーム後ろに移動してみましょう。

11 いいですね！ 両翼が身体を突き上げているように見えます。次は別のオフセットアニメーションを作成しましょう。まず、Goonの背骨と脚を複数選択できるように、クイック選択ボタンを作成。背骨と脚のFKコントロールをすべて選択し、[作成] > [セット] > [クイック選択セット](Create > Sets > Quick Select Set)を適用します。「SPLEG」と名前を入力し、[シェルフに追加]ボタンをクリックします。

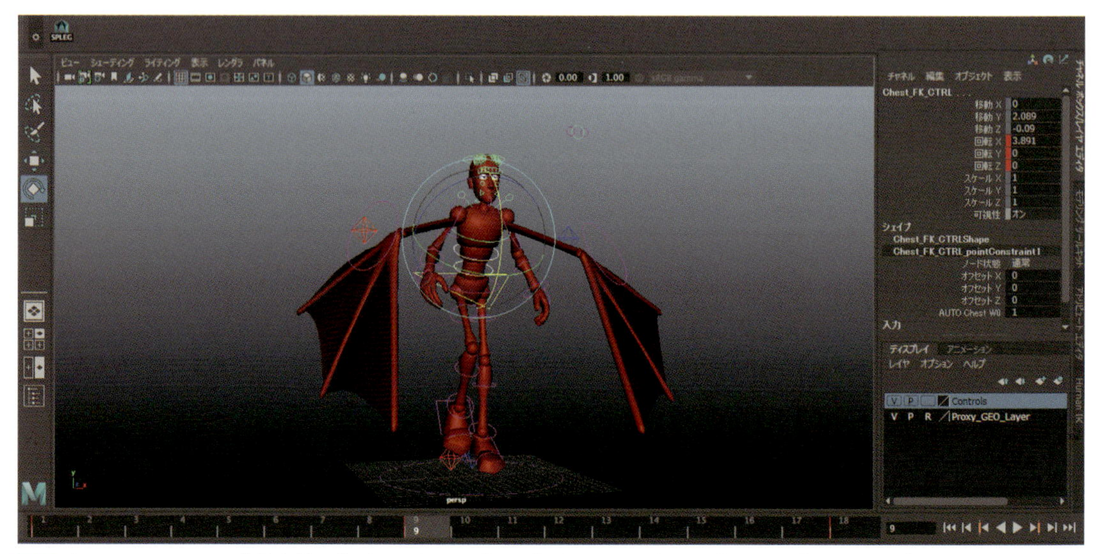

13 次にf09でGoonの背骨を前に曲げ、両脚をわずかに伸ばします。続けて [SPLEG] シェルフボタンをクリック、前述の方法でタイムスライダのf01から中ボタンドラッグし、f18にキーをコピーします。ここまで、タイミングを頭で思い描いているので、インターバル（合間）のアニメーションとオフセットはとても簡単に作成できます。

役立つヒント

カーブを周りにスライドしたあとも、オフセットの作業を続けてください。1〜2フレームずらして翼を羽ばたかせ、微調整します。また、それぞれの羽ばたきで接線ハンドルを使い、左右の翼をわずかに異なる間隔にします。微調整を繰り返して、大きな変化を加えていきましょう。

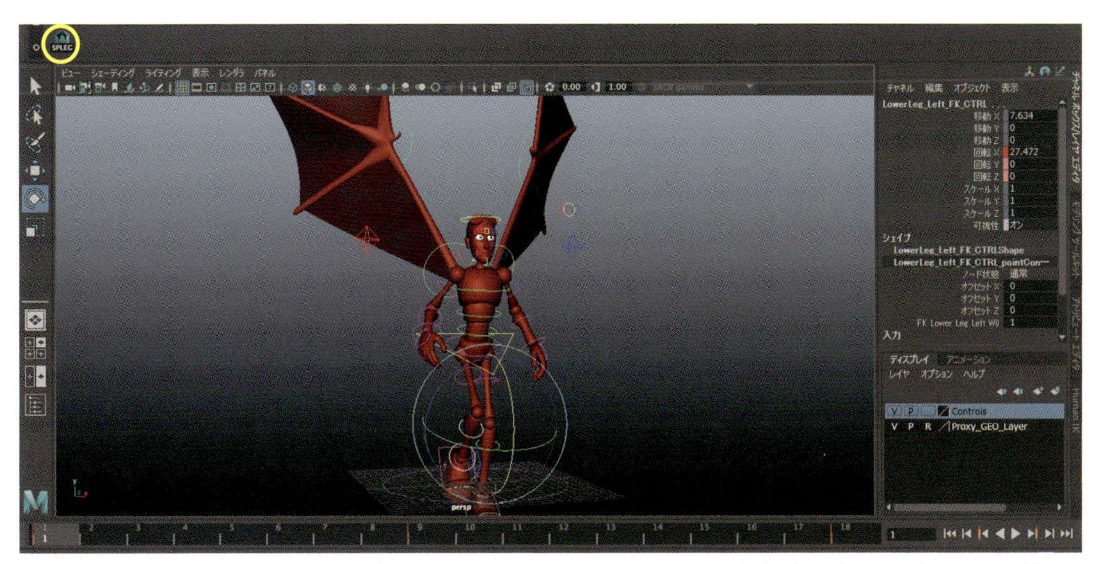

12 複数のコントロールを選択できるボタンを設定できました。ではすべてを選択解除し、[SPLEG]シェルフボタンをクリックします。次はf01でGoonの背骨を少し後ろに曲げ、両膝もわずかに曲げ、キーをセットしましょう。

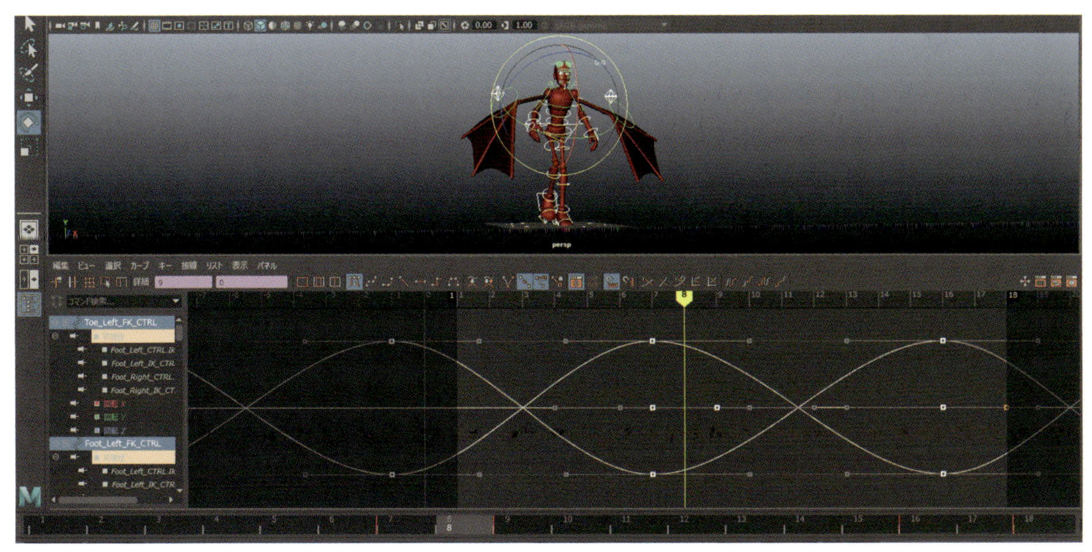

14 [グラフエディタ]でカーブの種類を[プリ/ポスト インフィニティ]>[サイクル]に設定。続けてすべてのカーブを選択、接線を[フラット]にしてオフセットしましょう！ この例では、背骨と脚のカーブを2フレーム後ろにドラッグします。アニメーションを再生し、必要に応じて調整を続けてください。良い仕上がりになりました！

05 四足歩行サイクル

ダウンロードデータ quad_Start.ma / quad_Finish.ma

四足歩行は、ゲームや長編映画のVFXで普及しています。歩行サイクルを素早くブロッキングする方法を知ることは、アニメーターとして必須のスキルです。そして、ストライドを見つけることは、四足歩行でもマスターしておくべき重要なテクニックです。二足歩行で遭遇する問題が四足では2倍になります！

完全な四足歩行について詳しく説明しませんが、ここで身体のオフセットの使い方を明確に確認できるでしょう。少し時間をかけて、2〜3の異なるコントロールをクリックし、[グラフ エディタ]で調整していきます。すべてのアニメーションは、24フレームのサイクルになっているので、これを大きくオフセットしていきます。ここで紹介する裏ワザはサイクルをチートする最速の方法で、飛行や歩行と同様に、四足歩行にも適用できます。

今回のサイクルには、これまでとは別種類のオフセットを適用しましょう。つまり「時間」の代わりに「値」をオフセットします。まず、左前脚から右前脚にアニメーションをコピーします。こうして、身体のアニメーションを左右またいでコピーすれば、多くの時間を節約できます。ただし「値」のオフセットが必要になります。

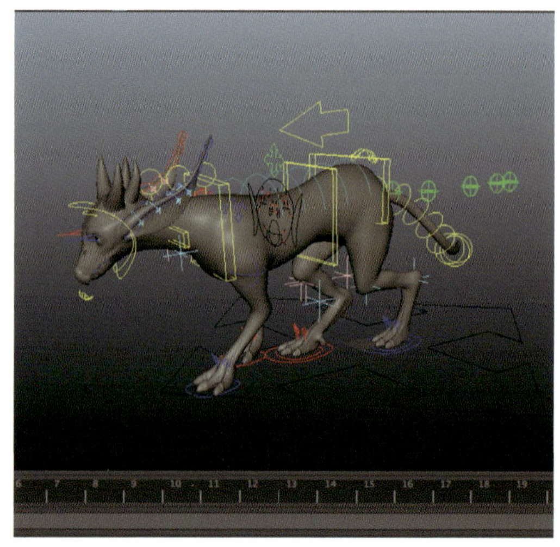

1 **quad_Start.ma**には、ブロッキングした四足方向サイクルがあります。まず、左脚から右脚に進むアニメーションのコピーを紹介していきます。

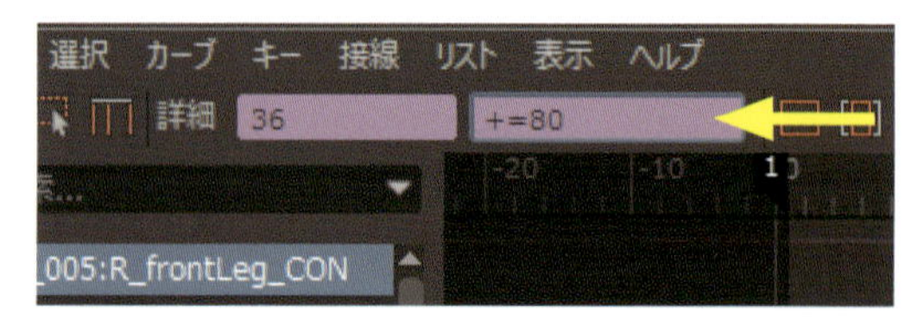

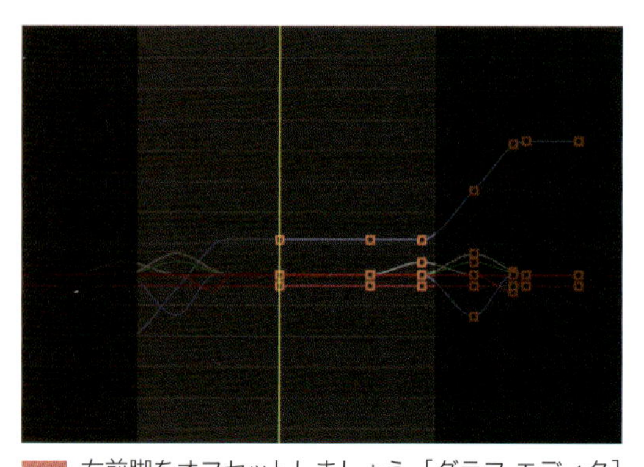

4 右前脚をオフセットしましょう。[グラフ エディタ]ですべての右前脚カーブを選択、12フレーム進めて、[カーブ] > [プリ インフィニティ] > [サイクル](Curves > Pre Infinity > Cycle)をクリック。続けて[移動 Z]を選択、[プリ インフィニティ] > [オフセット付きサイクル](Pre Infinity > Cycle with Offset)をクリックします。

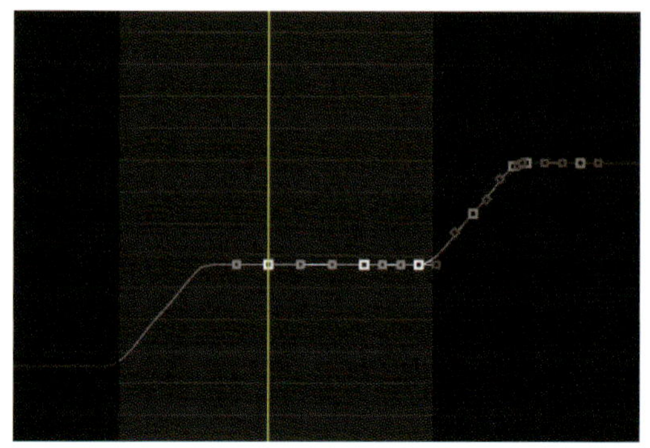

5 [移動 Z]チャネルの値をオフセットしましょう。右前脚を12フレーム後ろに、ストライドで半分後ろに移動します。カーブを選択、値ボックスに**+=80**と入力します(ストライド160の半分です)。これで右前脚に必要な動きが設定できました。

役立つ
ヒント

サイクルではストライドを変更しないでください。カーブ全体を移動して、値をオフセットします。個別のキーフレームを移動するとストライドが左右で一致しなくなり、トラブルの原因となります。

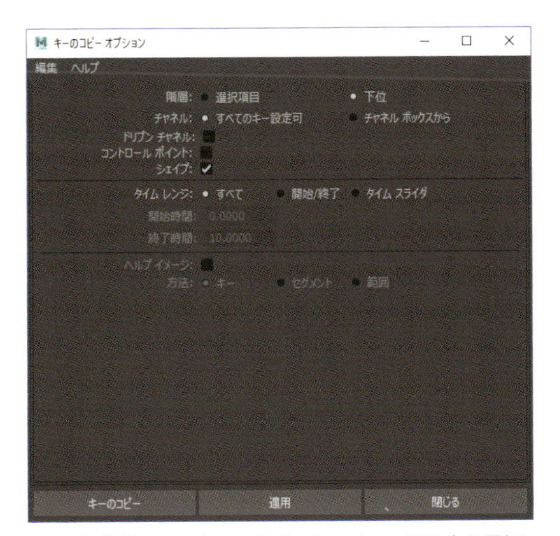

2 左前脚のコントロール（L_frontLeg_CON）を選択、[編集] > [キー] > [キーのコピー]（Edit > Keys > Copy Keys）オプション□を図のように設定し、[キーのコピー] ボタンを押してください。

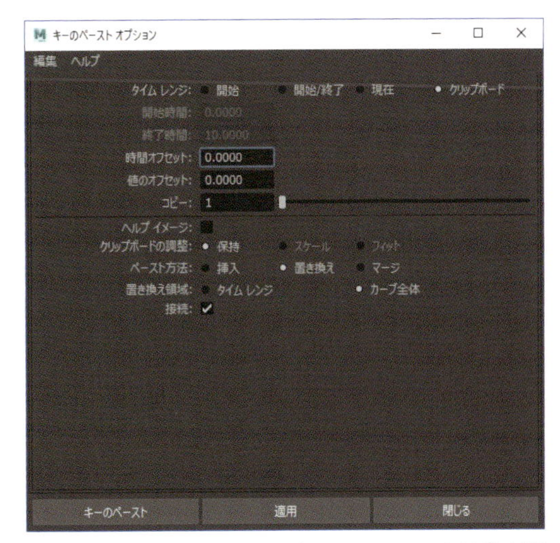

3 右前脚のコントロール（R_frontLeg_CON）を選択、[編集] > [キー] > [キーのペースト]（Edit > Keys > Paste Keys）オプション□を図のように設定し、[キーのペースト] ボタンを押してください。現在、前脚とつま先が同じアニメーションになっています。次の手順に進む前に、右前脚とつま先をすべて選択します。

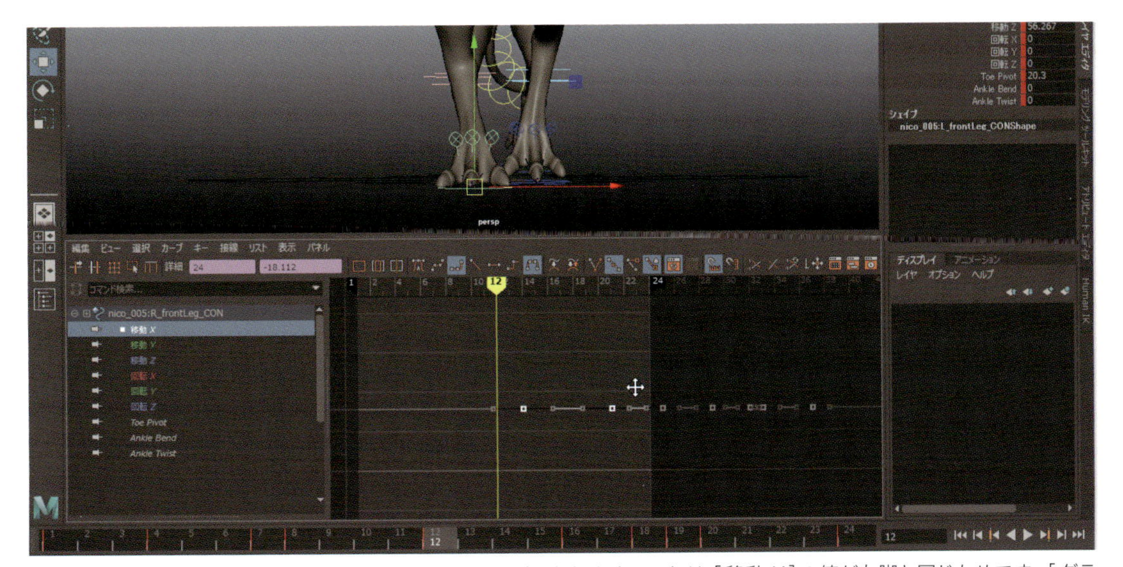

6 正面から見ると、右前脚が右側に突き出ているのがわかります。これは [移動 X] の値が左脚と同じためです。[グラフ エディタ] で [移動 X] カーブを選択、パネルで結果を見ながら上へドラッグし、2本の前脚を同じようなルックに変更しましょう。

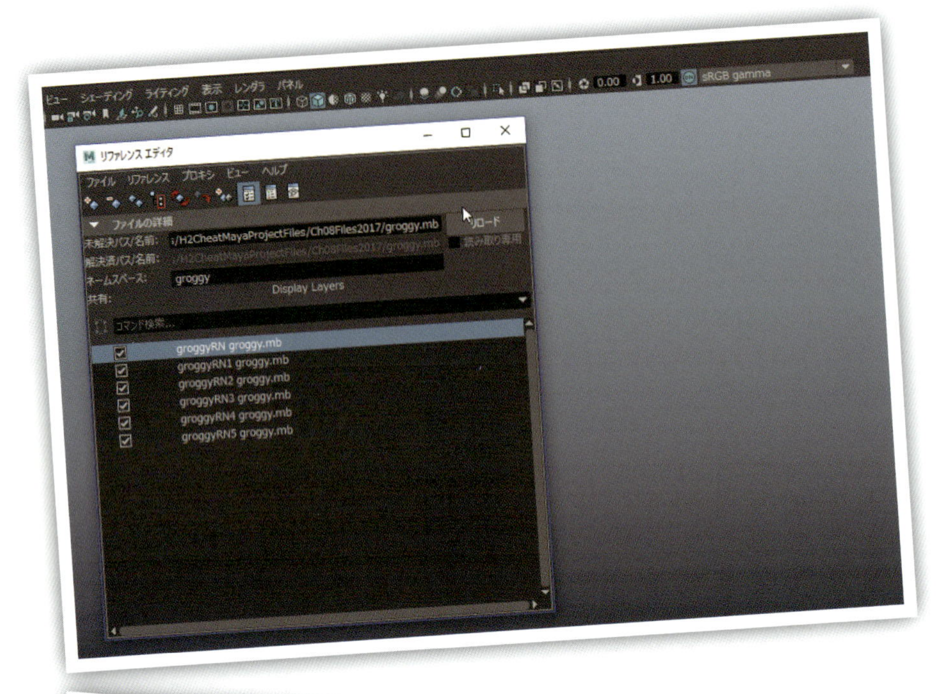

リファレンスはスタジオのパイプラインにおいて主要な役割を担います。リファレンスを知り、上手く扱うことは、プロのワークフローにおいて不可欠です

CHAPTER 10

リファレンス

これまで使ってきたいくつかのシーンファイルでは、リグがショットに読み込まれていました。その理由は、まずテクニックのみに焦点を当て、章に関係のない技術的な問題を避けるためです。

ここではリファレンスに真っ向から取り組み、できるだけ読者を置いてけぼりにすることなく、リファレンスのシーンファイルを理解していきます。リファレンスのテクニックは、（少なくとも）アニメーションを飛躍的に効率化させ、プロジェクト全体の無駄を省きます。今こそ、リファレンスの力を活用するときです！

01 リファレンスの基礎

ダウンロードデータ blank_Scene.ma / blank_Scene_finish.ma

ここで言う「リファレンス」はMayaに搭載されている機能です。アーティストと技術者は、そのシステムが完成する前から複数シーンでアセットを再利用する価値に気づいていました。

リファレンスのコンセプトはシンプルです。つまり、多用するアセットをすべてのシーンに個別にコピーするのではなく、ソースとなるファイルへの「リンク」を作ります。これにより、元のファイルの変更が複数のシーンファイルに伝わるため、シーン全般を大幅に効率化でき、ファイルサイズも抑えられます。リファレンスリグがたくさんあっても（20～50MB）、完成アニメーションファイルは1～2MB程度になるでしょう。

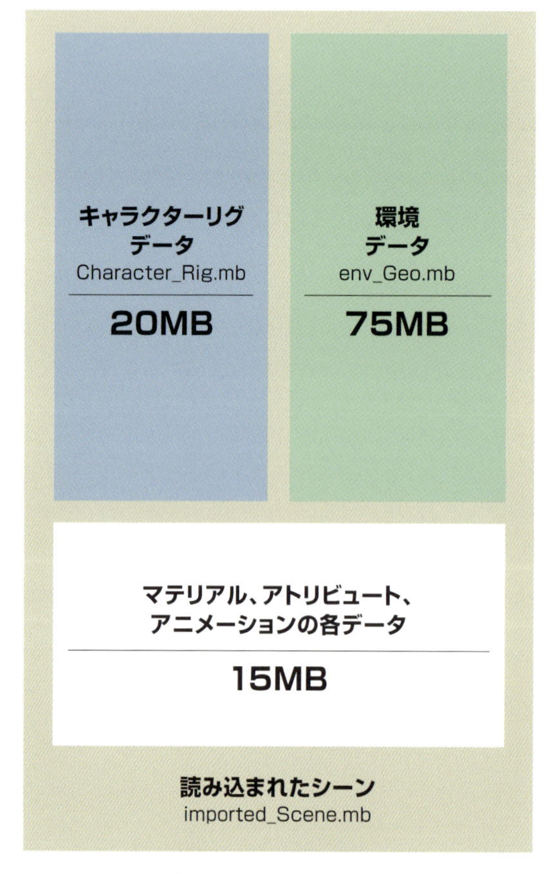

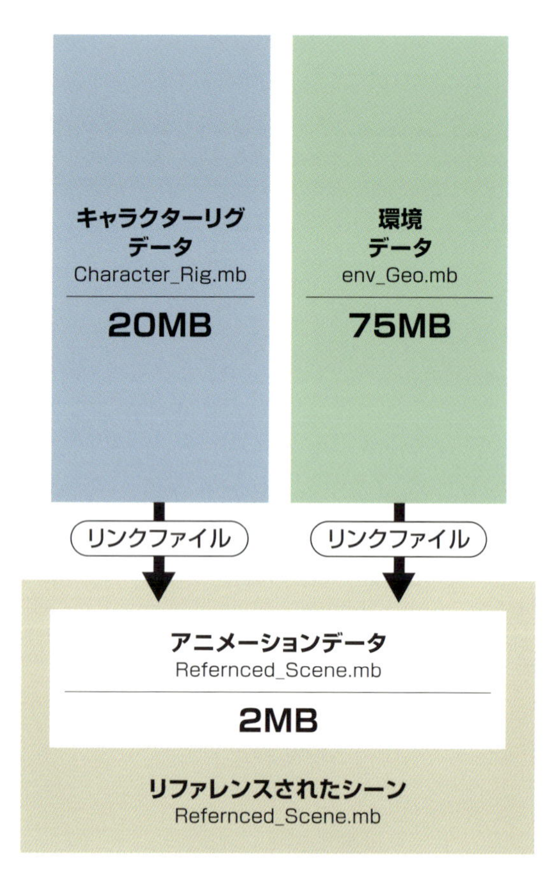

1 ここからはシーンにキャラクターとセットを読み込む代わりに、リファレンスを使いましょう。「読み込まれたシーン」ではデータがすべて結合され、負荷が大きくなります。一方、「リファレンスされたシーン」で保存されるのは、アニメーションカーブのようなアトリビュートの変更のみです。その結果、シーンはとてもスリムになります。負荷やファイルサイズが小さく、アセットに加えた変更をすべてのリファレンスされたシーンに伝えることができます。

役立つ
ヒント

［リファレンス エディタ］のネームスペースを変更できます。ファイル名が長いときは、ネームスペースを短くして管理しやすいものにしましょう。

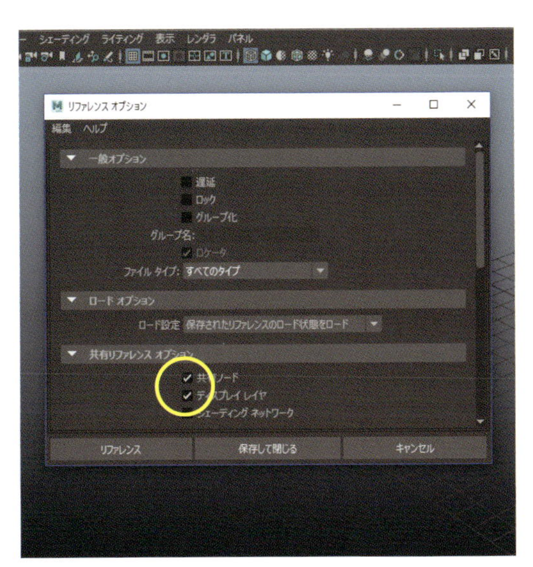

2 **blank_Scene.ma**を開いて、［ファイル］>［リファレンスの作成］(File > Create Reference) オプション□を選びます。オプションボックス内で下にスクロールし、［共有ノード］と［ディスプレイ レイヤ］の両方にチェックが入っていることを確認、［リファレンス］ボタンをクリックします。

3 表示されたファイルダイアログ内で**ball_Rig.ma**を選択、［リファレンス］ボタンを押すと、Mayaはそのファイルをリファレンスとして読み込み、元のパネルに戻ります。では、詳しく見てみましょう。ツールボックスで［フロント/パース ビュー］パネルのアイコンをクリック、続けて［パネル］>［パネル］>［アウトライナ］を開いてください。

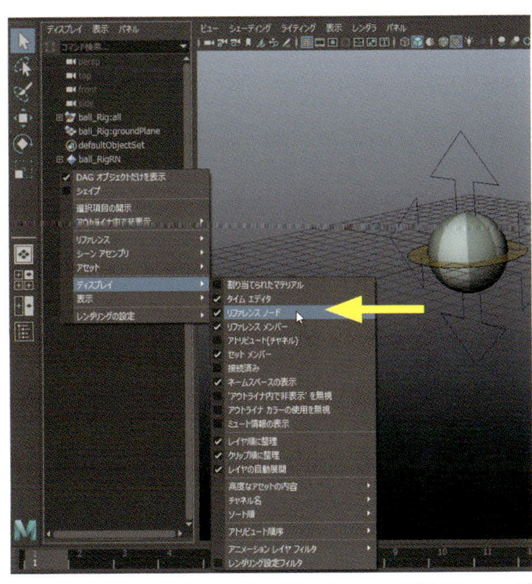

4 ball_Rig:allグループの隣に青いひし形があるのがわかりますか？ これはノードがリファレンス（参照）されていることを示しています。［アウトライナ］で右クリック、［ディスプレイ］>［リファレンス ノード］ボックスにチェックを入れると、すべてのリファレンスノードを表示できます。

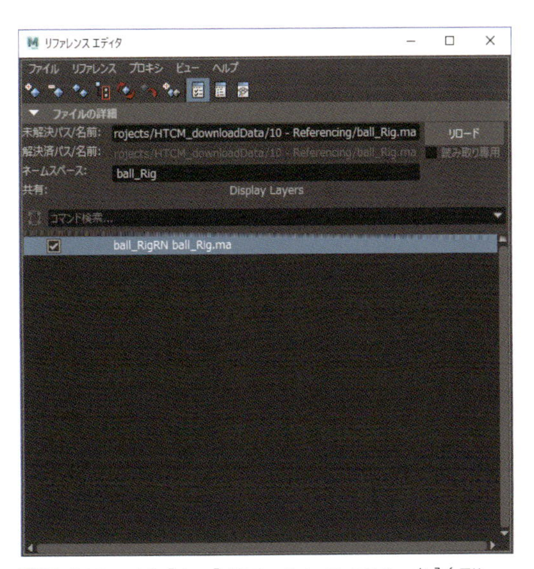

5 ［ファイル］>［リファレンス エディタ］(File > Reference Editor) を選択。このウィンドウでシーンにリファレンスを追加／置換／削除できます。リファレンスの修正はここで行うことになります。

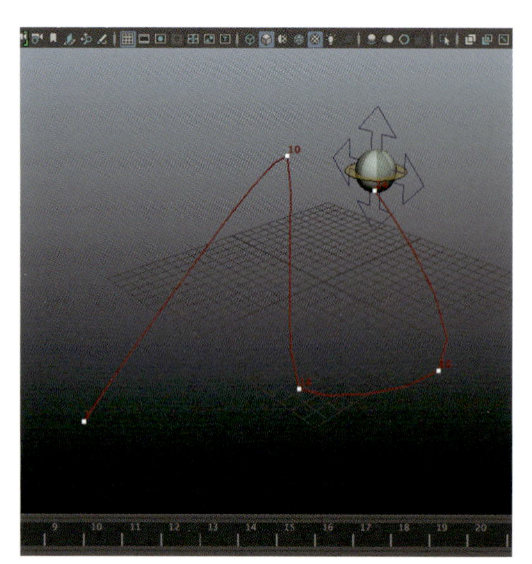

6 ［リファレンス エディタ］を閉じて、ボールリグのball_Animコントロールを選択。ランダムなキーフレームをいくつかセットし、f01からf24の間でボールをあちこちに移動させましょう。

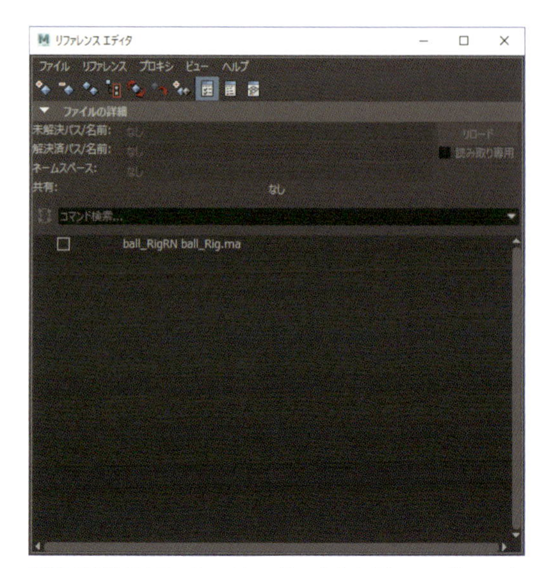

7 再び［リファレンス エディタ］を開いて、リファレンスノードボックスのチェックを外しましょう。これでリファレンスが解除され、ボールが消えます。リファレンスはまだ残っていますが、一時的にシーンから消えます。では、再びボックスにチェックを入れて、アニメーションを再生してください。

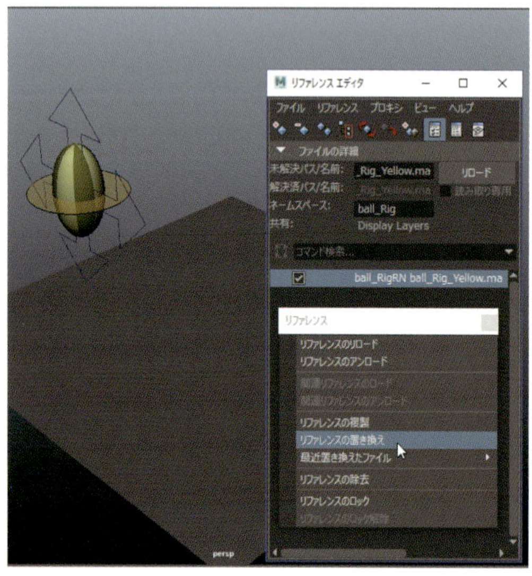

10 次は別の色のボールに変えましょう。［ファイル］>［リファレンス エディタ］（File > Reference Editor）でリグを選択。次に［リファレンス］>［リファレンスの置き換え］（Reference > Replace Reference）で**ball_Rig_Yellow.ma**を選択、［リファレンス］を押します。色は変わりますが、名前と階層は同じで、アニメーションもそのままです。

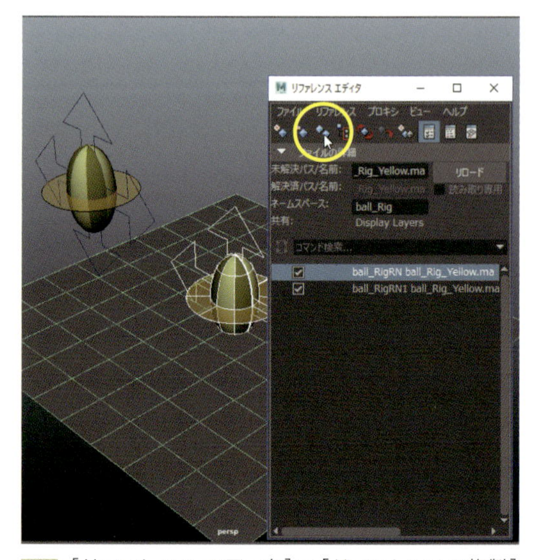

11 ［リファレンス エディタ］で［リファレンスの複製］ボタンをクリックします。これは、同一ファイルを複数のリファレンスにしたいときに便利です。ただし、これまでの「編集」はこのシーンで行なわれているので、アニメーションはコピーされません。

役立つヒント

ディスプレイレイヤに標準的な命名規則を使うと、わずか４～５つ程度のレイヤーでシーンの全オブジェクトの非表示／表示を制御できます！

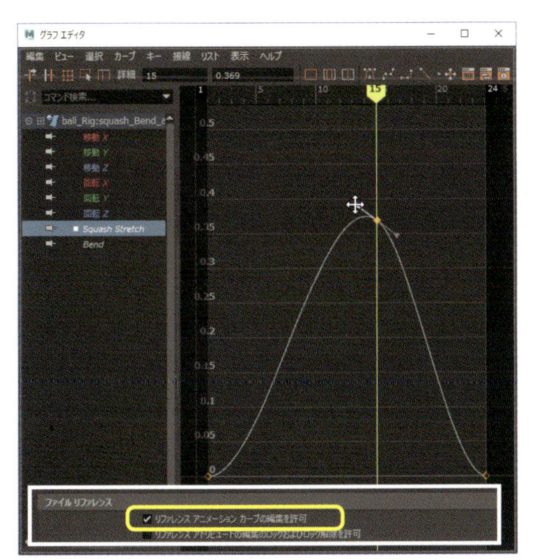

8 Squash Stretch（スカッシュ＆ストレッチ）アトリビュートがアニメートされていることに注目します。このアニメーションはリグファイル自体にセットしてあり、通常は編集不可です。［プリファレンス］＞［ファイル リファレンス］＞［リファレンス アニメーション カーブの編集を許可］をオンにすると編集可能になります。

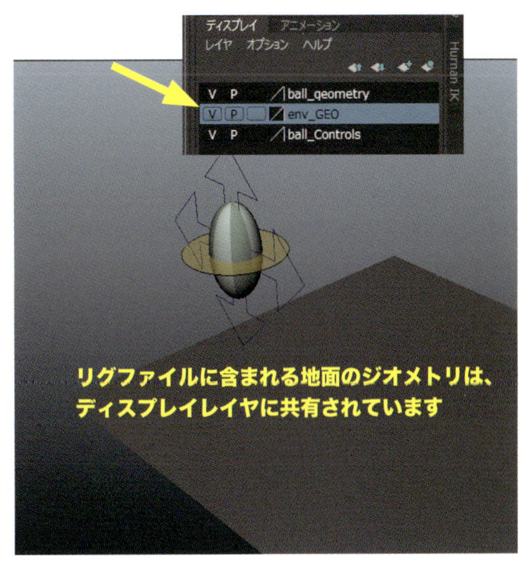

9 **blank_Scene.ma**には「env_GEO」ディスプレイレイヤがあります。リグファイルにも同じレイヤがあるので、チェックを入れるとリファレンスファイルのオブジェクトがこのレイヤーに読み込まれます。レイヤを表示して確認しましょう。

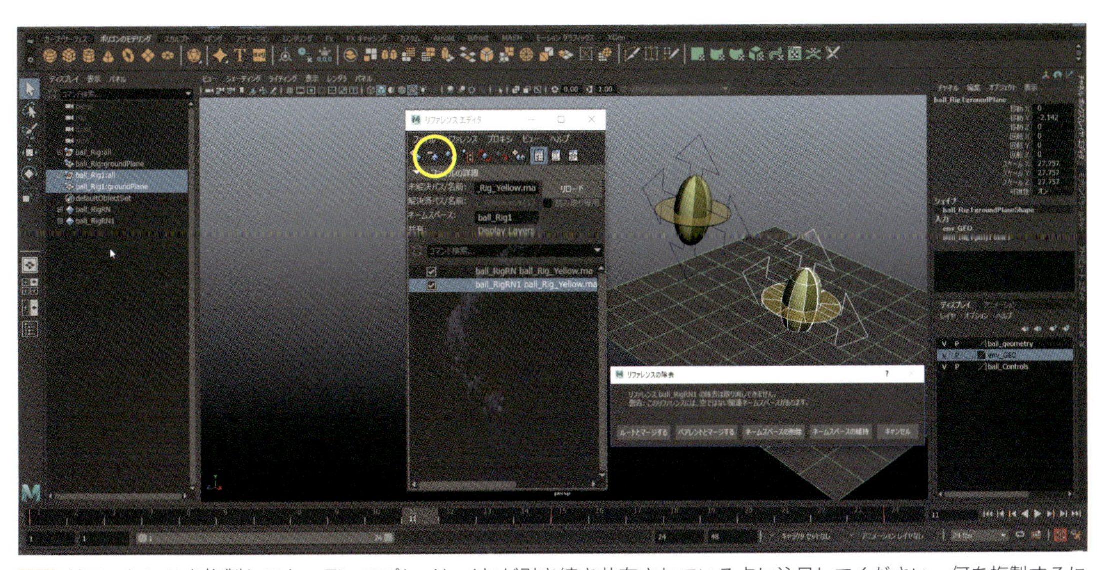

12 リファレンスを複製しても、ディスプレイレイヤが引き続き共有されている点に注目してください。何を複製するにしても、予めリファレンスの設定が正しいことを確認しておきましょう。［リファレンス エディタ］でこの新しいリファレンスを選び、［リファレンスの除去］ボタンを押して削除します。

02 オフライン編集

ダウンロードデータ ref_Offline_start.ma / ref_Offline_finish.ma

リファレンスパイプラインは、膨大な数のシーン管理を前提とした設計になっています。リファレンスに組み込まれている多くの機能も、同じ目的で調整されています。これから使う［オフラインファイルへ書き出し］は、複数のシーンで編集できるように調整されています。ここでは、アニメーションを書き出す1つの方法として使い、効率化を図りましょう。

リファレンスの編集は、文字どおりあらゆる形状やサイズに関わっています。オブジェクトコンポーネントの修正・テクスチャの色の変更・リグのスケーリング・キーフレームの設定さえも1つの編集として扱われます。中でもアニメーターがリファレンスの編集をオフラインファイルに書き出せる機能は強力で、堅実なアニメーションの書き出し方法を確立しました。実際、Mayaのアニメーションを書き出す方法としても、飛び抜けて機能が豊富であり、とても簡潔です。

その理由を説明しましょう。アニメーションを書き出す場合、「AnimExport」「キーのコピー」、比較的新しい「AtomExport」でさえ、キーのあるチャネルしか書き出せません。しかし［リファレンスエディタ］から書き出されたオフラインファイルは、あらゆる変更がリファレンス編集と見なされるので、キーフレームが無くてもシーン内で変更されたすべてのアトリビュートを含んでいます。

以前、アニメーターから受け取ったシーンのアニメーションを読み込むと、マスターコントロールにキーフレームが入っていないことが何度かありました。そんなときは、そのアニメーションファイルを開き、すべてのコントローラに（変化しないものも含め）キーフレームを打って、確実にパフォーマンス全体を読み込めるようにしたものです。しかし、もうその必要はありません。このオフラインファイルは、リファレンスファイルの変更に関するノード、すなわちコンストレイントやレイヤなどあらゆるものを再作成します。本来このツールは複数のファイルに変更を伝えるものですが、ここでは応用として、便利なアニメーションの書き出しツールとして使っていきます。

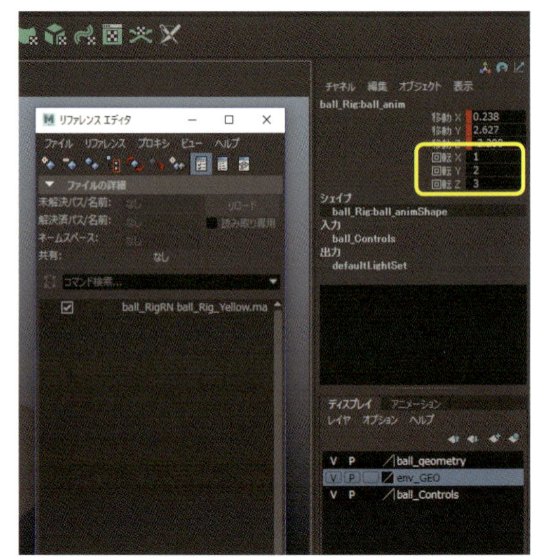

1 **ref_Offline_start.ma**を開きます。ご覧のとおり、先ほど作ったファイルです！ ball_animコントロールを選択、［回転］チャネルにキーフレームがないことを確認したら、［回転 X］［回転 Y］［回転 Z］にそれぞれ1、2、3の値を入力してください。

3 ロケータとボールリグを新しいディスプレイレイヤに追加しましょう。［アウトライナ］でlocator1とball_Rig:allグループを選択。［レイヤ エディタ］のディスプレイタブで、「新しいレイヤを作成して、選択したオブジェクトを割り当てる」ボタンをクリック、このレイヤ名を「testLayer」にします。

役立つヒント

ここでは方向コンストレイントを使い、リファレンスファイルのチャネルを操作するロケータを追加しました。反対に設定すると（リファレンスファイルでシーンのオブジェクトを操作する場合）、書き出すリファレンスにロケータは含まれません。

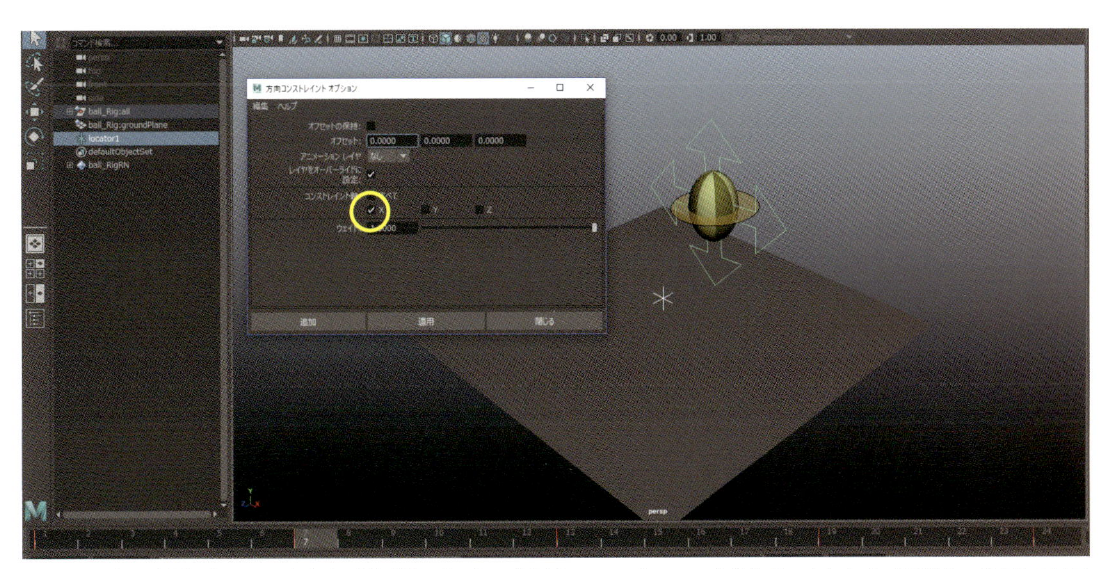

2 ここから応用に入っていきます。[作成]>[ロケータ](Create > Locator)をクリックしたら、[F4]キーを押して[アニメーション]メニューセットに切り替えます。locator1を選択、[Shift]キーを押したままball_animコントロールを選択し、[コンストレイント]>[方向](Constrain > Orient)オプション□をクリックします。[X]にチェックを入れ、[追加]ボタンを押します。では、これらの新しいノードを含む編集が上手く書き出されるか、確認していきましょう。

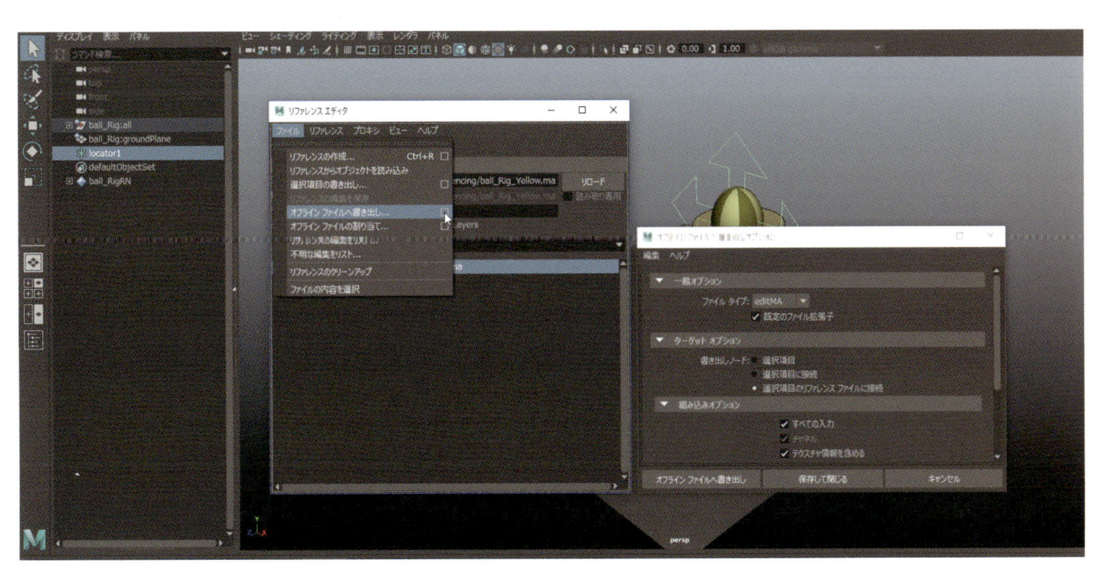

4 リファレンスの編集を書き出しましょう。[リファレンス エディタ]でボールリグのリファレンスを選択、[ファイル]>[オフライン ファイルへ書き出し](File > Export to Offline File)オプション□をクリックします。続けて、書き出しダイアログで[編集]>[設定のリセット](Edit > Reset Settings)をクリック。[オフライン ファイルへ書き出し]ボタンを押し、名前を「ball_anim」にします(ball_anim.EditMAとして保存されます)。

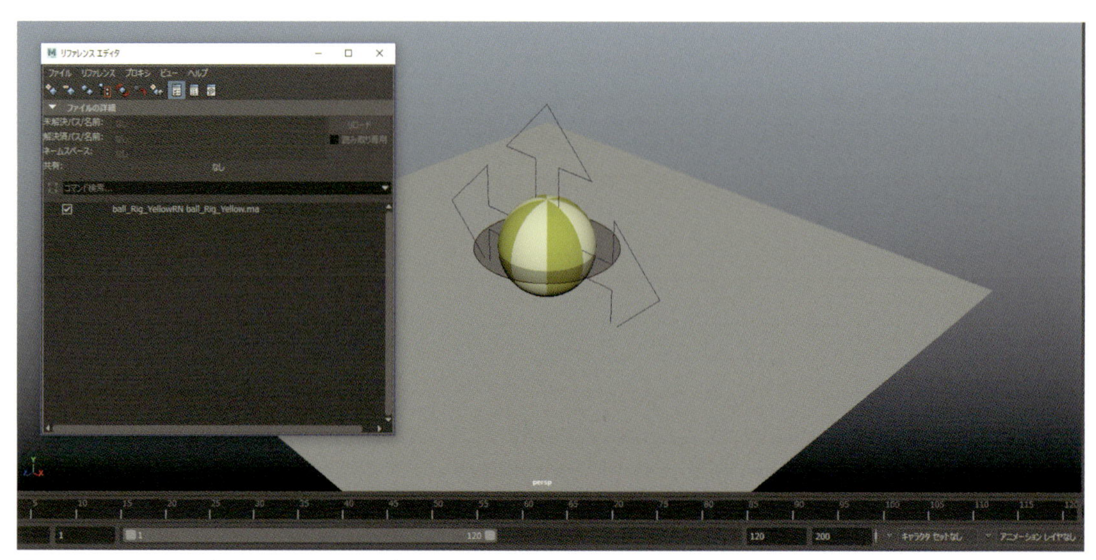

5 アニメーションだけではなく、レンダーレイヤ、ロケータ、ペアレントコンストレイントなどの関連ノードも、書き出されることを思い出しましょう。新たにシーンを作成、[Ctrl]+[R]キーでリファレンスダイアログを開き、**ball_Rig_Yellow.ma**を選択、読み込みます。

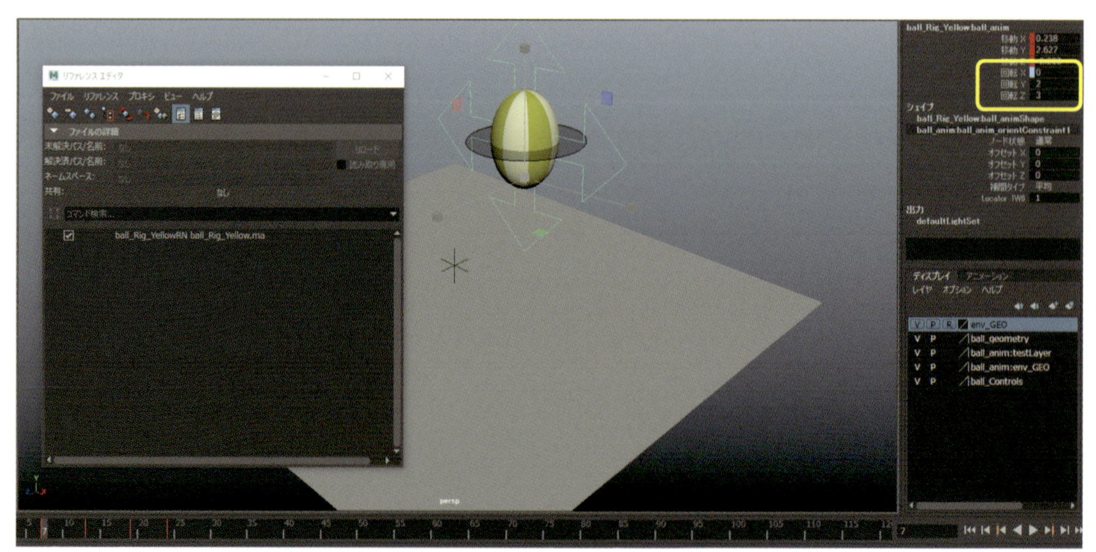

7 確認してみましょう！ 再生するとアニメーションが転送されていることがわかります。また、locator1がシーンに持ち込まれている点にも注目してください。ball_animコントロールを選択するとチャネルにキーフレームはありませんが、[回転 X]にコンストレイントがあり、[回転 Y][回転 Z]に2と3が入っています。

役立つヒント

このツールは情報を書き出す上で非常に強力です。ただし、リファレンスの編集がすべて書き出される点に注意してください。例えば、マテリアルをうっかり変更してしまうと、その編集も書き出されます。そうならないように［リファレンス エディタ］の［リファレンスの編集をリスト］メニューで、不要な編集を削除しておきましょう。

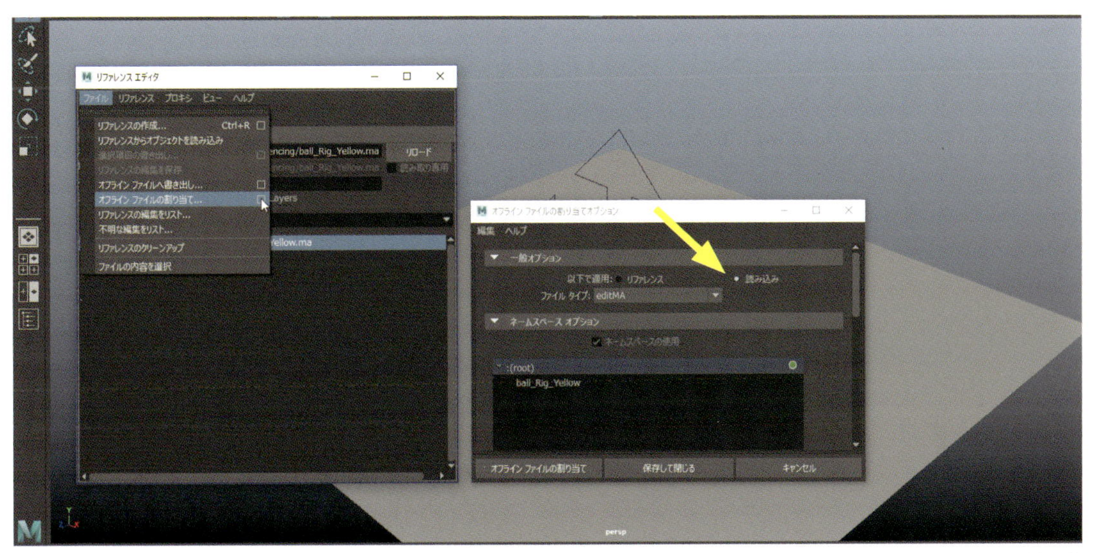

6 次に［リファレンス エディタ］でball_rig_Yellowリファレンスを選択、［ファイル］>［オフライン ファイルの割り当て...］(File > Assign Offline File...) オプション□をクリックします。［以下で適用］：［読み込み］に変更しましょう。編集を行なった別のリファレンス自体を読み込むのではなく、アニメーションとノードをシーンに読み込みます。［オフライン ファイルの割り当て］ボタンを押し、**ball_anim.editMA**を選択してください。

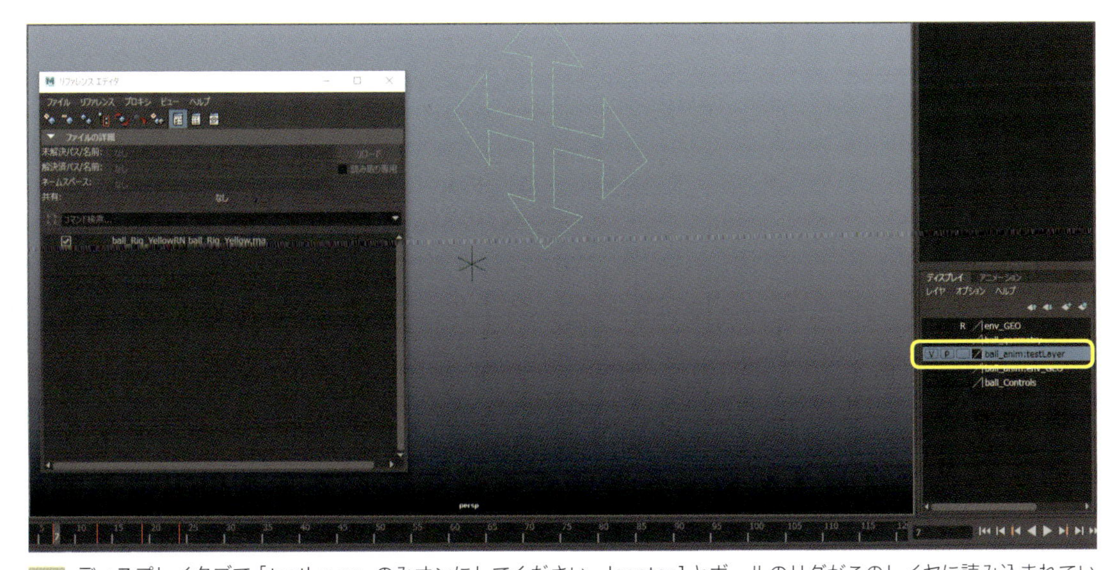

8 ディスプレイタブで「testLayer」のみオンにしてください。locator1とボールのリグがこのレイヤに読み込まれていますね？ バッチリです。リファレンスの編集／変更されたアトリビュート、アニメーションカーブ、さらにレンダーレイヤまで、完璧に書き出し／読み込みを実行できました。このツールは複数のファイルに変更を伝えることが目的ですが、これからは裏ワザとしてアニメーションのコピーに使いましょう！

03 リファレンスの編集を保存

ダウンロードデータ edits_Start.ma

プロジェクトの追い込みで、リファレンスアセットに変更を加えなければいけなくなりました。しかし、リファレンスファイル自体にではなく、アニメーションシーンで修正したい場合、どうしますか？

アセットを修正する場合、アニメートしたシーンのみで問題が発生することがあります（ウェイト・リグ・マテリアルの変更など）。これは、キャラクターをアニメートする上で厄介です。

これに対処する一般的なワークフローは、まず変更する内容をメモし、ファイルを保存して閉じます。次にリファレンスファイルを開き、問題を再現して変更を加え、ファイルを保存します。最後にアニメーションシーンを開き、リファレンスファイルの変更によって問題が解消していることを確認、必要であればまた繰り返します。

やってられませんよね。［リファレンスの編集を保存］を使えば、面倒な手順を省き、効率良く問題を解決できます。

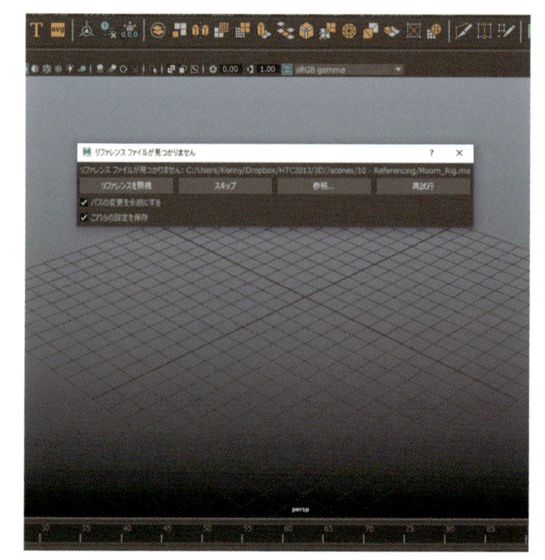

1 **edits_Start.ma**を開いてください。リファレンスファイルが見当たりませんが、問題はありません。［参照］ボタンをクリック、「Chapter10」フォルダで**Moom.ma**を探してください。［パスの変更を永続にする］と［これらの設定を保存］の両方にチェックを入れましょう。

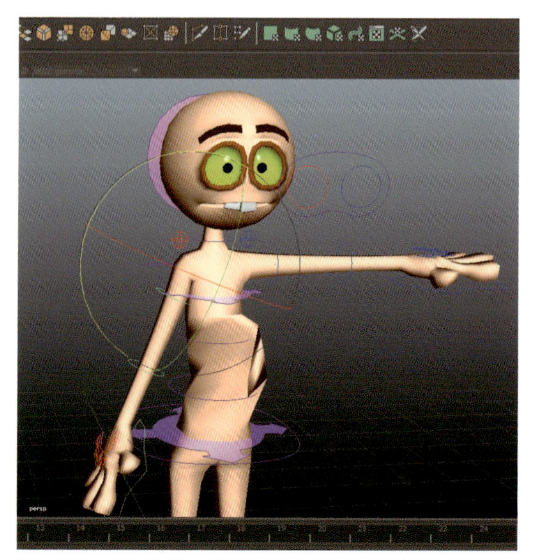

3 Moomの身体に当たるように、下に回転させます。おや、明らかにウェイトに問題がありますね。これを解決して、編集をリグファイルに保存し直しましょう。

役立つヒント

スキニングするときは、通常できるだけ多くのポーズでウェイトを確認します。ウェイトが問題ないか確かめる良い方法は、モジュラーリグシステムを使い、リグファイルのリグにアニメーションを読み込みます。こうすれば、あとで驚くような失敗はなくなります。

2 これでMoom(ムーム)がシーンに表示されます。コントロールを選択し、リグが正しく動くか確認してください。右上腕のFKコントロールを選択しましょう。

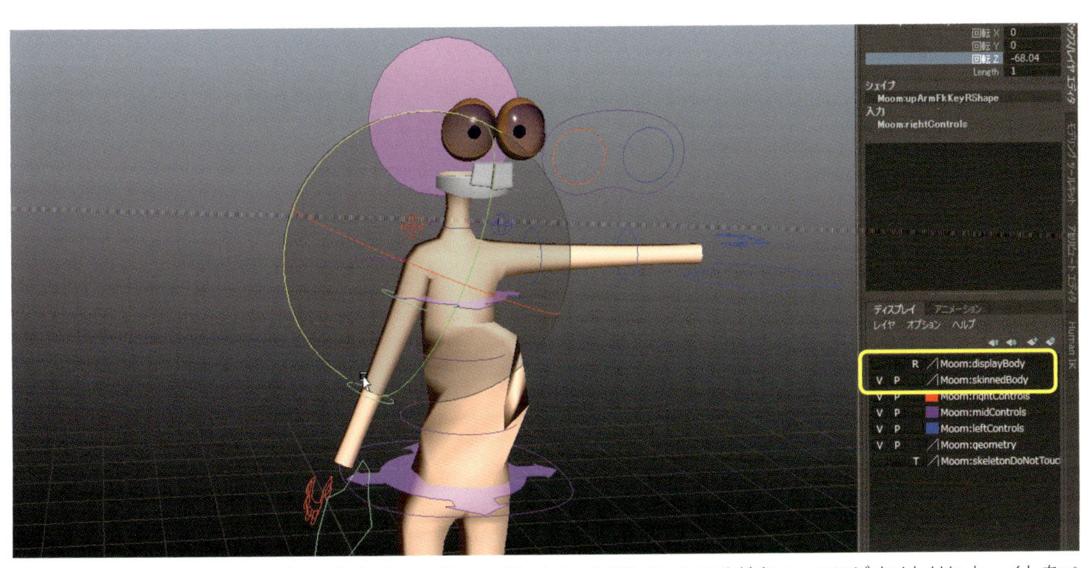

4 displayBodyディスプレイレイヤをオフ、skinnedBodyレイヤをオンしてください。このジオメトリにウェイトをペイントします。

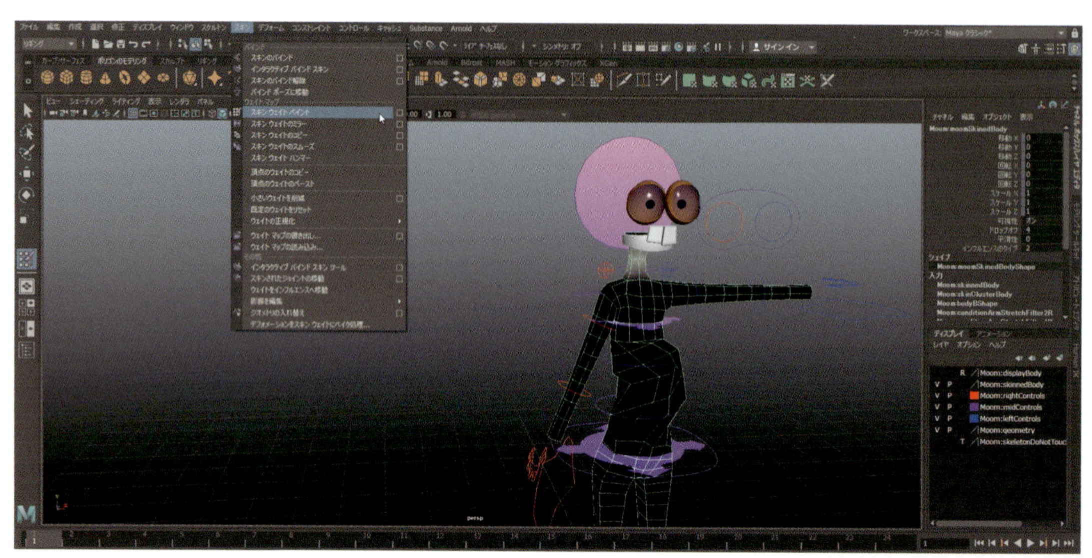

5 身体のジオメトリを選択し、[リギング]メニューセットに切り替え([F3]キー)、[スキン]>(ウェイトマップ)>[スキン ウェイト ペイント](Skin > Weight Maps > Paint Skin Weights)を選びます。

8 skinnedBodyディスプレイレイヤをオフ、displayBodyレイヤをオンに戻し、[リファレンス エディタ]を開きます。Moomのリファレンスを右クリック、[ファイル]>[リファレンスの編集を保存](File > Save Reference Edits)を選んでください。この変更は取り消しできないというアラートが出ます。では[保存]を選びます。

役立つヒント

リファレンスの編集を保存したいなら、リファレンスを読み込むときにレイヤが共有されていないことを確認します。何も共有しない状態でリファレンスを読み込み、編集が終わったら共有レイヤに切り替えるとよいでしょう。

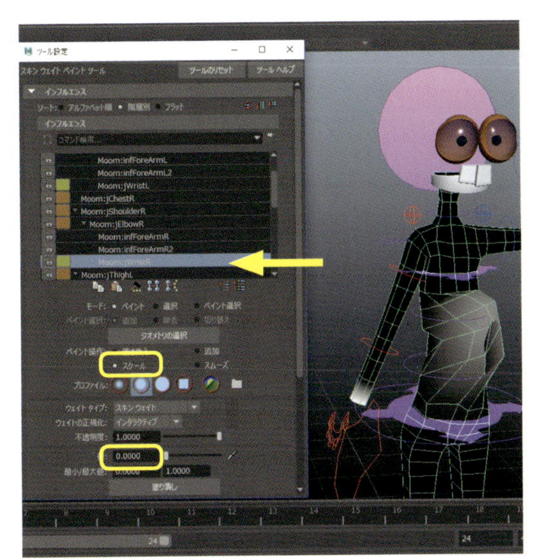

6 ［ツール設定パネル］で「moom:jWristR」というインフルエンスを選択します。手首と身体がグレーになれば、それがインフルエンスの箇所です。ペイントツールを［スケール］に切り替え、［値］を**0**に変更してください。

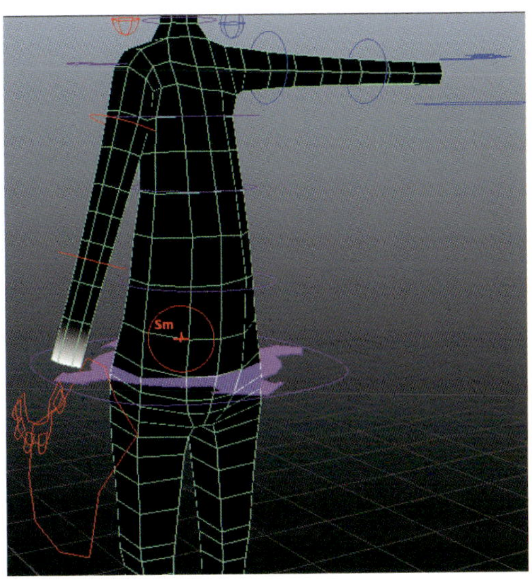

7 ゼロウェイトで身体をペイントし、手首のインフルエンスを除去します。身体からすべてのインフルエンスを取り除いたら、上腕のコントロールを回転させて確認しましょう。まだ身体の頂点が動く場合は、ステップ5～7を繰り返します。

9 テストしてみましょう！ 10章のシーンフォルダにある**Moom.ma**を開いて、腕のコントロールを選択し、グルグルと動かしてください。スキンウェイトは完璧に機能しています！

カートゥン調のショット計画

カートゥン調のショットを計画するとき、ツールであらゆることができるため困惑してしまいます。しかし私たちの身体は、自由に伸びたり動いたりしません。頭に思い描いたダイナミックでワイルドなアイデアを、実際にビデオカメラの前で思い出しながら演じてもストレスが溜まるだけです。一方で、現実世界の物理的な動きは退屈に感じられることも多いでしょう。では、カートゥン調のショットで思いどおり使える素材をどうやって作りますか？ 本当に役立つリファレンスはどうやったら得られるのでしょうか？ まず、アニメーションをカートゥン調にする要素の理解から始めましょう。

新人アニメーターは、カートゥン調のアニメーションを単純に誇張されたアニメーションだと考えます。では、スカッシュ＆ストレッチを限界以上まで行い、カートゥンぽくドタバタやってみましょう。これでは本質からかけ離れていますね。実際のところ、**カートゥン調のアニメーションの本質は、観客に強い印象を与えること、つまり、印象を重視したアニメーションです**。実行したいカートゥン調アクションを表現するため、比喩を思い浮かべてみましょう。

例えば、コヨーテが鉄床（かなとこ）でペチャンコになり、ふわふわと紙のように地面に落ちる様子。あるいは、落ちていくピアノに挟まれた腕が50フィート伸びて、茹でた麺のようにブランと垂れる様子など。この2つの例、さらに思いつくあらゆる例で、別オブジェクトの外観に似せた身体を描きます。ただし、常に現実世界を参照してください。このような例を参照できるモノは豊富にあります。

「長く引っ張られ過ぎたバネ」「3階の窓から落とされた水風船」「矢が的の中心に命中するときの震え方」を私たちは知っています。キャラクターをアニメートするときにそれらのイメージを参照すれば、強い印象を作り出せます。**キャラクターを非現実的にアニメートするのではなく、現実に則してイメージを完全にアニメートし、そのままキャラクターの身体に取り入れるのです**。バネを腕と脚に入れ、水風船のゴムのような大きな潰しを背骨のコントロールで作り、キャラクターが突然止まって矢のように身体全体が震えるようにアニメートしてみましょう。カートゥン調の表現が、今まで見たことのないくらい馬鹿馬鹿しく見えても、キャラクターを通して現実世界と近づけることが成功の目安になります。

ここまで、現実世界のオブジェクトに合わせることが肝心であると確認できました。次はビデオリファレンスに目を向けてみましょう。YouTube、Rhino Houseなどには、素晴らしいビデオリファレンスがあります。現実世界のオブジェクトを参照し、その力強い印象を取り込み、キャラクターの身体を生き生きとアニメートさせてください。さまざまなリファレンスを活用すれば、成功に近づけるでしょう。

両脚をばたつかせて、地面から浮かんでいるキャラクターをアニメートするなら、現実世界に存在するチョウや鳥など、身体の動きに変換できるものを探します。弾かれたゴムひものような形で、きびきび動いているキャラクターをアニメートするなら、手に入るあらゆるゴムひものフッテージを集めるべきです。これが、ワークフローの章で説明したシーンで取り組むべきことです。

では、どうやってすべてのソースを反映させていきますか？ 集めたリファレンスオブジェクトを組み合わせたり、ショットのリアルなビート（拍子）とタイミングを判断する方法はあるのでしょうか？ 私のとっておきのやり方は、手を使ってアクションを「演じる」ことです。始めのうちは、人形のように手をアクションさせる方が、身体全体よりも早くてお手軽です。また、部屋の中で身体をブンブンと動かすよりも、手人形のアクションの方が安全です。さらに、演技のきっかけとなる台詞を声に出しながら行えば、手のビデオリファレンスは驚異的なタイミングツールとなります。「8章 ワークフロー」では、ショット全体を通してリファレンスの使い方を紹介しています。

達成したい「カートゥン調」の難易度に関わらず、課題に正面から取り組まなければ、ショットリサーチの段階でもたついてしまいます。カートゥン調のアニメーションは、単にショット全体を誇張したり、基本から極端に外れるだけでは成し遂げられません。そうではなく、キャラクターの演技によって、親しみのある力学を観客に見せることで成立するのです。上手くいけば、観客を常に笑わせることだってできるでしょう。

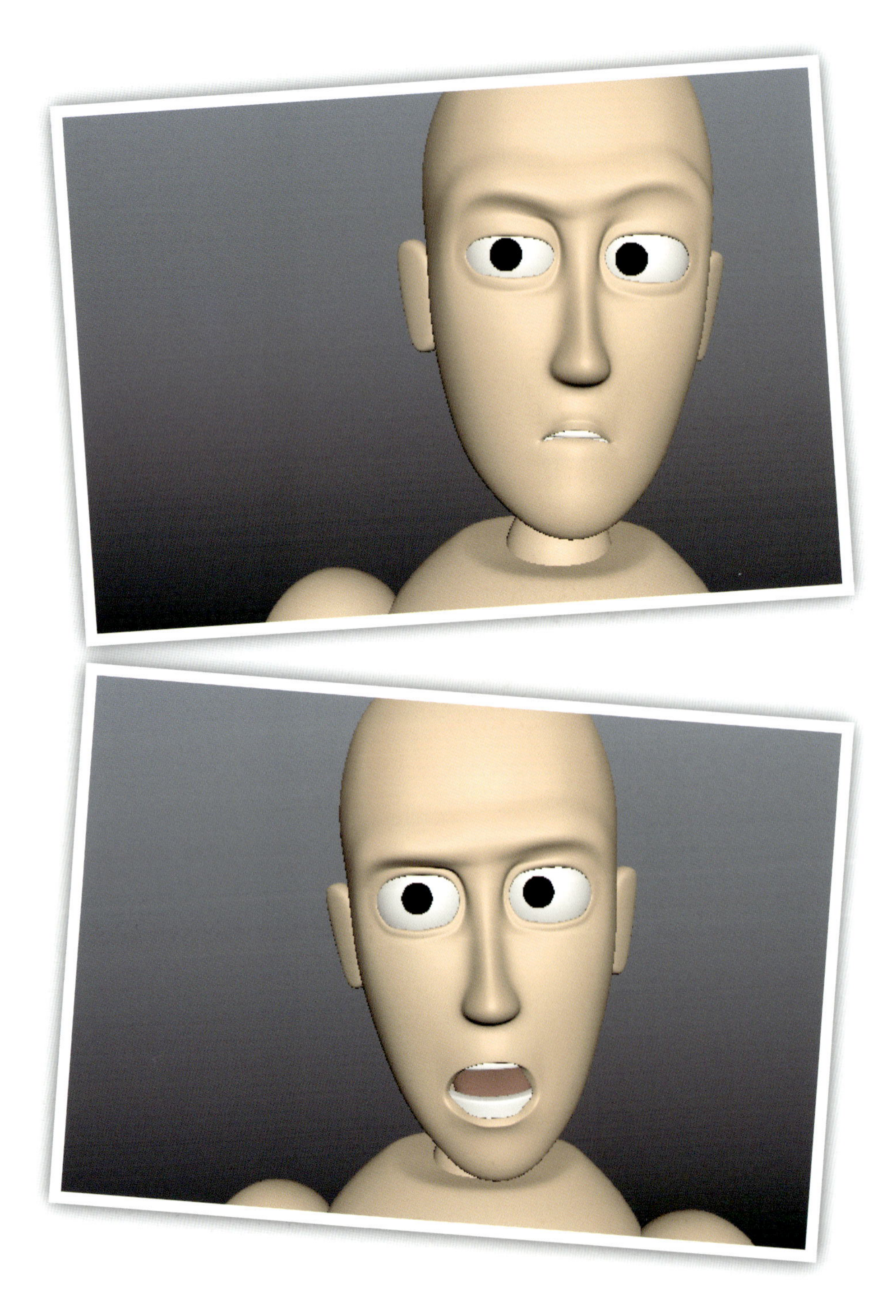

彼の動機は何でしょうか？ 顔は演技を通して、意思を明確かつ説得力のある形で伝えるという大きな役割を担っています

CHAPTER 11

フェイシャル アニメーション

キャラクターの顔のアニメートはアニメーション工程で最も面白く、楽しいパートの１つです。身体ポーズでも多くのことを伝えられますが、キャラクターに生命を吹き込むディテールとして、顔は大きく貢献します。顔が内包するドラマやその感情によって内面が表れ、私たちはキャラクターのことを理解・認識できるのです。「身体のアニメート＝エンターテイナーになりきる」なら、「顔のアニメート＝役者を演じる」と言えるでしょう。

顔のアニメーションだけで膨大なボリュームがありますが、ここではその開始点として役立つ基本的なテクニック、裏ワザを見ていきます。アニメーターはそれぞれが異なる方法で顔をアニメートしています。本章を通して、ツールを使った自分自身の演劇哲学を構築してください。

01 計画と準備

ダウンロードデータ faceAnimation_START.ma

典型的なクローズアップショットを例に、フェイシャルアニメーションのテクニックをいくつか紹介します。クローズアップはステージングをシンプルにし、顔のみに集中するためですが、映画・TV・ゲームで非常によく使われるショットスタイルです。この演習をできるだけわかりやすくするため、頭部にはブロッキングが施されています。Goonの身体はアニメートされてないので、顔のみに意識を向けてください。

会話のショットを手掛けるときは、どんな種類のものであれ、アニメーションを徹底的に計画しておくことが重要です。いきなりキーフレームの作業に取り掛かってはいけません。**すべてのアクセントやニュアンスが自分の頭の中に完全に根付くまで、音声そのものを繰り返し聞き続けてください**。また、キャラクターの内面の思考プロセスとそれを発言する動機、そして台詞の文脈を考えましょう。1つの台詞でもまったく異なる方法でアニメートできます。しかし、ショットの前後関係に基づいて演技を付けると、特定のアプローチのみが正解となります。

今回のケースではアニメーションテクニックの練習として、前後に脈絡のない単一の台詞を使います。一貫性を保つために、このプランニング部分のアイデアは監督が指示したことにします（実際の制作では身体要素も判断に影響するため、身体をアニメートする前にプランニングと準備が行われます）。

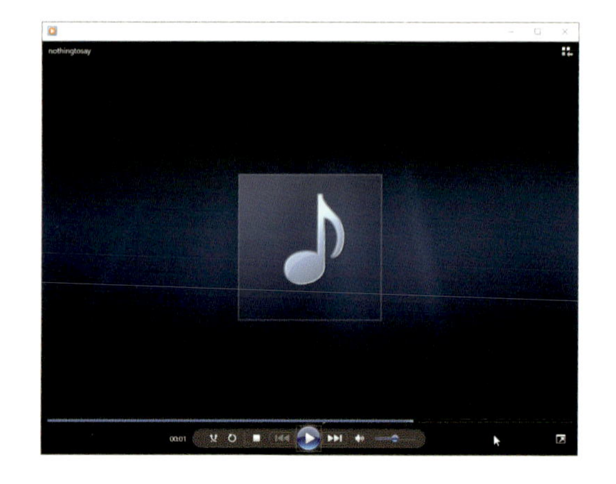

"I have nothing to say."

1 11章のプロジェクトフォルダに短い会話の音声ファイルがあります（**nothingtosay.wav**、**nothingtosay.mp3**）。それを好みのメディアプレイヤーで開き、ループ再生しましょう。可能ならヘッドフォンを使ってください。台詞をメモして、そのニュアンスを聴き取りましょう。

「I have...」（私には）
- 頭を上げると同時に、ゆっくりと目を閉じる
- 頭を後ろに傾ける
- 眉が上がる

「...nothing to...」（何も）
- 目が少し開く
- 上まぶたは虹彩に触れたまま
- 頭がさらに傾く
- 眉のポーズを非対称にする

「say」（言うことはない）
- 頭が下がる
- 傾きは上げた位置と反対になる
- 眉が少し下がる
- まぶたは下がったまま

4 リファレンスはいつでも有効です。台詞を演じて、自分用のビデオリファレンスを作りましょう。眉のポーズ、目の動き、まばたきなどについてメモしてください。サムネイルを作ったり、友達に演じてもらったりして、アニメート方法を判断する上で役立ちそうなことは何でもやってみましょう。

音声ファイルをシーンに読み込むには、[ファイル] > [読み込み](File > Import)で音声ファイルを選択してください。そしてタイムライン上で右クリックし、[サウンド]メニューからファイルを選択します。

態度:非協力的・抵抗感がある・何かを隠している可能性がある・話している以上のことを知っている

文脈:I have nothing to say to you, I don't want you to find out what you are asking me.(あなたに言うことは何もない。質問の答えを教えたくない)

2 この台詞では、2つの明確なアクセントが聞こえます。「nothing」の「noth-(最初の音節)」と「say」です。音の調子はnothingで上がり、sayで下がります。これは身体のアニメーションにも反映されています。メモにアクセントのマークを入れてください。

3 次に、台詞のトーンとそれが伝えようとしている文脈について考えます。話し方からすると、彼は非協力的な人物のようです。誰に対しても「ことさらあなたに言うことは何もない」という意味を込めているように感じられます。これもメモに追加しましょう。

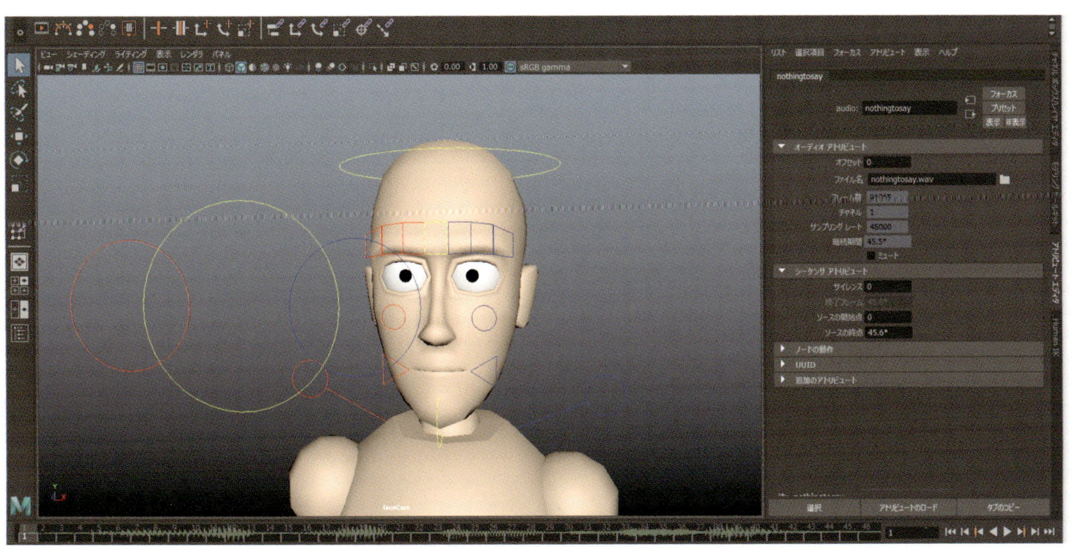

5 どのように演技するか決まり、その動機を理解できたら、顔の作業を始めましょう。リップシンクを最初に行う人もいれば、最後に行う人もいます(アニメーター次第です)。私の場合、構造をつかむために顔全体のポーズを少し付けると作業が捗ります。では、**faceAnimation_START.ma**を開いてください。メインの頭のコントロールにはアニメーションがありますが、顔は無表情に見つめる既定の状態で静止しています。さっそく修正を施し、満足いくルックにしていきましょう! 音声ファイルが上手く読み込めないときは、図のようにwavファイルを試してください。

02 核となるポーズ

ダウンロードデータ faceAnimation_START.ma / faceAnimation_END.ma

基礎として使う初期の表情をブロッキングしましょう。これが唯一の方法ではありませんが、演技を表現しやすくなります。

計画段階で書き記したアクセントは、ポーズの基礎となる完璧な枠組みになります。これにより、動作の流れをまだ意識することなく、いくつかの表情のみに集中できるので、作業を高率化できます。ここでは、合計４つのポーズを入れましょう。「nothing」と「say」のアクセントポーズ（f14、f32）、「to」の予備動作のポーズ（f24）、そして始まりのポーズ（f01）です。調整時に少し変更されますが、これらの核となるポーズが、方向性を維持する上で非常に役立つでしょう。

今回使用するのは前章に登場したGoon（グーン）です。顔のポージングでは、早い段階で大量のキーフレームに取り組むことのないように、できるだけシンプルなアプローチを選びましょう。時間を節約するため、Goonの顔のコントロール用のクイック選択セットを作成（[作成]＞[設定]＞[クイック選択セット]）。名前を「FaceCtrl」にして、シェルフに追加します。

ここでは、Goonリグをシーンにリファレンスしています。前章で紹介した素晴らしいリファレンステクニックを思い出しましょう！

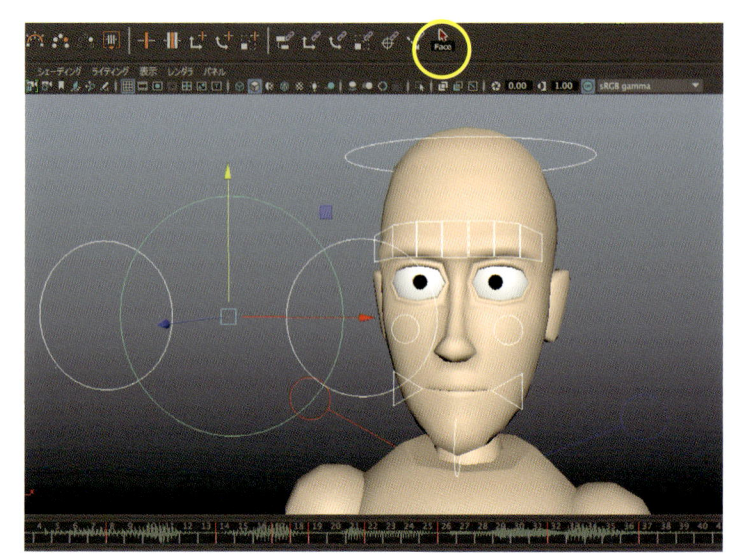

1 **faceAnimation_start.ma**でGoonの顔のコントロール（Eye Targetを含む）を選択し、[S]キーをクリック、すべてのコントロールにキーを設定します。[作成]＞[セット]＞[クイック選択セット]で顔のコントロール（FaceCtrl）を作成し、シェルフに登録しておくとよいでしょう。

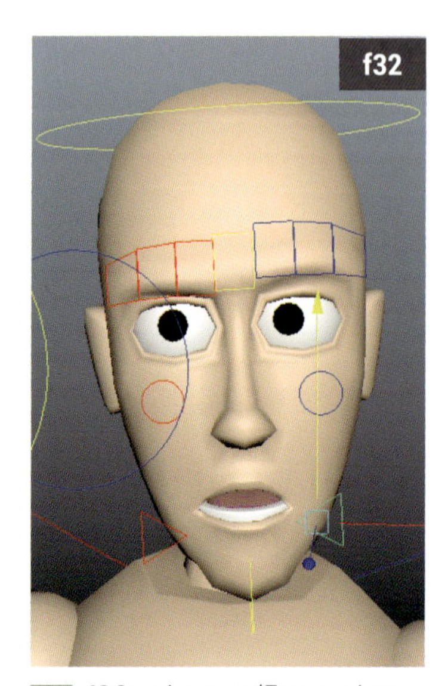

5 f32ですべての顔のコントロールにキーをセットします。眉を下げ、まぶたを少し上げ、「say」に合うように口を広げて形を調整しましょう。

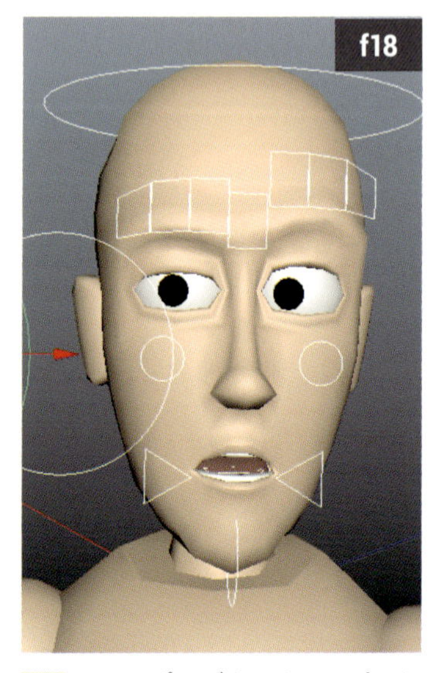

6 f14のポーズをf18にコピーします。すべての顔のコントロールを選択、タイムライン上でf18まで中ボタンドラッグしてキーを設定します。これでポーズが5フレーム維持されます。

役立つヒント　タイムラインの右クリックメニューで、[サウンド]オプション□を選んでください。ご使用の環境に応じて、wavやmp3ファイルを選択できます。必要に応じて［オフセット］アトリビュートで、音声ファイルの開始フレームを早めたり、遅くしたりしましょう。

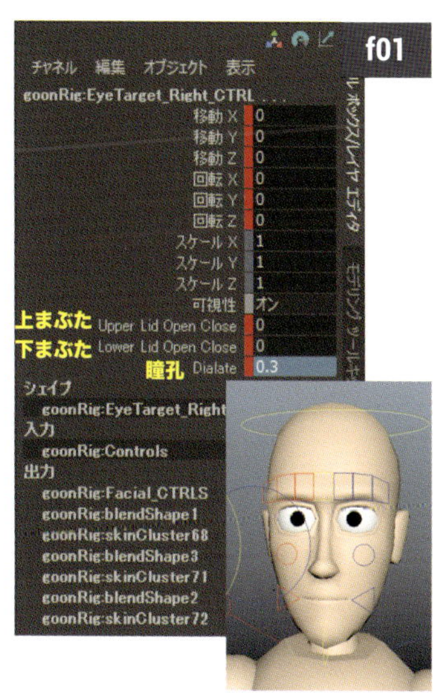

2 瞳孔がやや小さいですね。スケールを上げてアピールを加えます。f01で2つのEyeTargetを選択、[チャネルボックス]で[Dialate]: **0.3**に設定、右クリックで［選択項目のキー設定］を押します。

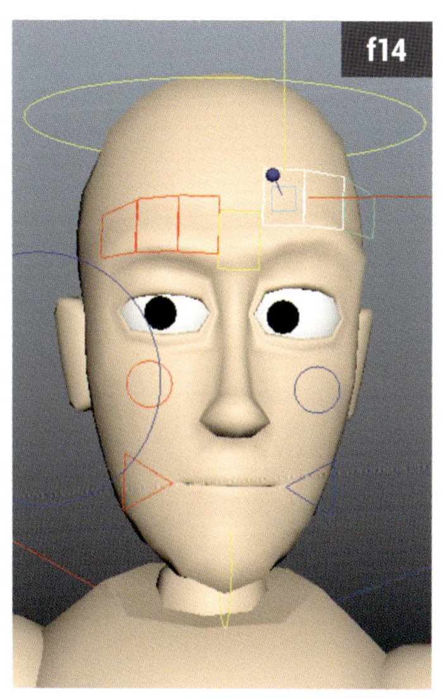

3 f14に進み、両方の眉を上げて、形状をやや非対称にします。次に下まぶたを少し上げ、右目の上まぶたを少し下げましょう（右の低い眉を補完します）。

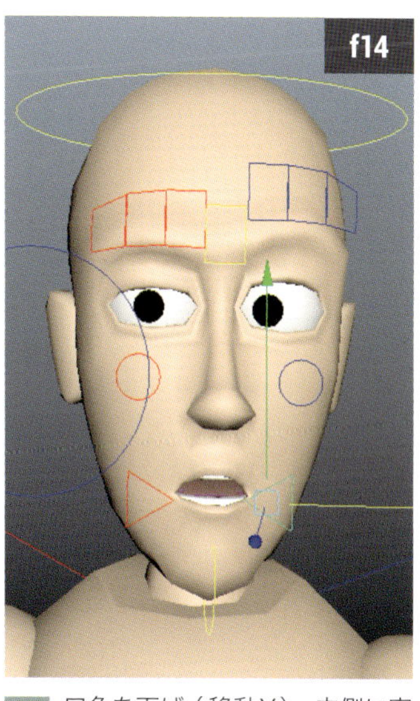

4 口角を下げ（移動Y）、内側に寄せます（移動X）。それが「ha-」の大まかな口の形ですが、現時点では気にしません。唇が少し外側に出るように口の形を調整します。

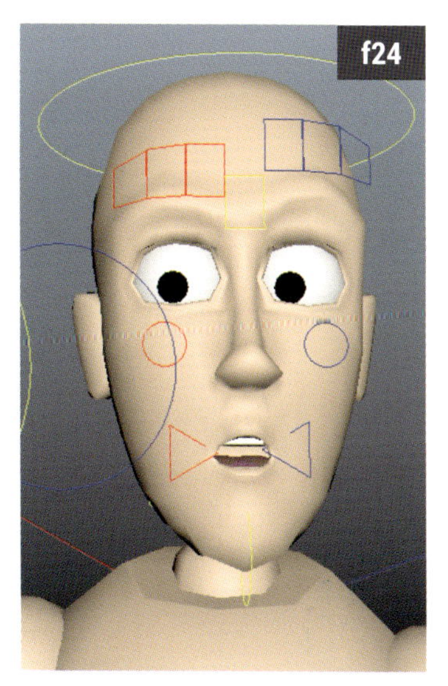

7 f24でキーをセットします。眉をさらに上げて、まぶたも釣り上げます。「to」の音に合うように口の形を作ってください。

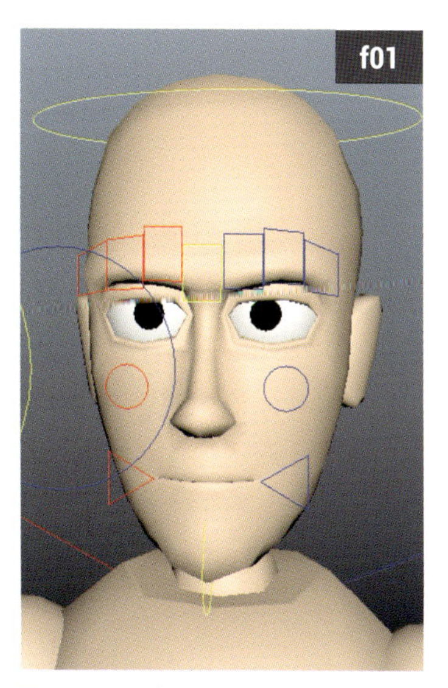

8 f01で顔のコントロールにキーを打ち、開始ポーズを作成。少し反抗的であることを表現します。眉と上まぶたを下げて（完全には下げません）、怒っているように見せましょう。

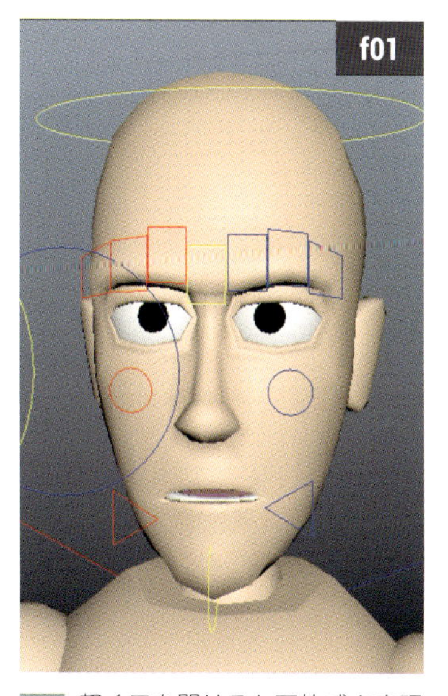

9 軽く口を開けると不快感を表現できます。しかし、ぶっきらぼうだったり、イライラしている訳ではありません。

03 リップシンク1：顎の動作

ダウンロードデータ　LipSync1_Start.ma / LipSync1_End.ma

核となるポーズが完成したら、リップシンクを始めます。何度も見てきたように、広い範囲で作業してから段階的にディテールを加えると上手くいきます。ここでは口の形は気にせず、顎の動きのみに気を配りましょう。それが上手くいけば、大抵の場合、他のあらゆることがスムーズに収まっていきます。

さまざまなタイミングがある顎の動きは、見落としがちです。与えられる台詞にはシャープなものから滑らかなものまで、幅広い動きがあります。それらをもう少しわかりやすくする裏ワザとして、あなた自身の手を顎の下に当てながら台詞を読むとよいでしょう。そうすれば、はっきりしたタイミングで言葉を実感しつつ、それをカーブに変換できます。私が最も大きなアクセントとして感じたのは、「I」「nothing」「say」です。

リグには通常、リップシンクをアニメートするために使う「フェイスカメラ（face cam）」があります。これはキャラクターが大きく動く（ねじれたり回ったりする）シーンで特に便利です。私はGoon用のフェイスカメラを作成しましたが、自由に動かしたいのでコンストレイントしていません。もし顔にコンストレイントしたいなら、必要な位置にカメラを配置して、頭部のコントローラとカメラをペアレントコンストレイントします。

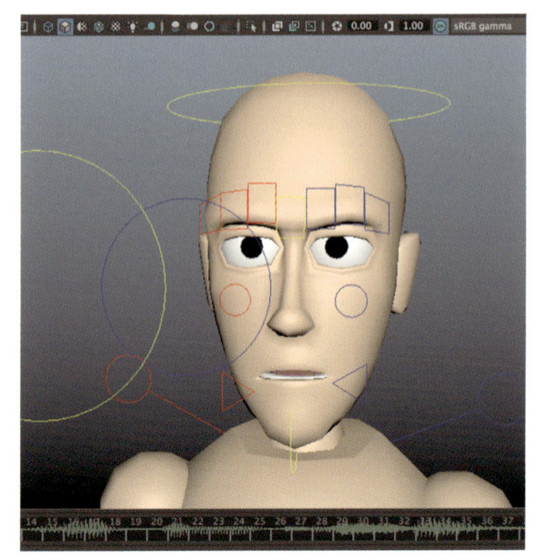

1 **LipSynch1_start.ma**を開きます。フェイスカメラが選択されています（[パネル]＞［パースビュー］＞[faceCam]）。これは身体が動いても、顔を正面から捉えているカメラです。

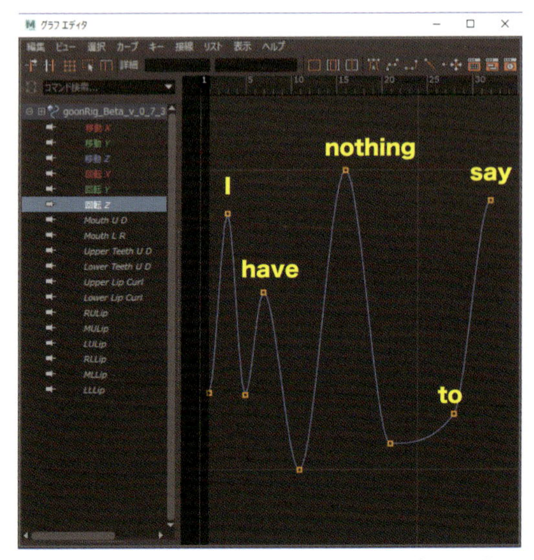

4 これは私が最初の段階に作ったカーブです。「I」「nothing」「say」に大きなアクセントがある一方、「have」は小さい点に注目してください。

役立つヒント

単純に言葉に合わせるのではなく、発音の肉体的な動作をアニメートしましょう。もしすべての音節で開閉させてしまうと、口がペチャクチャと忙しい感じになってしまいます。台詞を読んでいる自分自身の動きを分析し、実際に目に見える動きのみを作りましょう。

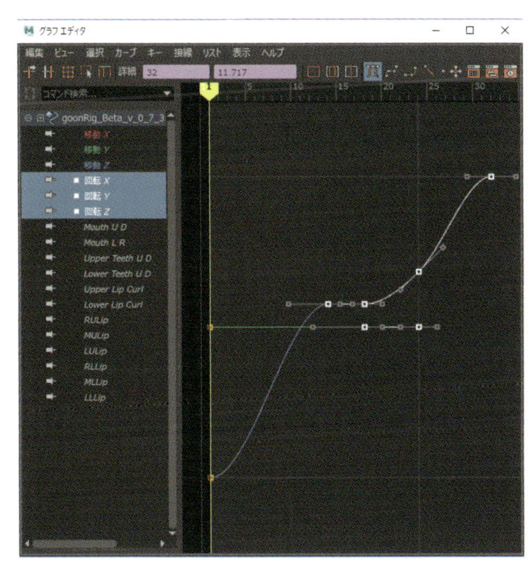

2 顎のアニメーションはゼロから始めると簡単です。Goonの顎のコントロール（Jaw_FK_CTRL）を選び、[グラフ エディタ]でf01を除くすべてのキーを削除してください。※顎のコントロールには唇のアトリビュートも用意されています。

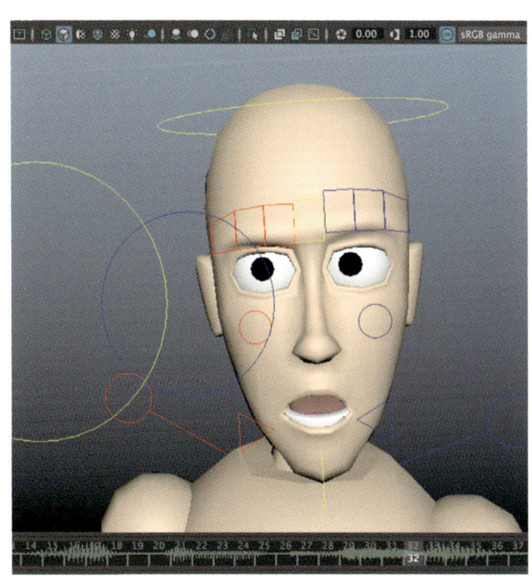

3 最初のパスとして、開閉の動きのみを加えます。今のところは、大体のタイミングをつかむだけでかまいません。口が開くたびに、それぞれ開閉の動きを作ります。実際の音が出るよりも、数フレーム早く開くということを頭に入れておきましょう。

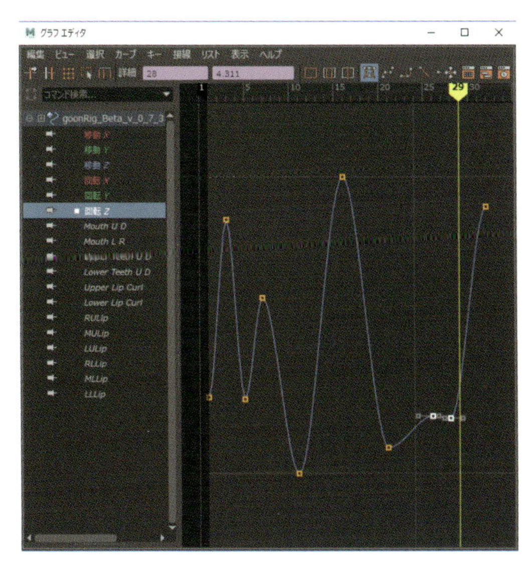

5 タイミングを調整し、「-thing」に合わせて小さな膨らみを付けましょう。口がペチャクチャし過ぎないように、主なアクセントを作ってから二次的な膨らみを作ります。

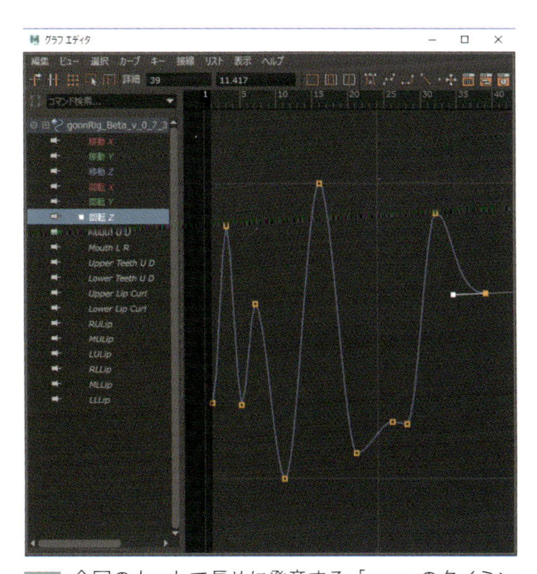

6 今回のカットで長めに発音する「say」のタイミングに取り掛かりましょう。開いた状態をより長く維持するためのキーをセットし、長めのイーズインを終わりの部分に加えました。

04 リップシンク2：口角

ダウンロードデータ　LipSync2_Start.ma / LipSync2_End.ma

顎が動くようになりましたが、まだ何を言っているのかわからないので口角の作業に入りましょう。このリグでは赤と青の三角形を使って口角を操作します。ここではまず2つの口の形（狭い／広い）に焦点を当てましょう。

他のリグでは、マウスコントロールがもっとあるかもしれませんが、「**深入りを避け、ディテールを1段階加える**」という考え方は同じです。調整すべきものはまだ沢山あるので、一気にすべてを行う必要はありません。基本的に口のリグはとてもシンプルです。そのフレームで、口角が内向きか外向きかという点のみに気を配りましょう。上下方向に関しては、ショット全体を通して、下向きのFrown（しかめっ面）の位置に留まります。

この時点で、基本的な口の形状と音素について考え始めます。もしリップシンクのアニメーションが初めてなら、インターネットや伝統的なアニメーション書籍にあるたくさんの図表で、幅広く学んでください。今回の練習では、この会話で必要な要素のみを見ていきます。正しいやり方で行うため、まだすべての口の動きは作らず、口角の位置のみを決めます。

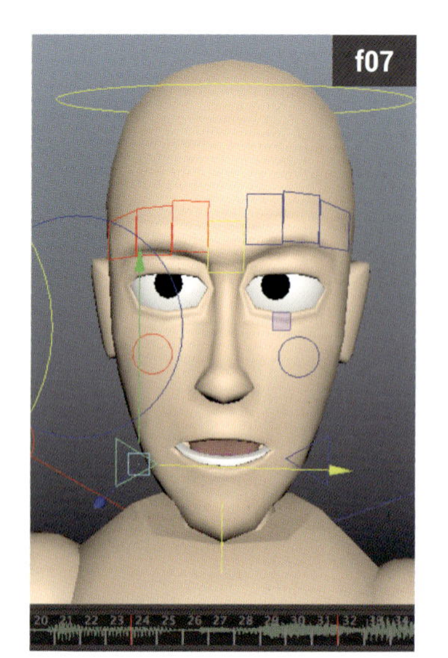

1 f07で「I」の音に合わせて両口角を外に広げます。

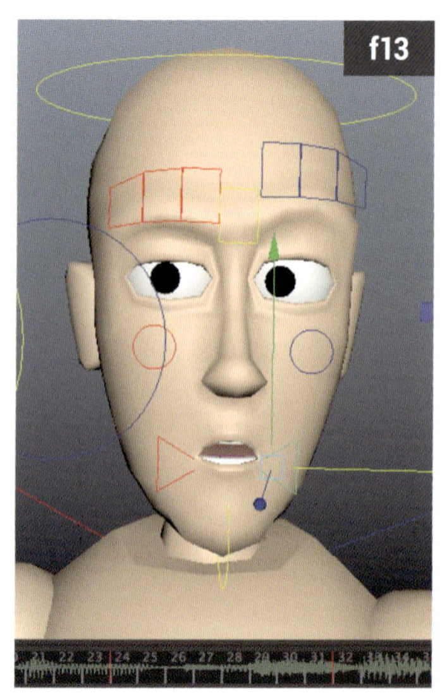

2 f13に進み「have」の「ah」の音で、両口角を少し内側に寄せます。

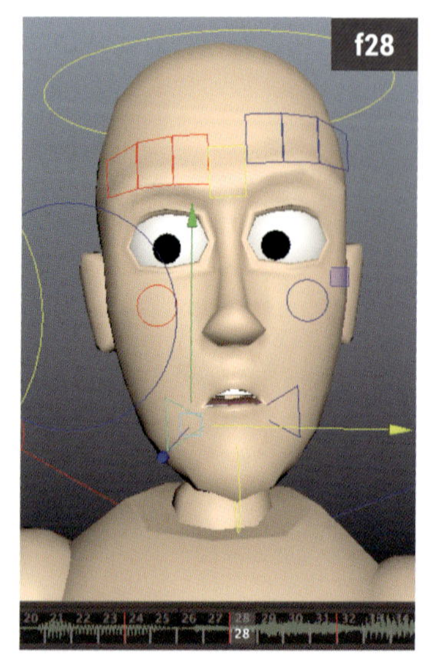

6 f28で「to」の音に合わせて口角を戻します。

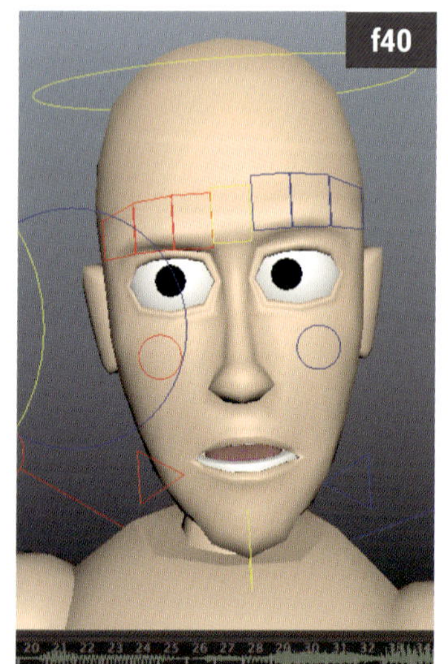

7 「say」はf32のキーをf34にコピーして形を保持し、f40まで広げます。左口角は外側に寄せて、最後の言葉によく合うように、母音を少し長く伸ばした感じにしましょう。

役立つヒント

シーンにショットカメラがあれば、そちらからの見映えを第一にアニメートしてください。フェイスカメラは補助として使えますが、最終的には、ショットカメラでベストな見映えにする必要があります。

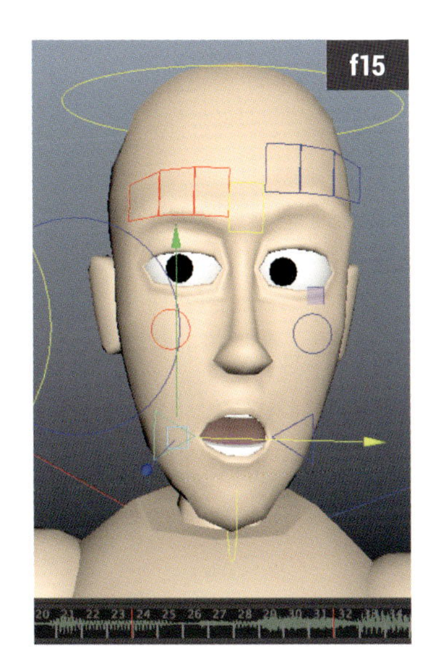

3 f15で口角を少し広げてキーをセットします。「nothing」の「n」をしっかりと発音しているように見せましょう。

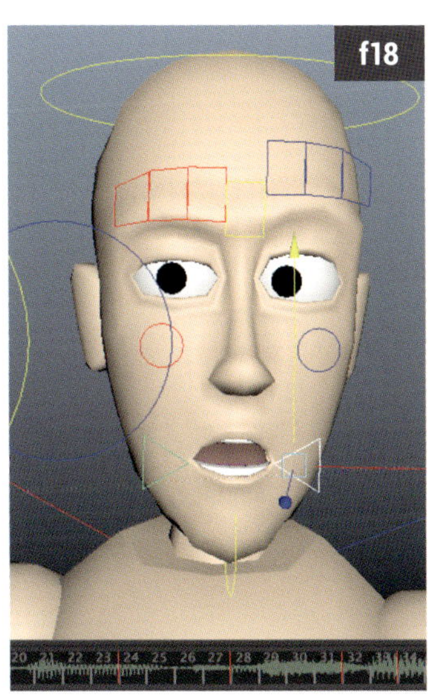

4 f15のキーをf18にコピーして、「nothing」の「o」に近づけます。

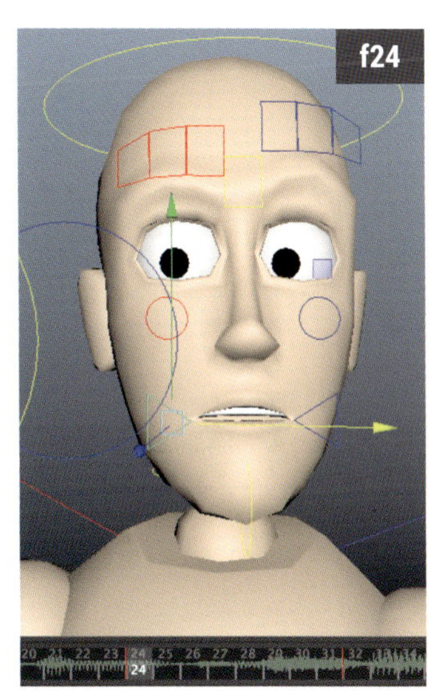

5 f20で「nothing」の「th」の形に口をすぼめたら、f24で「ing」のより広がった形にしましょう。

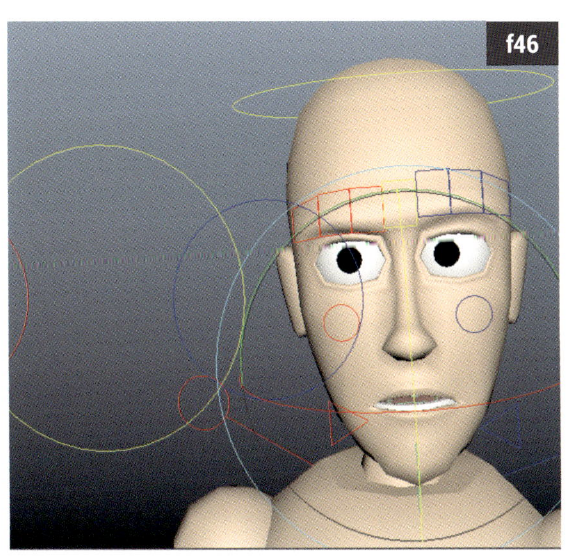

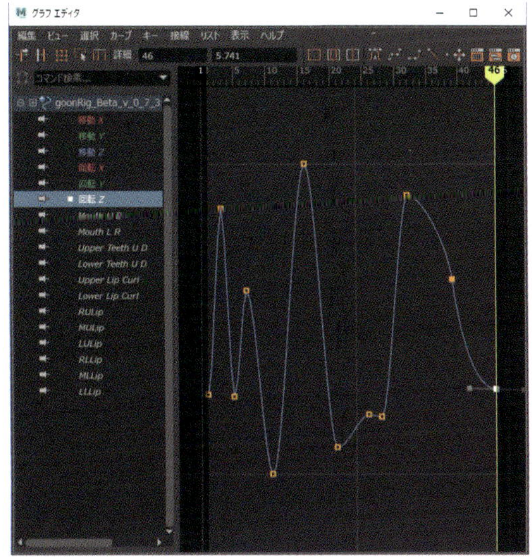

8 口角と顎のコントロールを使って、f46で終わりのポーズへ上手くイーズインしましょう。これにより、口の緊張が解けて最後の表情になります。これを追加しなければ、話し終えても顎が空いたままになります。最後に適度なイーズインを与えるため［グラフ エディタ］で接線ハンドルを調整します。

05 リップシンク3：口の形

ダウンロードデータ LipSync3_Start.ma / LipSync3_End.ma

口の形を作り込み、リップシンクの調整を続けましょう。今回はより有機的な作業工程なので、上手くいくまで少しずつ試しながら行き来します。ここで紹介する内容は1歩ずつ進むプロセスというより、作業のガイドラインと考えてください。

通常、手間は少ないに越したことはありません。顎を開く／閉じる工程と、口角を狭める／広げる工程で、作業の約85%は終わっています。観客に対してわかりやすく読み上げるリップシンクにするには、これら2つの工程を完璧に近いものに仕上げます。そして、形状をカスタム調整する工程を加えれば、一段と完成に近づくでしょう。

経験則として、母音の口の形は音が聞こえるフレームで見られますが、ほとんどの子音の口の形は音の1～2フレーム前に見られます。これは特に、破裂音「T」「K」「P」「D」「G」に当てはまります。

「B」を発声するには空気の蓄積と放出が必要です。すべての音ではなく、主要な音の形をアニメートしているのを忘れないでください。リップシンクでは、鏡とサウンドトラックが役立ちます。

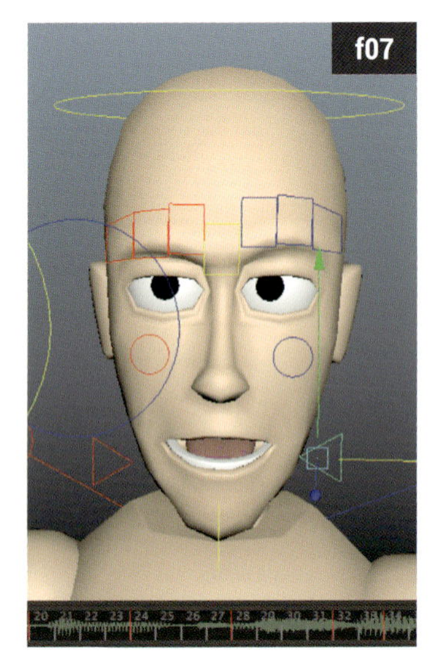

1 f03の顎のキーフレームを削除します。f07で口角を広げて「I」の形にします。

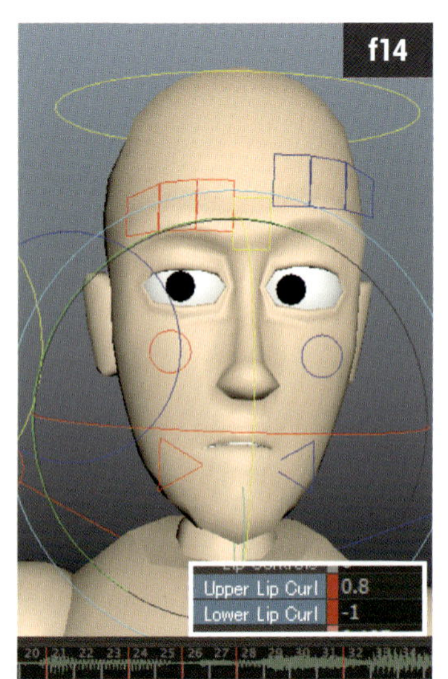

2 f14で「have」の形（Fの発音の形）にしましょう。顎のコントロールの下唇のカール［Lower Lip Curl］アトリビュートで、下唇を上の歯につけます。

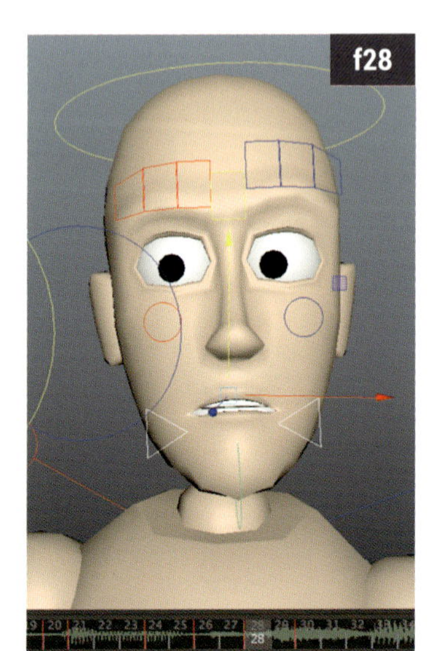

6 f28で顎と唇のコントロールにキーを打ち、歯を見せます。f30で「s」の形にましょう。

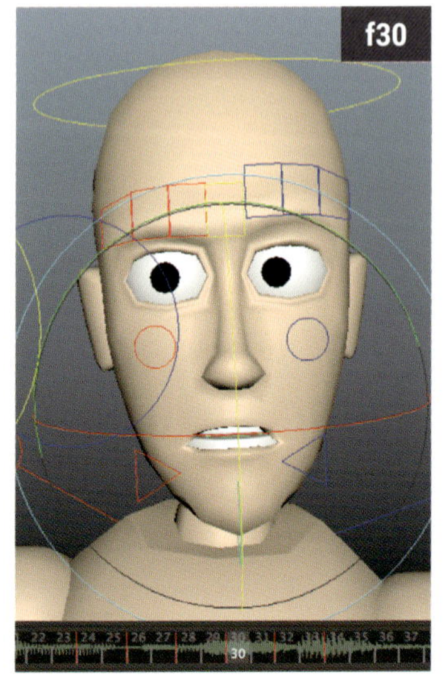

7 f30で顎と口角のコントロールにキーを打ちます。次はf31からすべてのキーを2フレーム前へスライドさせ、「s」の形を長く保持しましょう。

役立つヒント

口を閉じている表情は、どんなときでも必ず最短で2フレームは確保してください。「M」「B」「P」「F」「V」などの発音では、少なくともある程度の長さを維持し、間違いや引っ掛かりが起きたと感じさせないようにします。

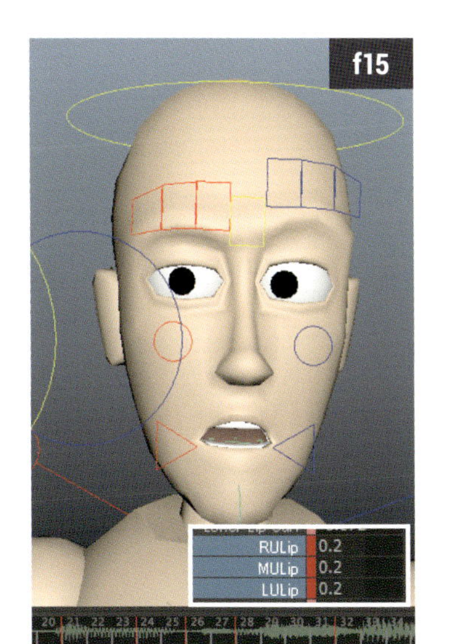

3 f15で歯が少し見えるようにして、「nothing」の「n」の形にします。顎のコントロールの[RULip][MULip][LULip]を使用します。

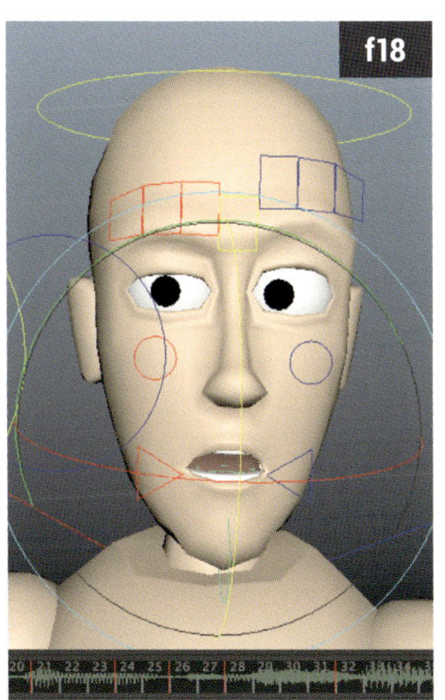

4 f18の「o」の形は少しやり過ぎなので、トーンダウンさせます。

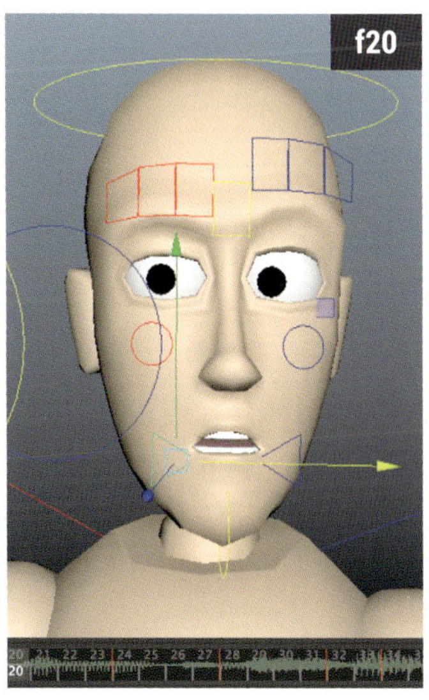

5 f20で「th」の音に見えるように顎を少し閉じて歯を見せます。

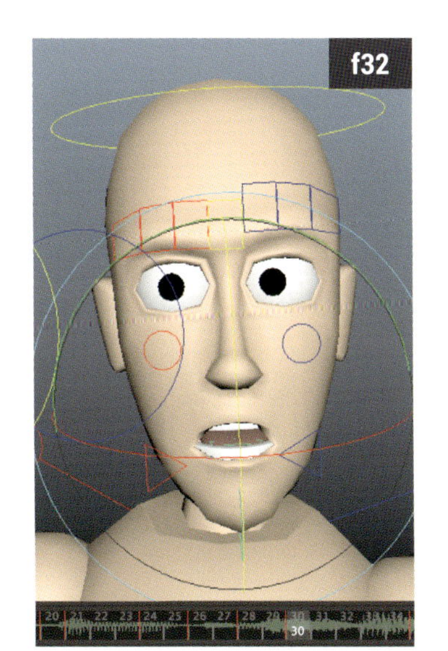

8 顎の開閉を除くすべての口のコントロールを選択、f30からf32へ中ボタンドラッグしてキーを打てば完了です。

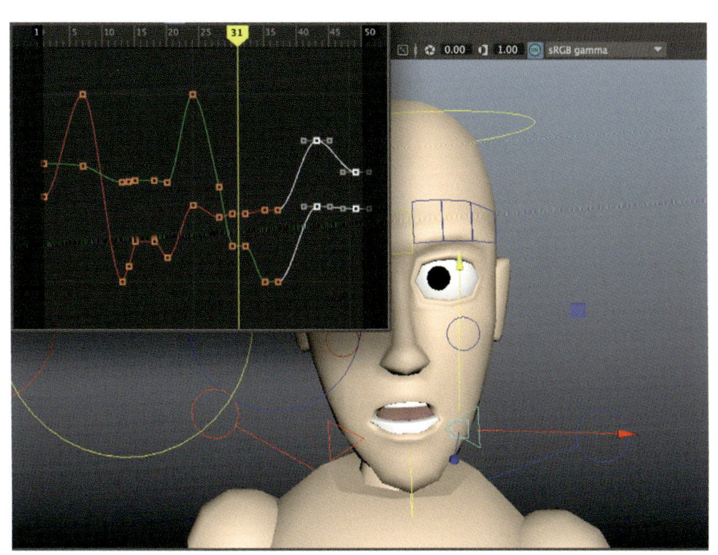

9 アニメーションを何回か見直したあと、最後の左口角が見映えが気になりました。そこで、f43で少し戻し、f49へイーズインさせました。

06 リップシンク4：舌

ダウンロードデータ　LipSync4_Start.ma / LipSync4_End.ma

リップシンクを納得のいくものにするため、最後のステップでは音に合わせて正しく舌を動かします。特に「no-」と「-thing」、「to」の**t**音、「say」の**s**音がそれに当たります。極端なクローズアップやそれに近いものでない限り、主に**n**音のように口の上部に触れるときと、下の位置に収まるときだけ見えていれば問題ありません。それ以外では、通常目立たないようにします。

舌のキーフレーム作業は多くのテクニックで効率化できます。繰り返しになりますが、観客がアニメーションを見るとき、舌は補助的に目に入る要素に過ぎません。舌が「めくれる」ところを作っておけば、あとで当てはまるフレームにコピーして使えます。

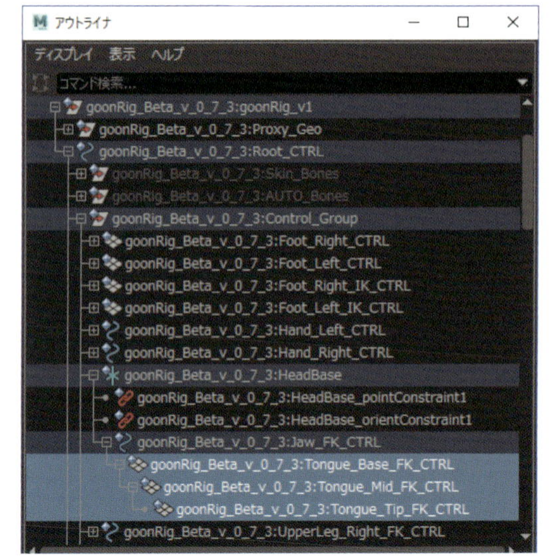

1 ［アウトライナ］ウィンドウでgoonRig_v1の階層を展開して、3つの舌コントロールを見つけます。パスは図を参照ください。

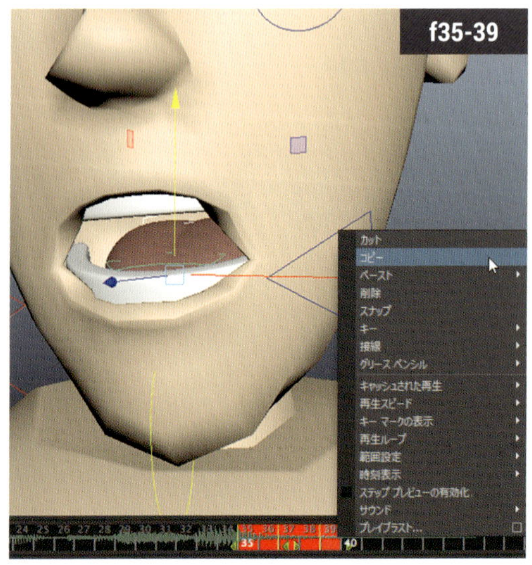

4 タイムラインを［Shift］+クリックしてf35からf39までの範囲を選択します。次に 右クリックで［コピー］を選択します。これで、舌の動きが必要な場所に貼り付けることができます。

役立つヒント

極端なクローズアップや写実的なアニメーションでない限り、リップシンクで細かい舌の動きにこだわる必要はありません。必要に応じて、口の上部にある／下部に移動するのが見えれば十分です。

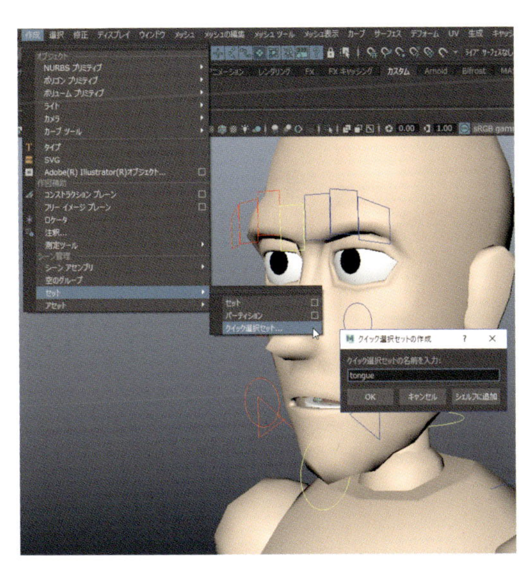

2 3つの舌のコントロールにクイック選択セットを作成しておきましょう。[作成] > [セット] > [クイック選択セット] (Create > Sets > Quick Select Set)に進みます。名前を「tongue」と入力し、[シェルフに追加]ボタンを押します。これで舌の選択がとても簡単になります。

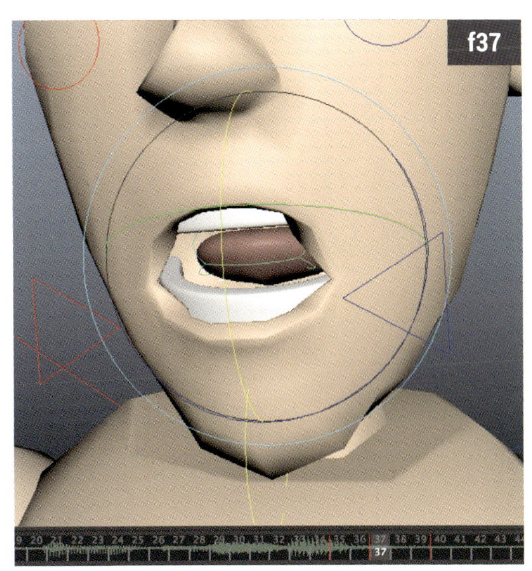

3 f35とf39で [S]キーを押し、舌を既定の位置にしてキーを設定します。次に f37で舌を上向きのポーズにしてキーを設定します。舌のコントロールは移動と回転を使用できます。

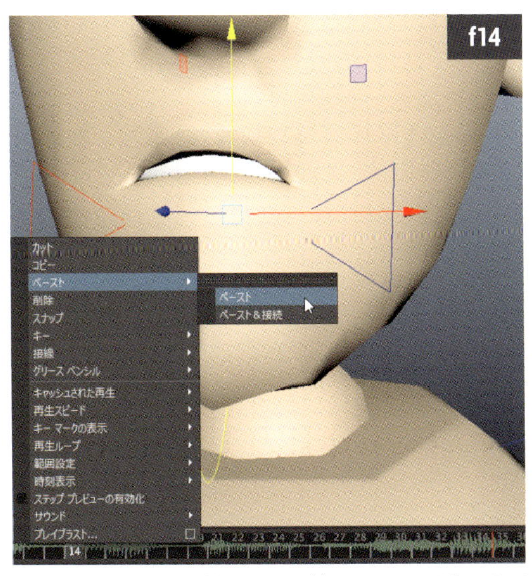

5 f14 (舌が上の位置になる前に2フレーム) でタイムラインを右クリック、[ペースト] > [ペースト] を押します。これで3つのキーがすべて設定されます。クリップボードに情報が残っているので、繰り返しペーストできます。

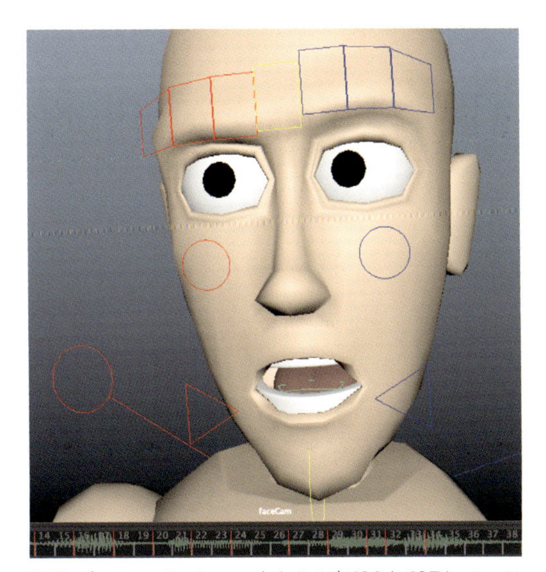

6 舌のアニメーションをもう1度f20とf27にペーストします。f35～f39のアニメーションを削除して、クリップボードをもう1度f32にペーストしましょう (あるいは [グラフ エディタ] でf35のキーを削除し、f37とf40のキーを5フレーム後ろにスライドさせます)。

07 まばたき

ダウンロードデータ　BlinksRev_Start.ma / BlinksRev_End.ma

顔のアニメーションと演技で重要な「まばたき」の動作は、キャラクターに生命感と面白味を加える上でとても有効な手段です。リップシンクのアニメーションを続ける前に、典型的なまばたきを見てみましょう。

ここでは一般的なアプローチを紹介しますが、すべてをこの方法で作るのは避けてください。まばたきには、早い／遅い／半目／ぱちぱちする／気を引く／不信感を示すなど、たくさんの種類があります。また、キャラクターの感情や思考プロセスによって、そのアプローチも変わってきます。とはいえ、これから紹介するのは、有機的なまばたきを生み出すために試行錯誤した優れた方法であり、アニメーションツールセットに「まばたき」ライブラリを構築する上で、最適な開始点となります。

「クリップボードへキーをコピーする」「そのアニメーションをペーストする」といった素晴らしい方法を思い出しましょう。これらの操作で1つのファイルに作成したまばたきの動きを、アニメーションで繰り返し使うことができます。ただし、シーンにマッチさせるため、それぞれに必ず**味付け**を施しましょう。

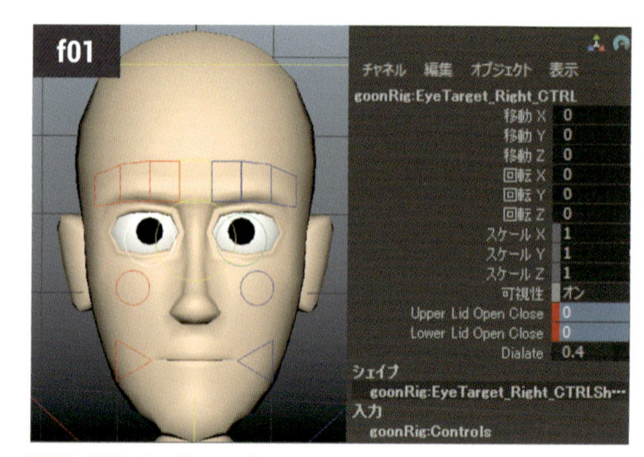

1 **BlinksRev_Start.ma**を開き、正面のビューに切り替えます。両まぶたのコントロールを選択、f01の上まぶたと下まぶたに現在の位置でキーセットしてください。

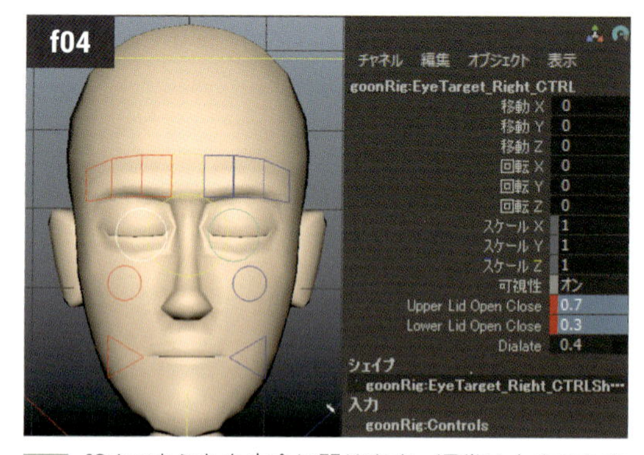

4 f04でまぶたを完全に閉じます。通常は上まぶたを75%、下まぶたを25%閉じます。ここでは上まぶたを**0.7**、下まぶたを**0.3**に設定しています。

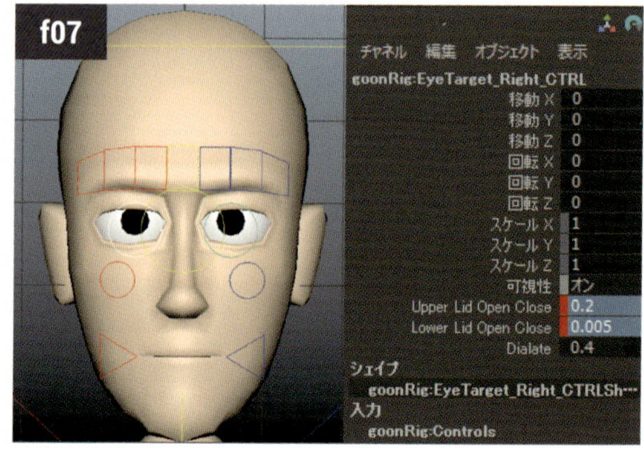

7 f07でほぼ最初のポーズに戻ります。完全に開いたり閉じたりする場合を除き、まぶたが上や下に戻るときは大抵、虹彩に触れている状態を保ちます。それによって、まばたきがスムーズになります。

役立つヒント

別の方法でまばたきに良い隠し味を加えるには、眉にほんのわずかな上下運動を足します。状況によりますが、かろうじてわかる程度の動きを加えると、より有機的に仕上げられる場合があります。

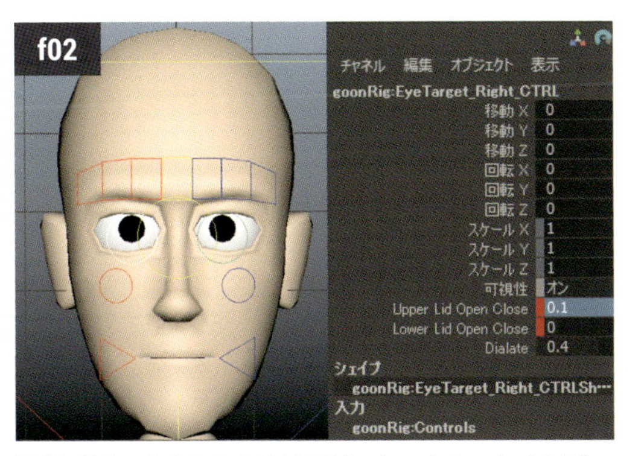

2 f02で上まぶたをやや下げてキーをセット（**0.1**）、わずかなイーズアウトを作っていきましょう。

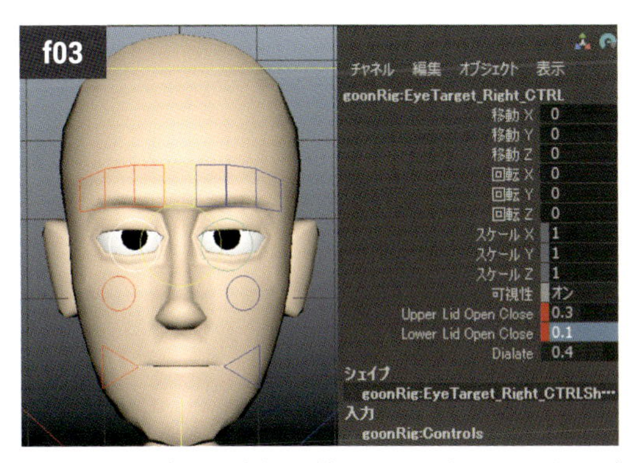

3 f03で瞳孔の上側に触れるまで上まぶたを下げ（**0.3**）、下まぶたを少し上げ始めます（**0.1**）。

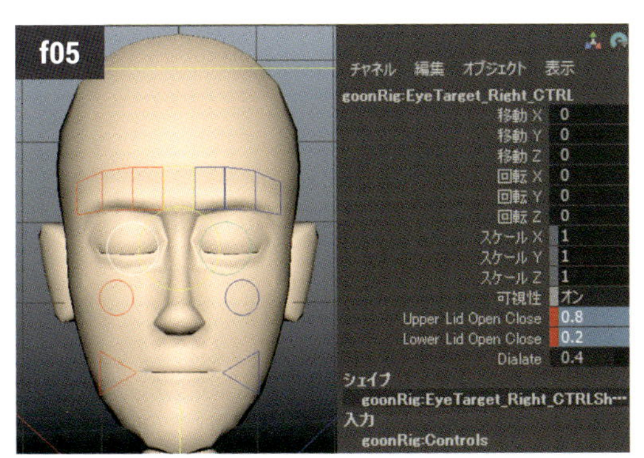

5 2フレームほど閉じたままにしますが、しっかり閉じるため、f05で上まぶたを少し閉じ（**0.8**）、下まぶたを少し下げます（**0.2**）。

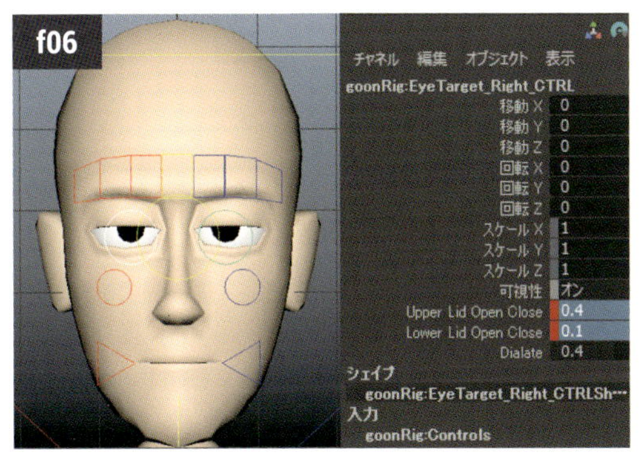

6 f06で目が再び開きます。通常のまばたきでは、上まぶたを虹彩の半分あたりまで上に戻しましょう（**0.4**）。下まぶたも同様に下げます（**0.1**）。

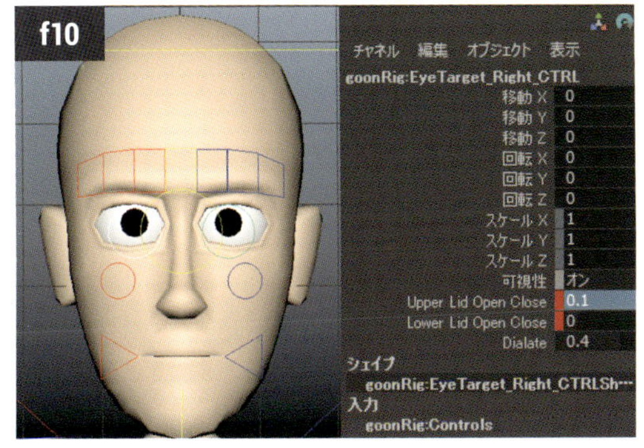

8 ポーズに柔らかみを与え、より有機的な感じにするため、f08で終わるのではなく、f07からf10にかけて良い具合にイーズインを入れましょう。

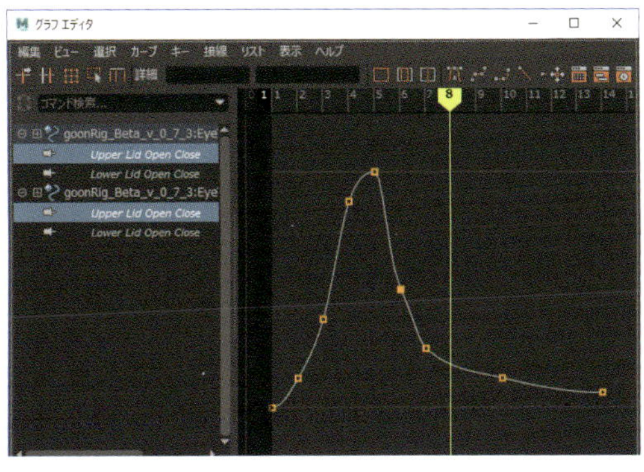

9 完成度を高めるために、上まぶたの動きを和らげるかすかなイーズインをあと4フレーム分作りましょう。カーブは図のようになります。最終結果は**BlinksRev_End.ma**を見てください。

08 まばたきと眉

ダウンロードデータ BlinkBrows.ma / BlinkBrows_End.ma

眉を調整し、顔のアニメーションにまばたきを加えましょう。Goonが頭を上げるスピードと、まばたきの動作が上手く一致するように作ります。非協力的で少し怒っている態度と合うように、目を少し遅めに閉じます。それ以外は、通常のまばたきと同じような形にしましょう。そして眉が上がるタイミングを絞り込み、ショットの最後の言葉「say」に導く眉と目のアクセントを加えます。

まぶたと眉のタイミングでは、やや試行錯誤することになるでしょう。実際、ベストな演技を「発見」できるように、これらの工程を実行するワークフローが必要です。これからまばたきと眉の動きをシーンに加えていきますが、最高の結果を出すために、異なる値と動きも試してください。

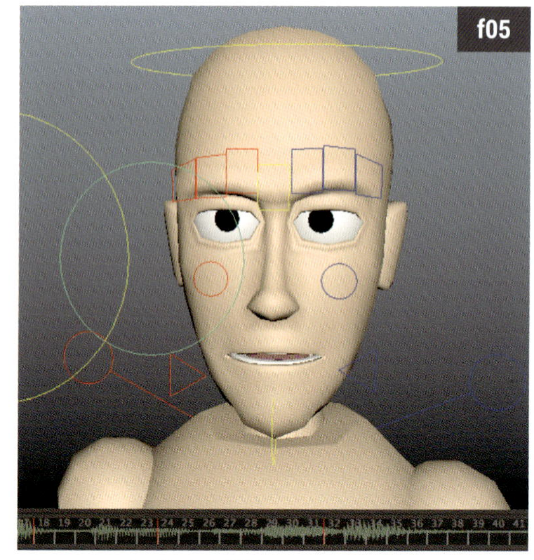

1 f05でまばたきを開始しましょう。上下のまぶたのキーを現在の位置でセットします。

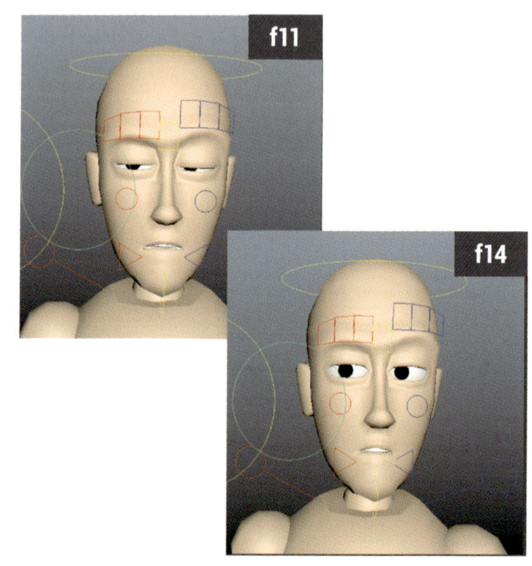

4 ゆっくり開く目は、このまばたきに上手く合っています。f11で目は開き始め、f14ではまだまぶたが虹彩の上下に接触しています。

役立つヒント

どのような種類のまばたきでも、開閉のポーズでは常に虹彩が部分的に見えるようにしてください。そうすれば、魅力のない白目だけのルックになるのを防げます。

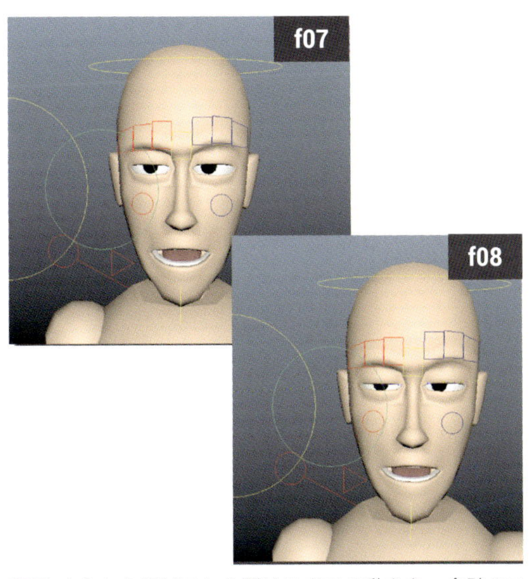

2 まぶたを下げてから閉じるまでの動きを、合計4フレームで作ります。図はf07とf08です。少しでも開いていれば、必ず虹彩の一部が見えている点に注目してください。

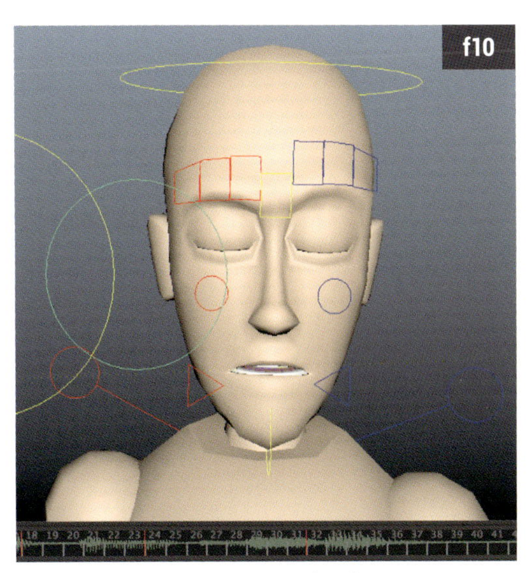

3 f09とf10で、目を閉じたポーズになります。

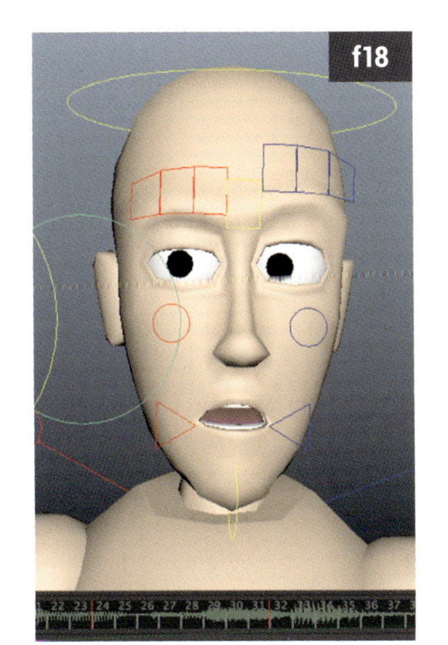

5 目はf18のポーズまでイーズインを続けます。

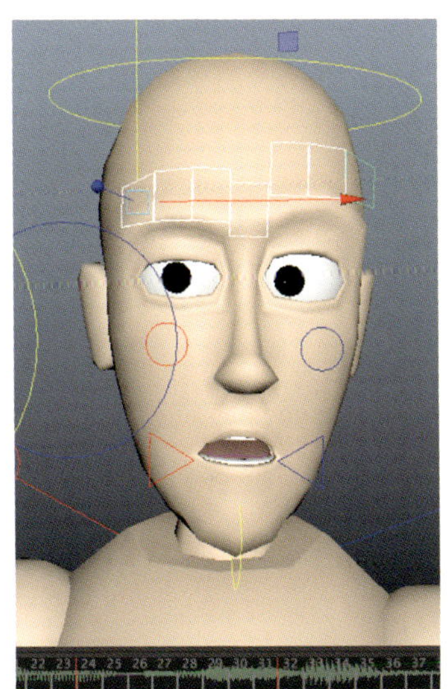

6 次はまばたき中の眉に取り掛かりましょう。目が開くより少し早く眉を上に動かして、いくらかオーバーラップを作ります。まず、眉のコントロールをすべて選択してください。

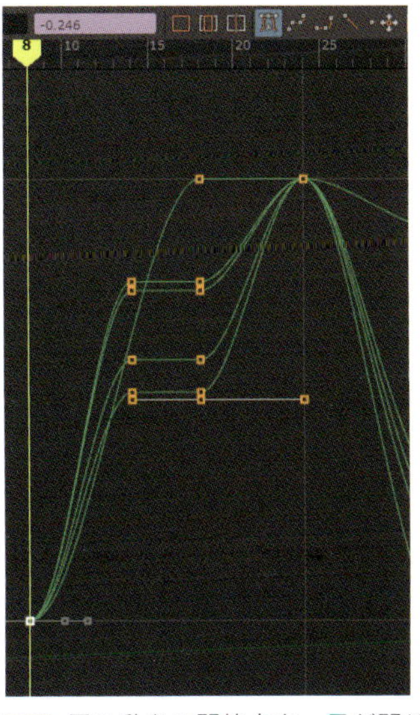

7 眉の動きの開始点を、目が閉じるf09の直前のf08に移動させましょう。f14で眉は上がったポーズになります。

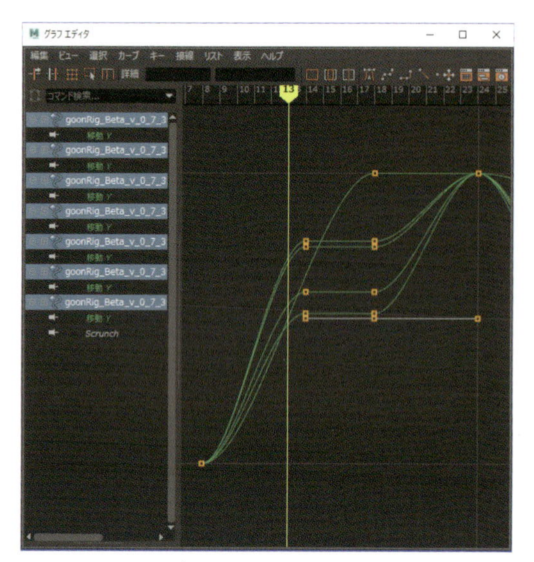

8 平坦なカーブの部分にクッション（柔らかさ）を付ける裏ワザとして「ポーズに到達する前のフレームをすぐ後ろに移動させる方法」を紹介しましょう。今回のケースではf13がそれに当たります。

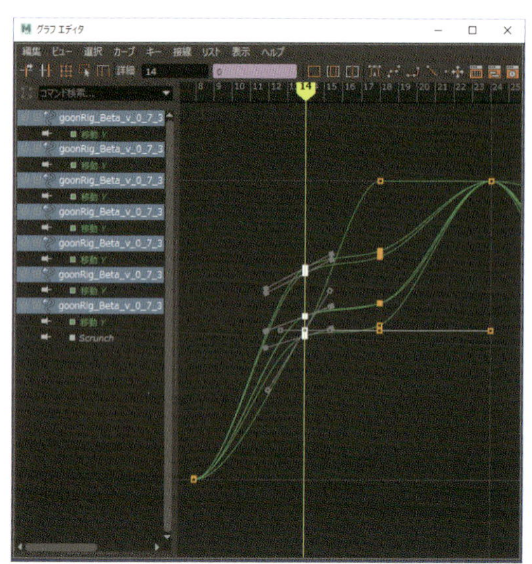

9 タイムラインでf13からf14まで中ボタンドラッグし、キーをセットしてください。f14はそれ以前の値とほぼ同じになり、しだいにf18へと移行します。接線ハンドルを修正すれば、すぐに良い感じの緩やかな移行になります。これで数フレームにわたって固まらなくなり、より有機的になります。

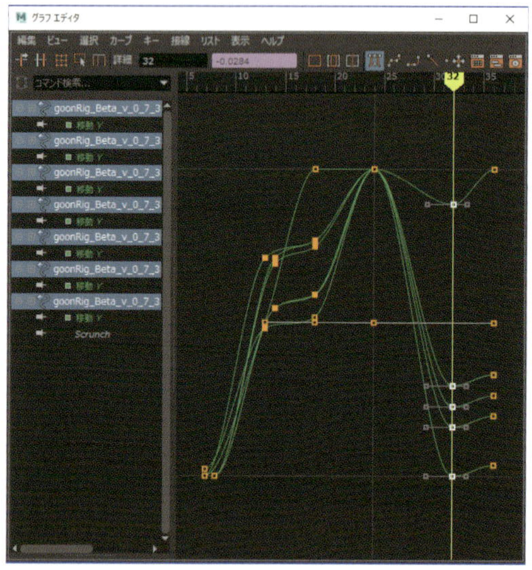

13 まずf36で眉にキーをセットし、f32と同じポーズにします。次にオーバーシュート（少し行き過ぎた状態）させるため、f32でわずかに眉を下げてください。

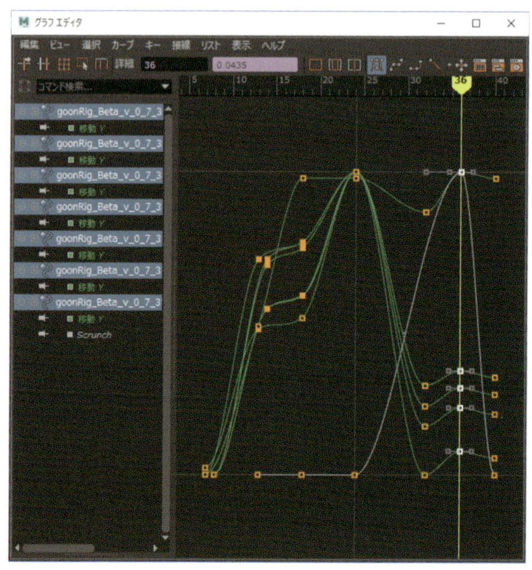

14 f40にキーを打ち、f36で少しクッションを加えましょう。

役立つヒント

眉の中で先立って動く部分は、担当するポーズ次第です。頂部（眉間側）をガイドとして使いましょう。

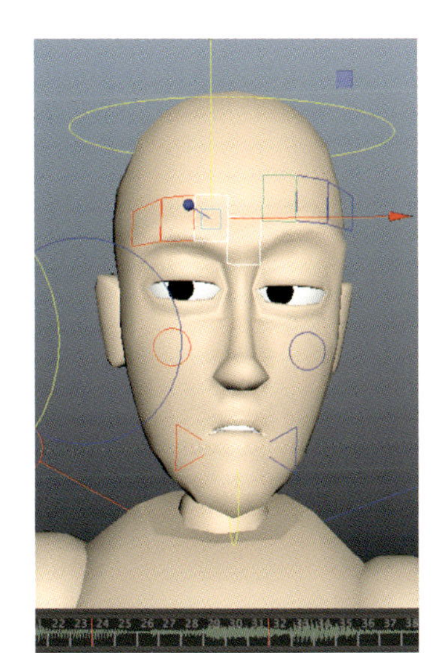

10 眉にもう少し筋肉が動いている感じを加えるため、私はよく頂部（眉間側）を他の部分よりも1フレーム先に動かします。中央の3つの眉のコントロールを選択してください。

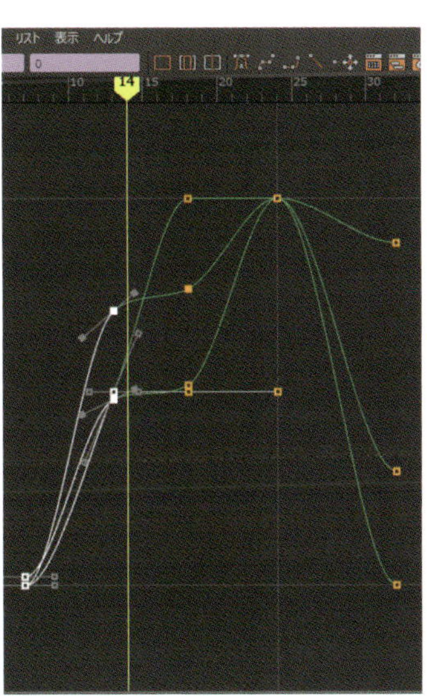

11 これらが眉の先端のポーズです。f08とf14でこれらのキーを選択し、1フレーム前にスライドさせ、眉の他の部分よりも先に動くようにします。ちょっとしたことが良い味付けになります。

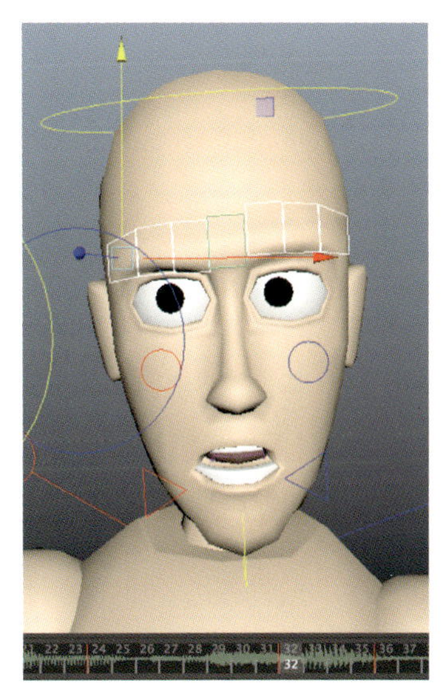

12 アニメーションの締めくくりとなる「say」へ移ります。現時点の眉と目は、f32の最後のポーズでただ止まるだけなので、少しアクセントを加えましょう。眉のコントロールを選択してください。

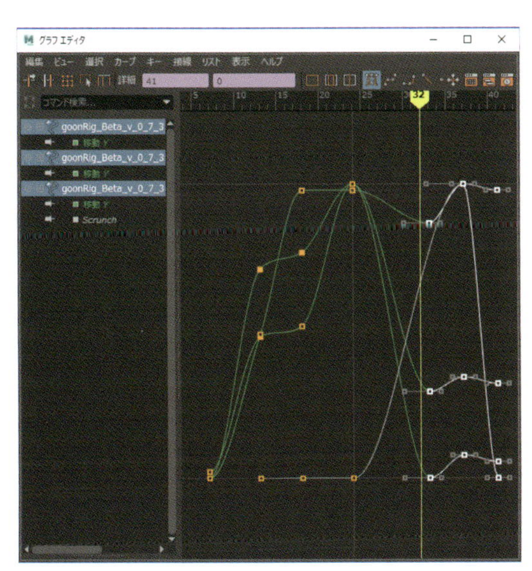

15 眉の中央にあたる3つのコントロールを選択、f32以降のキーフレームを1フレーム前に移動させて、眉の他の部分に先行するようにしてください。

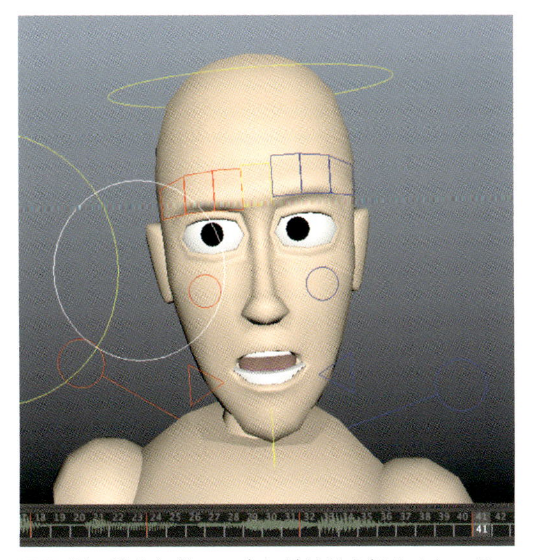

16 眉の動きに従い、少しだけ目を細めましょう。これで顔は動く部位の寄せ集めでなく、1つの有機的な集合として感じられるようになります。**BlinkBrows_End.ma**で、完成結果を確認してください。

09 アイダーツ（目の断続性運動）

ダウンロードデータ EyeDarts_Start.ma / EyeDarts_End.ma

顔のアニメーションのもう1つの重要な要素が、アイダーツ（目の断続性運動。目が泳いでいるような素早い動き）です。これはキャラクターがあまり動かなくても、「生き生き」と生命を感じさせたいときによく使われます。キャラクターが何かを考えていたり、心の中に独白があることを表します。現実の世界でも、**私たちの目は同じ位置に1秒以上焦点を合わせることはほとんどありません**。通常はもっと短いものです。

アイダーツはとても奥が深いので、キャラクター演技の他のあらゆる要素と同じくらい注意を向けて考えるべきです。適切なタイミングにこの運動を取り入れると、他の方法では難しい内容も伝えることができます。例えば説得しているときに視線をそらすと「相手は納得しているのだろうか？」と観客に思わせることができます。さらに、困惑・自覚・疑惑などの内面的な感情を伝えることもできます。これは、アニメーターとして常に考えなければならないことです。

ここではシンプルなアイダーツのワークフローを追っていきますが、あくまでスタート地点ということを頭に入れておいてください。アイダーツの使い方は、最終的にキャラクターのどういう心情を伝えたいかに関わってきます。

ランダムに慌ただしく動かすのではなく、かすかなパターンを作るように動かすと上手くいきます。目の軌道を作る上で、三角や四角などの形をわざとらしくならない程度に意識するとよいでしょう。タイミングと移動の量に種類を持たせることで、あからさまな感じが抑えられます。私たちは会話をするとき、しばしば人の目と口を行き来して見るので、三角や四角などの形は理にかなっています。今回は3つのアイダーツを作り、それらのパスで三角形を描きます。図で確認するのは難しいので、Mayaファイルに従って進めてください。

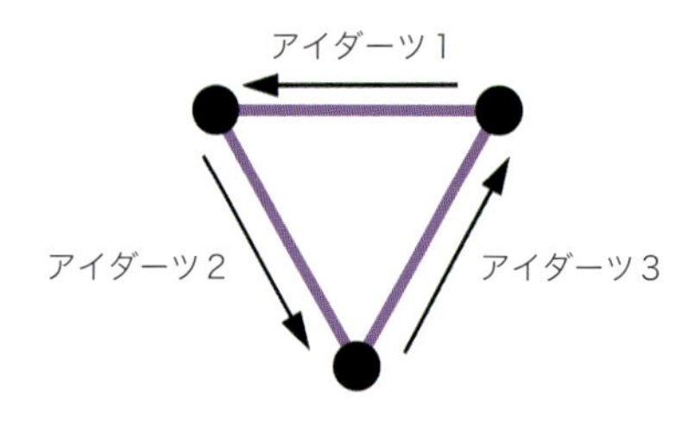

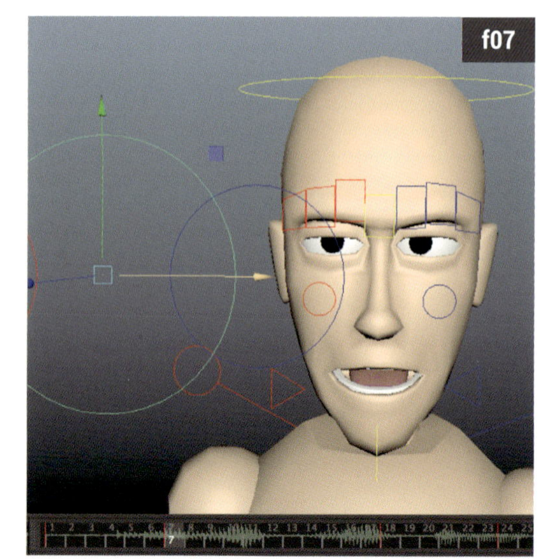

1 **EyeDarts_Start.ma**を開きます。Goonには目のコントロールが3つあります（左右それぞれの目を動かす／全体を同時に動かす）。今回は全体を動かす中央の大きなコントロールを選択、f07で［S］キーを押してキーセットします。

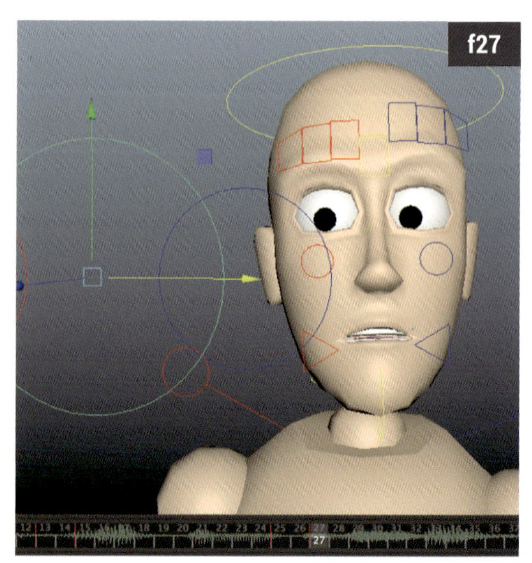

4 f25で同じキーをセットします。ターゲットをf25からf27でスタート地点に戻るようにします。f7のキーをf27に中ボタンドラッグ、コピーしてもよいでしょう。

役立つヒント

私たちの目は少なくとも頭を動かさない限り、物をスムーズに追えません。目はスムーズにパンするのではなく、普通は一連の規則的なアイダーツを行います。

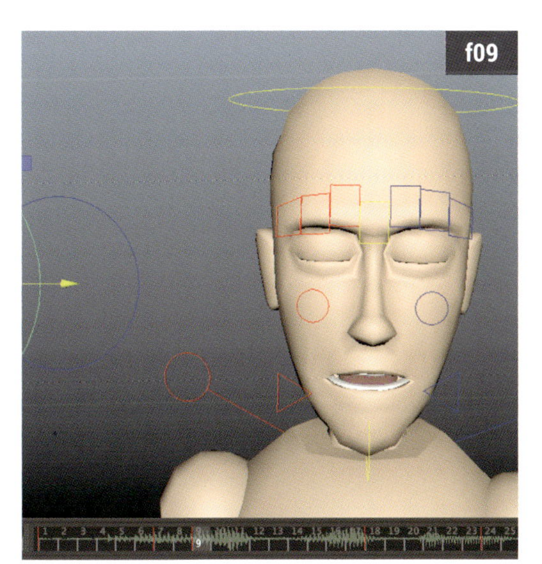

2 アイダーツは通常24fpsで2フレームの尺です。次はf09で目のターゲットをカメラの少し左に移動させて［S］キーを押してください。目は閉じていて大丈夫です。実際、アイダーツはまばたきで隠れていても行われています。

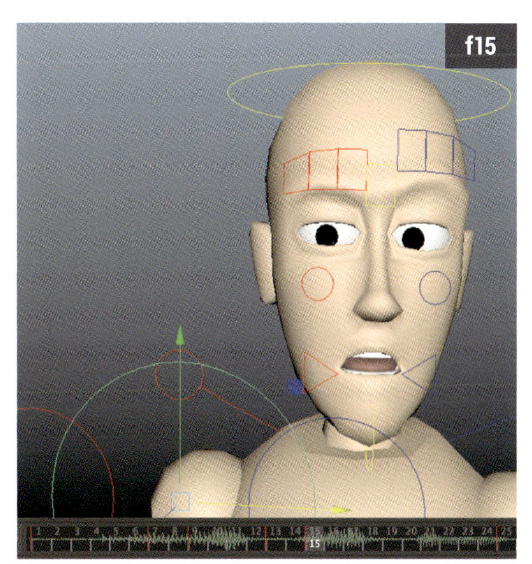

3 下方向に別のアイダーツを追加しましょう。f13に進み、そのままの位置でキーを打ちます。続けて、f15で目のターゲットを右下に移動させて、キーセットします。

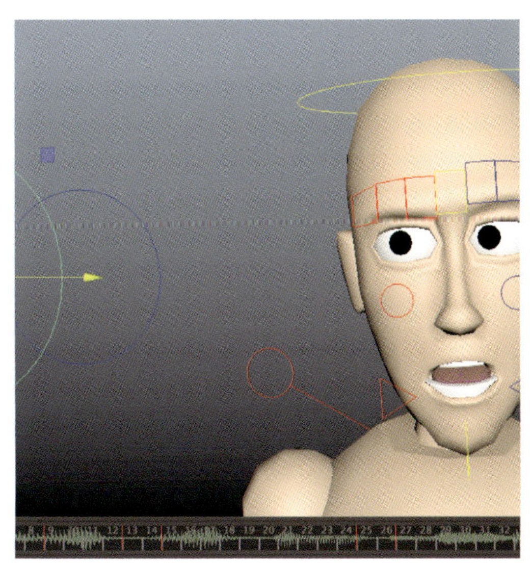

5 目の動きをもう1つ追加します。f38からf40にかけて、右から左に動かしましょう。私たちの目は、話し相手の両目の間をしばしば行き来するので、最後の動きは「Goonが誰かと直接話している」という意味合いを強調してくれます。

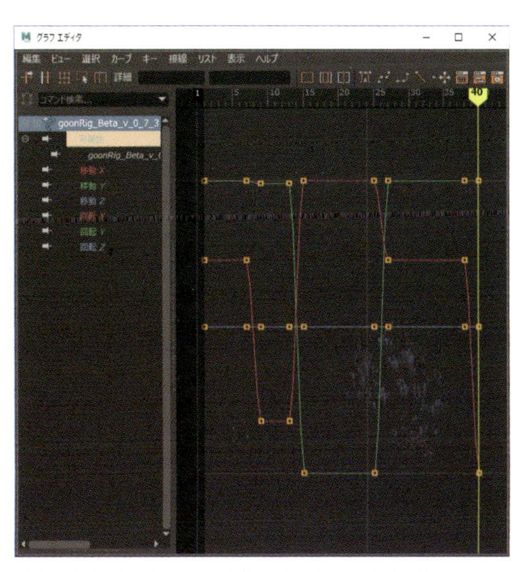

6 アイダーツのカーブは図のようになります。目は非常に速く動くので、クリーンアップにあまり時間をかける必要はありません。**EyeDarts_End.ma**で最終結果を確認してください。

10 仕上げ

ダウンロードデータ FinalTouches_Start.ma / FinalTouches_End.ma

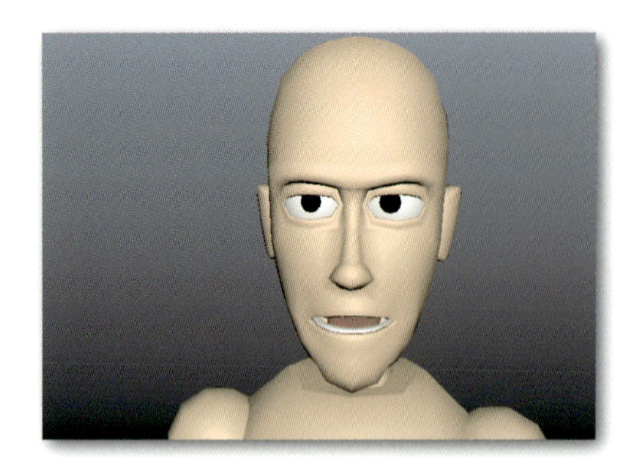

ついに顔のアニメーションにおける最後のホームストレートにやって来ました！ 残っているのは、できるだけ見映え良くするための微調整と仕上げです。これからその裏ワザを紹介していきましょう。

キャリアを積んでいくと、さまざまな種類のフェイシャルリグを扱うことになりますが、その原理はいつでも同じです。顔は１つの有機体のまとまりとして機能し、いくつかの部位は他の部位に影響を与えます（眉はまぶたに影響を与え、口角は頬を押し上げます)。現代のプロダクションリグは、耳から鼻にかけて十数種類の唇のコントローラに波及しており、ほとんどすべての表情を実現できます。そして、顔は身体のアニメーションをサポートすると覚えておきましょう。

ほとんどの新人は、Goonのように作り込まれたフェイシャルリグを初めて見たときにとても興奮します。その結果、顔の演技がとても上手く調整される一方、活気のない身体になるというのが通例です。そうならないようにしてください！ ここではGoonの頭部だけを見てきましたが、プロダクションショットでは、顔のアニメーションでキャラクターの演技全体をサポートします（顔だけでは完結しません)。

顔のアニメーションでキャラクターの演技を次のレベルに引き上げてください。

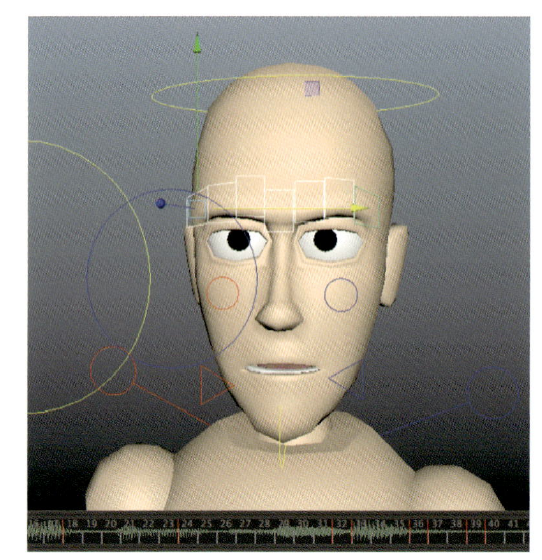

1 まず眉が上がる前に、少し下がる予備動作を加えます。このディテールを追加すれば、機械的な感じがさらに薄まって有機的になります。では、眉のコントロールを選択してください。

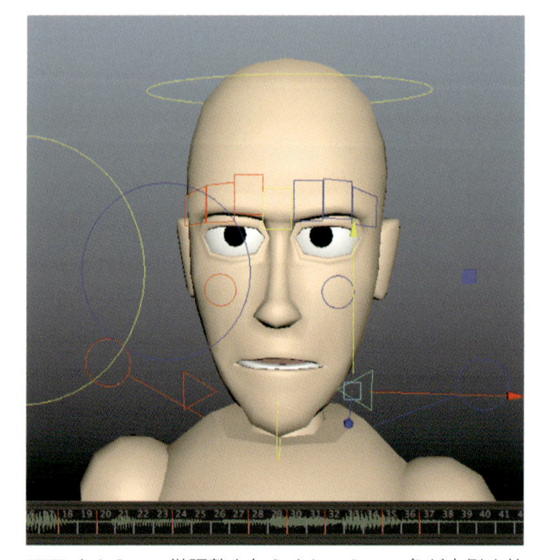

4 もう1つの微調整を加えましょう。口角が内側や外側に動くときに、小さな弧（アーク）を作ります。目につかない部分ですが、全体の見映えを少しだけ引き上げる要素となります。

役立つ
ヒント

演技を決めるとき、その選択に対して常に理由を持つようにしましょう。「キャラクターがこう考えているので、この選択は正しい」と言えない場合、その演技はおそらく不要です（もしくは別の何かが必要です）。

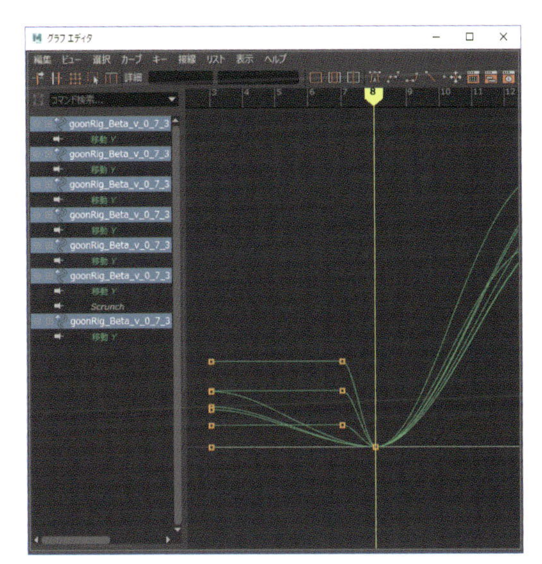

2 f03にキーを追加、f08で眉全体が下がるように調整します。これにより顔が生き生きとしてきます。

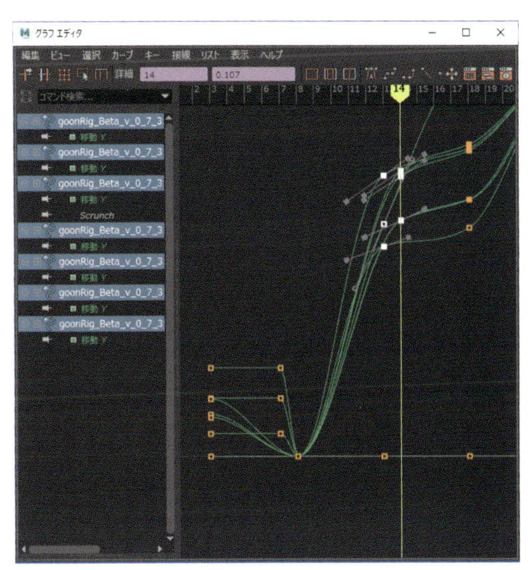

3 f14で眉が上に動くポーズはまだ少し急な感じがしますね。f13とf14でキーを選択し、下に引っ張って、もう少し大きなクッションを作りましょう。これで急に止まることなく、より自然に見えるようになります。

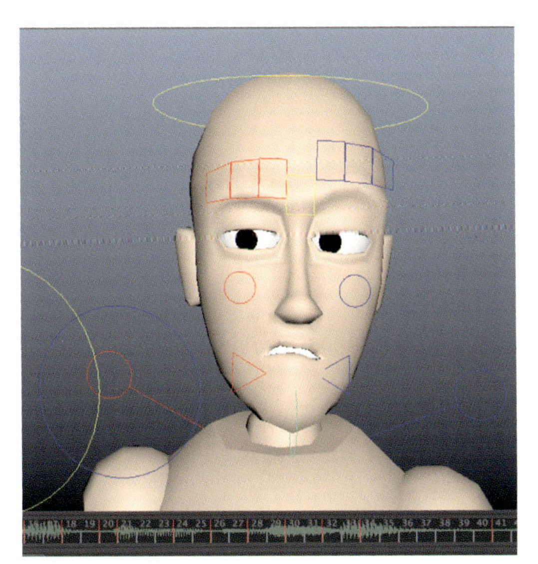

5 f14の「nothing」の「n」であざけりをもう少し表現しましょう。口を非対称にして、より有機的な感じを出します。

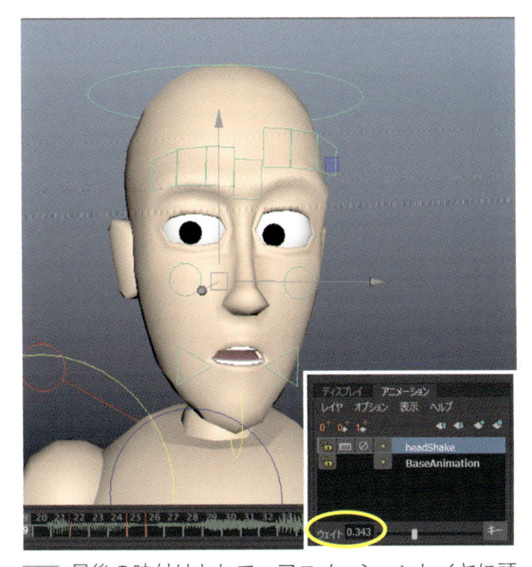

6 最後の味付けとして、アニメーションレイヤに頭部のコントロールを加え、「nothing」と言うときに少し頭を振る動きをアニメートしましょう。やや大きめにアニメートしたあと、かすかに感じ取れるまで［ウェイト］を下げます。**finalTouches_End.ma**で最終結果を確認してください。

このビジネスに参入する価値はあるのか？

少なくとも、愛すべきこの業界の騒動について最初に語らなければ、義務を怠っていると言えるでしょう。現在起きていることをすべて踏まえても、なおアニメーターになるのは良い考えなのでしょうか？ 私は心から「イエス！」と言えます。では、その理由を説明していきましょう。

近年、政府の助成金でビジネスが有利になっているインド、中国、韓国、その他の国々に設立された工房との競争で、北米のVFXハウスはどんどん厳しくなっています。それらの国々では助成金に加え、人件費もアメリカより安く、相当な税の優遇も得られるため、予算をさらに拡大できます。そしておそらく我々アーティストにとって最も恐ろしい問題は、VFX業界を取り巻く労働法が弱いことです。長時間労働で安定性に乏しい雇用契約が当たり前の状態になっています。

では、なぜそれでもこの業界に入ることを勧めるのでしょうか？ それは、**私たちが新たな時代に直面していると強く信じているから**です。これから数年以内に、インディペンデントのデジタル配給によって、小さなアーティストチームが観客への販路を獲得し、自らのコンテンツ制作で生計が立てられるようになると思います。

すでに私の友人の多くが、オンラインコンテンツ、携帯ゲームアプリ、インタラクティブなアプリケーションを作るために、プログラマーやウェブ開発者と共に仕事をする道を選んでいます。メジャー映画スタジオの巨大広告と競わなければ、きっと道は切り開けるでしょう。iTunesやGoogle Playストアがあれば公平な立場に立つことができるのです。インターネットを通してコミュニケーションをとり、仕事を進めるアーティストの小集団も出てきました。彼らは協力しあい、わずか10年前には数百人の人員が必要だったプロジェクトを成し遂げています。例えば、メジャースタジオがあるYouTubeチャンネルを数百万ドルで獲得しました。これは想像力豊かで信念を持ち、自分のコンテンツのフォロワーを作ることができれば、成功できることを示しています。

アニメーターになるには今がベストです！ もちろん、白雪姫の時代や80年代終わりから90年代初期に新たな傑作を生み出していた頃のウォルト・ディズニー・スタジオ、1995年にトイ・ストーリーを作っていたピクサーであれば、素晴らしい仕事をできたことでしょう。そのような栄光の時代もいいですが、今に限って言えば、最も価値ある変化がこの業界に起こっています。つまり、**個人アーティストがコンテンツをすべて自分自身でプロデュース・配給する力を手に入れ、自分の作品を何百万人もの人々に見てもらえる可能性を得たのです。**

今日に至るまで、コンテンツの配給活動は多くの時間と労力を要するプロセスでした。複雑な物流管理は、すべて自分で行おうとする人を挫折(そして破産)させました。しかし、それはもう過去の話です。

ひょっとしたら、あなたは自分自身のアニメーションコンテンツを作りたいわけではないかもしれません。しかし、それでもなおアニメーターになるには今がとても良い時期です。なぜでしょう？ ここ最近の動向を見ると、メジャーなVFXハウスは映画スタジオと協力して制作できるようにビジネスを構造改革しているようです。この変化が根本的に意味するのは、**より多くの仕事とプロセスに関する深い理解・プランニングが実現し、デジタルアーティストの環境が向上する**ということです。もし映画スタジオがプロジェクトの初期段階からVFXハウスと関わっていたら、私たちは間違いなく承認プロセスの足掛かりを得られるでしょう（現在の課題は、VFXハウスが長期にわたって多くの仕事を固定価格で届けるように強いられていることです)。プロジェクトで期待されていることが最初の時点で明確であれば、全員が責任を持って仕事に取り組めます。

ここ数年、メジャーなVFXハウスの閉鎖、破産の回避のみを目的とした国の移動、監督および2013年アカデミー賞の放送における冷遇、大衆や政府からの一般的な理解の欠如など、嫌な出来事をいくつか目にしたかも知れません。

それらすべてを踏まえた上でも、エンターテインメントにおける重大なパラダイムシフトの期間に、アニメーターになれるのは十分幸運なことです。伝統的な配給からデジタル手法へのシフト。コンテンツクリエイターが参入する際の巨大な障壁から、誰でも手に入るハードウェアとソフトウェアへのシフト。映画スタジオとVFXハウスが互いに競争する状況から、素晴らしいビジュアルを共に制作するための長期的なパートナーシップへのシフトなど。あなたがどう考えているかはわかりませんが、こうした変化の中にある今、これ以上にわくわくする時期を私は思いつきません。

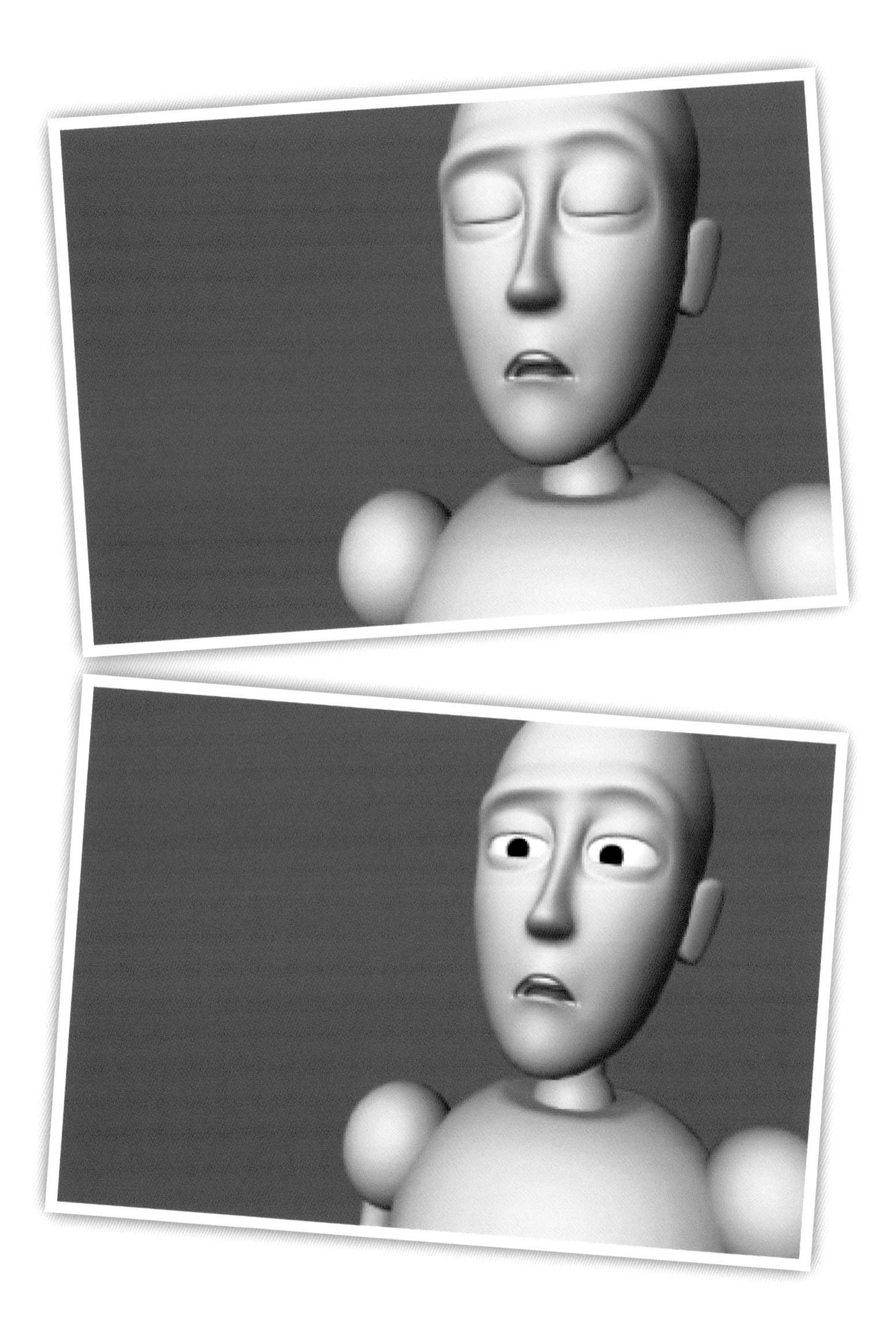

まだ決心がつきませんか？「アニメーションレイヤ」を使えば、作品を編成して無限のバリエーションを作成できます。つまりPhotoshopレイヤのように、カーブが適用される部分や最終結果に影響する量をコントロールできるのです。シーンでカーブをミックスし、新しいアイデアを導きましょう

※本章の「レイヤ」はアニメーションレイヤを指しています

CHAPTER 12

アニメーションレイヤ

アニメーションレイヤがMayaに導入されて以来、コンピュータアニメーションで最も強力なツールの1つとなっています。異なるアプローチやバリエーションを試すといった創造的な作業が、指数関数的にやりやすくなり、カーブを簡単に区分できます。

その利点はどれだけ誇張してもし過ぎることはありません。アニメーションカーブに柔軟性を与え、簡素化するのに役立ちます。これまで学習してきた多くの方法とは、まったく異なるレベルと言えるでしょう。本章ではこの強力な機能を活用し、ワークフローを大幅に改善・進化させる方法を紹介していきます

01 アニメーションレイヤの使い方

ダウンロードデータ layerExample.ma

Photoshopのようなグラフィックプログラムを使ったことがあれば、少し応用するだけで、Mayaのアニメーションレイヤを理解できるでしょう。このレイヤを使えば、スプラインカーブを複数バージョンで積み重ね、好みに合わせてミックスできます。既定の動作は、2つの利用可能なレイヤモードの1つ、[加算]モードです。簡単な例を示しましょう。[移動 Y]アトリビュートに2つのレイヤがあります。

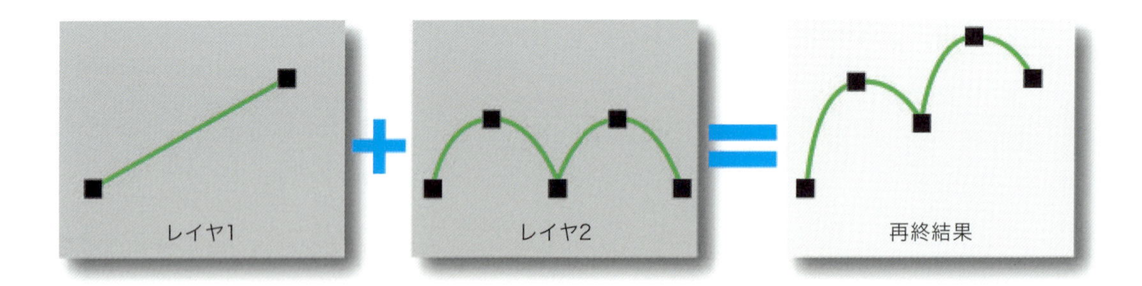

アニメーションレイヤを使えば、2つのYカーブを混ぜて、最終結果がどうなるかを確認できます。これだけでも、カーブの作業が簡単になりますが、複雑な例ではより効果的です。アニメーションレイヤの真の柔軟性は、グラフィックプログラムの不透明度のように、各レイヤのウェイト調整にあります。

カーブだけを編集する代わりに、レイヤ2のウェイトを50%下げるだけで最終結果の影響を半減できます。それが下の図になります。

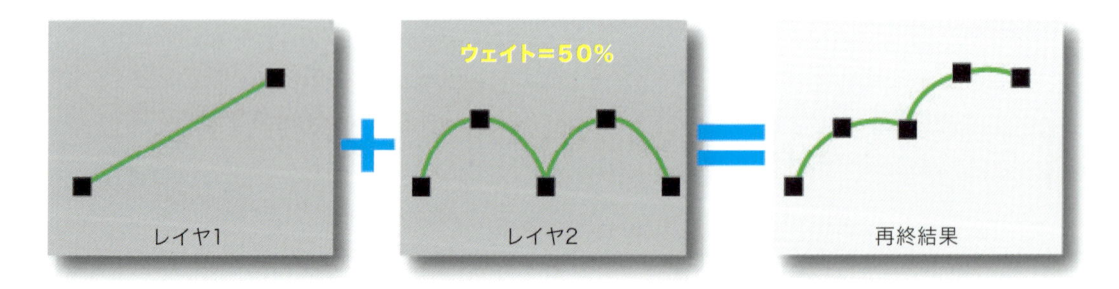

このコンセプトを入れ替えて、レイヤ1のウェイトを50%に減らすと、図のようになります。

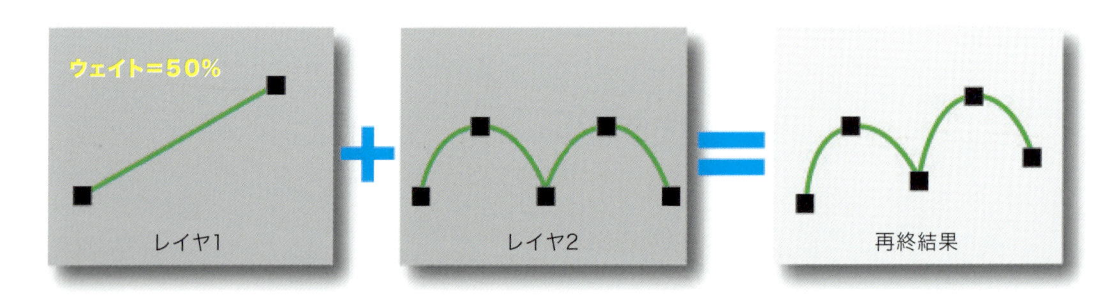

役立つヒント

レイヤで作業するときは［BaseAnimation］をロック、誤ってキーセットするのを防ぎます。

ウェイトはスライダになっているので、手軽にさまざまな比率を試すことができます。つまり追加のスプライン編集を行わなくても、多くの選択肢が加わります。

アニメーションレイヤでは、最初のレイヤを作成する前に設定したアニメーションが［BaseAnimation］（ベースレイヤ）になります。これはアニメーションレイヤではないので、ウェイト調整もオフにすることもできません。

アニメーションレイヤを作成すると、ベースレイヤの上に積み重なります。［加算］レイヤモードのときは、その順序に関係なく結果は同じになります。もう1つの［オーバーライド］レイヤモードのときは、順序を考慮する必要があります。このモードは、基本的にその下にあるレイヤ（同じコントロール/アトリビュートを持つ）のアニメーションをミュートします。［オーバーライド］レイヤ上にあるアニメーションが、最終結果に反映されます。

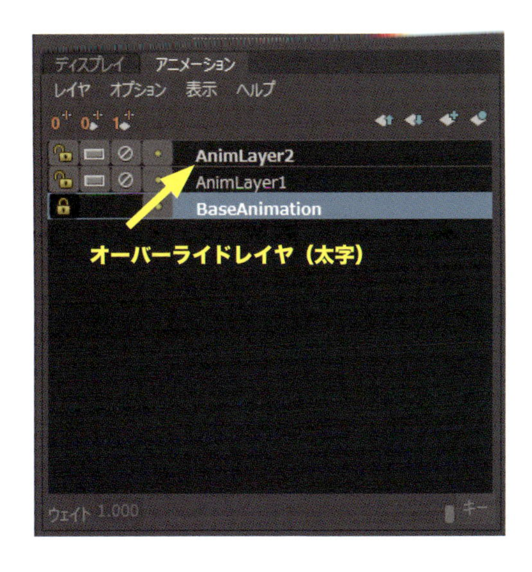

02 アニメーションレイヤの基礎

ダウンロードデータ layerExample.ma

アニメーションレイヤの機能を理解できたら、Mayaで図解した例を見てみましょう。一貫性をもたせるため、[移動 Y] カーブは前頁の例と同じです。試しにレイヤの [ウェイト] がアニメーションにどう影響するかを確認してください。これも他の要素と同じようにアニメートできます。カーブに与えるインフルエンス量を変更できるので、可能性は広がります。さらに素晴らしいカラー編成があり、タイムラインでさまざまな色の目盛りを設定できます。これはたくさんのレイヤを扱うときに便利な機能です。

このセクションを終えたら、前章のフェイシャルアニメーションに戻って、アニメーションレイヤで顔を改善し、新しいバリエーションを作成してみましょう。

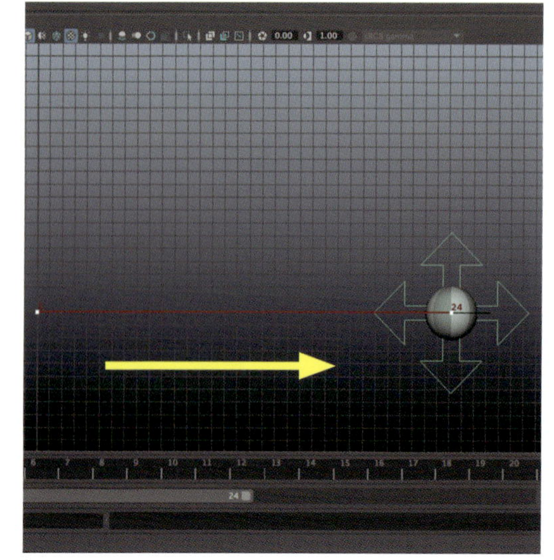

1 **layerExample.ma**を開き、前面ビューに切り替えます。現在、ベースレイヤ (BaseAnimation) だけがアクティブなので、ボールはX軸を左から右へ移動します。[視覚化] > [編集可能なモーション軌跡の作成] (Visualize > Create Editable Motion Trail) をクリックしておきましょう。

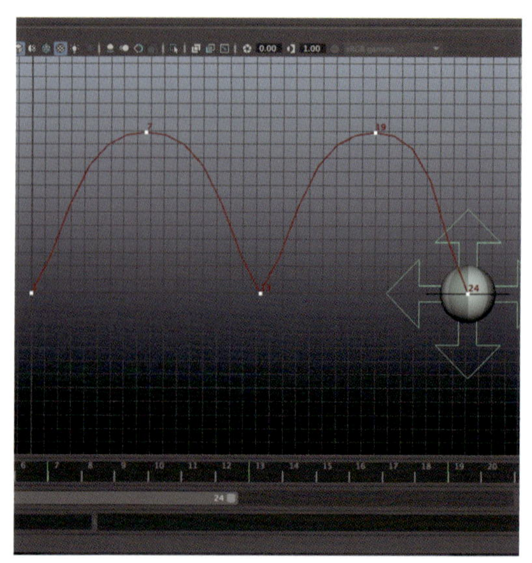

4 次はAnimLayer 1をミュートして、AnimLayer2をミュート解除します。ビューポートに [移動 Y] カーブを確認できます。

役立つヒント

たくさんのレイヤで[グラフ エディタ]が混雑するときは、エディタの左パネルを右クリック、[アニメーション レイヤ フィルタ] > [アクティブ]を選択します。そうすれば、アクティブなレイヤのみを表示できます。

2 [レイヤ]パネルで[アニメーション]レイヤタブに切り替えます。ベースレイヤの上に、同じアニメーションが設定された2つのレイヤがあります。現在、両方のレイヤで[ミュート]ボタンがオンになっています。

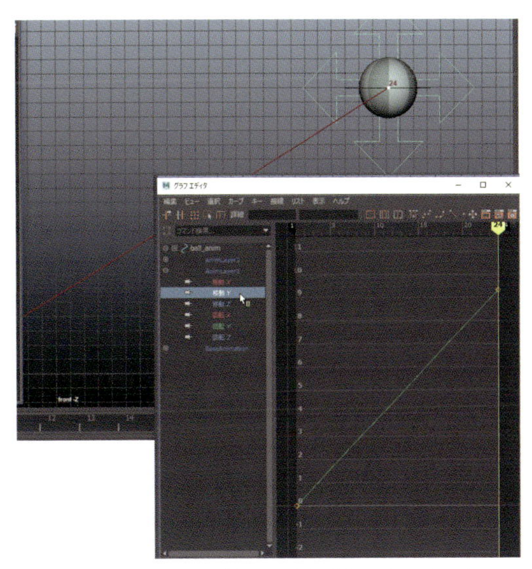

3 AnimLayer 1で[ミュート]ボタンをクリックして解除しましょう。図のように[移動 Y]カーブがアクティブになり、ボールは上方向に移動します。[ミュート]は、別々のカーブが最終結果に影響する様子を比較できる素晴らしい機能です。

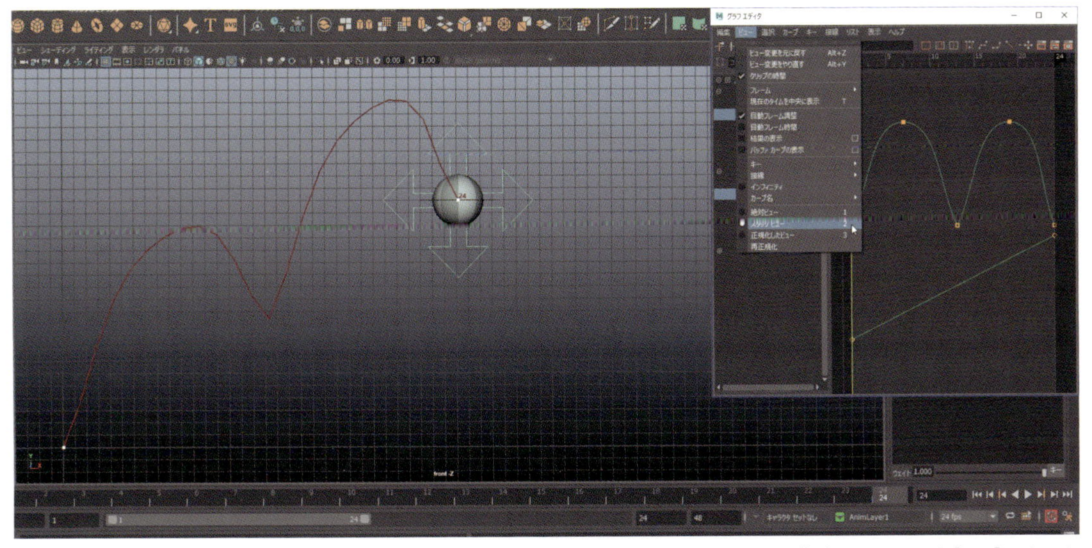

5 両方のミュートをオフにして、アニメーションレイヤを最終結果に反映しましょう。[グラフ エディタ]で[スタック ビュー]をオンにすると、それぞれのレイヤで分割された2つの[移動 Y]カーブが表示されます。

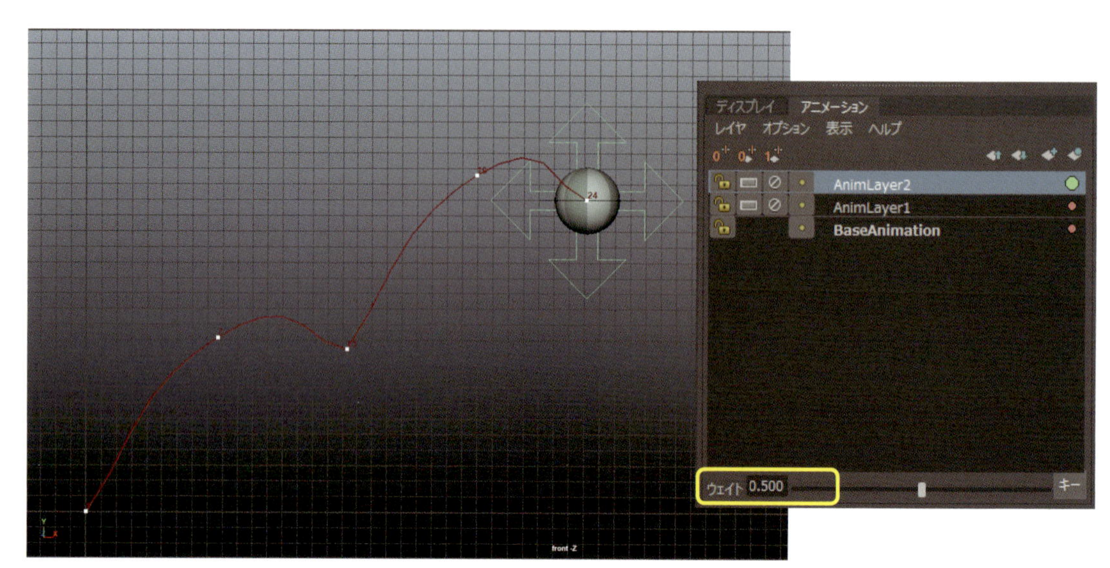

6 AnimLayer2を選択、[ウェイト]スライダを**0.5**(50%)まで下げましょう。AnimLayer2の[移動 Y]ピーク値が元の半分になります。実際のカーブにまったく手を加えてないことに注目ください。ウェイトを組み合わせるだけで異なる最終結果になりました。

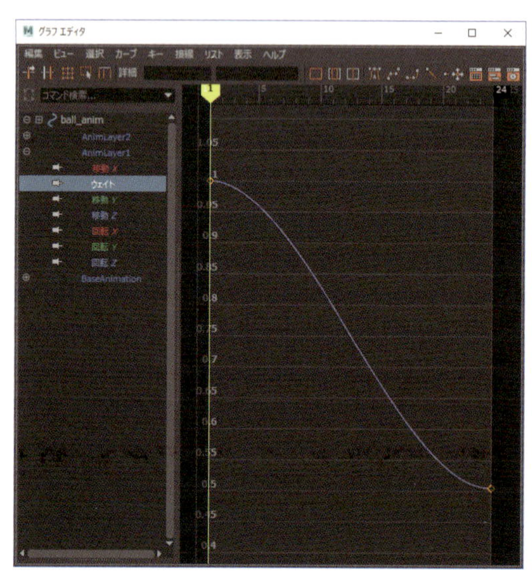

8 [ウェイト]スライダの横にある[キー]ボタンでウェイトにキーをセットしましょう。アニメーションを通して、レイヤに異なる量のウェイトをセットできます。キーセットすると、[グラフ エディタ]のAnimLayer 1の下に他のカーブと同じように編集可能な[ウェイト]カーブが表示されます。

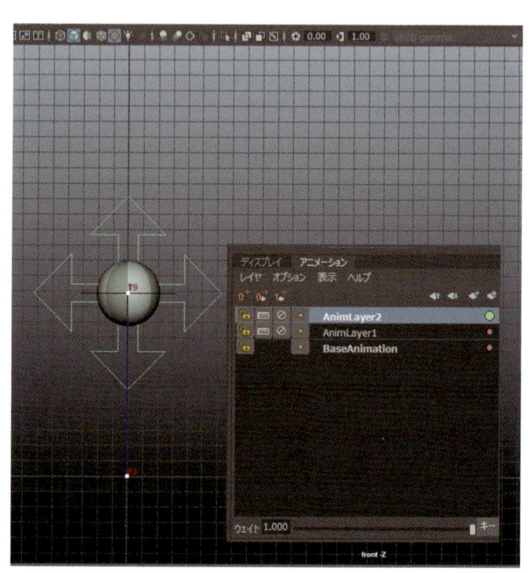

9 AnimLayer2を右クリックし、[レイヤ モード]>[オーバーライド](Layer Mode > Override)を選択します。名前は太字になり、ボールが上下にのみ移動します。[オーバーライド]では、同じコントローラを持つ下のレイヤは評価されません。下のレイヤでアニメートされているボールの移動コントロールは上書きされます。

役立つヒント

［オーバーライド］モードのレイヤは、その下にあるBaseAnimationを含む任意のレイヤをミュートします。個別のオーバーライドレイヤにバリエーションを作成すれば、ミュートのオン/オフで比較できます。

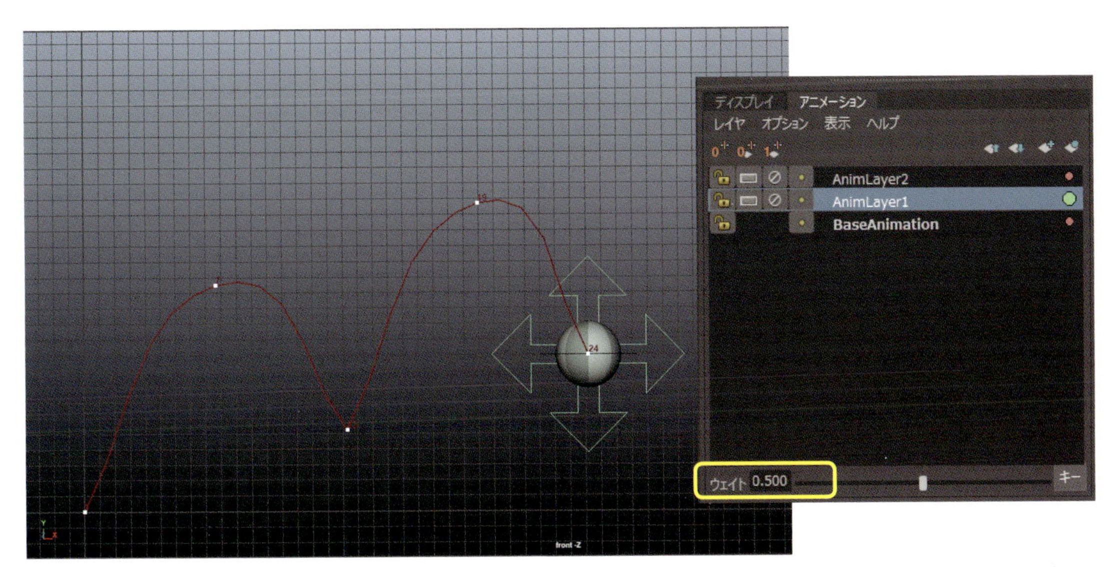

7 AnimLayer2のウェイトを**1**（100%）に戻して、AnimLayer 1のウェイトを**0.5**にスライドします。上がったボールは半分の高さまで下りてくると、再び最高点まで跳ねるようになりました。

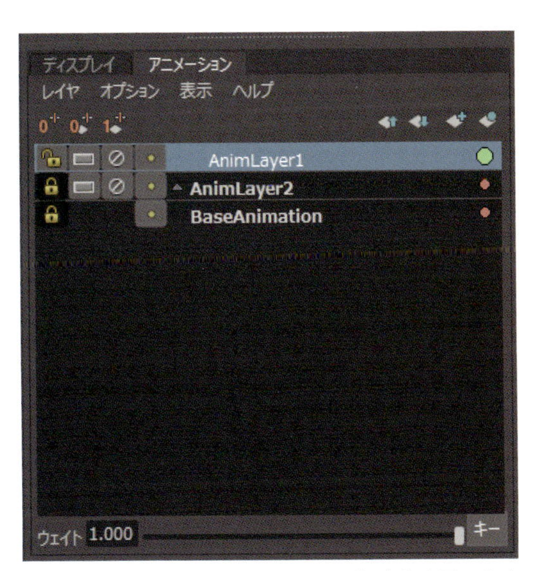

10 中ボタンドラッグでレイヤーの順序を変更できます。また、ロックボタンをオンにして、意図しないキーセットや変更から保護したり。重ねて子階層にしたりできます。

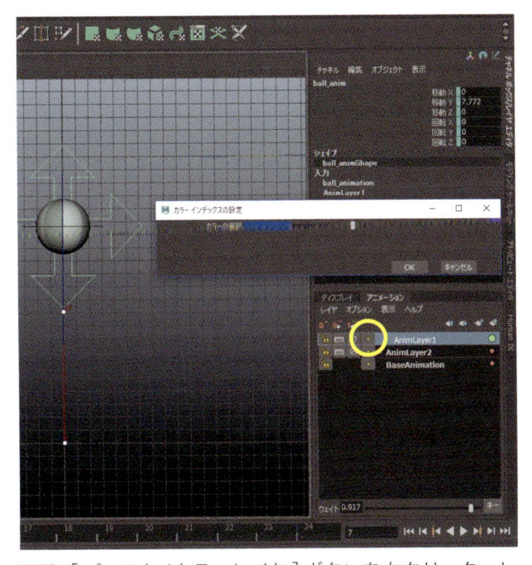

11 ［ゴースト/カラーレイヤ］ボタンを右クリック、レイヤの色を選択しましょう。これでタイムラインにある該当レイヤのすべてのキーマークが、選択した色になります。また、［ゴースト/カラーレイヤ］ボタンをオンにすると、選択した色のレイヤのゴーストを有効にできます（［選択項目のゴースト化］）。

03 サイクルの裏ワザ

ダウンロードデータ layer_Walk_Start.ma / layer_Walk_Finish.ma

Mayaにアニメーションレイヤが導入されて以来、安定性と使いやすさを向上させるため、長い道のりを歩んできました。この刺激的なレイヤのまったく新しい使い方として、そのウェイトをアニメートし、いくつかのサイクルのバリエーションを作成します。

まず、レイヤアプローチでアニメーションを作成し、各動作ごとにレイヤを分離しましょう。そうすれば、サイクルの削除、キーのベイクなど任意の方法で変更を行わずに、サイクルで繰り返されるルックを「**分解**」できます。これは奇抜で新しい方法です。レイヤを試して、ご自身のワークフローに組み込めるか確認するよい時期です。

このセクションでは、レイヤを使った歩行サイクルのシーン計画を見ながら、ワークフローに新しい柔軟性を与え、短時間で素晴らしい結果を生み出します。身体のアニメーションをレイヤに分割し、それらのレイヤを混ぜ合わせると、簡単にユニークなルックを作成できます。

このセクションを読み終えても、レイヤの使用について迷っているなら、想像してみてください。この裏ワザを使えば、歩行サイクルを使ったさまざまなシーンで、アニメーションをブラッシュアップできます。ワークフローを再構築する時期かもしれませんね。

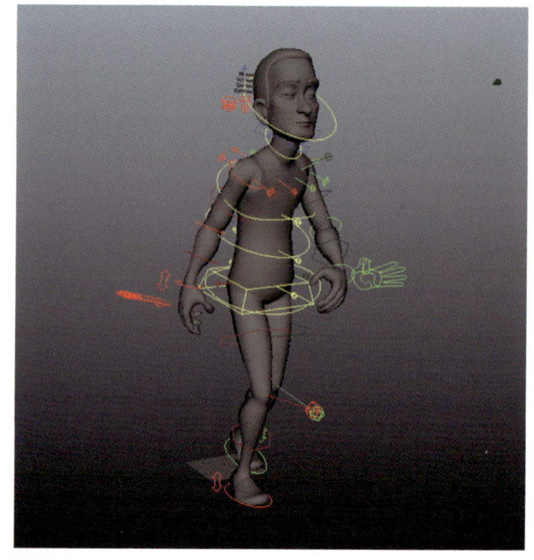

1 **layer_Walk_Start.ma**を開きます。Morpheus（モーフィアス）には歩行サイクルがセットされています。これが始まりのアニメーションです。

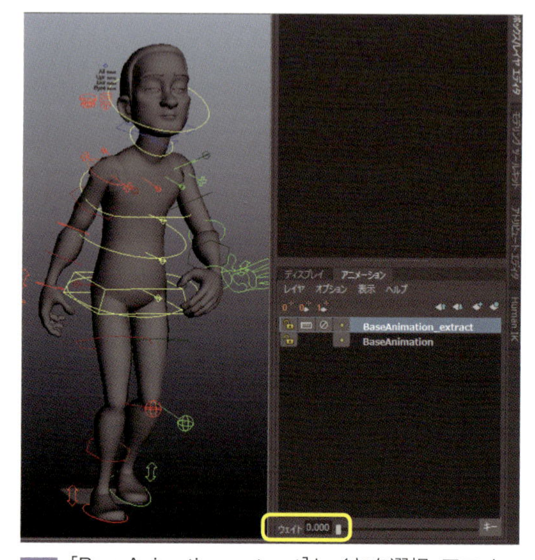

4 [BaseAnimation_extract]レイヤを選択、アニメーションを再生します。この新しいレイヤの［ウェイト］スライダを動かせば、歩いているキャラクターから胴体の動きを排除できます。

役立つヒント

[レイヤ エディタ]の右側にあるボタン(□) をクリックして、[選択項目からレイヤを作成]を実行できます。

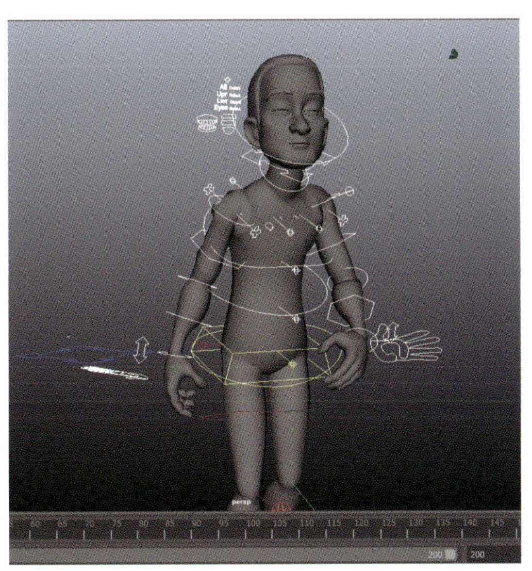

2 アニメーションレイヤに搭載されている機能の素晴らしい点は、アニメーションを抽出し、新しいアニメーションレイヤに配置できることです。ではMorpheusの上半身のコントロールカーブをすべて選択しましょう。ルートや腰は選択しません。

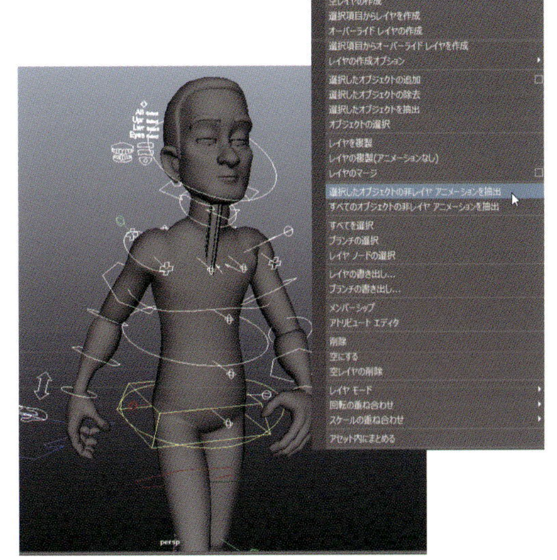

3 [アニメーション]レイヤタブで [レイヤ] > [選択したオブジェクトの非レイヤ アニメーションを抽出](Layers > Extract Non Layered Animation on Selected Objects)をクリック。これで、胴体のアニメーションを含む新しいアニメーションレイヤが作成されます。

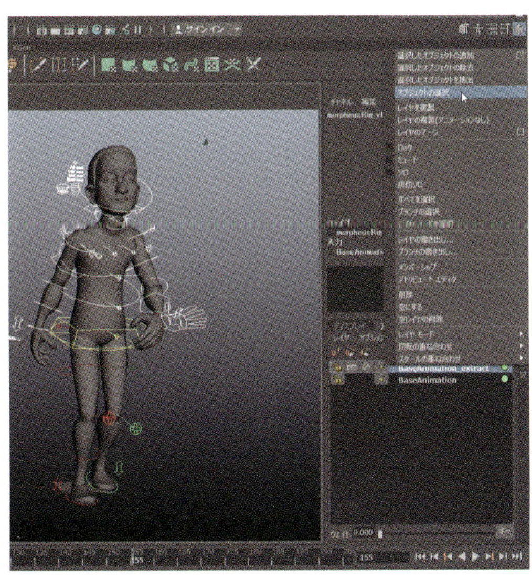

5 カスタムアニメーション用の新規レイヤを作成しましょう。[BaseAnimation_extract]レイヤを右クリック、[オブジェクトの選択]を選択します。

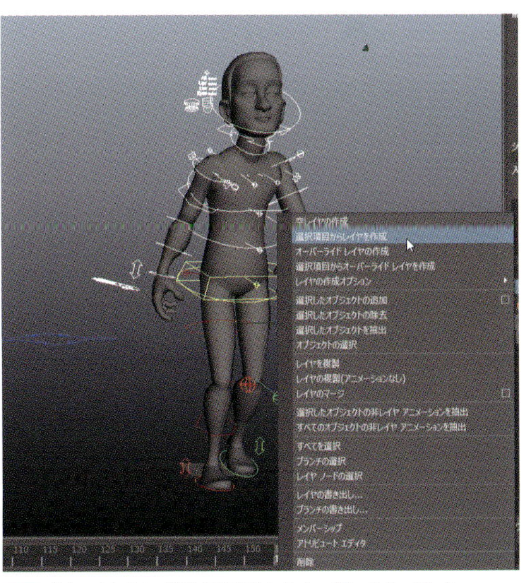

6 [レイヤ] > [選択項目からレイヤを作成] (Layers > Create Layer From Selected)をクリック、新しく作成された「AnimLayer1」を選択します。

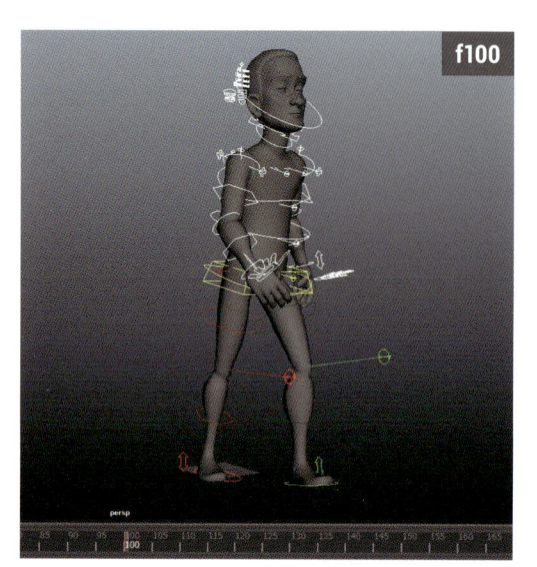

7 まず［BaseAnimation_extract］レイヤのウェイトを**0**にして、邪魔にならないようにします。f100で、AnimLayer1のすべての上半身コントロールにキーをセットします。

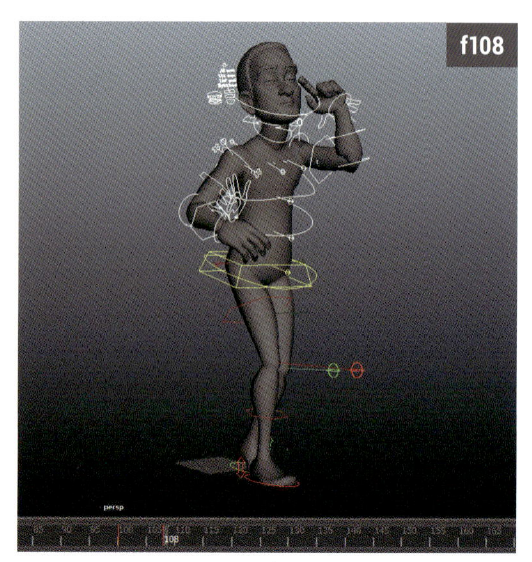

8 f108で、図のようなポーズを作成します。これは指を差す前の予備動作です。

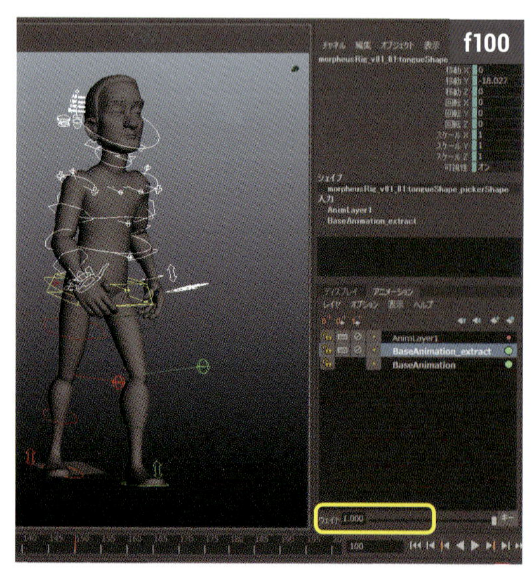

11 ［BaseAnimation_Extract］レイヤのウェイトを**1**にして有効にします。タイムラインでf100に進み、このレイヤの［ウェイト］にキーをセットしましょう。続けて［AnimLayer1］レイヤのウェイトを**0**にして、キーをセットします。

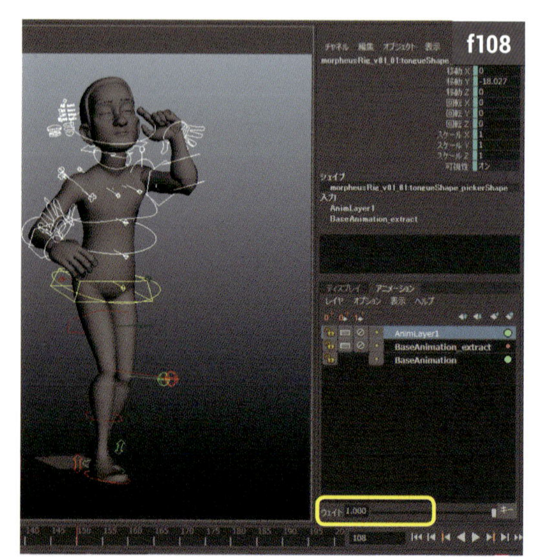

12 f108で［BaseAnimation_Extract］レイヤのウェイトを**0**、［AnimLayer 1］レイヤのウェイトを**1**にして、それぞれキーをセットします。

役立つヒント

レイヤアプローチによるシーンを再考が、あなたのワークフローを崩壊させてしまう場合は、ここで紹介したように、いつも通りアニメートしレイヤを抽出できます。

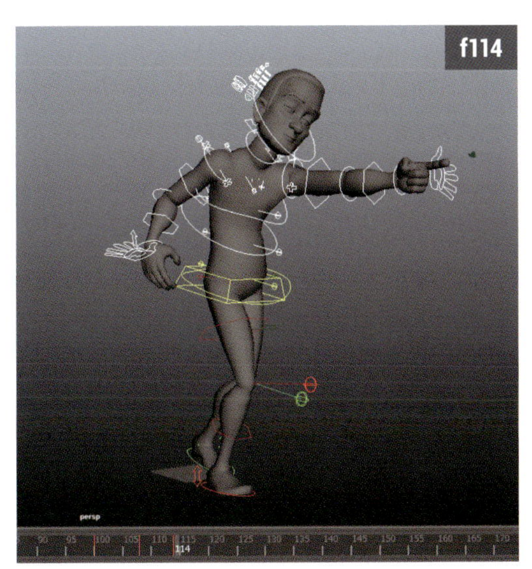

9 f114でこのようなポーズを作成してください。続けてf138ですべての上半身コントロールにキーをセット、24フレームほどこのポーズを保持します。

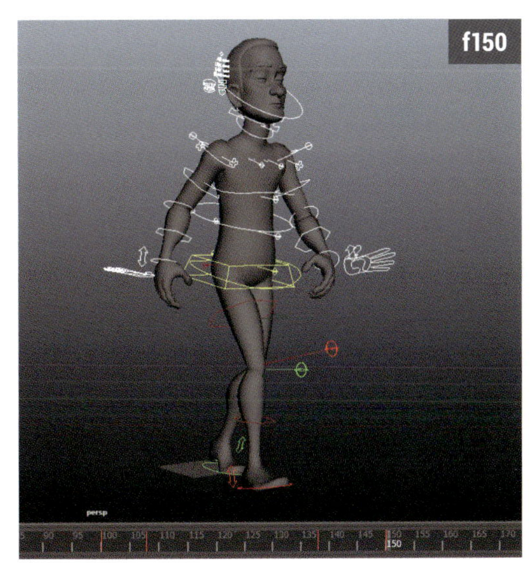

10 すべての上半身コントロールを選択します。タイムラインでf100からf150まで中ボタンドラッグ、Morpheusのニュートラルポーズをコピーし、[S]キーを押します。

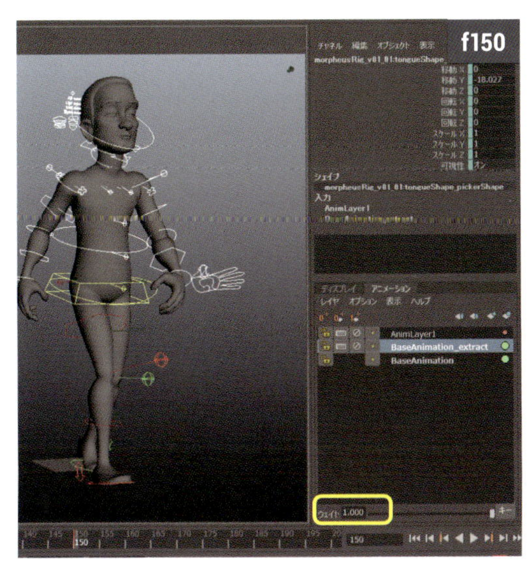

13 f138に進み、各レイヤのウェイトにf108と同じキーをセット。最後はf150で [BaseAnimation_Extract]レイヤのウェイトを**1**、[AnimLayer 1]レイヤのウェイトを**0** にして、それぞれにキーをセットします(f100と同じキー)。

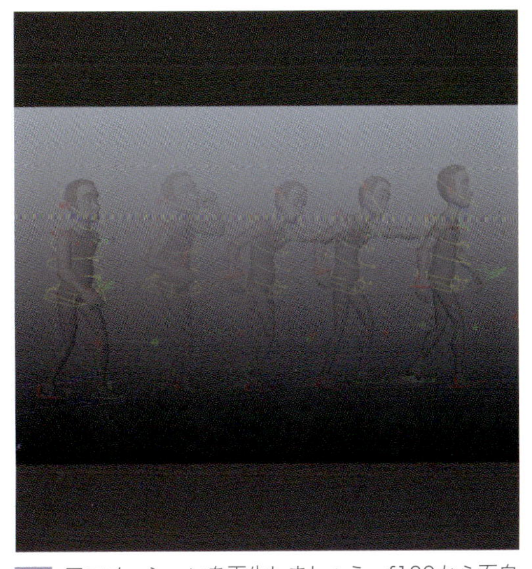

14 アニメーションを再生しましょう。f100から面白動きをするサイクルを見てください。Morpheusは指差した後、再び完璧にサイクルを繰り返します。

04 ディテール用レイヤ

ダウンロードデータ texture_start.ma / texture_end.ma

キャラクターアニメーションは、ここまでの演習でかなり向上しました。そして、いつでも元のバージョンに戻せます。それは強力なアニメーションレイヤのおかげです。

ここでは、もう少し必要な調整を施していきましょう。例えば、目を閉じて頭を上げるときの小さな揺れは、アニメーションに微妙なディテールを加えます。ディテールをレイヤに作成すれば、膨大な作業の効率化になります。特に好き嫌いの激しい優柔不断なディレクターと働いているときに有効でしょう。

首振りをいつものように追加するのは簡単です。しかし、それを和らげる／削除する場合、元のカーブに戻って少なからず編集しなければなりません。首振りにレイヤを使えば、満足のいくまでウェイトをただ下げるだけで済みます。

最優先事項は、カーブをシンプルに保ち、作業を進めやすくすることです。Y軸でさらに頭部を回転する場合は、[回転 Y] の開始点とその後ろの振りのキーを微調整するのではなく、頭部の振りを同じ位置に保ちながら、元のカーブを編集するだけです。

このように、レイヤには多くの使い方があります。さまざまな方法を試し、ワークフローに組み込むことを模索しながら、楽しく（簡単に）、アニメートしましょう！

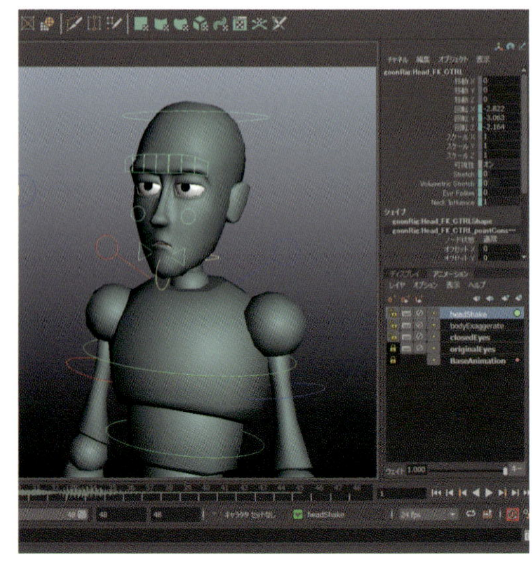

1 **texture_start.ma**を開き、頭部のコントロールを選択します。アニメーションレイヤで ［ 選択項目からレイヤを作成］ボタンをクリック、「head Shake」と名前を付けて、固有色をセットします。

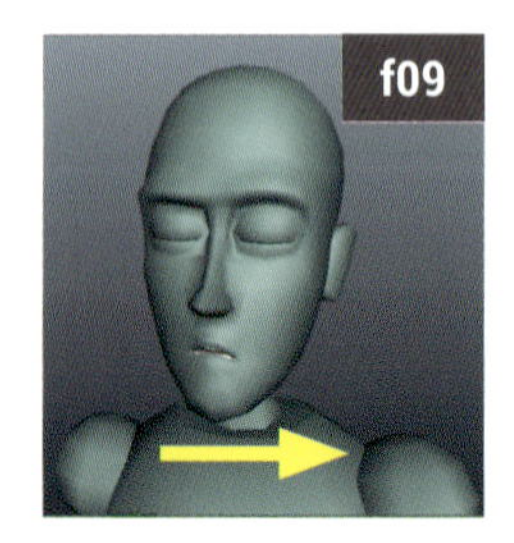

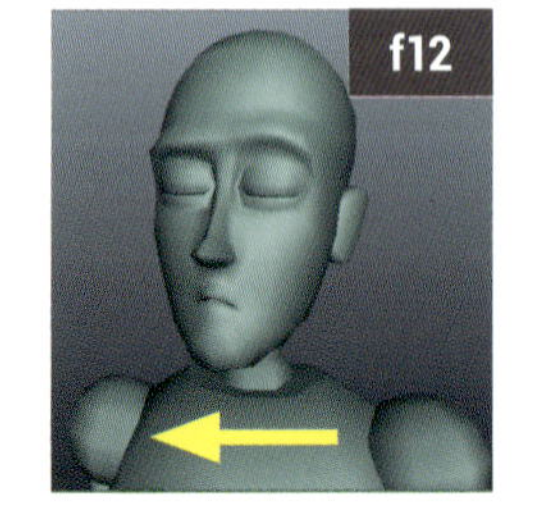

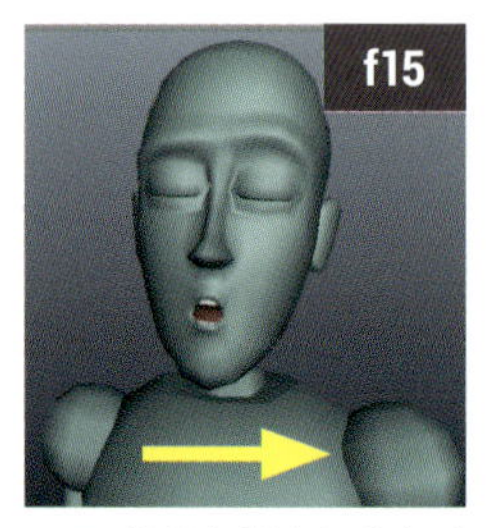

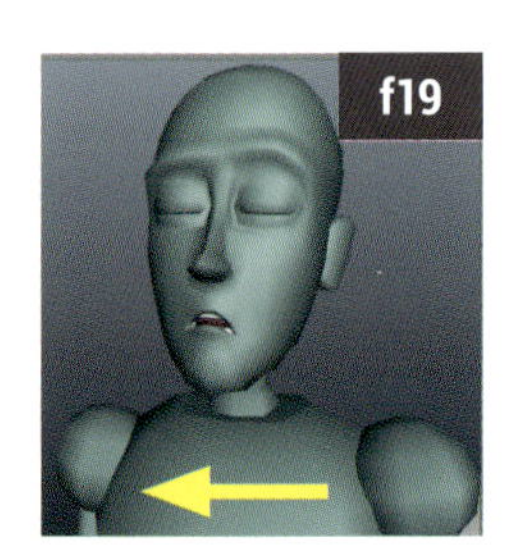

4 絶妙な揺れになります。

役立つヒント

レイヤは別レイヤにペアレントできますが、プロップなどのペアレントとは異なります。これはPhotoshopでフォルダを作るのと同じように、Mayaでレイヤを編成するための方法です。

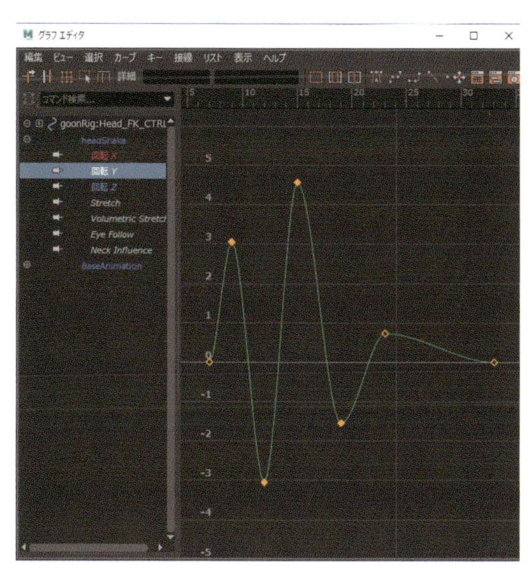

2 [headShake]レイヤで[回転 Y]を編集してください。頭を上げながら、左右に首を振る「否定的な」動作を、f07から始まるように設定します。

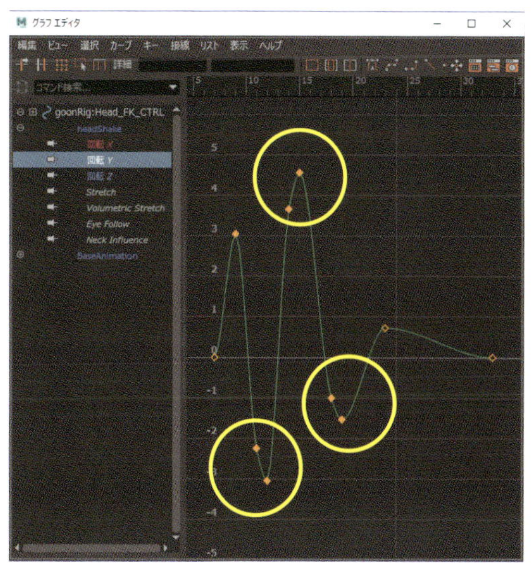

3 揺れが良く見えるまで、カーブで作業を続けます。いくつかの揺れにイーズインを追加します。

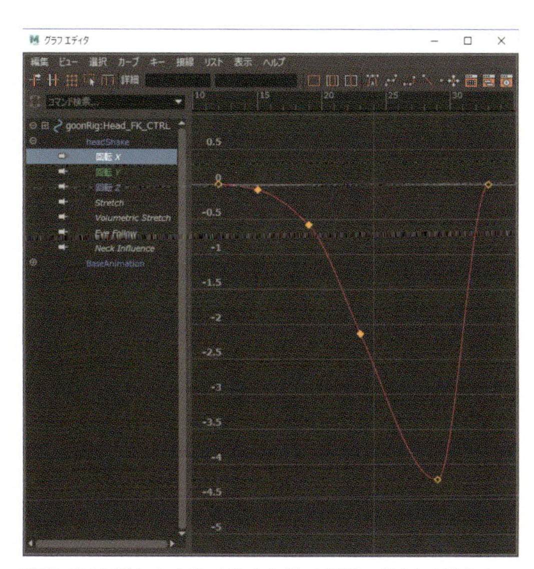

5 身体が大きく動く場合には、頭部の[回転 X]をもっとドラッグする必要があるでしょう。そのときは、[headShake]レイヤ、または新しいレイヤで編集していきましょう。

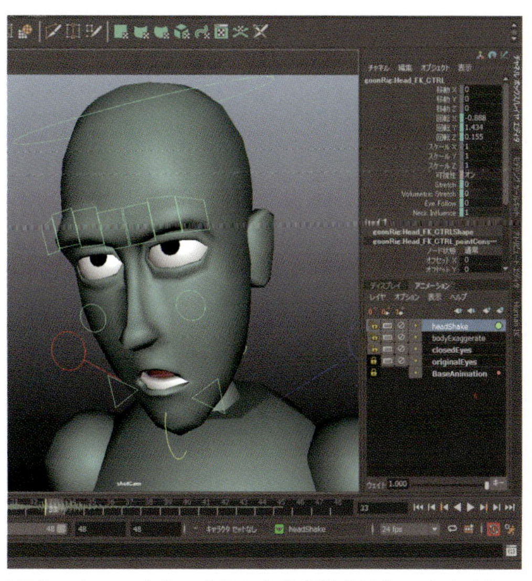

6 これで、自分の作品にも微調整を追加できますね。レイヤとウェイトを使って、頭の振り、身体の誇張、目の動きなど、好きなように試してみましょう。

Column:コラム

仕上げの5%

取り組んできたショットの最終段階で、さらに磨きをかけていきます。もちろん、ショットによってやり方はさまざまですが、多くの共通点もあります。「確認すべきタスクのリスト」によって、作品は完璧なものになるでしょう。私はいつも、実際にワークフローを書き留めるように提唱してきました。十分な経験があれば、なくても問題ありません。いずれにせよ、プロがショットを作るときにチェックする広範囲のリストがあれば、参考になるでしょう。

ここに示すリストは完璧ではありません。あなたの現在のシーンに関係ない内容も含まれていることでしょう。長編映画や高度なCM作品における要件ディテールの指標、あるいは成功への題目として使ってください。アニメートされたショットは、さまざまな領域で磨きをかけていきます（混乱をさけるため、リストは頭からつま先の順に並んでいます）。

前置きはこれくらいにして、さっそくリストを見ていきましょう！

1. 頭部にアタッチした要素に、良いオーバーラップと2次動作のキーがセットされていることを確認する。柔らかい帽子、ポニーテイル、アンテナなど。
2. 耳のキーに少し躍動感を持たせます。キャラクターが耳をすましているときは元気よく。先端に小刻みな動きがあるとベターです。
3. 頭部にダイナミクスがあるときは、オンにして設定を調整する。
4. 微妙な動きを追加して、会話の抑揚に合わせる。
5. 眉とまぶたが、ポーズで調和していることを確認する。
6. 眉の動きに、オーバーラップとオーバーシュート（行き過ぎて戻る）を追加する。
7. 両目に素早い動き（アイダーツ）を追加する。
8. まばたきと眉の動きのキーフレームをずらす。
9. 頬にキーをセットして目を細めてみる（未調整の場合）。
10. 冷笑させて、鼻を動かしてみる（未調整の場合）。
11. 会話でM、B、Pの音節のときの、息の吹き出しをわずかに追加する
12. 舌にキーをセットする。

13. 会話時の口の形に非対称性を加える。
14. カメラに向かって笑顔やしかめ面をさせ、感情的な顔の形をとらせる。
15. リップパフ（唇の形）コントロールがある場合は、M、B、Pの形を追加する。
16. 顎の下移動で上下の唇を合わせるコントロールがある場合、BとPで始まる会話で言葉を発声させるための動作パスを追加する（特に長い休止の後）。
17. 「飲み込む」「呼吸」の動作がある場合、それらのコントロールを追加する。
18. 頭部を動かしたとき、すべての弧がクリーンで滑らかであることを確認する。
19. 呼吸の動作を胸に追加する。
20. 鎖骨にキーをセットし、首と肩で安堵するポーズを追加する（まだセットしていない場合）。
21. 胸と上半身の弧を確認する。
22. 肘の弧を確認する。
23. 極ベクトルがアニメートできることを確認する。Mayaに肘の向きを決めさせてはいけません。
24. 翼のあるキャラクターの場合、空気の流れに対する翼膜のストレッチを追加する。
25. 翼が良いシルエットになるポーズを確かめる。
26. 手首のオーバーラップする量を見極め、洗練する。
27. 指のオーバーラップを追加、洗練する。
28. 指のアニメーションのタイミングをずらす。
29. キャラクターが持つ（触る）プロップに、指を接触させる。
30. ポーズと動きを完璧に一致させるため、IK／FKの切り替えを見極めて、洗練する。
31. 手や指のポーズに「ムービング ホールド」(P.186)を追加する。
32. 手や指に細かい動きを追加する。
33. 背骨のコントロールが、お互いにカウンターアニメートされていないことを確認する。各背骨のポーズには明確な意味があります。

34. 腹部の膨らみコントロールがある場合、胸のコントロールと組み合わせて微妙な呼吸の動きを追加する。
35. 腹部の膨らみや脂肪に、2次動作とオーバーシュートを加える。
36. ウェイトが配分されている場所をよく見て、動作パスを試し、腰の動きを洗練する。
37. 腰と最も下にある背骨のコントロールにIKの動きを与える場合、それらがカウンターアニメーションになってないことを確認する。
38. 腰の弧を洗練する。
39. 主な身体の動きは、腰で体重移動を行い、脚（足）を地面から離す。
40. 犬の脚は、大腿骨と足骨がいつも平行になります。
41. 尾はキーを少なくして移動を滑らかにする。
42. 尾にオーバーラップと跳ねを追加する。
43. 尾が巻き付くタイプなら、プロップやセットとの貫通がないことを確認する。また、オブジェクトに接触するポーズを追加する。
44. ルートの高さを調整したり、控えめにストレッチコントロールを使って、膝の飛び出しを取り除く。
45. 膝の極ベクトルにキーをセットする。
46. 巨大クリーチャーなどに大量の力が加わるときは、それを示すような膝の細かい動作を追加する。
47. 通常は、膝と足がまっすぐ並んでいることを確認する。
48. O脚ポーズや膝が同時に曲がるのを避ける。
49. foot rollにキーセットする。
50. toe rollにキーセットし、足とつま先の動作を少しオーバーラップさせる。
51. 静的なキャラクターでも、足にキーのスライドや細かい動きを付ける。
52. 地面と足の間に起こる貫通を修正する。
53. 足のすべてのカーブが［移動 Y］で地面にファストインしていることを確認する。接地するポーズでは足をスローインしません。

54. 脚のFK／IKスイッチがきれいにクリーンアップされていることを確認する。
55. 裸足のクリーチャーで作業する場合、ウェイトが足に乗っているように扇形に開いたつま先にして、キーセットする。
56. 全体のシルエットパスを作る。ネガティブスペースに魅力のない断片や汚いシルエットができないようにする。
57. 最後にもう1度サムネイルを見て、自分の素晴らしいポーズを参照・比較する。
58. リップシンクを1フレーム先に移動してアニメーションを再生し、読みやすさが向上するか確認する。
59. アニメーションを逆再生し、見落としていた飛び出しや引っ掛かりがないか確認する。

ふぅ〜！ ショットの数だけこのリストは存在します。ここで紹介した内容が、あなた独自のリスト制作で刺激になれば幸いです。厳格に磨きをかけ、ワークフローに統合しましょう。がんばってアニメートしてください！

アニメーターインタビュー

Michael Cawood

マイケル・カウッド

マイケル・カウッドは、映画・CM・ゲーム・ショートフィルムに携わってきました。ショートフィルム『Devils, Angels & Dating』でオーソン・ウェルズ賞を受賞、バーバンク映画祭で最優秀短編アニメーション、IndieFestで最優秀アニメーションに選ばれました。その他の作品は、MichaelCawood.comで確認できます。

Q 毎日の仕事でMayaをどのように使っていますか？

携わった制作のほぼすべての3DパイプラインでMayaを使っています。別のパッケージソフトを使うこともありますが、いつもMayaに戻ってきます。それは私にとって鉛筆と同じように、仕事になくてはならないものです。深く追求していない唯一のパイプラインはモデリングです。なぜなら、これまで参加したプロジェクトにはたいてい才能豊かなモデラーがいたからです。

多くのベテランは独自のワークフローを持っていますが、私は長年にわたり、Mayaの使い方を変化させてきました。以前はSGIコンピュータと1つのモニターを使い、走る恐竜をアニメートしていました。しかし、同じシーンにいる小さなキャラクターのディテールを確認するため、できるだけ多くの3Dビューポートを見る必要がありました。そこで、タイムラインと［ハイパーグラフ］［グラフ エディタ］のみ残し、すべて非表示にして、必要なメニューはスペースバーにすべて割り当てました。最も一般的なツールはカスタマイズしたキーボードキーでカバーします。［R］キーで回転、［T］キーで移動と割り当てることでさえ、当時はとても理にかなっていたのです。

ところが、チームを移動し、別の制作パイプラインで働いてると、私のカスタムインタフェースは他のアーティストをとても混乱させました（私のマシンでデモを行なったときに、この事実に気づきました）。そこで、段階的に独自カスタマイズを減らしていき、既定の設定に戻しました。ちょうど業界トレンドが短期契約に切り替わり、新しい会社のニューマシンを高速化させる必要があったので、この決断はとても効果がありました。最近は、4つのキーのみを最初にカスタマイズして、作業に取り組んでいます。

Q Mayaでお気に入りのツールは何ですか？

ありきたりな回答かもしれませんが、［グラフ エディタ］がとても好みです。他のパッケージと比べても、Mayaの［グラフ エディタ］が好みです。いくつかのバージョンを経て、他のパッケージに後れを取っていた部分を高速化する機能が追加されました。Ver.2013で追加された「リタイム機能」は、時間をスケールしたあとでもキーを保持できます。それらはとても滑らかです。

アニメーターの多くはタイムライン上の赤い目盛りのみを使って、ポーズ制作を終えています。奇妙な動きを見つけても［グラフ エディタ］をほとんど見ずに、余分なキーを量産しています。私は［グラフ エディタ］を立ち上げた状態で、単純なウェイトと接線分割でカーブの形を整えています。

「一般的な動作のカーブの形」を学習するのに時間はかかりません。まずキャラクターに素早くポーズを付けてカーブを変更し、1つの完全なパスで形を作成します（アニメーションは見直しません）。次にカーブ全体を見て、パターンに準拠していない部分を修正していきます。一般的にこれらの訂正は、最初からアニメーションカーブを見直していくよりも少ない工程で済みます。リップシンクは素晴らしい例になるでしょう。

プロダクションで働く場合、品質以上にスピードが要求されます。膨大な修正を行うことなく、すばらしいルックに仕上げられるカーブテクニックは、とても重宝するでしょう。それは、ジェダイが「フォース」を扱うようなものです。

Q 良いアニメーションを作成するために役立ったワークフローの変更は何ですか？

初期のいくつかのプロジェクトでは、Mayaを使ってリアルとカートゥンの中間のアニメーションスタイルを作成しました。各ボディパートで、物理的により正しくアニメートできる方法に焦点を当て、ポーズトゥポーズのワークフローを行わなかったのです。

実のところ、大学で伝統的な手描きの2Dアニメーターとして学習してきた私にとって、これは奇妙な行動でした。通常なら自然な流れでポーズトゥポーズを行うでしょう。しかし面白いことに、私は2Dでも各ボディパート（マッス）を異なるパスでアニメートして、物理アクションを描いていたのです。とても流動的で自然なアクションは、他のアニメーターの作品にはないルックだったので際立っていました。したがって、3Dでもポーズトゥポーズではなく、物理法則に準じたワークフローを続けるのは自然な流れでした。

ところがある日、カートゥン調のプロジェクトで作業をしていると、他のアニメーターの作ったアニメーションがとても「きびきび」と動き、面白いと気づいたのです。そこで、私はボディ全体を使ったポーズトゥポーズ方式に立ち戻って試してみました。各アトリビュートにキーを打ち、タイミングとポーズの強さに注目しました。2Dアニメーションの訓練による効果が、3Dアニメーションのまったく新しい理解を広げてくれたのです。

そこから両方のテクニックを混ぜて、動きの各スタイルに合うものを選択しながら、作品に適用していきました。強力なポーズ・シルエット・きびきびとしたタイミングにおいて、質量・ウェイト・運動量・弧・予備動作を組み合わせ、2Dと3D両方の長所を引き出したのです。

Q アニメーションの他に興味や趣味はありますか？

脚本・キャラクターデザイン・レイアウト（印刷やウェブサイトを含む）・ビデオ編集など、アニメーション映画制作で重要な要素すべてです。また、ウェブサイトのコーディングにも励んでいます。過去にダンスのさまざまなフォームも独習しました。近ごろは、ビジネスの学習にとても関心があります。以前はポッドキャストを主催していました。今はブログで未来のショートフィルムアニメーターに有益な制作秘話を紹介しています。animatedfilmmakers.comもチェックしてみてください。

Q シーンに繊細さや動機を得るため、キャラクターになりきって考えるヒントを教えてください。

脚本研究から考える場合、物語に没頭する十分な時間があるならキャラクターの骨子を書き出します。つまり、キャラクターの性格・背景・願望・ニーズ・欠陥・身体性・関係性などあらゆる種類の基本的な事実をリストアップします。含めるべき要素を解説した良い脚本の書籍もいくつかあり、テーマごとにバリエーションはさまざまです。これらの手順を経ていけば、頭の中で本格的なキャラクターを構築できるようになるでしょう。アイデアとは「キャラクターが与えられた状況の中で、どのように反応するかを正確に把握すること」です。

実際にほとんどのプロジェクトで素早い動きが求められますが、実行する十分な時間はありません。通常、準備作業を行う余裕はないのです。しかし仕事が立ち往生する前、休憩時間やいくつかの事項が決定するのを待つ間は、このことを綿密に考える余裕があります。しっかりとキャラクターを定義していきましょう。それでも時間のないときは、紙にキャラクターを切り出してみて、満足できる方向を探っていきます。それは脚本・会話のスタイルの変更や、声優のパフォーマンスにまで及びます。

Q 紹介したい個人プロジェクトはありますか？

2006年に制作を始めたショートフィルム『Devils, Angels & Dating』についてお話しましょう。私は2009年に有能な人材を集めるため、オンラインプロジェクトを始めました。誰でも見られるように、すべてをオンライン上で実行したのです。数年を経て、世界中から400名以上のアーティストがそのボランティア開発サイトにサインアップし、その中の100名以上が作品に時間を提供してくれました。映画は完成し、2012年1月にオンラインで公開。それ以来、視聴回数は100万回を超え、映画祭で賞を受賞できました。

私たちに資金はありませんでしたが、ファンやクラウドファンディングサイトからサポートを受け、映画祭で上映するのに十分な費用を得ることができたのです。オンライン開発サイトは維持費の支払いも簡単にできる仕組みなので、次世代のクリエイターもそこで学習できます。さまざまなメイキング舞台裏や、制作の進展がわかるビデオ チュートリアル イメージを提供しています。また、すべてのフォーラムスレッドでは、チームメンバーがお互いに連携し、アセットやショットの進行状況を議論します。DevilsAngelsAndDating.comをチェックしてみてください。

別のアニメーションショートフィルム『The Oceanmaker』では、ヘッド・オブ・ストーリーを担当しました。これは前のショートフィルムとは全く逆のアプローチです。8人の小さなチームで6週間ほどノートPC片手に島へ行き、のどかな雰囲気の中で作業の大部分を作成しました。私は主にストーリーボード・3Dプリビズ・レイアウト・アニメーション・編集を経て、脚本をショットに変換する作業に注力しました。監督のそばで働いていたので、物語の要点を提案し、たくさんのアプローチを試すことができました。その経験を通して、私は多くの都市で作業中の編集をスクリーニング上映し、公平なストーリーノートを入手しました。その後も議論や対応を重ねて、進行中の作品を洗練させています。

Q ショットの「正しい」アイデアを見つける方法はありますか？

ありません。完璧なものはないのです。何年も継続して情熱を持てることを実行してください。ただし、コンセプトや脚本づくりは永遠に続けられるので、制作に入るための線引きが必要です。そうしなければ何も獲得できません。いくつかのショートフィルムで学べば、どんな作品からも良いアイデアを得られます。制作者に尋ねれば、その観点を教えてもらえるでしょう。ただし、情熱を注げるものを作るようにしてください。文化は進歩し、観客の好みも変わるので、何が観客の感情を盛り上げるかはわかりません。制作が始まる前に数年を要すため、ヒットするかどうかは大きな賭けです。

Q 今日の業界でアニメーターは消えていく運命なのでしょうか？

業界では、これからますます多くのアニメーターが必要になると思います。しかし、現時点では仕事の数よりもアニメーターの数が多いのです。アニメーションの仕事を求めている人は、少なくとも別の領域を研究するのが賢い選択です。ジェネラリストは便利な存在なので、小さなチームで仕事を獲得しやすくなりますが、大きなスタジオではまだスペシャリストの採用に力を入れています。

一般的に採用担当者は、求人期間に採用基準を創意工夫する余裕がありません。しかし一度ドアを開けてしまえば、雇用要件以上のスキルを身につけ、仕事を維持できる可能性は高まります。つまり、採用期間中はいつでもさまざまな会社にユニークな方法で、自分をアピールする必要があります。それは、単に自分を正直に表現するのではなく、会社の求める仕事を簡単にこなすことだと思います。あとで目立つような手法で自分自身を際立たせるのです。

これには興味深い観測があります。アニメーション産業の各ブランチ企業（映画・CM・テレビ・ゲームほか）は、あなたの経験分野が社風にマッチするか注目します。ゲームの仕事をしているなら、会話はゲームに関する仕事に集中します。映画やCM作品に関する内容には全く触れられません。映画やCMの仕事をしている場合も同じような傾向があります。雇われた領域であまり経験がない場合、最初はとても刺激になるでしょう。しかし、他の分野でそれなりの経験を積んでいても、その領域では経験の浅いものとして扱われます。私は現在、さまざまな分野で豊富な経験を積んできたので、どのような会話にも十分対応できます。3つの独立したキャリアを生きてきたかのようです。

Q デモリールに関するアドバイスを1つ贈るとすれば、それは何でしょうか？

「the 11 Second Club」で奨励されている作品のようなキャラクター演技を行えば、とても定番の一般的なデモリールになるでしょう。リール内のすべてのショットにユニークな要素を追加してください。クリーチャーやロボット、独特の物理状況や相互作用をアニメートします。スタジオ側が見る必要のある要素、見たことのない要素を含めてバランスをとれば、きっと有効です。それらは、あなたのリールを際立たせてくれることでしょう。

私は毎月、ポートフォリオ用の新しくクリエイティブな作品制作を日課にしていました。それはギャラリー用の小さなスケッチや、リール用の野心的な新しいショットの場合もあります。毎月、全く異なるものを作成していたので、すぐに有名な企業から多くの注目を集めるようになりました。このアプローチのもう1つのカギは、それぞれのチームにユニークな要素を持ち込むことです。いつもチームで最高のアニメーターになる必要はありません。その代わり、同僚を補完できる専門スキルを提供し、チーム全体が良くなるよう努めるのです。あるスタジオにビル群を進むスパイダーマンのスイングを得意とするアニメーターがいて、重宝されているとしましょう。彼がすでにいるということは、同じように必要とされる別タイプのショットを掲示しなければなりません。

Q 我々はアニメーションの黄金時代にいると思いますか？「はい」なら、その理由を教えてください。「いいえ」なら、アニメーションの黄金時代はいつだと思いますか？

興味深い質問ですね。この業界は私が働き始めた90年代後半より、多くのアニメーションが制作されています。時間が経てば、いま制作されている作品が長年にわたり賞賛されるものかわかるでしょう。はっきりしているのは一昔前とは異なり、共有する品質水準がキャラクター演技の面で高く設定されている点です。

この質問は、デザイン・ストーリー・主題それぞれの観点で本当に変化（進化）したのかということです。多少は進化しましたが、本当の変化は今後10年間を見て判断したいと思います。現在のツールはある種の黄金時代を形成しました。

映画は一昔前のものとは違って見えます。しかし、主題がさらに洗練されたときこそ、本当のアニメーション黄金時代が到来するでしょう。

Q アニメーターにアドバイスはありますか？

生き生きとした人生を送り、結果を出してきたアニメーターと話をしてください。ただし、アニメーション制作のテクニックについて尋ねるだけではいけません。実際にアニメーターとして生きる、そして生き残るための方法について聞いてみましょう。これまで、Mayaのすべてを学ぶことに力を入れてきたかもしれません。これから重要なのは、「生活と仕事のバランス」です。あなた自身のクリエイティブスポット（鉱脈）を探し出し、人生を台無しにしないように適切なペースで採掘していきましょう。

アニメーターインタビュー

ダーリン・バターズ

Darrin Butters

ダーリン・バターズは、ウォルト・ディズニー・アニメーション・スタジオに20年以上在籍しています。ネブラスカ州で生まれ育った彼は、妻のローレライ、娘のジュリアと一緒に、カリフォルニア州グレンデールに住んでいます。

Q 良いアニメーションを作成するために役立ったワークフローの変更は何ですか？

いま取り組んでいるショットではポーズを付けてスプライン化し、オフセットしたあと、すべてを2フレームごとに描き出しました。そう、すべてです。このようにCGでも伝統的なシーンのように取り組んでいるのです。おかしいでしょう？ 私が作業するあらゆるショットにはそれぞれ異なるワークフローがあります。私は奇人なのです。

Q あなたにとってお気に入りのアニメーターは誰ですか？ 理由を教えてください？

トニー・スミード（代表作『塔の上のラプンツェル』『アナと雪の女王』『ズートピア』）です。彼のショットはいつも最高で完璧です。寛大でとても謙虚、面白くて親切です。

Q 映画の歴史に登場するキャラクターをアニメートできるとしたら、誰を選択しますか？ その理由も教えてください？

私はフック船長をアニメートしたいですね。彼はたった1つの野望を持ち、圧倒的な恐れを抱き、とてもイカした嘘つきであり、賢く洗練された野蛮人だからです。

Q アニメーションの他に興味や趣味はありますか？

即興演劇を実演し、教えています。この芸術から学んだいくつかの原則をアニメーションによく変換しています。ミラーリング、シェアリング、グループ ダイナミクスなどすべてをアニメーションプロセスに適用できます。「自分のアイデアを捨て、ためらうことなく別のアイデアを採用すること」が毎日使える原則と言えます。

Q シーンの繊細さや動機を得るため、キャラクターになりきって考えるヒントを教えてください。

とにかくキャラクターの欲求を見つけることです。

Q ショットの「正しい」アイデアを見つける方法はありますか？

ショットにおける監督のニーズに、ユニークでオリジナルの要素を加えることです。ブロッキングやリファレンスでアイデアを具体化します。それを見せると、監督は笑いながら「続けてくれ」と言うでしょう。

Q 初めて携わったアニメーションの仕事について教えてください。

私は『ダイナソー』(2000年)でアシスタントとして雇われました。長いプリプロダクション スケジュールで見習いの経験を積み、制作ショットが始まるとすぐにアニメーターになりました。自分の名前をクレジットで見つけたときは興奮しました。

Q 過去に戻ってアニメーションの学習をやり直すとしたら、何を重点的に学びますか？

やり直したいことはたくさんあります。もう手遅れですが「黄金ポーズ」について学んだと思います。これらのポーズは観客にシーンを印象づけます。また、アピールとキャラクターの本質を示し、余韻を残します。

Q デモリールに関するアドバイスを1つ贈るとすれば、それは何でしょうか？

あなたの得意とするものを最初に示してください。採用担当者が合否を下す際に、リールを20秒以上見ると思わないでください。最後に素晴らしいショットがあっても、彼らがそれを目にすることはありません。

Q アニメーターにアドバイスはありますか？

他人に繰り返し作品を見せましょう。批判を受け入れてください。変更を受け入れてください。あらゆるもののリファレンスを撮影しましょう。使う機会がなくとも、そこから「何か」を学べるかもしれません。

アニメーターインタビュー

キース・A・シンテイ

Keith A. Sintay

キース・A・シンテイは、豊富なキャリアを持つプロのキャラクターアニメーターです。彼は伝統的な（2D）アニメーションアーティストとして、Disney Feature Animation、Dreamworks Feature Animation、Sony Imageworks、Digital Domainで働いてきました。現在は、妻のコニーおよび5匹の犬と一緒に南カリフォルニアに住んでいます。

Q 毎日の仕事でMayaをどのように使っていますか？

「日常の仕事」では、シニア キャラクター アニメーターとして働いています。Mayaを毎日使ってCGキャラクターの演技を作成するだけでなく、カメラをセットアップしたり、キャラクター用プロップもモデリングします。プロップは一時的なものですが、あとでモデリング部門によって肉付けされます。

アニメーションはフルキャラクターのリップシンクと演技から、デジタルスタントまで幅広く取り扱っています。プロジェクトの要件によって、二足歩行から四足歩行、人間から宇宙人まで多岐にわたります。

Q Mayaでお気に入りのツールは何ですか？

よく使うツールはたくさんあります。それらは習慣付いているので、実際の使用方法について少し考えてみましょう。まず私がMayaを好む大きな理由は、インタフェースが手軽でウィンドウを整列できるからです。これらは、CGアニメーションで重要な素晴らしいワークフローを実現します。私はタイムラインですべてのタイミングを取ります。全体のタイミング変更のみ ［グラフ エディタ］を使います。実写の背景プレートを扱うVFXアーティストにとって不可欠なツールは［2D パン］と［2D ズーム］（［\］キー）です。ディテールに近づけたいときに便利ですが、本番のカメラ越しの視点のようにパースを維持しなければなりません。

Q 良いアニメーションを作成するために役立ったワークフローの変更は何ですか？

初めての映画制作のあと、キャラクターの動作をコンピュータに決めさせずに、すべて自分で作成することにしました。つまりブレイクダウンだけでなく、インビトゥイーン（補間）さえも制御したのです。まず［リニア］接線（場合によっては［ステップ］接線）でアニメートし、アニメーションをワークスペースに作成します。このとき［グラフ エディタ］で接線ハンドルを操作せずに、できるだけ最終的なルックに近づけます。ウェイトのない［リニア］接線で作業し、タイムラインでスクラブして弧や動きを確認します。また反転して、従来の（2D）アニメーターのテクニックもふんだんに使い、動作が発展していく様子を確認します。

リニアのルックに満足できたら（場合によって、2フレームごとにアニメートする）、先に進み、［自動接線］や［プラトー］接線でイーズ イン/アウトのキーを追加。こうすればフレームが2Dで描いたようになります（これを描かなければ、美しく見えません）。コンピュータにインビトゥイーンを作成させると中途半端になり、弧のブレイクダウンは平坦になります。

Q シーンの繊細さや動機を得るため、キャラクターになりきって考えるヒントを教えてください。

キャラクターを知り尽くしてください。名前しかわからないなら、ストーリー上の役割とその中に上手く収まる方法を考えます。キャラクターが架空の状況でどのように反応するかを想像するのです。キャラクターがCGモデルであっても、さまざまなポーズで何度も描き、動きについてより深く理解しようと心がけます。この方法が私にとって自然なのです（さまざまなシーンのサムネイルのように）。

前のシーンでショットの繋がりを見て、ストーリーを進めるのに何が必要かを判断します。多くの場合、監督から必要な注意事項を受け取り、いつも特定のパラメータ内に収めます。時にはリファレンス用のシーンを友人にも演じてもらいます。たいていの場合、あなたの考える動きやジェスチャーと異なる動きを演じてくれるでしょう。

Q モーションキャプチャで作業したことがありますか？ 将来、モーションキャプチャは映画のアニメーションで大きく成長していくと思いますか？

モーションキャプチャで作業した経験はそれなりにあります。私にとってモーションキャプチャは「下手なアニメーターからシーンを引き継ぐようなもの」と考えています。モーションキャプチャカーブが全体的に不安定な場合、1フレームずつ複数のコントロールを組み合わせて、余計なフレームを取り除き、動きを編集します。そして、その上にアニメートしていきます。キーフレームアニメーターとしてモーションキャプチャを好むケースは、ひしめき合う群衆や戦闘などの大規模なショットです。クローズアップにはあまり適していません。キャラクターがカートゥン風の顔や身体の場合、動きがリアルになりすぎて「不気味の谷」に近づいていきます（『モンスターハウス』『ポーラー・エクスプレス』など）。

Q 毎日の仕事でよく使う特別なスクリプトやプラグインがありますか？ 初心者アニメーターはスクリプトやプラグインなしで、学習すべきでしょうか？

私が好んで使っている唯一のスクリプトがAuto Tangent（Comet Cartoons）です。これは［グラフ エディタ］用の素晴らしいカーブ操作ツールです。任意の「オーバーシュート」を追加することなく、ちょうどよい量のイーズイン／イーズアウトを適用します。

初心者はスクリプトやプラグインを使う必要はありません。最大の理由は「勤務するスタジオの多くが外部プラグインやスクリプトの使用を許可してない」からです。こうしたツールの使用に慣れてしまうと、使えないときに不自由になります。私はそういった状況に遭遇してきました。

Dreamworksに勤務していた頃、私は2Dアニメーションで使うようなタイミングチャートを作成できるスクリプトに依存していました。そのツールは伝統的なアニメーションからCGへ移動するときの支えとなっていたのです。Dreamworksに在籍中はタイミングとインビトゥイーンを行えて便利でした。しかし、別のスタジオに移ると突然ツールがなくなったので、それなしで作業する方法を素早く学ばなければなりませんでした。

Q 初めて携わったアニメーションの仕事について教えてください。

フロリダのDisney Feature Animationで初仕事を経験しました。インターンシップ終了後に与えられたのは、映画『ポカホンタス』のインビトゥイーンをクリーンアップする仕事でした。当時の私はあなたの想像以上に、ディズニー映画で仕事をできること、そしてスクリーンで何百万人もの観客が私の絵を見ていることに興奮しました。

Q 今まで諦めた経験はありますか？ あるなら、行き詰まった原因を教えてください。

他の仕事に就きたいと考えたことは1度もありません。粘土の塊・スケッチ・CGのワイヤーフレームモデルのような生気のない要素を生き生きとさせていくことが大好きだからです。20年以上この業界にいますが、まだアニメーションの全プロセスを学び続けています。

Q 今日の業界でアニメーターは消えていく運命なのでしょうか？

大きなスタジオではまだ専門職がありますが、私が見てきた小さなスタジオでは1つ以上のスキルを持つ「ジェネラリスト」になるほうが効率的です。消えていく運命なのかはわかりません。アニメーションを教えている立場から言えるのは「生命の魔法」を扱えると信じ、アニメーション制作に魅了される若者がまだたくさんいるということです。

Q デモリールに関するアドバイスを1つ贈るとすれば、それは何でしょうか？

100%の確信がないものを含めるべきではありません。曖昧な提案ですが、「上手くできた」と自信を持てないときは止めておきましょう。不快感を与える可能性は排除すべきです。それが良好であれば、制作した日が10年前でも昨日でもかまわないので含めてください。良いものは良いのです。リールを見ているとき「これは学生時代に作った古いものです」と制作者に言われると、あまりいい気分はしません。自分の作品に対してそのような評価をしないでください。重要なのは「良い」か「良くない」かです。このアドバイスはスケッチのポートフォリオでも同様です。

Q 我々はアニメーションの黄金時代にいると思いますか？「はい」なら、その理由を教えてください。「いいえ」なら、アニメーションの黄金時代はいつだと思いますか？

私たちは「マルチメディア」の黄金時代にいると思います。それが「アニメーション」の黄金時代に当たるかはわかりません。私が考える2番めの黄金時代は、『ライオン・キング』とその周期の映画（例えば『美女と野獣』）の頃です。しかしその時代は過ぎ去り、現在は素晴らしいPixar時代のアニメーションに入っています。それ以外にも、アニメーターが驚異的な成功を収めている人気の高いビデオゲームなど、他のプラットフォームがあります。

Q アニメーターにアドバイスはありますか？

あなたがCGアニメーターならドローイングのクラスを受講し、解剖生理学を学習してください。できれば、演技と即興演劇のクラスもお勧めします。「動き」についてできるだけたくさん学びましょう。何がオブジェクトを推進させているか？ なぜそのように動作するのか？

アニメーターインタビュー

ジョン・グエン

John Nguyen

ジョン・グエンは、アニメーションとビジュアルエフェクトで20年以上の経歴を持つベテランです。多くの大手スタジオで大ヒット映画に携わってきました。アーティスト、父親、夫である彼は、人々を笑わせるのに喜びを感じています。

Q Mayaでお気に入りのツールは何ですか？

［ドープシート］のタイムライン上にあるキーフレームを中マウスボタンでコピー／ペーストする機能と、コピー／ペースト キーツールです。最も使うツールは、元のアニメーションを失うリスクを負わずにアニメーションを追加できるアニメーションレイヤです。

Q あなたにとってお気に入りのアニメーターは誰ですか？ その理由も教えてください？

グレン・キーン（代表作『リトル・マーメイド』『アラジン』『ターザン』『塔の上のラプンツェル』ほか）です。彼の仕事はアニメーションの力学を超越しています。アニメーションの技術を越えて、精神や魂を宿しているのです。それらは、才能・選択・メディアの理解、そして彼自身から形成されています。ただの動きを超えた「真のアニメーション」です。

Q シーンの繊細さや動機を得るため、キャラクターになりきって考えるヒントを教えてください。

キャラクターの生い立ちを理解することです。まだ何も決まってないなら、与えてください。キャラクターの身に何が起こり、何がモチベーションなのか？ その背景は？ 肉体的な制限事項は何か？ キャラクターの行動や動きに関心を持つアニメーターは多く存在します。しかし、彼らはその「理由」について考えません。身体の動きはその理由に基づいてます。怒る／満足する／弱る／夢中になるとき、それらは動きに影響します。そのアクションには、それなりの理由があるのです。

Q 紹介したいプロジェクトはありますか？

私の携わったデモリールをご覧ください。https://vimeo.com/33584373

Q ショットの「正しい」アイデアを見つける方法はありますか？

アイデアがあれば、楽しく興奮しながらアニメートできます。そして正しく終わらせる方法がわからなくなったとき、それが潮時だとわかります。私のショートフィルムでは繰り返しのアクションではない、実際の所作を組み込んでいます。例えば、「カギのかかっている箱を開こうとする」「人物がほのめかす内容に探りを入れる」など。これらはストーリーの本筋ではなく、その一部に過ぎません。

Q 毎日の仕事でよく使用する特別なスクリプトやプラグインがありますか？ 初心者アニメーターは、スクリプトやプラグインなしで、学習すべきでしょうか？

定期的に使うスクリプトは3つあります。しかし、若いアニメーターはスクリプトやプラグインに頼らないことをお勧めします。なぜならスタジオを移るときに、それらのツールにアクセスできなくなる場合があるからです。基本的なアニメーションの原則に重点を置き、ツールに依存することなく結果を出せるようにしましょう。

Q 今日の業界でアニメーターは消えていく運命なのでしょうか？

幾分かはそうでしょう。しかしジェネラリストは必要です。スタジオはどんどん減り、アニメーターの職も失われているので、彼らは他の仕事を学ぶことを余儀なくされています。

Q デモリールに関するアドバイスを1つ贈るとすれば、それは何でしょうか？

自分を厳しく判断し、ベストなものだけを含めてください。作業が完了しただけでリールが十分な品質になるわけではありません。

Q アニメーターにアドバイスはありますか？

基礎にこだわりましょう。アニメーションの12原則を思い出し、キャラクターを動かし、生命を与えてみましょう。

アニメーターインタビュー

ジェイコブ・バーグマン

Jacob Borgman

ジェイコブは15年間、ロサンゼルスのアニメーション業界で働き、エピソード風ムービー、CM、長編映画制作に携わりました。大小さまざまなスタジオで働きながら、自分の店も運営しています。近年の発展が業界にもたらす変化を楽しみにしています！

Q Mayaでお気に入りのツールは何ですか？

nClothを気に入っています。その機能はディテールをさらに強化し、アニメーションを仕上げます。

Q アニメーションのほかに興味や趣味はありますか？

音楽演奏です。演奏のタイミング、迅速な創造性、規律がアニメーションに役立つことがわかりました。

Q 毎日の仕事でよく使用する特別なスクリプトやプラグインがありますか？ 初心者アニメーターは、スクリプトやプラグインなしで学習すべきでしょうか？

そうですね。できるだけカスタムツールやセットアップは行わずに、ソフトウェア内で作業しましょう。フリーランサーとして腰を据えて仕事をするには、たくさん動きまわってすぐに作業を始められるようしてください。

Q モーションキャプチャで作業したことがありますか？ 将来的にモーションキャプチャは映画のアニメーションで大きく成長していくと思いますか？

もちろんです。自動化はこの業界の未来です。AIリグがキャラクターの演技を上手く制御するようになるでしょう。あなたの仕事は監督と俳優になりきって動きの指示を出し、真実味のある演技を行わせることです。

Q ショットの「正しい」アイデアを見つける方法はありますか？

たいていの場合、アイデアを他人に話してその反応を見ます。1度で彼らが理解すれば、それは正しい方向に進んでいます。

Q 初めて携わったアニメーションの仕事について教えてください。

テレビキャラクターのフェイシャルパフォーマンスを再現する仕事でした。ビデオリファレンスのコピーに多くの時間を費やしましたが、とても素晴らしい経験になりました。ロトスコープ作業は再現不可能とも言える自然なニュアンスを見つけられるので気に入っています。

Q 今まで諦めた経験はありますか？ あるなら、行き詰まった原因を教えてください。

物事が暗く静まって見え、作業を進めるには何かが足りないと感じるときがあります。上手くいかないときは、友人の個人プロジェクトを手伝いながら忙しい環境に身を置き、連絡を取り合います。

Q 今日の業界でアニメーターは消えていく運命なのでしょうか？

CMプロダクションでは「アニメーション専門」アーティストの需要は減っています。私ならリギングとモデリングも少しできて、パイプライン周り（モデリングとライティング）の知識もあるアニメーターを雇い入れるでしょう。そのようなアニメーターは他の誰かが問題解決するのを待つことなく、物事に対処できます。

Q アニメーターにアドバイスはありますか？

殻に閉じこもらず、柔軟になりましょう。できるだけさまざまなスタイルやアニメーションの側面を学習しておけば、仕事を失うことはありません。

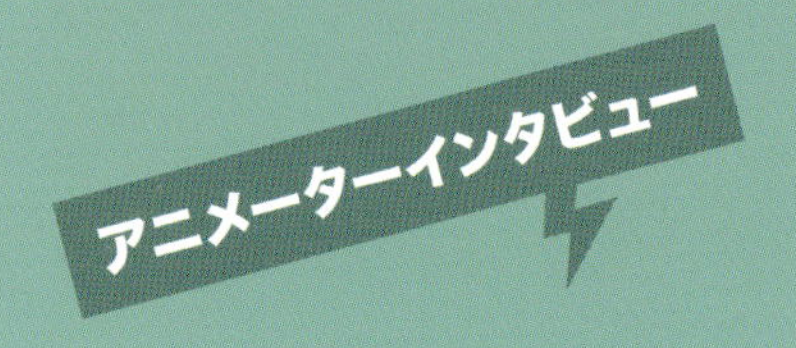

グレッグ・カイル

Greg Kyle

カナダで育ったグレッグはホッケー選手になりたかったそうです。シェリダン大学に進み、Chuck Jones Film Productionでインターンを経験。その後、スクウェアUSA、ILM、Laikaを経て、現在はHouseSpecialに勤めています。アニメーター／CGスーパーバイザー／マネージャーとして働いています。

Q Mayaでお気に入りのツールは何ですか？

［グラフ エディタ］［ドープシート］、そして［自動接線］です。

Q 世の中にあるアニメーションツールで便利なものがあれば教えてください

素晴らしいキャラクター選択ツールがあれば、時間を節約できます。abxPickerは最高のツールです。

Q お気に入りのアニメーターは誰ですか？ その理由も教えてください？

「ナイン オールドメン」の１人、ミルト・カールです。彼は素晴らしい素描家で、キャラクターをそのままアニメーションに持ち込みました。『ジャングル・ブック』に登場するシア・カーンは最も強力な敵役です。彼の登場はわずか数シーンに限られていますが、最も記憶に残るキャラクターの１人です。

ルーニー・チューンズも好きです。これは言っておく必要がありますね。

Q シーンの繊細さや動機を得るため、キャラクターになりきって考えるヒントを教えてください。

その経歴について考えてください。多くの場合、キャラクターの起源はその行動やリアクションに影響します。十分な経歴がまだないなら、ぴったりあうものを考えてみましょう。

Q シ ョットの「正しい」アイデアを見つける方法はありますか？

正しく感じ、正しく見えるものです。多くの場合、監督がうなづいて笑顔になるときです。

Q 毎日の仕事でよく使用する特別なスクリプトやプラグインがありますか？ 初心者アニメーターは、スクリプトやプラグインなしで、学習すべきでしょうか？

ありません。私はミニマリストなのでシンプルな学習に価値があると考えています。学生はフェイシャル ライブラリにアクセスせずに、自分で表情を作ってください。美しい形を作成する審美眼を養うことが大事です。

Q 今まで諦めた経験はありますか？ あるなら、行き詰まった原因を教えてください。

ありません。調子の悪い日はありますが、諦めることは決してありません。現実的に考えるとアニメーションは楽しい仕事です。

Q 今日の業界でアニメーターは消えていく運命なのでしょうか？

素晴らしいアニメーターは残り、そうでない者は消えていくでしょう。

Q デモリールに関するアドバイスを１つ贈るとすれば、それは何でしょうか？

フィルタを使ってない最高の作品を持っていきましょう。自分の連絡先が正しいことも忘れずに確認します。

Q アニメーターにアドバイスはありますか？

一生懸命、自分らしく。

でも「自分」は変化していくものです。日々、刮目していきましょう。

Maya キャラクターアニメーション 改訂版

How to Cheat in Maya 日本語版

2019年7月25日初版発行

著　　者　Paul Naas
翻　　訳　株式会社スタジオリズ
発 行 人　村上 徹
編　　集　高木 了
発　　行　株式会社ボーンデジタル
〒102-0074
東京都千代田区九段南 1-5-5
九段サウスサイドスクエア
Tel:03-5215-8671　Fax:03-5215-8667
www.borndigital.co.jp/book/
E-mail:info@borndigital.co.jp
レイアウト　株式会社スタジオリズ
印刷・製本　株式会社大丸グラフィックス

ISBN 978-4-86246-442-2
Printed in Japan